农作物秸秆直接还田对土壤生物环境的影响研究

NONGZUOWU JIEGAN ZHIJIE HUANTIAN DUI
TURANG SHENGWU HUANJING DE YINGXIANG YANJIU

毕于运　王亚静　高春雨　编著

中国农业出版社
北京

编写人员名单

主编 毕于运 王亚静 高春雨

参编（按姓氏笔画排序）

马晓蕊 王 帅 王红彦 冯新新

吕昊泉 朱青承 刘 璐 孙 宁

杨 东 李欣欣 陈九文 邵敬淼

周 珂 赵 丽 莫际仙 黄瑞斌

曹洁洁 谢 杰 暴愿达

刍论秸秆还田

（代序）

　　农作物秸秆从田间来到田间去，形成闭合的循环农业生产系统。秸秆还田不但是种养结合循环农业发展的内在要求和基本内容，也是现代生态农业发展的重要物质基础。秸秆还田有广义和狭义之分。广义的秸秆还田包括秸秆直接还田和间接还田，狭义的秸秆还田特指秸秆直接还田。秸秆直接还田包括秸秆旋耕混埋还田、免耕覆盖还田、犁耕翻埋还田等，是我国秸秆利用的主要方式。全国农作物秸秆资源台账显示，2021 年全国主要农作物秸秆直接还田量达 4 亿 t 左右，约占秸秆利用总量的 62%。而人们常说的秸秆堆肥还田、秸秆炭基肥还田等方式则为秸秆间接还田。目前全国秸秆间接还田量约为 3 900 万 t，占秸秆利用总量的 6% 左右。

一、秸秆直接还田

　　秸秆直接还田是指对秸秆进行必要的机械或人工处理，通过自然腐熟或借助腐熟剂催腐，使有机物质和矿物质回归土壤起到改土培肥的功效。如上所述，旋耕秸秆混埋还田、免耕覆盖还田和犁耕翻埋还田是我国秸秆直接还田的三大主导方式，既适用于秸秆就地还田，也适用于秸秆异地还田。目前，我国秸秆直接还田面积约为 7 100 万 hm²，其中旋耕混埋还田、免耕覆盖还田、犁耕翻埋还田面积分占全国秸秆直接还田总面积的 67%、23% 和 10%。

1. 旋耕秸秆混埋还田

旋耕秸秆混埋还田（简称秸秆混埋还田）以全程农机作业为基础，先对秸秆进行充分粉碎，然后进行旋耕作业，将秸秆混埋在 0～20cm 的表层土壤中，同时实现对农田的平整，以备农作物播种或移栽。旋耕秸秆混埋还田耕作方式还包括浅耕和耙耕，它们的秸秆还田作业效果与旋耕大致相当。目前我国农业生产仍以中小马力拖拉机动力机械为主，"小而散"的农户田块承包经营模式决定了旋耕秸秆混埋还田方式的大面积使用。旋耕秸秆混埋还田存在的主要问题是旋耕深度严重不足，大多在 6～13cm，致使秸秆主要聚集在表层土壤中，进而影响到下茬作物的播种与发芽、着根与生长。黄淮海地区 19 个样点土壤采样筛分结果表明，常规旋耕 8～15cm 的农田，0～5cm 土层秸秆混埋量占整个耕作层（0～20cm）混埋秸秆总量的 60%～80%。

2. 免耕秸秆覆盖还田

少免耕、秸秆覆盖、土壤深松是保护性耕作的"三要素"。秸秆机械粉碎或整秆免耕覆盖还田（简称秸秆覆盖还田）是保护性耕作的必要技术手段。就秸秆免耕覆盖还田而言，在我国南方和北方各形成了一种十分典型的技术模式，即南方水田秸秆覆盖快腐还田技术模式、北方小麦秸秆全量覆盖还田技术模式，东北地区还有一种东北玉米秸秆集条覆盖还田技术模式。

南方水田秸秆覆盖快腐还田技术模式针对南方水田的两熟制或三熟制种植制度，在没有翻耕犁耙的水田上，将上季作物秸秆及时、均匀地覆盖还田，利用水沤和借助腐熟剂催腐的方式，促进其快速腐解，并应用抛秧法或机插法栽种水稻（小麦秸秆和油菜秸秆覆盖，先盖后种），或应用撒播或套种的方式种植小麦和油菜（水稻秸秆覆盖，先盖后种或先种后盖），或应用地表摆播的方法种植马铃薯（覆盖水稻秸秆、小麦秸秆等，先摆播后覆盖），进行秸秆覆盖免耕栽培，以达到充分利用秸秆、节工省料、节能降耗、高产优质、增收富民等目的。目前，我国南方秸秆免耕覆盖还田面积共约 550 万 hm^2，其中水田秸秆覆盖快腐还田面积常年保持在 210 万 hm^2 左右。水稻秸秆覆盖快腐还田（免耕直播小麦）是南方面积最大的秸秆覆盖还田方式。在此秸秆覆盖还田方式下，小麦既可套播（先种小麦、后盖水稻秸秆），也可在水稻收获后直播（先盖水稻秸秆、后种小麦），小麦套播（先种后盖）抗旱抗寒、增产效果更为理想。

北方小麦秸秆全量覆盖还田（免耕播种玉米等夏季作物）是我国近 20 多年来发展最快、如今实施面积最大的秸秆覆盖还田方式，已推广到 850 万 hm^2 以上，主要集中于黄淮海平原、汾渭河谷平原，在河西走廊、新疆南疆地区、宁夏灌区等两熟制地区也有一定的实施面积。北方小麦秸秆全量覆盖还田是指我国北方两熟制地区对冬小麦进行平茬或留高茬收获，并利用收获机悬挂的秸秆粉碎装置对小麦秸秆进行同步粉碎，粉碎后直接抛撒在田间。在小麦收获前，在预留行套种玉米、辣椒、棉花等农作物，或在小麦收获后，免耕直播或人工点播玉米等农作物。目前，实施面积最大的是麦茬免耕直播玉米。近十几年来，小麦秸秆全量覆盖还田在向长江中下游地区的旱地不断拓展，在某些丘陵地带已形成规模化发展之势。

秸秆集条覆盖还田是利用机械对秸秆进行归垄处理，将其集中在一定宽度的条带内，然后在没有秸秆覆盖的空行进行玉米等农作物的直播。这种种植方式主要被应用于玉米种植，在吉林等地被称为宽窄行种植。目前推广面积较大的是玉米宽窄行种植秸秆全量覆盖还田。玉米宽窄行种植，由于适当缩短了玉米株距，没有明显降低玉米播种密度，加上玉米宽行的边行优势以及玉米秸秆覆盖还田的保墒和培肥作用，可保障玉米种植在头两年不减产、3～4 年以后稳步增产。在东北一些地区，玉米宽窄行（40cm＋80cm）种植虽然已有 15 年以上的发展历程，但其出发点主要是获得边行优势，而不是秸秆覆盖还田，基本实施的仍是净地（秸秆离田）作业。与秸秆全量覆盖还田相结合的玉米宽窄行种植近些年在东北地区刚刚兴起，且在东北西部干旱半干旱地区和东北平原地区都已经取得良好的推广应用效果。该技术模式可供西北玉米单作区借鉴。

3. 犁耕秸秆翻埋还田

犁耕秸秆翻埋还田（简称秸秆翻埋还田，又称秸秆翻压还田）是指在农作物收获时将秸秆直接粉碎抛撒在地表（也可根据还田需要对抛撒在地表的秸秆进行二次粉碎），然后用大马力拖拉机牵引铧式犁或翻转犁对耕地进行深翻，将地表秸秆翻埋到 20cm 土层以下的上壤中，然后对上层土壤进行旋耕、耙糖、起垄、镇压等方面的整理，以备农作物播种或移栽。温室大棚内置式秸秆生物反应堆对整秸秆进行集条沟埋、对果园秸秆（整秸秆或粉碎秸秆）进行集条沟埋都是秸秆犁耕翻埋还田的特例。

秸秆犁耕翻埋还田适用于大马力拖拉机规模化作业，目前主要被新疆生产建设兵团、黑龙江农垦、各地国营农场、大型农业种植公司、连片种植的农业合作组织、耕地承包经营大户等规模化农业生产组织实施。调查结果表明，黄淮海地区的不少种植大户已开始接受并实施秸秆犁耕翻埋还田。秸秆犁耕翻埋还田的优点在于，还田秸秆对下茬农作物种植与生长基本不产生影响，而且经过多年的犁耕和秸秆还田，可使整个耕层的土壤有机质和土壤质地、土壤生物丰度和酶活性稳步且均衡地提高，增产效果较为显著。

"两免一翻"（两年免耕秸秆覆盖还田，一年犁耕秸秆翻埋还田）是近年来东北地区新兴的组合式秸秆还田技术模式，具有良好的推广应用前景。

4. 秸秆异地还田

秸秆异地还田是将小麦、玉米、水稻等大田作物的秸秆收集离田，用于果园、菜园、茶园以及温室大棚的秸秆还田，包括果园覆草与埋草、茶园覆草与埋草、菜园覆草和温室大棚秸秆生物反应堆建造等。

秸秆生物反应堆是我国温室大棚秸秆还田的主要方式，具有 CO_2 施肥、大棚增温、培肥改土、增产提质等方面的效应。试验研究和生产实践业已表明，大田作物秸秆温室大棚异地还田对防治温室作物病虫害效果明显。尤其是辣椒、大蒜、洋葱、菊花等化感作用较强的大田园艺作物秸秆，在温室大棚内进行集条填埋或混埋还田，防病治虫效果更为显著。温室大棚蔬菜尾菜和秸秆就地还田有着较高的致病风险。秸秆生物反应堆技术已有20多年的发展历程，在我国北方各地都有推广。

需要说明的是，小麦、玉米、水稻、大豆等大田作物秸秆被机械粉碎后，在温室大棚内进行旋耕混埋还田，同样具有良好的培肥改土和病虫害防治效果。

二、秸秆间接还田

秸秆间接还田以秸秆离田加工处理为先决条件，然后对其终端产物加以肥料化利用，如秸秆直接堆肥还田、秸秆生物炭还田等。秸秆直接堆肥还田是指以秸秆为原料进行有机肥堆沤并还田。秸秆生物炭还田是指通过热解工艺将秸秆转化为生物炭进行还田。秸秆热解炭化、热解气化和热解液化共同构成秸秆热解（又称热裂解）工艺系列。秸秆生物炭主要来自秸秆热解炭化和秸秆热解气化。秸秆热解炭化和秸秆热解气化的产物都有4类，即主产物生物炭（固定碳与灰渣的混合物）和可燃气、副产物木焦油和木醋液，简称"炭气油液"多联产。4类产物的比例和品质主要取决于氧气控制（绝氧或限制供氧）、温度控制、热解速度以及序批式和连续式等工艺条件。以粉状生物炭为基质，与有机肥或无机肥相结合，采用物理方法或化学方法，可生成炭基有机肥和炭基有机无机复合肥。

三、秸秆循环利用还田

值得注意的是，在现实生产生活中，人们还会以秸秆为原料进行各种循环利用。例如，利用秸秆生产沼气，再将产生的沼渣沼液还田，或者将秸秆作为饲料养畜，再将产生的畜粪通过各种方式还回田中，从而形成闭合的循环利用系统。尽管上述循环利用系统的最后环节均为还田，我们并不将其直接纳入秸秆还田范畴，而是从秸秆"五料化"利用的角度（即秸秆肥料化、饲料化、燃料化、基料化和能源化）分别将其纳入秸秆燃料化利用和秸秆饲料化利用进行统计。鉴于秸秆生产沼气—沼肥还田、秸秆养畜—畜粪还田等循环利用方式的最后一环均为还田，我们可将这类秸秆利用方式称为秸秆循环利用还田。

秸秆循环利用还田可以分为秸秆循环利用堆肥还田、秸秆燃料化利用副产物还田等。秸秆循环利用堆肥还田是指以秸秆循环利用过程中产生的副产物为原料进行有机肥堆沤并还田，包括秸秆养畜—畜粪堆肥还田、秸秆种植食用菌—菌渣（也称菌糠）堆肥还田、秸秆清洁制浆—剩余有机物堆肥还田和秸秆有机化工生产—剩余有机物堆肥还田等。秸秆燃料化利用副产物还田主要包括秸秆沼气化利用沼肥还田、秸秆草木灰还田等。秸秆沼气化利用、热解利用、直接燃用均属于秸秆能源化利用。由于秸秆热解和燃烧都属于热化学反应，有时也将秸秆直接燃用归为广义的秸秆热解利用。秸秆沼气化利用沼肥还田是指以秸秆为原料或以其循环利用过程中的副产物为原料，对其进行沼气发酵（又称厌氧发酵、厌氧消化等）处理，沼气被用作清洁能源，沼渣沼液还田，包括直接利用秸秆生产沼气—沼渣沼液还田、秸秆与畜粪混合沼气发酵—沼渣沼液还田、秸秆养畜—畜粪沼气发酵处理—沼渣沼液还田、秸秆种植食用菌—菌渣沼气发酵处理—沼渣沼液还田、秸秆清洁制浆—剩余有机物沼气发酵处理—沼渣沼液还田、秸秆有机化工—剩余有机物沼气发酵处理—沼渣沼液还田和秸秆纤维素乙醇生产—秸秆热喷爆高温废液（含有大量的有机挥发成分）沼气发酵处理—沼渣沼液还田 7 种方式。秸秆草木灰还田是指利用秸秆直接燃用或秸秆成型燃料燃用后产生的草木灰进行还田。草木灰是一种质地疏松的热性速效肥，钾元素含量较高，一般在 5%～11%。草木灰中的钾 90% 以上是水溶性的，以碳酸钾（K_2CO_3）的形式存在。在等钾量施用草木灰时，肥效好于化学钾肥。在传统农业生产方式中，草木灰还田是补充土壤钾的主要途径。同时，草木灰在防治农作物病虫害（如立枯病、炭疽病、白粉病等）、畜禽养殖圈舍消毒等方面都有着广泛的用途。

目　　录

第 一 章

农作物秸秆物质组分与生物腐解机理

农作物秸秆（简称秸秆）含有大量的纤维素、半纤维素、木质素等富碳物质以及丰富的氮、磷、钾等营养元素。农作物秸秆直接还田（简称秸秆还田）后在土壤生物的主导作用下，腐解生成 CO_2、CH_4、N_2O 等温室气体，充分腐解后的剩余物质转化为土壤有机质（soil organic matter，SOM），在固碳减排的同时发挥改良土壤的功效。与此同时，秸秆腐解释放的各类矿质元素可为农作物提供丰富的营养。

1.1 秸秆物质组成

农作物秸秆是由大量的有机物、少量的无机物和水分组成的，有机物的主要化学成分是纤维类的碳水化合物，此外还有少量的粗蛋白和粗脂肪。碳水化合物又由纤维类物质和可溶性糖类组成。纤维类物质是秸秆生物体细胞壁的主要成分，包括纤维素、半纤维素和木质素（图 1-1）。

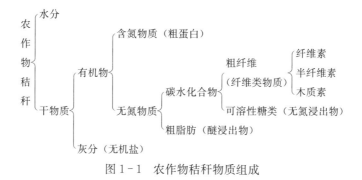

图 1-1　农作物秸秆物质组成

在常规分析中：纤维类物质可表达为粗纤维；可溶性糖类可用无氮浸出物表示，泛指不包括粗纤维的碳水化合物。

纤维素、半纤维素、木质素（简称"三素"）是植物体主要的细胞质和大分子物质，统称为大分子细胞质、粗纤维或纤维类物质（简称纤维质）。在不少应用研究中，将"三素"统称为木质纤维素，但又时常与木质素或纤维素的概念混淆。

在植物体内，木质素与半纤维素以共价键的形式结合在植物细胞壁中，并将纤维素分子包埋在其中，共同形成一个复杂的三维网络结构，使植物细胞壁具有足够的强度以保护植物细胞，成为植物细胞天然的抗降解屏障（朱金霞等，2020）。以干物质计，秸秆"三素"含量一般占秸秆总质量的 60%～80%。表 1-1 显示，玉米秸秆、小麦秸秆和水稻秸秆"三素"平均含量分别达到 73.12%、77.91% 和 66.67%。

表 1-1　主要农作物秸秆"三素"含量（以干物质计,%）

物质种类	项目	玉米秸秆	小麦秸秆	水稻秸秆
纤维素	平均值	34.50	35.13	30.11
	95%置信区间	31.77～37.20	32.07～38.90	27.99～35.08
半纤维素	平均值	23.89	25.50	23.42
	95%置信区间	18.26～29.54	23.33～27.67	20.52～26.48
木质素	平均值	14.73	17.28	13.14
	95%置信区间	12.94～16.52	15.25～19.31	11.60～14.67
"三素"合计	平均值	73.12	77.91	66.67

不同种类秸秆的化学组成和物质组分含量存在较大差异，即使同类秸秆的同一组分含量也存在较大变幅。以秸秆木质素含量为例，通过对 52 篇文献的总结分析，得出如表 1-2 所示的 5 种秸秆（玉米秸秆、小麦秸秆、水稻秸秆、棉花秸秆和油菜秸秆）的木质素含量统计结果。①5 种秸秆木质素平均含量为棉花秸秆＞小麦秸秆＞玉米秸秆＞水稻秸秆＞油菜秸秆，高低相差 9～10 个百分点。②同一秸秆木质素含量最大变幅在 7～16 个百分点，平均变幅（双倍标准差）在 5～9 个百分点。③玉米秸秆、水稻秸秆、小麦秸秆木质素含量高低之间分别相差 2.23 倍、1.89 倍和 1.14

倍，棉花秸秆和油菜秸秆分别相差 65％和 85％。

表 1-2　主要农作物秸秆木质素含量（以干物质计）

项目	玉米秸秆	小麦秸秆	水稻秸秆	棉花秸秆	油菜秸秆	5种秸秆综合或平均
样本量（个）	23	15	18	8	10	74
区间值（％）	7.07～22.85	10.77～23.10	6.63～19.15	16.40～27.07	8.94～16.50	6.63～27.07
平均值（％）	15.73	17.28	13.14	20.76	11.63	15.40
标准差（％）	±4.38	±4.01	±3.32	±3.40	±2.43	±4.58
95％置信区间（％）	13.94～17.52	15.25～19.31	11.60～14.67	18.40～23.11	10.12～13.13	14.36～16.45

　　农作物品种、农作物长势、样品采集时期、植株部位、原料预处理方法和测试方法等都会影响秸秆各物质组分含量的测定结果。对于此，在秸秆化学组成研究中已有大量的分析说明。

1.2　秸秆生物腐解机理

　　秸秆还田生物腐解（秸秆腐熟分解、秸秆腐熟降解，简称秸秆腐解、秸秆分解、秸秆降解）是指在土壤生物的主导作用下，还田秸秆中的各物质组分尤其是大分子纤维类物质逐级降解，最终转化为简单的小分子物质（无机化合物），或再度合成分子结构更为复杂的 SOM 的整个过程。还田秸秆的充分腐解过程和秸秆腐解转化的 SOM（简称秸秆 SOM）的再矿化过程共同构成秸秆还田物质的转换周期。从秸秆还田培肥的角度，又将秸秆腐解称为秸秆矿化或秸秆腐殖化。从秸秆生物腐解的酶解作用过程与机理来看，也将其称为秸秆酶解或秸秆水解。

　　秸秆腐解生物主要来自土壤。土壤生物包括土壤微生物和土壤动物。土壤动物又分为土壤原生动物和土壤后生动物。土壤生物是土壤生态系统的重要组成部分，对动植物残体的腐解、土壤有机质的矿化、土壤腐殖质和团聚体的形成、土壤养分的转换和迁移，以及土壤生态平衡的维护和土壤功能的发挥等都起着不可替代的作用。

　　在秸秆还田的自然环境条件下，秸秆中的可溶性有机物透过细胞壁和细胞膜被微生物吸收，不溶性的固体和胶体有机物则先吸附在微生物体外；随着秸秆腐解程度的加深，微生物分泌的胞外酶将固体和胶体有机物降解为可溶性有机物，再渗入细胞内部为微生物所利用。微生物通过自身的代谢活动（氧化还原、厌氧消化和生物合成过程）把其所吸收的可溶性有机物，一部分氧化成简单的无机物，并释放能量供微生物生长活动所需，另一部分转化合成新的细胞物质，使微生物生长与繁殖，产生更多的生物体（李秀金，2011；杨柏松等，2016）。土壤微生物在这种反复的生长代谢过程中，不断以代谢产物或残留物的形式将秸秆完全腐解并转化为不同的物质。农作物秸秆直接还田微生物腐解过程及主要产物如图1-2所示。

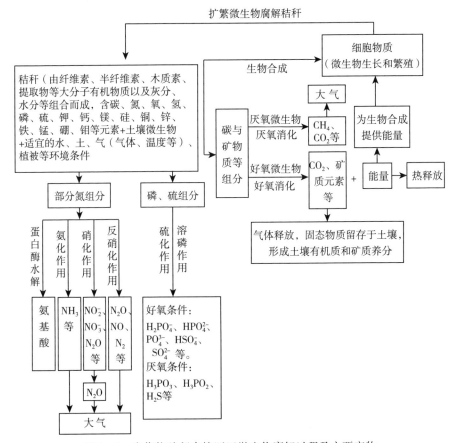

图1-2 农作物秸秆直接还田微生物腐解过程及主要产物

土壤微生物包括细菌、放线菌、真菌等。这三大微生物统称为区系微生物。细菌是形体最小、数量最多（占微生物总量的 70%～90%）的微生物，是土壤中最为活跃的因素，能够分解大部分的秸秆并产生热量。放线菌能够分解纤维素、木质素、粗蛋白等复杂的有机物。真菌适宜在秸秆富碳条件下生长与繁殖，而且可分泌大量的胞外酶，由此使其成为秸秆腐解的重要微生物种群。同时，真菌降解木质素有更为突出的表现。

研究者已分离获得 200 余种具有秸秆降解活性的真菌、细菌和放线菌，但依然有大量能够降解秸秆的微生物有待发现（李海铭等，2021）。当前，在每克土壤包含的数以亿万计的微生物中，尚有 99% 处于未知状态（汪景宽等，2019）。

土壤原生动物如鞭毛虫、纤毛虫、变形虫等，一可调节细菌数量，并增强某些土壤微生物的活性，二可参与土壤中有机残体的分解，促进营养元素的转化。

土壤后生动物包括蚯蚓、螨虫、轮虫、线虫、跳虫、潮虫、甲虫等，通过它们在土壤中的移动和吞食作用，不仅可消纳部分秸秆，而且能够增强土壤团粒结构、促进微生物的新陈代谢。

通过土壤微生物与土壤动物的共同或协同作用，最终实现还田秸秆的自然腐解。

1.3　秸秆腐解主要产物与去向

农作物生产首先是一个以光合作用为主的自然生产过程。以干物质计，小麦、玉米、水稻等主要作物秸秆 86%～94% 的物质来自光合作用，5%～11% 的物质来自土壤矿物质，只有 1%～3% 的物质来自人工施肥（包括当季施肥和以往施肥在土壤中累积的养分）。

秸秆腐解产物主要有三种：气态物质、SOM、矿物质。新生成的矿物质时常与 SOM 混合在一起。生成物去向也主要有三个：作为气态物质被释放到大气中、作为 SOM 和矿物质存留在土壤中、在水土流失过程中部分 SOM 和矿物质进入水体。

秸秆腐解生成的热是土壤生物化学作用的原动力和土壤微生物生命活

动所需能量的重要来源。

1.3.1 秸秆腐解碳、氮转化与温室气体排放

秸秆是以纤维素、半纤维素、木质素等大分子细胞质为主要组分的有机物料。以干物质计，小麦秸秆、水稻秸秆、玉米秸秆、棉花秸秆、油菜秸秆、大豆秸秆等主要农作物秸秆的碳含量在 $50\%\sim56\%$（表 1 - 3）。

表 1 - 3　主要农作物秸秆碳、氮含量与 C/N

秸　秆	含水量（%）	碳含量（%）		氮含量（%）		C/N	取样地区
		以风干基计	以干物质计	以风干基计	以干物质计		
小麦秸秆	14.03±6.67	45.92±10.36	53.41±12.05	0.52±0.17	0.61±0.22	87.56±12.75	河南、内蒙古
水稻秸秆	19.41±9.01	42.74±11.01	53.04±13.71	0.68±0.20	0.84±0.30	63.14±13.14	湖北、黑龙江
玉米秸秆	21.15±12.45	40.18±11.45	50.96±14.52	0.69±0.25	0.88±0.32	57.91±15.65	河南、黑龙江
棉花秸秆	14.57±8.01	47.52±13.57	55.63±15.51	0.83±0.28	0.97±0.32	57.35±19.04	新疆、河南
油菜秸秆	16.17±7.37	44.25±12.13	52.78±14.47	0.68±0.26	0.81±0.35	65.16±14.71	湖北、青海
大豆秸秆	13.65±6.85	42.23±19.51	48.91±22.55	1.35±0.43	1.56±0.64	31.35±19.83	黑龙江、河南
花生秸秆	19.66±10.57	27.70±7.50	34.48±9.54	1.19±0.38	1.48±0.52	23.30±6.25	河南、山东

注：样本采集于 2012—2013 年，秸秆样本量（n）全部为 20 个，分别从每种秸秆的两个主产地各取 10 个。所有样本都包括作物收获时的秆、茎、叶。

在微生物腐解秸秆的过程中，秸秆碳是其主要的能量源。秸秆中易分解且碳含量高的可溶性物质先被分解，然后是碳含量较高的纤维素和半纤维素。因此，在秸秆腐解过程中，总体表现为先期碳的释放快于氮的释放。但是，对于同一分子式的秸秆组分，无论其结构复杂与否，在被微生物分解的过程中碳、氮的释放总是同步的。

秸秆腐解生成的气态物质有 10 多种，其中量最大的是 CO_2。但由于秸秆的含碳物质几乎全部来自光合作用，在其腐解转化为 CO_2 并释放进入大气以后，从农田生态系统碳循环的角度来讲，该过程为零排放。在秸秆充分腐解生成 SOM 的过程中，$85\%\sim90\%$ 的秸秆碳转化为 CO_2。在好氧条件下秸秆碳主要转化为 CO_2，而在厌氧条件下则会同时生成 CO_2 和 CH_4。

就物质属性而言，对环境影响较大的气态物质主要有四种，即 CH_4、

N_2O、NH_3 和 SO_2。

CH_4、N_2O 属于高倍数效应的温室气体。根据联合国政府间气候变化专门委员会（Intergovernmental Panel on Climate Change，IPCC）国家温室气体清单指南，CH_4 和 N_2O 百年尺度的全球增温潜势（global warming potential，GWP）分别是同等重量 CO_2 的 25 倍和 298 倍。

NH_3 和 SO_2 属于大气污染物，但不属于温室气体。NH_3 属于雾霾的前体物；SO_2 既是雾霾的前体物，又是形成酸雨的物质。

在常规农业生产条件下，秸秆还田腐解生成的 CH_4、N_2O 和 NH_3 都不多，因此在秸秆还田环境影响研究中常将其称为痕量气体。SO_2 在秸秆腐解中排放量极少（硫元素主要转化为 SO_4^{2-} 并溶于水），很少被人们关注。

由上可知，秸秆腐解物质转换对温室气体排放的影响主要聚焦于两种元素，即碳和氮。其中秸秆碳的转化物主要有三种，即 CO_2、CH_4 和土壤有机碳（soil organic carbon，SOC），从而使秸秆还田影响到土壤 CO_2、CH_4 的排放和 SOM 的积累——培肥土壤并同步实现固碳减排。秸秆氮则可部分生成 N_2O，从而使秸秆还田影响到土壤 N_2O 的排放。当然，秸秆氮将更主要地转化为土壤肥力物质（土壤有机氮）和农作物营养物质（土壤矿质氮），通过替代氮素化肥投入实现节能减排。

1.3.2 秸秆矿质元素的腐解转化与土壤培肥

秸秆中的氮、磷、钾、硫、钙、镁、硅等大量和中量元素以及铜、锌、铁、锰、硼、钼等微量元素（表 1-4）以有机物组分或无机盐的状态存在。在秸秆腐解（矿化）后，这些元素以矿质盐的形式释放出来，主要存留在土壤中，并大多数作为营养物质逐步被作物吸收，部分通过土壤侵蚀和淋溶进入水体。同时，在秸秆腐解过程中，部分矿质元素被微生物利用形成微生物细胞，并最终随微生物的凋亡被再次释放至土壤，起到营养矿化和缓释培肥的作用。

试验表明，秸秆还田显著提高了耕层土壤碱解氮、有效磷尤其是速效钾的含量（薛斌等，2017）。美国 15 年的定点试验结果表明，与不还田秸秆的对照区相比，秸秆还田土壤中的碳、氮、硫和磷分别增加 47%、37%、

表 1-4　主要农作物秸秆元素含量（烘干物）

秸　秆	大量和中量元素（%）							微量元素（mg·kg^{-1}）					
	氮	磷	钾	钙	镁	硫	硅	铜	锌	铁	锰	硼	钼
水稻秸秆	0.91	0.13	1.89	0.61	0.22	0.14	9.45	15.6	55.6	1 134	800	6.1	0.88
小麦秸秆	0.65	0.08	1.05	0.52	0.17	0.10	3.15	15.1	18.0	355	62.5	3.4	0.42
大麦秸秆	0.56	0.09	1.37	—									
玉米秸秆	0.92	0.15	1.18	0.54	0.22	0.09	2.98	11.8	32.2	493	73.8	6.4	0.51
高粱秸秆	1.25	0.15	1.42	0.46	0.19		3.19	46.6	254	127	7.2	0.19	—
谷子秸秆	0.82	0.10	1.75	—									
甘薯藤	2.37	0.28	3.05	2.11	0.46	0.30	1.76	12.6	26.5	1 023	119	31.2	0.67
大豆秸秆	1.81	0.20	1.17	1.71	0.48	0.21	1.58	11.9	27.8	536	70.1	26.4	1.09
绿豆秸秆	1.58	0.24	1.07	—									
油菜秸秆	0.87	0.14	1.94	1.52	0.25	0.44	0.58	8.5	36.1	442	42.7	18.5	1.03
花生秧	1.82	0.16	1.09	1.76	0.56	0.14	2.79	9.7	34.1	994	164	26.1	0.60
向日葵秸秆	0.82	0.11	1.77	—									
棉花秸秆	1.24	0.15	1.02	0.85	0.28	0.17		14.2	39.1	1 463	54.3		

资料来源：全国农业技术推广服务中心，1999。

45% 和 14%（朱玉芹等，2004）。曾木祥等（2002）对全国农业技术推广服务中心于 1999 年收集的全国各地 107 份秸秆还田试验材料数据进行汇总分析，得出有关土壤养分变化的如下主要结论：土壤速效氮增幅为 0.50～5.11mg·kg^{-1}，平均增加 2.59mg·kg^{-1}；有效磷增幅为 0.75～15.00mg·kg^{-1}，平均增加 2.58mg·kg^{-1}；速效钾增加最为显著，增幅为 1.30～193mg·kg^{-1}，平均增加 13.9mg·kg^{-1}。

秸秆中的有机态氮通过微生物腐解逐步从细胞质中释放出来，并逐渐矿化为无机氮被作物吸收。小麦秸秆、水稻秸秆、玉米秸秆、棉花秸秆、油菜秸秆等高 C/N 秸秆（表 1-3）还田后，腐解微生物生长的繁殖在利用秸秆氮的同时，也会消耗土壤中的氮，从而导致作物氮养分匮乏。因此，高 C/N 秸秆还田必须配施适量的速效氮肥。但是，高 C/N 秸秆微生物腐解与作物之间的夺氮现象是暂时的，秸秆半腐解后就会消失。同时，微生物死亡后，氮被归还到土壤，被作物吸收利用。

研究还表明，秸秆腐解对土壤非共生固氮有重要的促进作用。原因在于，秸秆腐解不仅可为腐解秸秆的微生物提供碳源（能量），还可为非共生固氮微生物提供碳源（能量）。试验结果表明，每氧化 1g 秸秆所释放的能量，可供固氮微生物固定 10～40mg 氮。据《土壤肥料学》（关连珠，2001）提供的资料，小麦秸秆还田固氮效果最佳，单位数量小麦秸秆还田的固氮率高达 $1.7g \cdot kg^{-1}$（以氮计）；燕麦秸秆、水稻秸秆、玉米秸秆还田的固氮率分别为 $0.8～1.6g \cdot kg^{-1}$、$0.5～0.9g \cdot kg^{-1}$、$0.0～0.2g \cdot kg^{-1}$（以氮计）。另外，与无肥处理和施化肥处理相比，秸秆还田处理土壤全氮和酸解氮含量显著提高（关连珠，2001）。秸秆还田可增加土壤氮含量以及氮的有效性。

土壤中磷的含量一般在 $0.05\%～0.20\%$（以 P_2O_5 计），红黄壤中仅为 0.06% 左右。因此，秸秆还田对红黄壤的补磷作用明显。秸秆中的磷属于有机磷，需要在土壤微生物的作用下水解成磷酸。这种磷酸和水解性磷一样，在土壤中再进行各种转化，变成有效磷酸盐供作物吸收利用。

土壤中的矿物钾一般占土壤含钾总量的 98% 以上，但矿物钾需要在钾细菌和各种酸的作用下释放出水溶性钾才能被作物吸收。因此，土壤中的钾和氮、磷一样，时常不能满足作物生长的需要，需要依靠施肥来补充。秸秆微生物腐解形成的微生物残体钾、秸秆腐解释放的水溶性钾和被土壤胶体吸附的交换性钾都可被作物直接利用。秸秆腐解释放有效钾的速度显著快于含钾矿石的风化和矿物钾的再转化。大量试验研究和农业生产实践都表明，秸秆还田可回收 90% 的钾，已经成为土壤补钾的重要途径。秸秆补钾对防治农作物缺钾病害有着重要的作用。

微量元素是作物营养物质的重要组成部分，尽管其含量甚微，但却是不可或缺和不能替代的，微量元素过多或过少都会对作物产生不良影响（陈丽荣等，2000）。我国从 20 世纪 60 年代初开始进行了大量的微量元素肥效试验，证明了微量元素在提高作物产量和改善农产品品质等方面的作用（褚天铎，1989），并十分重视各类有机物料投入对土壤微量元素的调节作用。根据陈丽荣等（2000）利用黑钙土进行的盆栽试验：施入 3% 的玉米秸秆腐解 120d 以后，土壤有效锌、有效锰、有效铁、有效铜含量分别较对照提高 $0.72mg \cdot kg^{-1}$（43.90%）、$5.28mg \cdot kg^{-1}$（46.44%）、

$3.69mg \cdot kg^{-1}$（58.76%）、$0.14mg \cdot kg^{-1}$（9.33%）；施入 3% 的玉米根茬腐解 120d 以后，土壤有效锌、有效锰、有效铁、有效铜含量分别较对照提高 $0.35mg \cdot kg^{-1}$（21.34%）、$1.88mg \cdot kg^{-1}$（16.53%）、$3.97mg \cdot kg^{-1}$（63.22%）、$0.16mg \cdot kg^{-1}$（10.67%）。

据邱凤琼等（1986）试验研究，秸秆在增加土壤有效磷、提高微量元素的有效性方面表现突出（表 1-5），可与化肥、草木樨媲美。

表 1-5　有机物料对土壤磷和微量元素有效性的影响

（1982 年，草甸黑土）（邱凤琼等，1986）

处　理	全磷 $(g \cdot kg^{-1})$	有效磷 $(\mu g \cdot g^{-1})$	微量元素 $(\mu g \cdot g^{-1})$				
			硼	铜	锌	铁	锰
无肥	0.83	25	0.242	1.94	2.32	81.2	19.7
化肥	0.96	61	0.322	2.26	2.35	114.6	23.8
草木樨	1.02	60	0.521	1.95	2.14	94.0	25.7
玉米秸秆	0.99	43	0.229	1.34	2.22	98.3	20.6
小麦秸秆	1.03	60	0.229	1.98	2.57	124.4	23.0
大豆秸秆	0.95	65	0.254	2.42	2.44	131.4	22.9

1.3.3　秸秆 SOM 的生成与土壤改良

包括秸秆在内的各类动植物残体是 SOM 的主要来源。秸秆经过土壤生物充分腐解转化后，在土壤中较为稳定存在的物质就是人们常说的秸秆 SOM。它主要由秸秆腐解生物及其分泌物、秸秆腐解生物残体、难分解的秸秆残体以及这些物质在土壤生物作用下再度合成（衍生与缩合）的各类有机物质组成。

秸秆还田和农作物收获残留根茬腐解与积累已经成为我国大田 SOM 的主要来源，对沃土培肥发挥着难以替代的作用。

1.3.3.1　秸秆 SOM 的生成与碳、氮转化

根据 SOM 生成的腐殖化理论，秸秆充分腐解后，到最终实现向 SOM 的转化，必须经过完整的腐殖化过程——由土壤生物转化或合成的多酚、含氮物质、糖类物质和来自秸秆的木质素聚合转变成结构更为复杂的高分子多聚物。研究表明，在同一土壤中，秸秆 SOM 与绿肥、杂草、林木枝

叶、人畜粪便、堆沤有机肥等有机物料腐解过后经过腐殖化过程生成的 SOM 没有质和量的差别。

在秸秆腐解生成的 SOM 中，SOC 主要来自土壤微生物对秸秆碳的吸收和同化。在秸秆充分腐解后，有 10%～15% 的秸秆碳转化为 SOC。其他转化为 CO_2 和 CH_4。

SOC 与 SOM 是两个含义相同、量纲有别的概念（张维理等，2020），两者含量之间有较为固定的换算系数，即 SOM 含量＝SOC 含量×1.724 或 SOC 含量＝SOM 含量×0.58。其中的系数 1.724 和 0.58 被称为 SOM 含量与 SOC 含量的通用换算系数。虽然 SOC 含量与 SOM 含量之间的换算系数在不同的土壤类别之间并不是一成不变的，但对于大多数农田土壤而言，SOC 含量占 SOM 含量的比例总体保持在 55%～60%。而且对于同一土壤而言，这一比例基本上是长年不变的。这是 SOM 性能稳定的重要表现之一。

秸秆 SOM 不仅 SOC 含量高，而且土壤有机氮（soil organic nitrogen，SON）含量高，C/N 低。就大多数农田土壤而言：SOM 的 SON 含量在 3%～8%，平均为 5.5%；SOM 的 C/N 在 6～13，中间值为 9～10。

秸秆还田充分腐解生成 SOM 的过程，实质上是一个单位质量碳、氮富集和 C/N 不断下降的过程。秸秆周年腐解虽然完成了其在土壤中的"堆肥"过程，但文献分析结果表明：秸秆周年腐解残留物的平均碳含量只有 36.36%（95% 置信区间为 32.63%～40.08%，n=93），不仅远低于常规 SOM 的碳含量，而且比秸秆初始还田时的平均碳含量（43.16%，n=93）低 6.8 个百分点；平均 C/N 仍高达 47.45（95% 置信区间为 39.81～55.09，n=93），远远高于常规 SOM 的 C/N，仅比秸秆初始还田时的平均 C/N（62.73，n=93）下降 26.34%。秸秆周年腐解残留物需要进行持续的腐殖化，不断提高其碳、磷含量，逐步降低其 C/N，并最终达到与常规 SOM 相同的物质组分和稳态特性。这一过程需要 3～8 年。

秸秆氮含量平均约为 0.9%（0.6%～1.1%），单位质量的秸秆所含氮总量与其转化的 SOM 所含氮总量大致相当。但由于在秸秆腐解过程中碳、氮的同步释放（同一分子式的有机组分），秸秆 SOM 所含的 SON 只有 20%～40% 来自秸秆，其他 60%～80% 来自土壤微生物对土壤、水体、空气中氮以及氮肥的吸收和同化。因此，在秸秆腐解生成 SOM 的过程中，土壤微生物的非共生固氮作用是十分显著的。

1.3.3.2 秸秆 SOM 的沃土培肥作用

由于秸秆与其他各类动植物残体所生成的 SOM 没有质和量的差别，因此秸秆 SOM 的培肥改土作用与普通 SOM 毫无二致。但也有研究表明，非腐解的秸秆还田较腐解后的秸秆还田对土壤有更好的培肥作用（Jiang et al.，1990；史央等，2002）。赵兰坡等（1987）、窦森等（1995）、吴景贵等（1999）的文献都指出，非腐解的玉米秸秆施入土壤后，可显著提高土壤中各种酶的活性，增加土壤中松结合态腐殖质的含量，改善土壤的物理和化学性质。

SOM 可分为腐殖质和非腐殖质两大类，前者占 70%～80%（汤水荣，2017）。换言之，土壤腐殖质是 SOC 的主要承载者。土壤腐殖质是动植物残体在各种微生物的参与下，经过一系列复杂的生物化学降解过程后，再度合成的一些难分解的生物大分子有机物，包括胡敏酸（humic acid，HA）、富里酸（fulvic acid，FA）和胡敏素等。

土壤腐殖质结构复杂，性能稳定，存留时间长，对改善土壤质地和结构、增强土壤保肥保水性能和作物抗旱性能、促进土壤养分有效化和根系发育、缓冲土壤酸碱性、减轻重金属和农药危害等都有着重要的作用。腐殖质结构中有大量能与阳离子起交换作用的羧基、酚基、烯醇基、酚羟基等官能团，可大大提高土壤的阳离子交换量，增强土壤的保肥供肥性能。研究表明，无论是农作物植株，还是农作物根际土壤，哪里腐殖质浓度高，矿物营养就向哪里输送（运动）。说明土壤腐殖质担当着矿物营养"组织者"和"联络者"的角色。

非腐殖质包括简单的碳水化合物（多糖、糖醛酸、氨基糖等）、含氮化合物（蛋白质、缩氨酸、氨基酸等）、脂类（脂肪、蜡质、树脂等）、有机磷、硫化物等，主要来自动植物残体腐解和根系分泌物，占 SOM 总量的 20%～30%。SOM 中的非腐殖质活性组分输入量大且降解速度快，很大程度上影响了土壤有机质整体的稳定性（张璐，2021）。另外，非腐殖质可有效改善土壤的生物活性。

由秸秆腐解生成的 SOM 中，同样含有丰富的氮、磷、硫等营养元素，且会经过缓慢的矿化过程逐步释放并为作物所吸收。SOM 的氮占土壤全氮的 90%～98%、磷占土壤全磷的 20%～50%。腐植酸的络合和螯合作用防止了铜、锌等重金属的沉淀，提高了这些元素的有效性。

就我国广大的一年两熟地区而言，每年每公顷耕地还田秸秆 5 000～6 000kg，可形成 800～1 000kg 的秸秆 SOM，基本补偿 SOM 的损耗，并且可逐年缓慢提高 SOM 含量，满足作物生长的基本需要。与此同时，通过秸秆还田，可减少化肥施用量，避免过量施用化肥造成的生态破坏和环境污染，形成良性的生态循环，促进农业可持续发展。秸秆还田替代化肥投入将具有秸秆还田固碳减排之外的另一大碳中和效用。

1.4 秸秆还田各组分物质腐解进程

秸秆还田各组分物质腐解速度有快有慢，腐解进度有先有后。秸秆"三素"在土壤中腐解的难度为木质素＞纤维素＞半纤维素（曹莹菲，2016）。

一般来讲，能够转化秸秆木质素的土壤微生物的种类和数量都较少，而且微生物对木质素的转化速度远低于纤维素和半纤维素。原因在于：纤维素和半纤维素的腐解本质上属于水解反应，水解后生成的糖类作为碳源被土壤微生物利用；而木质素腐解本质上属于氧化还原反应（在有氧条件下进行），主要腐解产物没有被土壤微生物作为碳源利用，而是被转化为腐殖质（董祥洲等，2020）。

在秸秆降解的不同时段，土壤微生物类群将出现明显的演替现象。试验表明：在秸秆还田腐解的前期，土壤线虫通道指数一般在 50% 以上，而且时常达到 70% 以上的高水平，秸秆等土壤有机物料的腐解以细菌为主；随着秸秆腐解程度的不断加深，土壤线虫通道指数逐渐下降，形成以细菌和真菌共主或以真菌为主的腐解状态。前期以细菌腐解为主，后期以真菌腐解为主，这被视为秸秆微生物腐解的基本演替规律。

孔云等（2018）在天津市武清区开展了连续 15 年（2010—2015 年）的小麦—玉米复种周年秸秆还田（玉米秸秆粉碎犁耕翻埋还田、小麦秸秆粉碎免耕覆盖还田）试验，在秸秆快速腐解的 7—9 月，秸秆腐解以细菌为主导，土壤线虫通道指数为 0.63～0.97，而且总体表现为随着秸秆还田量的提高而提升。

饶继翔等（2020）在安徽省宿州市开展了连续 2 年的小麦—玉米复种周年秸秆旋耕混埋还田试验，2019 年 3 月进行土壤采样的分析结果表明，不同量秸秆还田处理的土壤线虫通道指数都≥65%，说明在秸秆还田条件下有机物料分解微生物以细菌为主。但试验结果同时表明，对照秸秆不还田且不施化肥或单施化肥，不同量秸秆还田都显著降低了土壤线虫通道指数。这又说明，在小麦秸秆还田 9 个月、玉米秸秆还田 5 个月以后，食真菌线虫数量占比得以显著增加，真菌对秸秆的腐解作用得到了增强。

华萃等（2014）在四川省盐亭县开展的小麦—玉米复种周年秸秆还田试验结果表明，在春季（5 月）秸秆开始快速腐解时，秸秆全量还田土壤线虫通道指数达到 75% 左右，秸秆半量还田土壤线虫通道指数达到 55% 左右，说明此时秸秆腐解主要依靠细菌。经过夏季的秸秆腐解，到玉米收获时（9 月），土壤线虫通道指数都降至 50% 以下，秸秆腐解开始主要依靠真菌。

秸秆在土壤中的物质转化过程大致可分为三个阶段（陈昕等，2013）：第一阶段，以细菌作用为主，主要利用秸秆中的可溶性物质，并开始生成和积累腐殖质；第二阶段，以真菌降解木质素为主，是腐殖质的主要生成和积累阶段；第三阶段，以放线菌作用为主，开始分解腐殖质。需要说明的是，在秸秆腐解物质转化的每个阶段，都是三种土壤区系微生物以及土壤动物共同或协同作用的过程。例如，真菌对木质素、纤维素和半纤维素都有很强的降解作用。

秸秆物质转化的三个阶段共同构成秸秆生物腐解的全过程。其中前两个阶段合称为秸秆（充分）腐解阶段，第三个阶段可称为秸秆 SOM 矿化阶段。

王旭东等（2009）以玉米秸秆腐解进程为研究对象，采用砂滤管法在陕西省关中地区高、中、低肥力土壤上进行了 480d（近 16 个月）的秸秆腐解试验，并采用文启孝（1984）的系统分析方法对玉米秸秆（未腐解样品）及其腐解物的水溶性组分、苯-醇溶性组分、半纤维素、纤维素和木质素含量进行了测定，绘制出如图 1-3 所示的秸秆腐解物各组分含量变化过程，从而对玉米秸秆还田各组分腐解速度和顺序给出了直观的表达。

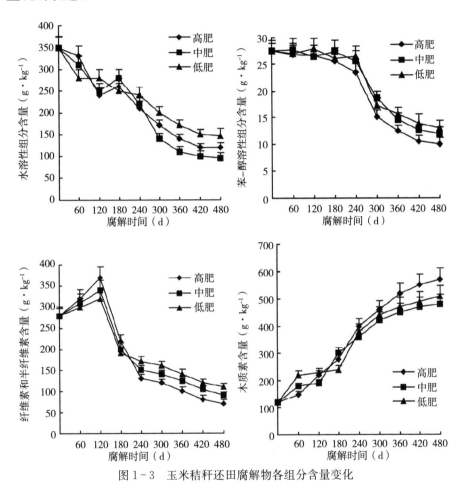

图 1-3　玉米秸秆还田腐解物各组分含量变化

1.4.1　水溶性组分的全程快速腐解

　　无论是在秸秆原料、腐解残留物中，还是在土壤有机质中，水溶性组分都是活性最强的有机组分。

　　玉米秸秆的水溶性组分主要是淀粉、蔗糖、低聚糖、果糖和氨基酸等化合物。由图 1-3 可知：①从玉米秸秆初始还田到试验期末，腐解物中水溶性组分含量总体上呈下降的趋势。这说明，玉米秸秆水溶性组分的腐解速率一直快于玉米秸秆的整体腐解进程。②玉米秸秆初始水溶性组分高达 $350g \cdot kg^{-1}$，经过 480d 的腐解后，残留物中的水溶性组分含量平均降至 $120g \cdot kg^{-1}$。

按照本试验 86% 的玉米秸秆累计腐解率计算，经过将近 16 个月的持续腐解，到试验期末玉米秸秆水溶性组分（与初始总量相比）共计损失了 95% 左右。

1.4.2 苯-醇溶性组分的前期与玉米秸秆同步腐解、后期腐解较快

苯-醇溶性组分是指那些不溶于水，只溶于苯、醇等有机溶剂的有机物质，包括脂肪、蜡质以及单宁、色素等。据王旭东等（2009）介绍，玉米秸秆中苯-醇溶性组分含量不高，初始含量只有 $27.5g \cdot kg^{-1}$，对玉米秸秆的总体腐解进程影响不大。

由图 1-3 可知：①在试验开始的前半年（180d），玉米秸秆腐解物中的苯-醇溶性组分含量变化不大。这说明，在玉米秸秆的腐解前期，其苯-醇溶性组分的腐解速度与玉米秸秆的总体腐解速度大致相同。②半年以后到试验期末，腐解物中的苯-醇溶性组分含量总体上呈下降的趋势。这说明，在半年以后，玉米秸秆中的苯-醇溶性组分的腐解速度一直快于玉米秸秆的总体腐解速度。

经过将近 16 个月的持续腐解，到试验期末玉米秸秆苯-醇溶性组分（与初始总量相比）共计损失了 94% 左右。

1.4.3 纤维素和半纤维素的前期缓慢腐解与后期快速腐解

采用文启孝（1984）的系统分析方法测定的秸秆纤维素和半纤维素含量比较低。王旭东等（2009）给出的玉米秸秆纤维素和半纤维素初始含量为 $280g \cdot kg^{-1}$。但这不影响秸秆纤维素和半纤维素腐解进程的规律性分析。

由图 1-3 可知：①在试验开始的前 4 个月（120d），玉米秸秆腐解物中的纤维素和半纤维素含量急剧攀升。这说明，在玉米秸秆腐解前期，纤维素和半纤维素的腐解速度显著低于玉米秸秆的总体腐解速度。

②4 个月以后，腐解物中的纤维素和半纤维素含量快速下降，由 4 个月时的 $340g \cdot kg^{-1}$ 左右降至 8 个月时的 $150g \cdot kg^{-1}$ 左右，降幅高达 56%。这说明，在此时期纤维素和半纤维素的腐解速度显著高于玉米秸秆的总体腐解速度。③8 个月以后，直到试验期末，腐解物中的纤维素和半纤维素含量持续下降。这说明，经过 8 个月的腐解以后，玉米秸秆中的纤维素和半纤维素仍保持较快的腐解速度。

经过将近 16 个月的持续腐解，到试验期末玉米秸秆的纤维素和半纤维素（与初始总量相比）共计损失了 96% 左右。

1.4.4 木质素的持续缓慢腐解

据王旭东等（2009）试验测定，玉米秸秆的木质素初始含量为 12%（$120g \cdot kg^{-1}$）。

由图 1-3 可知，从玉米秸秆初始还田到试验期末，腐解物中的木质素含量持续保持着上升的趋势。这说明，在此试验过程中，木质素一直是玉米秸秆中腐解速度最为缓慢的组分，即其腐解速度持续低于玉米秸秆的总体腐解速度。

经过将近 16 个月的持续腐解，到试验期末玉米秸秆的木质素（与初始总量相比）共计损失了不到 40%，腐解残留物中的木质素含量上升到 52% 左右。

研究表明，残留在土壤中的木质素可部分或大部分转化为性能更加稳定的土壤腐殖质，以丰富土壤碳库。Waksman（1936）认为，木质素是 SOM 的主要原生物质，并借此提出了土壤腐殖质的木质素学说。

1.5 秸秆"三素"的基本性质与微生物腐解

秸秆降解主要是土壤三大区系微生物即细菌、真菌、放线菌共同作用的结果。真菌在木质素降解中发挥着主导作用。细菌种类多、繁殖快，可分泌大量的纤维素降解酶，故在秸秆降解中备受关注。放线菌对环境适应性强，能够在不同的环境尤其是温度较为异常、pH 较高的环境中降解纤维素。三大菌系的协同作用可更加有效地促进秸秆快速腐解。

1.5.1 木质素的基本性质与微生物腐解

木质素是由苯丙烷单元通过醚键和碳碳键连接成的酚类芳香族聚合物（吴坤等，2000），分子量大，结构复杂，性能稳定。首先，木质素作为作物细胞壁的主要成分之一，与纤维素、半纤维素合力构筑起作物骨架；其次，木质素牢牢地包裹在纤维素和半纤维素的外面对其起保护作用，发挥着胶结和强化作物组织（增强作物体机械强度）的作用，使作物体不易被腐蚀；最后，木质素是秸秆"三素"中最难分解的部分，在厌氧环境中的分解速度则更为缓慢。

实验指出，由于木质素分子不存在可以水解的化学键，从而使其腐解速率被大大降低。研究表明，有机物料的腐解速率与木质素含量成反比（陈尚洪，2007；Zhang et al.，2008；Prescott，2010）。黄耀等（2003）对小麦、玉米、水稻、大豆、豇豆、甘薯、丝瓜、甘蔗、高羊茅、菖蒲、菱角、海桐、法国梧桐 13 种作物残体（茎、叶、根）进行田间填埋（网袋法）试验，经过 23 周的腐解，各作物残体的最终累计腐解率（%）可用公式 $F_w=150+1.496C_N-0.572C_L$（$R^2=0.799\ 0$，$P<0.001$，$n=17$）进行定量描述，与作物残体初始全氮（$C_N$）含量（$g \cdot kg^{-1}$）成正比，与木质素（$C_L$）含量（$g \cdot kg^{-1}$）成反比。

王金洲（2015）对文献进行整合分析发现：木质素含量＞28%时，其主导了有机物料的分解，并使有机物料保持在低速率分解；木质素含量为 10%～28%时，有机物料分解速率随其增加而降低，反之亦然；木质素含量低于 10%时，对有机物料腐解无明显影响。就农作物秸秆而言，其木质素含量常为 10%～20%，高者可达 25%～30%（表 1-5），因此在一定程度上限制了秸秆的腐解速度。

木质素的完全降解是真菌、放线菌、细菌及相应微生物群落共同作用的结果，其中真菌起着主导作用（吴坤等，2000）。因为真菌不仅能分泌胞外酶，还能产生具有机械穿插作用的菌丝，以穿透秸秆角质层的阻碍，增大降解酶与纤维物质的接触面积，加快秸秆降解速率。降解木质素的真菌（木腐菌）主要有白腐菌、褐腐菌和软腐菌等，其中白腐菌降解木质素的能力优于其降解纤维素的能力，褐腐菌和软腐菌降解木质素的能力弱于其降解纤维素的能力。已知白腐菌能将木质素完全转变为水和二氧化碳（韩梦颖等，2017）。白腐菌对秸秆纤维质的降解具有一定的顺序和选择性：先降解木质素和半纤维素，再同时降解木质素、半纤维素和纤维素（宋安东等，2006）。王宏勋等（2006）的试验结果表明：3 株不同种属的白腐菌对玉米秸秆纤维素和木质素的降解均具有一定的顺序和选择性：先降解半纤维素和木质素，再同时降解半纤维素、纤维素和木质素。从降解比例来看，白腐菌对半纤维素和木质素具有很好的降解优势和降解选择性：培养到 50d 时，相较于对纤维素的缓慢降解（降解率为 13.3%～19.1%），3 株菌对半纤维素和木质素的降解更快，降解率分别达到 32.1%～44.9%和 33.9%～55.4%。

吴坤等（2000）撰文指出：20 世纪末期以前，人们对白腐菌中的黄孢厚毛平革菌、彩绒草盖菌、变色栓菌、射脉菌、凤尾菇、朱红密孔菌等就有较多的研究，其中研究最多、最彻底和最具应用前景的是黄孢原毛平革菌。这种微生物的特点是培养温度高（37℃左右），无性繁殖迅速，菌丝生长快且分泌木质素降解酶能力强，已经成为研究白腐真菌的一种模式微生物。

细菌、放线菌也能降解木质素，但降解能力相对较弱。一般而言，细菌降解木质素的能力比真菌低得多（陈文新，1990）。但利用细菌可使能量物质快速进入细胞的特点，可对木质素进行改性，将其降解为低分子量的聚合木质素片段，从而令细菌与真菌协同作用降解木质素。例如，将烟曲霉与枯草芽孢杆菌混合使用，可对秸秆木质素降解产生更好的效果（吴坤等，2000）。

放线菌对木质素的主要作用是在降解过程中可以增进其水溶性。同时，由于放线菌能穿透木质素等不溶基质，可使其参与秸秆的初始降解和腐殖化（黄红丽，2009）。

1.5.2　纤维素的基本性质与微生物腐解

纤维素是自然界最为丰富的生物质资源，也是作物细胞壁中的第一大碳水化合物，占植物界碳含量的 50%以上（朱金霞等，2020）。

纤维素同样是秸秆中组分最多的大分子细胞质，处在秸秆细胞的最里层，由充当细胞间质的半纤维素和充当覆盖物质的木质素包围着。纤维素分子聚合度较高，性质非常稳定，且与半纤维素、木质素、蛋白质以及矿物质元素等物质紧密结合，在常温下不溶于水、稀酸、稀碱及一般有机溶剂，但在高温、高压、强酸等条件下，或通过酸水解、酶水解、热解或催化热解生成葡萄糖。在动物体内，纤维素可酶解成挥发性脂肪酸如乙酸、丙酸和丁酸等。

纤维素的分子式为 $(C_6H_{10}O_5)_n$，是作物细胞壁中含量最多的基本骨架，由 $\beta-D-$吡喃型葡萄糖基通过 $\beta-1,4-$糖苷键连接成纤维二糖，再以纤维二糖为结构单元，构成线性高分子葡聚糖链；葡聚糖链之间又通过氢键、范德华力聚集形成致密整齐、有规律、折叠排列类似于晶体的不透水网状结构（结晶区），以及分子间结合不甚紧密、排列不整齐的无定形区（非结晶区）（李海铭等，2021）。秸秆纤维素结晶率越高，其硬度越大、密度越高，微生物降解也越困难（田庄，2010）。

在产纤维素酶的微生物的作用下，纤维素能被分解成结构较为简单的糖类，并被微生物利用。

真菌是纤维素分解的主要参与者，而且在后期腐解物质的分解过程中发挥着重要作用（钱瑞雪，2020）。白腐真菌不仅对纤维素的降解具有一定的效果，而且可以在降解纤维素的同时降解木质素。降解纤维素的真菌以霉菌为主，包括曲霉、青霉、木霉、漆斑霉、卷枝毛霉、枝顶孢霉、脉胞霉、戴氏霉、毛壳霉等。由于黑曲霉、青霉等含有完全水解天然纤维素所必需的三种纤维素酶组分，因此得到较广泛的应用（薛林贵等，2017）。里氏木霉能同时分泌三种不同的纤维素酶且活力较高，其酶的分泌机制也最为清楚；绿色木霉、黑曲霉对秸秆纤维素的降解效果非常明显；烟曲霉可分泌完整的纤维素酶系，能有效地降解玉米秸秆（李海铭等，2021）。

细菌对纤维素的降解效果比较稳定，而且细菌种类多、繁殖快，在数量上占优势。细菌体积小，具有较大的比表面积，能使可溶性物质快速进入细胞。正如放线菌可穿透木质素一样，细菌也可较容易地穿透纤维素，增加秸秆在中性、碱性环境中的水溶性，达到快速降解秸秆的目的。细菌的酶活力比真菌低，但其在厌氧条件下产生的纤维素酶在中性与碱性环境中发挥作用，正好与有氧条件下真菌产生的偏酸性纤维素酶互补（韩梦颖等，2017）。可分解纤维素的细菌有芽孢杆菌属、类芽孢杆菌属、假单胞菌属、弧菌属、微球菌属、链球菌属、梭菌属、原黏杆菌属、纤维黏菌属、噬纤维菌属、生孢噬纤维菌属、堆囊菌属、螺旋体属等（陈子爱等，2006）。如枯草芽孢杆菌经过发酵后产生较多的纤维素酶，可以加快玉米秸秆的分解（刘延岭等，2020）。张立静等（2011）分离鉴定的一株短小芽孢杆菌的秸秆纤维素降解率在第 8 天时达到 40.34%。

李海铭等（2021）认为，与真菌相比，降解纤维素的细菌菌群对温度的耐受范围较广，耐受卤素离子，对酸碱环境适应性更强，可以应用在不同的区域环境条件下。

放线菌对纤维素的降解作用在两个方面与细菌相同：一方面，对环境适应性强，能够在不同温度条件下降解秸秆纤维素；另一方面，可在中性、碱性环境中增加秸秆的水溶性，并具有一定的穿透纤维素等不溶基质的能力，从而促进秸秆的腐解。放线菌对木质素的作用也在于其后一方面。但放线菌对纤维素的降解能力不如真菌，繁殖速度不如细菌（李海铭等，2021）。可分解纤维素的放线菌有分枝杆菌、诺卡氏菌、小单胞菌属、链霉菌属、纤维放线菌、黑红旋丝放线菌等（陈子爱等，2006；李海铭等，2021）。张晨敏（2014）分离获得的 2 株链霉菌在低温条件下表现出较高的纤维素降解活性。

1.5.3 半纤维素的基本性质与微生物腐解

半纤维素是构成作物细胞壁结构的第二大碳水化合物，含量仅次于纤维素（朱金霞等，2020）。它是由戊糖（即五碳糖，包括 D-木糖和 L-阿拉伯糖等）、六碳糖（包括 D-葡萄糖、D-甘露糖、D-半乳糖等）、糖醛酸以及各种 O-甲基糖等组成的非结晶态杂多糖（薛林贵等，2017）。半纤维素分子的主要结构形式是木聚糖。

半纤维素是纤维素与木质素接合的必要黏合剂。半纤维素与木质素以共价键相连，半纤维素与纤维素通过微纤维以氢键连接，并在纤维素周围形成复杂的网状结构。

与纤维素相比，半纤维素聚合度较低，较容易降解成单糖。因半纤维素分子链中的游离羟基具有亲水性，可使其促进细胞壁的水解和表面膨胀。要想使秸秆细胞胀裂，并进一步降解纤维素和木质素，有必要先降解半纤维素（姜立春等，2014）。

半纤维素降解菌来源广泛，包括细菌、真菌、放线菌和酵母菌等。几乎所有纤维素高效降解菌群都能很好地分解半纤维素，如真菌中的黑曲霉、青霉、分枝孢属、木霉属、轮枝孢霉、镰刀菌属、根霉、藤仓赤霉等。李红亚等（2015）利用解淀粉芽孢杆菌 MN－8 菌株进行玉米秸秆腐解试验，发酵 24d 后玉米秸秆的纤维素、半纤维素和木质素分别降解了42.9%、40.6%和27.1%。大多数放线菌很容易分解半纤维素，同时能改变木质素的结构。

第二章

农作物秸秆直接还田与
土壤微生物的交互作用

　　土壤生物即土壤微生物与土壤动物，是土壤有机物料腐解的直接作用者，它们既参与土壤中有机物料的分解，又参与土壤腐殖质的形成。土壤有机质以及新添加的有机物料与土壤生物一直处于不断的相互作用与动态变化之中（汪景宽等，2019）。秸秆还田可促进土壤生物的生长与繁殖，而土壤生物又反作用于秸秆的腐解。本章将着重阐述秸秆腐解与土壤微生物的交互作用。

　　增加土壤微生物数量、群落结构和活性，是秸秆还田所发挥的最为重要的土壤生物多样性功能。秸秆还田能够为土壤微生物繁衍提供丰富的碳源和氮源，促进微生物生长与繁殖，进而增加土壤微生物数量，改善微生物群落结构，增强土壤微生物活性。这是因为，大多数的细菌、放线菌和几乎所有的真菌都是化能有机异养型微生物，可将秸秆纤维质作为碳源和能源。研究还发现，秸秆还田不仅可为土壤微生物提供丰富的碳源，还会激活土壤中原具有秸秆转化功能的微生物，特别是在 C/N 等条件适宜时（Recous et al.，1998）。而土壤微生物数量、群落结构和活性的改变又反作用于秸秆的降解过程（张海晶等，2020）。

　　秸秆还田对土壤微生物的增进作用又是多方面的。例如，秸秆还田可改善土壤理化性质，而土壤理化性质的改善可为土壤微生物尤其是好氧微生物的繁殖创造有利条件（张坤等，2009）。从土壤主要养分指标与土壤微生物数量的关系来看，土壤微生物总数与秸秆腐解养分释放之间存在着一定的正相关关系，即秸秆还田养分含量高的土壤中微生物数量也多，这是土壤肥力与土壤微生物协同发展的结果。

秸秆还田对土壤微生物种群影响的研究始于20世纪40年代（裴鹏刚等，2014）。早在1945年Dawson就报道了秸秆还田浅耕处理与常规翻耕处理条件下土壤微生物数量变化的比较。Doran（1980）发现秸秆覆盖可使细菌、放线菌、真菌数量增加2～6倍，硝化细菌和反硝化细菌数量增加得更多。后人从不同种类、不同数量、不同方式、不同年限的秸秆还田以及秸秆还田耦合肥水管理等方面，就秸秆还田对土壤微生物数量、活性、群落特征、功能作用、土层分布、季节变化的影响进行了十分广泛的研究，并得出秸秆还田对土壤微生物总体表现为具有重要激发作用的结论，即秸秆还田对土壤微生物的总体增进作用远远超过其在个别环境条件下对土壤微生物的抑制作用。

在特定的环境条件下，秸秆还田对土壤细菌、放线菌、真菌都可能产生一定的抑制作用，而且主要体现在真菌上面。这种以真菌抑制为主的作用结果对土壤微生物群落结构和肥力质量的影响并不总是负面的。

2.1 土壤微生物对秸秆腐解的作用

作为纤维素酶类的主要来源，土壤微生物在秸秆降解过程中发挥了重要的作用。

土壤微生物是动植物残体向土壤有机质转化的引擎，土壤微生物群落及生活策略的差异明显影响外源有机质的分配和存留（汪景宽等，2019）。试验表明，秸秆还田降解速度与土壤微生物个体数量、菌群数量和群落多样性以及土壤酶活性呈显著的正相关关系，而且不同土壤微生物在秸秆不同腐解时期发挥不同的作用。

微生物处理能够显著促进秸秆的腐殖化。与此同时，由于"三素"分解酶是多酶体系，酶组分之间存在着明显的协同作用机制，所以混合菌株可以相互补充，共同促进秸秆的腐解。多种微生物组合的菌群与微生物组合培养能够更有效地降解秸秆，尤其是细菌与真菌之间具有比较强的协同作用能力。秸秆腐熟剂常对环境条件有较高的要求。

2.1.1　不同土壤微生物在秸秆不同腐解时期的不同作用

钱瑞雪（2020）以玉米秸秆为底物进行了长周期的实验室恒温培养试验，较为系统地研究了土壤微生物群落结构对不同秸秆添加量的响应，结果表明秸秆添加提高了土壤细菌、放线菌、真菌含量及磷脂脂肪酸（phospholipid fatty acids，PLFA）总量，不同土壤微生物在秸秆不同腐解时期发挥不同作用。试验前期（前90d）土壤微生物群落结构中细菌占主导地位，土壤细菌尤其是革兰氏阳性菌可能是易分解组分的主要作用者；试验中期（90～120d）土壤微生物群落结构由革兰氏阳性菌占主导地位转向革兰氏阴性菌占主导地位，土壤微生物区系逐步由细菌型向真菌型转变；试验后期（120d以后）土壤微生物群落结构逐渐趋于稳定，真菌在土壤有机物（玉米秸秆）难以分解的物质组分的分解过程中发挥着重要的作用。

钱瑞雪（2020）的培养试验再次印证了秸秆的逐级降解进程，即由碳水化合物到纤维素和木质素、再到酚类物质逐级分解。试验前期以碳水化合物等易分解组分的分解为主，但木质素可参与共代谢过程；试验中期纤维素、木质素等难分解组分的分解逐渐占主导地位；试验后期以酚类物质的分解为主。

钱瑞雪（2020）的实验室培养结果还表明，秸秆添加对真菌的促进作用大于细菌，导致细菌/真菌下降。秸秆还田不仅有利于土壤细菌和真菌数量的增加，而且有利于细菌/真菌的提升。秸秆还田对土壤微生物的抑制作用也主要表现在真菌数量的下降上。

细菌具有较快的周转率，以细菌为主导的土壤微生物群落可加快土壤氮的循环；相反，真菌的生命周期较慢，有利于土壤氮的保存。因此，细菌/真菌的提升则意味着土壤菌群结构从低肥力的"真菌型"向高肥力的"细菌型"转化。但水肥受胁迫的土壤则往往有着较高的真菌/细菌，只有这样才可使土壤菌群具有较高的缓冲能力，以增进其耐旱保肥水平。

2.1.2　秸秆腐解与土壤微生物群落的优势度显著正相关

张红等（2014、2019）用网袋法测得新鲜玉米秸秆、新鲜玉米秸秆＋

氮、风干玉米秸秆、风干玉米秸秆＋氮、新鲜大豆秸秆、风干大豆秸秆 6 个处理的累计腐解率，全部与其土壤微生物群落的优势度显著正相关（$P<0.01$）。在不同秸秆处理中，土壤微生物的优势种群均以糖类代谢群和多聚物代谢群为主；在腐解中后期，难分解物质逐渐累积，同时表现为对芳香化合物的利用最弱。

2.1.3　微生物处理能够促进秸秆的腐殖化

李艳等（2016）的实验室培养结果表明，微生物能够促进添加玉米秸秆的暗棕壤体系的腐殖化，其中真菌和放线菌是该过程的主要推动者，细菌的作用较小。真菌在培养初期起先锋作用，放线菌在培养后期起主导作用。微生物接种有利于胡敏酸的合成，且富里酸有向胡敏酸转化的可能。细菌、放线菌、真菌对腐植酸的影响分别表现在氮元素、$C=O$、氢元素上。

2.1.4　多种微生物组合菌群与微生物组合培养能够更有效地降解秸秆

在自然界中，有机物料的完全降解是由细菌、真菌、放线菌等土壤微生物群落和土壤动物共同作用的结果。研究表明，混合菌群对秸秆的协同降解效果时常高于单一菌株。

赵小蓉等（2000）通过实验室培养发现，真菌与细菌一起接种时，分解纤维素类物质的速度明显高于接种其中任何单一菌株。产黄纤维单胞菌（细菌）与康氏木霉（真菌）共同存在时，对水稻秸秆的分解能力最强，比单个菌株增加 25.50%。

徐勇等（2003）利用纤维分解菌和自生固氮菌对水稻秸秆进行实验室恒温培养，结果表明两种菌群对水稻秸秆腐解都有良好的促进作用，联合培养效果最佳。纤维分解菌分解秸秆中的不溶性碳源，在为其自身提供丰富的碳源和营养的同时，也为自生固氮菌提供充足的碳源和养分。

萨如拉等（2013）从腐烂的树叶和高原锯末中筛选到两组玉米秸秆降解复合菌系，在玉米秸秆培养基中 15℃ 培养 15d，玉米秸秆分解率分别达到 30.21% 和 32.21%。第一组复合菌系包含木霉和多种细菌，第二组复合菌系包含青霉和多种细菌。两组复合菌系优势细菌均为梭菌属和芽孢杆菌属。

张立霞（2014）利用刚果红纤维素培养基和真菌在液体培养基中的酶活测定，筛选出黑曲霉、青霉、木霉3个真菌菌株，并将其与黄孢原毛平革菌进行单菌及复合菌的多重组合，用于玉米秸秆发酵处理，结果表明降解效果较好的组合为黄孢原毛平革菌＋黑曲霉＋青霉＋木霉。经过10d的培养，该菌群组合对玉米秸秆纤维素、半纤维素、木质素的降解率分别达到29.60%、12.02%和29.10%。

焦有宙等（2015）利用8种土著菌种进行单一菌种和组合菌群的玉米秸秆腐解试验，结果表明：①经过35d的单一菌种培养，黑曲霉、绿色木霉对秸秆中纤维素、半纤维素表现出较强的降解能力，对纤维素的降解率分别为38.96%和46.32%，对半纤维素的降解率分别为47.81%和37.53%；黄孢原毛平革菌、杂色云芝对玉米秸秆中的木质素表现出较强的降解能力，降解率分别为43.56%和39.17%。②经过15d的组合菌群培养，对半纤维素、纤维素、木质素的降解率分别高达48.53%、36.38%和40.11%，显著高于单一菌种处理。

常洪艳等（2019）对比了低温菌剂、常温菌剂、混合菌剂、无菌剂4种不同处理对玉米秸秆的降解效果，结果表明添加混合菌剂的秸秆降解速率最大。培养到第100天时，各处理秸秆降解率依序为混合菌剂（86%）＞低温菌剂（81%）＞常温菌剂（77%）＞无菌剂（71%）。

孙学习等（2020）从河南农田腐烂的玉米秸秆、小麦秸秆和枯枝败叶中分离出4株耐高温且具有纤维素降解能力的菌种（分属米曲霉菌、芽枝孢霉菌、枯草芽孢杆菌和苏云金芽孢杆菌），测定了各菌株对不同秸秆的纤维素降解活性，发现"3∶1∶4∶2"复合菌液对秸秆的降解效果最好。

崔鸿亮（2021）利用构建的秸秆分解菌群对水稻秸秆进行了8d的实验室培养，在30℃恒温条件下分解率达到73.2%，在最佳培养条件（温度为40℃、初始pH为8.05、振荡速度为170 r·min^{-1}、装液量为102mL）下分解率达到82.5%。

2.1.5 秸秆腐熟剂时常对环境条件有较高的要求

秸秆腐熟剂是指能加速各类农作物秸秆腐熟的微生物活体制剂，一般由多种不同的微生物菌群组成。秸秆腐熟剂的作用：①直接参与土壤微生物菌群对秸秆的腐解，促进秸秆腐熟；②促进土壤微生物的增殖，加速秸秆腐熟；③通过促进秸秆腐熟为土壤提供有机质和营养物质，改善土壤理化性状，提高土壤肥力；④抑制或杀灭秸秆中的病原微生物，减轻作物病害；⑤促进作物健康生长，提高农产品产量，改善农产品品质。

秸秆腐熟剂的研发与应用研究主要集中在菌种（菌株）选择、施用方法及施用效果上。其中有关施用效果的研究中催腐作用的研究最受关注。

有关秸秆腐熟剂的催腐作用的研究的结论差异很大，在不同的试验研究或同一试验研究不同的处理之间，都存在许多作用"显著"和"不显著"的结论。原因在于，秸秆腐熟剂时常对环境条件有较高的要求，特定种类的秸秆腐熟剂在特定的土壤环境（土壤温度、水分、pH、质地等）条件下，对特定的秸秆种类或还田方式才有明显的催腐作用。在不同的环境条件下皆具有较好催腐效果的菌剂罕见。另外，腐熟剂对秸秆的催腐作用主要表现在添加腐熟剂的早期或前期，作用时间有一定的或较强的时限性。

2.2 秸秆腐解与土壤微生物的相互促进作用

任万军等（2009）在四川郫县开展的水稻—小麦复种小麦秸秆还田试验结果（表2-1）表明，秸秆还田对水稻各生育时期的土壤微生物数量都有明显的增进作用。在土壤上层（0～10cm）秸秆覆盖还田表现最突出，无论是微生物总量，还是细菌、真菌、放线菌数量，大部分表现为免耕秸秆覆盖还田＞免耕秸秆不还田＞犁耕秸秆翻埋还田＞犁耕秸秆不还田。在土壤下层（10～20cm）秸秆翻埋还田表现最为突出，微生物总量以及细菌、真菌、放线菌数量，大部分表现为犁耕秸秆翻埋还田＞免耕秸秆覆盖还田＞免耕秸秆不还田＞犁耕秸秆不还田。

表 2-1 水稻—小麦复种小麦秸秆不同还田方式下稻季土壤微生物数量变化

单位：$\times 10^3 CFU \cdot g^{-1}$

区系微生物	水稻生育时期	上层（0～10cm）				下层（10～20cm）			
		免耕秸秆覆盖还田	免耕秸秆不还田	犁耕秸秆翻埋还田	犁耕秸秆不还田	免耕秸秆覆盖还田	免耕秸秆不还田	犁耕秸秆翻埋还田	犁耕秸秆不还田
细菌	分蘖期	168	145	137	85	72	75	83	64
	拔节期	171	150	151	103	89	78	99	70
	孕穗期	202	197	190	157	132	138	143	109
	成熟期	191	136	148	94	94	98	100	63
真菌	分蘖期	2.6	1.6	1.2	0.8	1.0	0.5	1.1	0.3
	拔节期	2.9	2.6	1.7	1.4	1.1	0.7	1.5	0.5
	孕穗期	5.2	4.4	3.4	2.6	2.7	2.3	2.9	1.5
	成熟期	6.2	5.3	4.8	4.5	3.1	2.2	3.9	2.7
放线菌	分蘖期	130	135	134	104	50	46	64	32
	拔节期	108	90	72	44	30	27	41	12
	孕穗期	155	120	104	96	67	59	77	48
	成熟期	189	134	108	97	57	48	66	39
合计	分蘖期	300.6	281.6	272.2	189.8	123	121.5	148.1	96.3
	拔节期	281.9	242.6	224.7	148.4	120.1	105.7	141.5	82.5
	孕穗期	362.2	321.4	297.4	255.6	201.7	199.3	222.9	158.5
	成熟期	386.2	275.3	260.8	195.5	154.1	148.2	169.9	104.7

在秸秆还田的激发作用下，土壤微生物的纤维分解强度（埋棉布条法测定）显著提升。以上层土壤为例：与免耕秸秆不还田相比，免耕秸秆覆盖还田土壤微生物纤维分解强度在分蘖期、拔节期、孕穗期、成熟期分别提高 39.76%、46.27%、68.60% 和 79.01%，平均提高 58.41%；与犁耕秸秆不还田相比，犁耕秸秆翻埋还田土壤微生物纤维分解强度在分蘖期、拔节期、孕穗期、成熟期分别提高 19.29%、52.67%、29.51% 和 56.71%，平均提高 39.55%。在土壤上层，各试验处理土壤微生物纤维分解强度排序为免耕秸秆覆盖还田＞犁耕秸秆翻埋还田＞免耕秸秆不还田＞犁耕秸秆不还田；在土壤下层，各试验处理土壤微生物纤维分解强度

排序与土壤微生物数量排序完全一致，即犁耕秸秆翻埋还田＞免耕秸秆覆盖还田＞免耕秸秆不还田＞犁耕秸秆不还田。

稻田土壤微生物与土壤肥力相关性分析结果表明：土壤细菌数量与土壤有机质、全磷含量极显著正相关（$P<0.01$，下同），与土壤全钾、全氮、碱解氮、有效磷含量显著正相关（$P<0.05$，下同）；土壤放线菌数量与土壤全钾、全氮、全磷、速效钾、碱解氮、有效磷含量极显著正相关，与土壤有机质含量显著正相关；土壤真菌数量与土壤有机质和土壤各营养元素之间的相关性均没有达到显著水平。

2.3　秸秆还田对土壤微生物群落特征的增进作用

荀子曰："万物各得其和以生，各得其养以成。"（《荀子·天论》）

生物多样性主要是指生物群落种内和种间差异，并以物种（类群）多样性作为生物多样性最直观的表达形式。在已有研究中，有学者经常将生物多样性与群落的稳定性联系起来，认为群落结构越复杂，生物多样性越高，群落越稳定，多样性导致稳定性，群落多样性是其稳定性的一个重要衡量尺度（张赛等，2012）。在农田生态系统中，生态系统尤其是生物群落的稳定性对提高农作物产量和生态环境保护又具有十分重要的意义。

土壤是地球上生物多样性最丰富的生境。与普通生物群落一样，土壤生物群落多样性特征一般用四个指数即生物多样性指数、物种丰富度指数、物种均匀度指数和物种优势度指数来表达。

生物多样性指数常被用来度量生物群落的复杂程度和所含物种数量。就土壤生物而言，生物多样性指数越高，土壤质量越好、生态系统越稳定。

常用物种多样性指数为 Shannon-Wiener 指数，音译为香农-威纳指数。其计算公式为

$$H = -\sum_{i=1}^{S}(P_i \times \ln P_i) \qquad (2-1)$$

式中：H 为生物多样性指数；P_i 为生物群落中第 i 个物种个体数占总个体数的比例；S 为生物类群数。

如果用微平板孔中溶液的相对吸光值（变化率）来度量 P_i 值，则其计算公式为

$$P_i = (C_i - R_i) / \sum_{i=1}^{n} (C_i - R_i) \tag{2-2}$$

式中：P_i 为微平板第 i 孔的相对吸光值与整个微平板的相对吸光值总和之比；C_i 为每个培养基孔的吸光值；R_i 为对照孔的吸光值；n 为培养基孔数（Biolog 微平板 n 为 31）。

物种丰富度指数是用来描述生物群落中所含物种丰富程度的数量指标。最传统、最简单的方式是以一定样地中的物种数目来表示。物种丰富度指数的计算公式有多种，当前常用的 Margalef（1958）计算公式为

$$D = (S-1)/\ln N \tag{2-3}$$

式中：D 为物种丰富度指数；S 为生物类群数；N 为生物个体总数。

物种均匀度指数被用来度量生物群落中各个物种的相对密度。自 Loyd 等（1964）提出均匀度的测定方法以来已有若干种物种均匀度指数问世，当前常用的主要是 Pielou（1969）的均匀度指数：

$$E = H/\ln S \tag{2-4}$$

式中：E 为物种均匀度指数；H 为生物多样性指数；S 为生物类群数。

在进行物种均匀度指数计算时，S 也可用土壤微生物利用的碳源总量替代（Shannon-Wiener 指数）。

物种优势度指数是用来表达生物群落组成状况的指标，它是对物种不均衡性即集中程度的度量。

物种优势度指数又称 Simpson 指数，音译为辛普森指数。其计算公式为

$$C = \sum_{i=1}^{S} P_i^2 = \sum_{i=1}^{S} (n_i/N)^2 \tag{2-5}$$

式中：C 为物种优势度指数；P_i 为生物群落中第 i 个物种个体数（n_i）占总个体数（N）的比例；S 为生物类群数。

总体而言，物种数目越多，多样性越丰富。但多样性又是丰富度和均匀度两者的统一，且 H 与 D、E 的变化趋势基本一致。统计表明，土壤动物 H 与 E 正相关（张赛等，2012）。从下文中的众多案例来看，H 与 D 的变化趋势往往具有更高的一致性。

C 是对均匀性的反面度量，其数值越大表明生物群落内不同类群数量的分布越不均匀。在 E 一定的情况下，C 越高生物多样性越高；在 C 一定的情况下，同样是 E 越高生物多样性越高。总体而言，土壤动物 H 与 E 正相关、与 C 负相关（张赛等，2012）。

试验表明，不同种类、不同方式、不同数量、不同年限的秸秆还田以及化肥配施条件下的秸秆还田对土壤微生物群落特征总体表现为具有显著的或一定的增进作用。

2.3.1 连年秸秆还田对土壤微生物群落特征的增进作用

刘建国等（2008）开展了新疆棉花连作秸秆粉碎全量翻埋还田试验，发现随着秸秆还田年限的增加，棉田土壤微生物群落的多样性指数显著提升（表 2-2）。连续还田 5 年、10 年、15 年和 20 年，棉花现蕾期土壤微生物多样性指数分别较种植 1 年增加 73.68%、94.74%、68.42% 和 100.00%。

表 2-2　新疆连作棉田不同秸秆还田年限土壤微生物物种多样性指数变化

还田年限	土壤微生物物种多样性指数
1 年	0.19
5 年	0.33
10 年	0.37
15 年	0.32
20 年	0.38

田磊等（2017）通过对吉林农业大学连续 30 年玉米施肥定位试验田的土壤进行采样分析，发现在同等施肥情况下，玉米秸秆还田可以显著提高玉米根部细菌和 AMF（丛枝菌根真菌）的多样性和丰富度。其中，秸秆还田配施磷肥与单施磷肥相比，土壤细菌物种多样性指数和物种丰富度指数分别提高 27.9% 和 63.6%，土壤 AMF 物种多样性指数和物种丰富度指数分别提高 35.7% 和 40.1%。由此可见，连年秸秆还田对土壤微生物多样性有较为显著或十分显著的增进作用。

2.3.2　不同种类秸秆还田对土壤微生物群落特征的增进作用

不同种类秸秆还田对土壤微生物多样性总体表现为显著的增进作用，而且在不同种类秸秆之间有时会有一定的差异性表现。

兰木羚等（2015）在重庆市北碚区以水稻秸秆、小麦秸秆、玉米秸秆、油菜青秆和蚕豆青秆为研究对象，采用网袋法和磷脂脂肪酸（PLFA）测定方法，研究了不同种类秸秆还田对旱地和水田土壤微生物特征指数的影响。秋收季节土壤采样分析结果（表2-3）表明，与无秸秆还田相比：①旱地5种秸秆还田对土壤微生物物种多样性指数都有一定的提升作用（其中油菜青秆和蚕豆青秆均达到显著提升水平），对土壤微生物物种均匀度指数都有一定的降低作用（但同时均没有达到显著降低水平），对土壤微生物物种优势度指数的作用都不明显。②水田5种秸秆还田对土壤微生物物种多样性指数和物种优势度指数都有一定的提升作用，而且除蚕豆青秆外，其他秸秆均达到显著提升水平；对土壤微生物物种均匀度指数都有一定的提升作用，但均没有达到显著提升水平。

表2-3　不同种类秸秆还田对土壤微生物特征指数的影响

耕地类型	还田秸秆	物种多样性指数	物种均匀度指数	物种优势度指数
旱地	无秸秆	2.84ab	0.93a	0.93b
	小麦秸秆	2.98bc	0.87ab	0.93b
	水稻秸秆	2.90bc	0.89ab	0.93b
	玉米秸秆	2.93bc	0.89ab	0.93b
	油菜青秆	3.00c	0.89ab	0.94b
	蚕豆青秆	3.00c	0.88ab	0.94b
水田	无秸秆	2.43a	0.83b	0.88a
	小麦秸秆	2.93bc	0.88ab	0.93b
	水稻秸秆	2.81bc	0.88ab	0.92b
	玉米秸秆	2.87bc	0.85ab	0.92b
	油菜青秆	2.81bc	0.88ab	0.92b
	蚕豆青秆	2.66ab	0.87ab	0.90ab

注：不同小写字母表示不同处理间差异显著。余同。

杨冬静等（2021）在江苏省泗洪县进行了连续 2 年的水稻—小麦复种秸秆还田试验，发现秸秆还田改变了土壤中细菌和真菌的群落结构和差异物种，并在一定程度上改变了土壤微生物的多样性、菌群的相对丰度。例如，与水稻、小麦秸秆均不还田相比，水稻秸秆还田提高了土壤细菌的多样性，小麦秸秆还田提高了土壤真菌的多样性。

2.3.3 不同方式秸秆还田对土壤微生物群落特征的增进作用

董立国等（2010）在西北地区水平梯田上进行了连续 2 年的玉米秸秆全量覆盖还田试验，第 2 年玉米收获后的土壤采样分析结果表明，与秸秆不还田相比，玉米秸秆全量覆盖还田土壤微生物物种丰富度提高 57.03%、物种多样性提高 17.97%。

孙鹏等（2021）通过实验室培养发现，香蕉秸秆掩埋处理增加了土壤细菌群落的丰富度与多样性，改变了土壤微生物的群落结构，提高了具有分解功能的微生物分类属的相对丰度，并显著降低了病原菌的相对丰度。

张婷婷等（2021）在内蒙古旱作农业区进行了不同秸秆覆盖度的保护性耕作试验，发现小麦秸秆覆盖可提高土壤微生物多样性及群落稳定性。特别是当小麦秸秆覆盖度为 50% 时，土壤微生物群落的多样性最高、物种丰富度较高，且物种均匀度较好，从而使土壤微生物群落保持在较稳定水平。小麦秸秆覆盖度为 70% 时，也对土壤微生物群落多样性有较大的提升作用。

由此可知，不同方式的秸秆覆盖还田尤其是适量的秸秆覆盖还田，对土壤微生物多样性有较为明显的增进作用。

另外，提高还田秸秆粉碎程度也有利于增加土壤微生物多样性。王广栋等（2018）在黑龙江进行了连续 2 年的网袋法玉米秸秆埋田多因素试验，玉米全生育期土壤采样分析结果表明，随着还田秸秆粉碎程度的增加（秸秆长度分别为 25cm、20cm、15cm、10cm、5cm），土壤微生物物种多样性指数、物种优势度指数、物种均匀度指数均表现出逐步提高的趋势。与此同时，秸秆埋深（5cm、10cm、15cm、20cm、25cm）越浅，土壤微生物物种多样性指数、物种优势度指数、物种均匀度指数提升得越明显。

2.3.4 不同量秸秆还田对土壤微生物群落特征的增进作用

试验表明，不同量秸秆还田对土壤微生物特征指数都有一定的增进作用，而且整体表现出随着秸秆还田量的增加而提升的趋势；全量和2/3量秸秆还田对土壤微生物特征指数有显著的提升作用。

王广栋等（2018）的试验结果还表明，随着秸秆还田量（1 600kg·hm^{-2}、2 800kg·hm^{-2}、4 800kg·hm^{-2}、6 800kg·hm^{-2}、8 000kg·hm^{-2}）的增加，土壤微生物物种多样性指数、物种优势度指数、物种均匀度指数均表现出先增加后降低的趋势。当秸秆还田量为4 800kg·hm^{-2}（约相当于2/3量秸秆还田）时，对土壤微生物群落功能多样性的影响最大。通过秸秆长度、还田量和埋深单因素试验结果及三因素正交旋转试验结果分析可知，当秸秆长度为15cm、秸秆还田量为4 800kg·hm^{-2}、秸秆埋深为5cm时，土壤微生物物种多样性指数、物种优势度指数、物种均匀度指数以及秸秆腐解率、养分释放率均达到最高，此时土壤容重最低、孔隙度最大。通过建立模型及响应曲面优化分析，得到促进秸秆腐解的最佳还田方式：秸秆长度5~10cm、秸秆还田量4 400~5 920kg·hm^{-2}、秸秆埋深6~11cm。

周文新等（2008）于湖南农业大学教学实验场比较了免耕条件下不同水稻秸秆还田量对晚稻成熟期土壤微生物群落功能多样性的影响。晚稻成熟期土壤采样分析结果（表2-4）显示，土壤微生物物种多样性指数和物种丰富度指数皆随水稻秸秆还田量的增加而提升，而且全量和2/3量秸秆还田相关指标皆达到显著高于秸秆不还田的水平。

表2-4 水稻秸秆不同还田量对晚稻成熟期土壤微生物物种多样性指数和物种丰富度指数的影响

水稻秸秆还田量	物种多样性指数	物种丰富度指数
对照（不还田）	2.18b	13.67c
1/3量还田	2.37b	14.67bc
2/3量还田	2.64a	18.67ab
全量还田	2.69a	19.33a

郭梨锦等（2013）在湖北省随州市进行了小麦—水稻复种秸秆还田试验，进行不同量的小麦秸秆犁耕翻埋还田和免耕覆盖还田，水稻收获后土壤微生物物种多样性指数、物种丰富度指数和物种优势度指数都有一定的提升。对照小麦秸秆不还田，除 2 000kg · hm^{-2}小麦秸秆翻埋还田的物种多样性指数和物种优势度指数外，其他处理的 3 个特征指数皆达到显著提升水平（表 2-5）。

表 2-5 小麦—水稻复种小麦秸秆不同还田方式和还田量对水稻收获后
土壤微生物特征指数的影响

耕作方式	秸秆还田量 （kg · hm^{-2}）	物种多样性指数	物种丰富度指数	物种优势度指数
翻耕	0	2.65±0.04b	4.85±0.16b	0.91±0.01b
	2 000	2.66±0.04b	5.25±0.19a	0.91±0.01b
	4 000	2.75±0.02a	5.21±0.30a	0.92±0.00a
	6 000	2.76±0.01a	5.49±0.04a	0.92±0.00a
免耕	0	2.50±0.01c	4.34±0.05b	0.90±0.00b
	2 000	2.73±0.05b	5.26±0.28a	0.92±0.01a
	4 000	2.64±0.05b	5.37±0.06a	0.91±0.01a
	6 000	2.79±0.03a	5.32±0.15a	0.92±0.00a

邵泱峰等（2016）在浙江省临安区进行了旱地玉米秸秆旋耕混埋还田种植甘蓝试验，甘蓝收获前土壤采样分析结果表明，不同量秸秆还田处理的土壤微生物物种多样性指数和物种均匀度指数均表现为中量（11 250 kg · hm^{-2}，1.5 倍量的玉米秸秆单产）秸秆还田＞高量（22 500kg · hm^{-2}，3 倍量的玉米秸秆单产）秸秆还田＞低量（7 500kg · hm^{-2}，玉米秸秆单产）秸秆还田＞秸秆不还田。

周东兴等（2018）在黑龙江进行了网袋法玉米秸秆翻埋还田试验，玉米生育期分期土壤采样分析结果表明，土壤微生物物种多样性指数和物种丰富度指数均以 7 800kg · hm^{-2}的秸秆还田处理（约相当于秸秆全量还田）结果为最高（表 2-6），且其物种多样性指数与其他处理均达到显著差异水平。

表 2-6　不同玉米秸秆还田量的土壤微生物物种多样性指数、
物种丰富度指数与 *AWCD* 值

秸秆还田量（kg·hm⁻²）	物种多样性指数	物种丰富度指数	*AWCD* 值
2 600	3.272±0.006a	0.957±0.006a	1.075±0.031a
4 550	3.278±0.006a	0.958±0.005a	1.324±0.022c
7 800	3.336±0.009c	0.962±0.006a	1.452±0.020d
11 000	3.295±0.008b	0.959±0.004a	1.149±0.017b
13 000	3.284±0.005b	0.958±0.008a	1.151±0.015b

注：表中数据为5—10月8次土壤采样分析结果平均值。

孟超然等（2018）在新疆绿洲农田进行了玉米秸秆翻埋还田试验，玉米吐丝期5cm以下土壤采样分析结果表明，秸秆全量还田和半量还田土壤微生物物种丰富度指数、物种多样性指数、物种均匀度指数都显著超过秸秆不还田，且差异达到显著水平。秸秆全量还田与半量还田土壤微生物物种均匀度指数差异明显（前者显著高于后者），物种丰富度指数和物种多样性指数差异不显著（表 2-7）。

表 2-7　新疆绿洲农田不同玉米秸秆还田处理的土壤
微生物特征指数

秸秆还田量	物种丰富度指数	物种多样性指数	物种均匀度指数
对照（不还田）	17.33±0.47b	3.07±0.02b	5.58±0.32c
半量还田	27.00±0.82a	3.14±0.04a	6.65±0.22b
全量还田	27.67±0.47a	3.28±0.08a	8.92±0.26a

2.3.5　秸秆还田配施化肥对土壤微生物群落特征的增进作用

时鹏等（2010）在吉林进行了玉米连作秸秆全量翻埋还田试验，在不施化肥、单施氮肥、施氮磷钾肥3种不同的情况下，抽雄期土壤采样分析结果（表 2-8）表明，秸秆还田较不还田：①土壤微生物物种多样性指数都有所提高，但只有单施氮肥处理达到显著提升水平。②土壤微生物物种均匀度指数都有所提高，配施氮肥和氮磷钾肥处理都达到显著提升水平。③土壤微生物物种优势度指数均下降，同样只有配施氮肥处理达到显著下降水平。

表 2-8 玉米秸秆全量翻埋还田配施化肥条件下土壤微生物
特征指数与 *AWCD* 变化

试验处理		物种多样性 指数	物种均匀度 指数	物种优势度 指数	*AWCD* （72h）
不施化肥	秸秆不还田	3.02ab	0.90bc	0.06b	0.495cd
	秸秆还田	3.09ab	0.92ab	0.05b	0.732a
单施氮肥	秸秆不还田	2.90c	0.88c	0.07a	0.395d
	秸秆还田	3.07ab	0.93a	0.05b	0.639ab
施氮磷钾肥	秸秆不还田	2.99bc	0.89c	0.06b	0.567bc
	秸秆还田	3.08ab	0.92a	0.05b	0.714a

李涛等（2016）发现：在实验室中玉米秸秆＋氮肥、玉米秸秆＋苜蓿、单加玉米秸秆3种处理之间土壤微生物物种多样性指数差异不显著，但都显著高于不添加玉米秸秆处理；3种玉米秸秆处理与不添加玉米秸秆处理之间，土壤微生物物种均匀度指数差异皆不显著。

顾美英等（2016）在新疆和田地区进行了大枣行间小麦—绿豆复种周年秸秆全量混埋还田配施化肥试验，发现与单施化肥相比，秸秆还田配施化肥绿豆收获期 0～20cm 根际土壤微生物物种多样性指数明显提升，而物种优势度指数和物种均匀度指数的增进都不明显。

由上可见，秸秆犁耕翻埋或旋耕混埋还田配施化肥对土壤微生物多样性特征总体表现为显著的提升作用。

2.3.6 失灵的生物多样性特征指数

一般而言，在生物物种多样性指数（H）、物种丰富度指数（D）、物种均匀度指数（E）三个指数中，任一指数值提升、另两个指数值基本不变，任两个指数值提升、另一个指数值基本不变，三个指数值同时提升，都可基本认定为生物多样性特征的提升。反之亦然。

但在下列两种情况下，H 不能很好地指示生物群落的多样性：一种是类群数少、个体数也少，但个体数在各类群间分布均匀（E 高，从而使

H 显著偏高）；一种是类群数多、个体数也多，且个体数在各类群间分布不均匀（E 低，从而使 H 显著偏低）。

以刘军等（2012）在新疆进行的棉花连作秸秆全量翻埋还田试验为例，在连续 5 年、10 年、15 年的对比试验中，秸秆还田处理的土壤微生物总量持续高于秸秆不还田，但由于秸秆不还田处理的土壤微生物在三大区系中的分布相对较为均匀（表 2-9），从而使其 H 明显偏高。秸秆连续还田 5 年、10 年、15 年，棉花盛花期土壤微生物多样性指数分别较连作相同年份的秸秆不还田处理低约 18%、35% 和 43%。

表 2-9　新疆不同棉花秸秆还田年限盛花期土壤
微生物数量与结构变化

还田年限	秸秆还田处理	微生物总量（×10⁵ CFU·g⁻¹）	细菌		真菌		放线菌		细菌/真菌
			数量（×10⁵ CFU·g⁻¹）	占比（%）	数量（×10⁵ CFU·g⁻¹）	占比（%）	数量（×10⁵ CFU·g⁻¹）	占比（%）	
5 年	还田	236.81	210	88.68	0.81	0.34	26.0	10.98	259
	不还田	137.44	120	87.31	1.04	0.76	16.4	11.93	115
10 年	还田	212.64	190	89.35	1.04	0.49	21.6	10.16	183
	不还田	96.28	80	83.09	1.88	1.95	14.4	14.96	43
15 年	还田	192.40	170	88.36	1.20	0.62	21.2	11.02	142
	不还田	66.00	50	75.76	2.60	3.94	13.4	20.30	19
20 年	还田	118.98	100	84.05	1.38	1.16	17.6	14.79	72
25 年	还田	139.49	120	86.03	1.49	1.07	18.0	12.90	81
30 年	还田	178.47	150	84.05	1.67	0.94	26.8	15.02	90

从刘军等（2012）的试验结果可以看出，生物多样性特征的分析要以生物个体数量和类群数量为先决条件。在两个群落的生物个体数量或类群数量差别较大时，利用 H、E 进行生物多样性特征分析可能具有很大的不确定性。也就是说，在此情况下不宜用 H、E 对生物多样性特征做简单的判断。

在生物个体数量或类群数量明显提升的情况下，尽管不依据 H、E 的下降直接给出生物多样性特征衰退的结论，但可以肯定的是，只要 H、

D没有明显下降，仍可得出生物多样性特征提升的结论。

2.4 秸秆还田对土壤微生物活性的增进作用

常见的土壤微生物活性度量方法有两种，一种是（微平板）孔均颜色变化率（average well color development，AWCD），一种是土壤微生物活度（光密度，optical density，OD）。

（微平板）孔均颜色变化率即 AWCD 值能够显示土壤微生物群落对碳源的利用情况，因此可在一定程度上指代土壤微生物的数量结构、整体活性和代谢功能。通常而言，AWCD 值越大，土壤微生物活性越高。其计算公式为

$$AWCD = \sum (C_i - R_i)/n \qquad (2-6)$$

式中：AWCD 为（微平板）孔均颜色变化率；C_i 为每个培养基孔的吸光值；R_i 为对照孔的吸光值；n 为培养基孔数（Biolog 微平板 n 为 31）。

由于越来越多的人利用微平板孔中溶液的相对吸光值来计算 P_i ［式（2-2）］和 H ［式（2-1）］，因此根据 AWCD 值所做的土壤微生物活性分析结果与土壤微生物多样性分析结果相同。

土壤微生物活度（OD）值常采用改进的 FDA 法（Schnurer et al.，1982）测定，在 490nm 波长处进行比色，记录 OD 值。

FDA 水解法测定的土壤微生物 OD 值反映的是微生物在土壤物质循环中的生化过程，是对土壤水解酶总体状况的反映。因此，土壤微生物 OD 值是反映土壤-植物体系中有机质转化的较好指标（谭周进等，2006；万水霞等，2013）。

2.4.1 秸秆还田对土壤微生物 AWCD 值的提升作用

试验表明，不同种类、不同量、不同方式的秸秆还田以及化肥配施情况下的秸秆还田对土壤微生物 AWCD 值总体表现为显著的或一定的提升作用。与秸秆不还田相比，半量和全量的秸秆还田对土壤微生物 AWCD 值的提升作用一般都可达到显著水平。另外，秸秆还田条件下，作物轮作

也有利于提升土壤微生物的 $AWCD$ 值。

周文新等（2008）在湖南农业大学教学实验场的水稻秸秆覆盖还田试验结果表明，随着培养时间的延长，土壤微生物 $AWCD$ 值不断提升。到培养后期（240h），$AWCD$ 值排序为秸秆全量还田＞2/3 量还田＞1/3 量还田＞对照（秸秆不还田），而且前两者与后两者之间的差异均达到显著水平。

时鹏等（2010）在吉林进行了玉米连作秸秆全量翻埋还田试验，在不施化肥、单施氮肥、施氮磷钾肥 3 种不同的情况下，抽雄期土壤采样分析结果表明，秸秆还田较不还田 72h 土壤微生物 $AWCD$ 值皆显著提高（表 2-8），提高幅度分别为 47.88%、61.77% 和 25.93%。

董立国等（2010）在西北地区水平梯田上进行了连续 2 年的玉米秸秆全量覆盖还田试验，发现秸秆还田土壤细菌对底物碳源的利用能力显著高于对照（秸秆不还田），所测时间（120h）内的土壤 $AWCD$ 平均值较对照提升 53.1%。

李涛等（2016）在实验室设置 4 种秸秆处理，即玉米秸秆＋苜蓿、玉米秸秆＋氮肥、单加玉米秸秆、不添加玉米秸秆，培养 24h 后 $AWCD$ 值开始快速升高。培养到 168h，各处理 $AWCD$ 值的顺序为玉米秸秆＋苜蓿＞玉米秸秆＋氮肥＞单加玉米秸秆＞不添加玉米秸秆，而且前两个处理与后两个处理之间差异显著。

杨倩等（2016）通过智能温室盆栽大豆混埋秸秆试验发现，玉米秸秆和小麦秸秆添加处理的根际土壤 $AWCD$ 值（240h）在大豆开花期分别是不添加秸秆处理的 1.57 倍和 1.56 倍，在大豆成熟期分别是不添加秸秆处理的 1.19 倍和 1.15 倍。

顾美英等（2016）在新疆和田地区进行了大枣行间小麦—绿豆复种周年秸秆粉碎旋耕混埋还田配施化肥试验，发现与单施化肥相比，绿豆收获期土壤微生物 $AWCD$ 值显著提升。

戴亚军（2016）在江苏沿江地区进行了水稻—小麦复种秸秆沟埋还田试验，比较了稻季和麦季土壤微生物 $AWCD$ 值，发现大部分秸秆还田处理 $AWCD$ 值增加，少数秸秆还田处理 $AWCD$ 值下降，而且增幅远高于降幅。水稻收获后土壤采样分析结果（表 2-10）表明，无论是稻季水稻秸秆还田和小麦秸秆还田，还是麦季水稻秸秆还田和小麦秸秆还田，无论是

0～10cm、10～20cm 土层，还是 20～30cm 土层，土壤微生物 $AWCD$ 平均值都显著高于对照（秸秆不还田）。

表 2-10　水稻—小麦复种秸秆沟埋还田对土壤微生物 $AWCD$ 值的影响

土层 (cm)	稻季					麦季				
	水稻秸秆还田		小麦秸秆还田		对照 (秸秆不还田)	水稻秸秆还田		小麦秸秆还田		对照 (秸秆不还田)
	平均值	区间值	平均值	区间值		平均值	区间值	平均值	区间值	
0～10	0.133	0.084～0.158	0.115	0.045～0.218	0.049	0.423	0.263～0.657	0.456	0.366～0.568	0.183
10～20	0.100	0.052～0.196	0.081	0.039～0.126	0.067	0.271	0.158～0.392	0.165	0.017～0.252	0.112
20～30	0.075	0.030～0.149	0.027	0.014～0.044	0.017	0.207	0.114～0.312	0.174	0.041～0.341	0.064

邵泱峰等（2016）在浙江进行了旱地玉米秸秆旋耕混埋还田种植甘蓝试验，甘蓝收获前土壤采样分析结果表明，随着培养时间的延长，不同量秸秆还田处理的土壤微生物 $AWCD$ 值呈抛物线上升。培养期间，不同量秸秆还田处理的土壤微生物 $AWCD$ 值皆高于对照（秸秆不还田），为中量秸秆（11 250kg·hm^{-2}）还田＞高量秸秆（22 500kg·hm^{-2}）还田＞低量秸秆（7 500kg·hm^{-2}）还田＞秸秆不还田。

周东兴等（2018）在黑龙江利用网袋法进行了不同量玉米秸秆翻埋还田试验，玉米生育期分期土壤采样分析结果（表 2-6）表明，土壤微生物 $AWCD$ 值以 7 800kg·hm^{-2} 的秸秆还田量（约为秸秆全量还田）处理为最高。

孟超然等（2018）在新疆绿洲农田进行了玉米秸秆翻埋还田试验，玉米吐丝期 5cm 以下土壤采样分析结果表明，土壤微生物 $AWCD$ 值总体表现为秸秆全量还田＞秸秆半量还田＞秸秆不还田，而且三者之间的差异都达到显著水平。

于寒（2015）在吉林松原进行了秸秆还田试验，经过 144h 的实验室培养，发现小麦—玉米轮作秸秆覆盖还田和翻埋还田的土壤微生物 $AWCD$ 值比玉米连作分别高出 64.29% 和 20.00%。

任雅喃（2018）在山东莱阳进行了作物（青刀豆、糯玉米、西兰花）

套作、连作以及秸秆还田试验，进行了连续两年的作物全生育期土壤采样分析，根际土壤微生物 AWCD 值均表现为套作秸秆还田处理＞套作（秸秆不还田）处理＞连作（秸秆不还田）处理，而且三者之间的差异都达到显著水平。

2.4.2　秸秆还田条件下土壤微生物 *AWCD* 值的气候地带性变化

王晓玥等（2012）利用网袋法，在黑龙江海伦（寒温带半湿润季风气候，黑土）、河南封丘（暖温带半湿润季风气候，潮土）、江西鹰潭（中亚热带湿润季风气候，红壤）三地进行了小麦秸秆和玉米秸秆腐解过程中土壤微生物碳源代谢活性的 72h *AWCD* 值测定和分析。结果表明，在秸秆还田条件下，土壤微生物 *AWCD* 值随水分、温度的增加而降低。

首先，玉米秸秆和小麦秸秆样品在相同处理下的 *AWCD* 值相近且趋势相同。

其次，在秸秆腐解半年和 1 年后，*AWCD* 值表现出一定的随气候变化规律，即随着温度和降水量的升高而降低。其中，半年腐解海伦（0.765）＞封丘（0.737）＞鹰潭（0.326），周年腐解海伦（0.630）＞封丘（0.319）＞鹰潭（0.291）。但这种差异水平在腐解两年后显著降低。

最后，在秸秆腐解半年后，海伦、封丘两地的土壤微生物群落代谢特征与鹰潭差异较大，而 1 年后封丘、鹰潭两地的微生物群落代谢特征与海伦的差异较大。腐解两年后，不同气候条件下的秸秆腐解微生物对碳源的利用趋于一致。

王晓玥等（2012）分析指出：气候条件是影响秸秆腐解微生物碳源代谢活性的主要因素，其次是腐解时间。在水热条件好的地区秸秆腐解较快，容易利用碳源，养分减少较快，导致 *AWCD* 值表现出随水分、温度增加而降低的趋势。腐解两年后，不同气候和土壤条件下的秸秆碳源都降到较低的水平，土壤微生物碳源代谢活性随水分、温度增加而降低的趋势减弱。

2.4.3　秸秆还田对土壤微生物 OD 值的提升作用

肖嫩群等（2008）在湖南益阳进行了连续两年的双季稻田早稻秸秆翻埋还田试验，第二年晚稻收获后土壤采样分析结果表明，不同量秸秆还田土壤微生物活度（OD）值增长率为全量还田（110.59％）＞1/3量还田（87.65％）＞2/3量还田（54.12％）。

陈冬林等（2010）在湖南益阳开展了双季稻田早稻秸秆不同量犁耕翻埋还田试验，晚稻生育期分期（分蘖期、齐穗期、黄熟期）土壤微生物活度（OD）测定结果（表2-11）表明：①分期测定结果平均，水稻秸秆全量还田处理和2/3量还田处理OD值显著高于水稻秸秆不还田，而1/3量还田处理与水稻秸秆不还田处理OD值无差异。②晚稻分蘖期OD值最高，且2/3量还田处理显著高于其他量的水稻秸秆还田处理和秸秆不还田处理。③晚稻齐穗期OD值有所降低，而在黄熟期又有所提升。在晚稻黄熟期，全量还田处理和2/3量还田处理的土壤微生物OD值都较高。

表2-11　双季稻田早稻秸秆犁耕翻埋还田晚稻季土壤微生物
OD值变化

生育时期	OD值			
	不还田	1/3量还田	2/3量还田	全量还田
分蘖期	0.32	0.33	0.43	0.34
齐穗期	0.15	0.12	0.15	0.15
黄熟期	0.17	0.19	0.27	0.27
分期测定结果平均	0.21	0.21	0.28	0.25

由此可知，不同量的水稻秸秆翻埋还田对稻田土壤微生物OD值总体表现出一定的提升作用。

2.5　秸秆还田对土壤区系微生物数量的增进作用

土壤区系微生物主要由细菌、放线菌、真菌三大菌群构成。

秸秆还田对土壤微生物尤其是细菌和放线菌的影响是以激发作用为主导的，而秸秆还田对土壤肥力和环境质量的提升作用可通过其对土壤微生物数量的增进作用和群落结构的改善作用而得以体现。土壤微生物个体数量和类群数量对土壤微生物群落特征有着决定性的影响。有研究表明，土壤细菌和放线菌数量时常与土壤有机质、氮磷钾营养元素含量以及酶活性呈显著的正相关关系。细菌/真菌、放线菌/真菌的提升也可表征土壤微生物菌群由低肥力型向高肥力型的转变。

秸秆还田对土壤真菌的影响比较复杂，在以增进作用为主的同时，也有不少试验数据表征其抑制作用。土壤真菌数量的变化与土壤有机质、氮磷钾营养元素含量相关性较差，而土壤真菌数量的提升还有可能加重土传真菌病害。

本部分将从不同种类、不同年限、不同量、不同方式以及与肥料配施等角度阐述秸秆还田对土壤区系微生物数量的增进作用。

2.5.1 不同种类秸秆还田对土壤微生物数量的增进作用

水稻、小麦、玉米、油菜等农作物秸秆还田对土壤微生物大都表现为明显的增进作用，而且它们之间的差异水平大都弱于它们与对照（秸秆不还田）之间的差异水平。

张成娥等（2000）开展了黄土旱塬黑垆土添加秸秆室内盆钵培养试验，在整个培养过程中，4种不同秸秆添加处理的土壤微生物生物量碳依序为玉米秸秆＞谷子秸秆＞苜蓿茎叶＞马铃薯茎叶，并且全部大于未加秸秆的对照。这种变化与秸秆的含碳量和C/N有关，即秸秆含碳量和C/N越高，土壤微生物生物量碳越大，反之亦然。

尚志强等（2011）在云南宁洱开展了烟田秸秆还田试验，发现不同种类秸秆还田均能明显增进植烟土壤根际微生物数量。烟草现蕾期、初采期、终采期3次土壤采样分析结果平均，根际微生物总量、细菌和放线菌数量均表现为小麦秸秆还田＞水稻秸秆还田＞秸秆不还田。

兰木羚等（2015）在重庆市北碚区以水稻秸秆、小麦秸秆、玉米秸秆、油菜青秆和蚕豆青秆为研究对象，采用磷脂脂肪酸（PLFA）方法研究了不同种类秸秆埋田对旱地和水田土壤微生物数量的影响。秋收季节土壤采样分析结果表明：①旱地土壤PLFA总量变幅为$8.35 \sim 25.15 \mathrm{nmol} \cdot \mathrm{g}^{-1}$，油菜青秆＞蚕豆青秆＞玉米秸秆＞水稻秸秆＞小麦秸秆＞不加秸秆；5种秸秆埋田均能提高土壤微生物PLFA总量，其中油菜青秆、蚕豆青秆处理分别是不加秸秆处理的2.18倍和2.08倍，且与其他处理之间差异显著；5种秸秆处理三大区系微生物的PLFA总量均高于不加秸秆处理，其中真菌PLFA总量均与不加秸秆处理之间达到显著差异。

②水田土壤 PLFA 总量变幅为 4.04～22.19nmol·g^{-1}，水稻秸秆＞玉米秸秆＞小麦秸秆＞不加秸秆＞油菜青秆＞蚕豆青秆，而且前三者与不加秸秆处理之间均达到显著差异，即显著高于不加秸秆处理；5 种秸秆处理真菌 PLFA 总量均高于不加秸秆处理，而且除蚕豆青秆外，其他处理与不加秸秆处理之间均达到显著差异。

2.5.2 连年秸秆还田对土壤微生物数量与菌群肥力型的增进作用及其对作物连作障碍的化解作用

2.5.2.1 连年秸秆还田对土壤微生物数量与菌群肥力型的增进作用

连年秸秆还田已经成为我国各地常见的农作制度。相应的试验结果大多表明，土壤微生物总量以及细菌、放线菌数量均表现为随着秸秆还田年限的增加而增加，而真菌数量则表现为持续增加或早期增加、后期稳定；随着细菌/真菌、放线菌/真菌的提升，土壤微生物菌群由低肥力型向高肥力型转变。与此同时，持续增加秸秆还田时间会使偏爱利用碳源的土壤微生物种类更加丰富（荣国华，2018）。

张平究等（2004）在苏州进行了水稻—油菜复种秸秆还田试验，与单施化肥相比，在正常施用化肥的情况下连续 17 年秸秆还田，水稻收割后刚移栽油菜时表层（0～5cm）土壤微生物生物量碳、微生物生物量氮分别提高 50.06％和 27.98％。

慕平等（2011）在陇东黄土高原进行了玉米秸秆连年浅耕混埋还田试验，玉米收获后土壤采样分析结果表明，土壤细菌、真菌、放线菌数量均持续增长（表 2 - 12）。与连年秸秆不还田相比，连续 9 年秸秆还田土壤细菌、真菌数量分别增加了 1.52 倍和 1.59 倍，放线菌数量增加了 15.12％。

表 2 - 12 玉米秸秆连年还田土壤微生物数量变化

试验处理	细菌（×10^{9}CFU·g^{-1}）	真菌（×10^{3}CFU·g^{-1}）	放线菌（×10^{5}CFU·g^{-1}）
对照（不还田）	2.054	1.346	3.784
连续还田 3 年	3.023	1.967	4.139
连续还田 6 年	3.632	2.679	4.244
连续还田 9 年	5.178	3.488	4.356

马晓霞等（2012）在关中地区进行了小麦—玉米复种连续 20 年秸秆还田试验，2010 年玉米大喇叭口期土壤采样测定结果表明，秸秆还田配施氮磷钾肥土壤微生物生物量碳较单施氮磷钾肥增长 15.77%，较秸秆不还田且不施肥增长 137.07%。秸秆还田配施氮磷钾肥对土壤微生物生物量有一定的协同增进作用。

杨钊等（2019）对陇东黄土高原连续 9 年、12 年、15 年玉米秸秆旋耕混埋还田的田块进行土壤采样测定的结果（表 2-13）表明：首先，秸秆还田可显著增加玉米各生育时期根际与非根际土壤的微生物总量以及细菌、真菌和放线菌数量。其中，土壤微生物总量、细菌和放线菌数量均表现为随着还田年限的增加而增加，细菌表现尤为突出；真菌数量在早期随着还田年限的增加而增加，但当其达到一定数量后，开始保持基本稳定乃至略微减少。其次，长期秸秆还田能够有效改善土壤的微生物群体结构，土壤细菌/真菌、放线菌/真菌逐渐增大，使土壤微生物菌群由肥力低的土壤菌群型（真菌型）向肥力高的土壤菌群型（细菌型）转变。

表 2-13　玉米秸秆长期还田条件下玉米各生育时期根际与非根际土壤微生物数量变化

土壤微生物	试验处理	苗期		拔节期		散粉期		成熟期	
		根际	非根际	根际	非根际	根际	非根际	根际	非根际
合计 （×10^6 CFU·g^{-1}）	对照（不还田）	14.65	3.06	73.49	23.39	1 004.60	879.76	881.95	537.49
	连续还田 9 年	20.03	7.40	148.97	52.47	2 268.19	1 442.17	1 668.27	883.33
	连续还田 12 年	20.65	9.20	153.12	67.69	2 382.27	1 583.92	1 688.37	916.27
	连续还田 15 年	22.55	11.30	155.95	73.18	2 487.32	1 699.87	1 795.86	985.07
细菌 （×10^6 CFU·g^{-1}）	对照（不还田）	14.58	3.03	73.32	23.28	998.57	876.56	876.28	534.29
	连续还田 9 年	19.86	7.26	148.46	52.16	2 256.76	1 432.76	1 658.75	873.91
	连续还田 12 年	20.47	9.03	152.58	67.36	2 368.72	1 573.58	1 678.35	905.91
	连续还田 15 年	22.35	11.13	155.37	72.82	2 472.68	1 687.46	1 785.53	972.65
真菌 （×10^2 CFU·g^{-1}）	对照（不还田）	5.14	5.02	23.18	22.56	426.56	368.53	468.26	412.78
	连续还田 9 年	6.08	5.67	40.76	32.58	532.35	431.88	605.29	587.32
	连续还田 12 年	6.03	5.59	40.39	32.14	531.72	431.25	604.32	586.82
	连续还田 15 年	5.39	4.86	35.52	29.58	512.94	412.78	543.48	509.72

（续）

土壤微生物	试验处理	苗期		拔节期		散粉期		成熟期	
		根际	非根际	根际	非根际	根际	非根际	根际	非根际
放线菌 （×10⁴ CFU·g⁻¹）	对照（不还田）	6.85	3.21	16.47	10.73	598.45	316.29	562.75	316.29
	连续还田 9 年	16.58	13.82	50.38	30.58	1 137.62	936.28	946.32	936.28
	连续还田 12 年	18.18	16.63	53.68	32.76	1 349.34	1 029.73	972.58	1 029.73
	连续还田 15 年	20.35	17.32	57.64	35.81	1 458.67	1 236.72	1 027.63	1 236.72

庄泽龙等（2021）通过对陇东黄土高原连续 12 年、15 年、18 年玉米秸秆还田的田块进行土壤采样测定获得与杨钊等（2019）基本相同的观测结果（表 2 - 14）：在整个玉米生育期内，0～30cm 耕层土壤微生物总量以及细菌、放线菌、真菌数量都随着还田年限的延长而增加。其中，土壤微生物总量、细菌和放线菌数量保持持续的增长趋势，真菌数量在秸秆还田早期迅速增加，当达到一定的还田年限后增幅趋缓，并逐渐趋于稳定。随着还田年限的延长，土壤细菌/真菌、放线菌/真菌稳步提高。

表 2 - 14　玉米秸秆长期还田条件下玉米各生育时期 0～30cm
土层土壤微生物数量变化

土壤微生物	试验处理	苗期	拔节期	散粉期	成熟期
合计 （×10⁶ CFU·g⁻¹）	对照（不还田）	22.27	83.66	989.48	925.64
	连续还田 12 年	28.69	170.07	1 767.82	1 465.18
	连续还田 15 年	31.41	173.89	1 785.79	1 487.71
	连续还田 18 年	32.86	176.72	1 831.92	1 514.15
细菌 （×10⁶ CFU·g⁻¹）	对照（不还田）	22.11	83.41	983.33	919.53
	连续还田 12 年	28.32	169.46	1 756.91	1 456.60
	连续还田 15 年	31.03	173.24	1 774.72	1 478.91
	连续还田 18 年	32.46	176.04	1 820.02	1 504.96
真菌 （×10² CFU·g⁻¹）	对照（不还田）	11.23	33.27	479.71	591.95
	连续还田 12 年	12.77	50.03	706.53	803.78
	连续还田 15 年	13.35	50.88	715.36	808.26
	连续还田 18 年	14.12	51.03	720.94	811.38
放线菌 （×10⁴ CFU·g⁻¹）	对照（不还田）	16.37	24.78	609.78	605.28
	连续还田 12 年	36.97	60.82	1 083.72	850.10
	连续还田 15 年	38.08	64.68	1 100.34	872.13
	连续还田 18 年	40.14	67.71	1 183.13	910.99

周子军等（2021）在四川进行了连续 12 年的水稻—小麦复种周年秸秆全量覆盖还田试验，小麦收获后土壤采样分析结果表明，秸秆还田配施氮磷钾肥与单施氮磷钾肥相比，土壤微生物 PLFA（磷脂脂肪酸）总量提高 22.79%，细菌 PLFA 总量提高 33.55%，真菌和放线菌 PLFA 总量无明显变化，真菌/细菌降低 21.43%。

2.5.2.2　连年秸秆还田对作物连作障碍的化解作用

连作障碍是长期单一的作物种植十分常见的问题。作物连作可导致土壤物理性状变差、养分偏耗、微生物种群结构失衡和土壤酶活性降低、根系毒害和植株病虫害加重等连作障碍（刘建国等，2008）。而秸秆还田可促进土壤有机质积累，改善土壤结构和质地，在为土壤微生物提供丰富碳源的同时创造良好的生存环境，促进土壤微生物的生长与繁殖，并激发土壤酶活性，提高土壤矿质养分的生物有效性，有效抑制乃至消弭作物连作障碍。

韩剑等（2011）在新疆棉田进行了连作试验，发现连作年限越长，土壤微生物总量下降幅度及其群落功能退化程度越严重。首先，与连作 5 年以下的棉田相比，连作 13 年以上、9～12 年、6～8 年的棉田土壤微生物总量分别下降 52.4%、46.7% 和 40.2%，细菌数量下降 87.9%、86.47% 和 86.23%，放线菌数量下降 93.3%、77.13% 和 53.15%。与此同时，土壤真菌数量分别增加 75.1%、3.49% 和 3.43%。其次，随着细菌数量的下降和真菌数量的增加，细菌/真菌下降。与连作 5 年以下的棉田相比，连作 13 年以上、9～12 年、6～8 年的棉田细菌/真菌分别下降 85.48%、57.06% 和 52.22%。

韩剑等（2011）分析指出：随着土壤微生物总量、细菌和放线菌数量的下降，土壤真菌数量的增加，以及细菌/真菌的下降，土壤微生物菌群结构从高肥力的"细菌型"向低肥力的"真菌型"转化，有益的拮抗菌减少，病原菌积累，导致土传病害日益严重。与此同时，棉花"根产物"的选择性使某些特定的作物病原真菌和一些非寄生性根际有害微生物在连作棉田土壤中累积，微生物菌群的平衡遭到破坏，从而对作物养分的供给与积累、土壤生态系统的稳定性与和谐性、土壤质量的演变均起到负面作用，导致连作障碍的发生。

刘建国等（2008）在新疆进行了棉花长期连作秸秆全量机械粉碎犁耕翻埋还田试验，2006 年棉花现蕾期的土壤采样分析结果（表 2－15）表明，棉田土壤微生物群落结构受到棉花连作障碍的负面效应和棉秆长期还田培肥地力的正面效应的双重影响。随着棉花连作＋秸秆还田年限的增加，土壤微生物总量呈先减少后增加再减少的趋势，总体表现为 15 年＞20 年＞1 年＞10 年＞5 年。

表 2－15　新疆不同棉花秸秆还田年限土壤微生物数量变化

年限	微生物总量（×10⁵CFU·g⁻¹）	细菌		真菌		放线菌	
		数量（×10⁵CFU·g⁻¹）	占比（%）	数量（×10⁵CFU·g⁻¹）	占比（%）	数量（×10⁵CFU·g⁻¹）	占比（%）
1 年	799.3	764	95.6	3.2	0.4	32.1	4.0
5 年	507.1	467	92.2	18.3	3.6	21.8	4.3
10 年	594.5	536	90.2	11.7	2.0	46.8	7.8
15 年	869.2	801	92.2	15.5	1.8	52.7	6.1
20 年	839.7	752	89.6	13.4	1.6	74.3	8.8

首先，在短期内，棉花连作障碍的作用强于秸秆还田的培肥作用。棉花连作＋秸秆还田 5 年和棉花连作＋10 年的土壤微生物总量分别比种棉第 1 年低 36.56％和 25.62％，其中细菌数量分别下降为种棉第 1 年的 61.13％和 70.16％。棉花连作＋秸秆还田 5 年土壤放线菌数量下降为种棉第 1 年的 67.91％，但在第 10 年恢复并达到种棉第 1 年的 145.79％。

其次，中长期秸秆还田对连作障碍起到有效的抑制作用。棉花连作＋秸秆还田持续到第 15 年，土壤微生物总量和细菌数量都恢复并超过初始种植棉田的数量；持续到第 20 年，两者数量虽有所下降，但都保持在高水平。棉花连作＋秸秆还田持续到第 15 年、第 20 年，土壤放线菌数量持续增加，并在第 20 年达到种棉第 1 年的 2.31 倍。

再次，土壤真菌数量在秸秆还田的初期激增，到第 5 年达到历史最高值，是种棉第 1 年的 5.72 倍，真菌数量占比由第 1 年的 0.4％猛增到第 5 年的 3.6％。在此后的连年秸秆还田中，土壤真菌数量有所下降，但在较高水平波动。与此同时，随着真菌数量占比的持续下降，细菌/真菌由第5年的26增长到第20年的56。

最后，随着土壤微生物总量、细菌和放线菌数量的长周期增长和高位保持，以及真菌数量占比的持续下降、细菌/真菌的持续提升，秸秆长期还田使棉田微生物群落结构逐步由低肥力型向高肥力型转变。

刘军等（2012）在刘建国等（2008）试验研究的基础上，利用同一站点进行了更长时间序列的研究，即选择棉花连作5年、10年、15年、20年、25年、30年并连年秸秆还田（每年秋季棉花收获后秸秆全量机械粉碎犁耕翻埋还田）的小区，以棉花连作5年、10年和15年但秸秆不还田的小区为对照，于2011年棉花盛花期进行0～20cm土层根际土壤采样分析，其结果如表2-9所示。

首先，在秸秆还田条件下，连作棉田土壤微生物总量、细菌和放线菌数量在前20年均持续下降，但下降速度远不及秸秆不还田，而且从第25年又都开始恢复性增长。连续秸秆还田5年、10年、15年，连作棉田土壤微生物总量、细菌和放线菌数量皆远高于同等年份的对照，而且土壤微生物总量和细菌数量高出同等年份的占比都随时间的延长而急剧攀升，其中土壤微生物总量分别高出72.30%、1.21倍和1.92倍，细菌数量分别高出75.00%、1.38倍和2.40倍。另外，放线菌数量分别高出58.54%、50.00%和58.21%。

其次，在秸秆还田条件下，连作棉田土壤真菌数量及其占比持续增长，但增速远不及秸秆不还田。连续秸秆还田5年、10年、15年较同等年份的秸秆不还田土壤真菌数量分别降低22.12%、44.68%和53.85%。连作15年秸秆还田的棉田土壤真菌数量占比为0.62%，而连作15年秸秆不还田的棉田土壤真菌数量占比高达3.94%，后者是前者的6.35倍。连续秸秆还田30年的连作棉田土壤真菌数量，仅相当于秸秆不还田15年连作棉田土壤真菌数量的64.23%。

最后，在秸秆还田条件下，连作棉田土壤细菌/真菌在前20年持续下降，但下降速度远不及秸秆不还田，而且从第25年又开始恢复性增长。连续秸秆还田5年、10年、15年的连作棉田土壤细菌/真菌，分别比同等年份的秸秆不还田处理高出1.25倍、3.26倍和6.47倍。

总而言之，长期秸秆还田不仅可抑制连作棉田土壤微生物总量、细菌和放线菌数量以及细菌/真菌持续下降的趋势，还可促使其逐渐恢复，从而使秸秆还田活化土壤、培肥地力的正面效应得以充分发挥，起到缓解以至消弭棉花连作障碍的效果。另外，长期秸秆还田还可有效抑制土壤真菌数量及其占比的增长势头，降低棉花枯萎病、黄萎病的发病率。

2.5.3 不同量秸秆还田对土壤微生物数量的增进作用

无论是秸秆翻埋还田、混埋还田还是覆盖还田，不同量的秸秆还田对土壤微生物数量往往都有一定的增进作用，但增进作用又不完全随着秸秆还田量的提高而增强。不少时候 2/3 量、1/2 量的秸秆还田，甚至是 1/3 量的秸秆还田对土壤微生物数量的增进作用更为明显。也就是说，仅就秸秆还田对土壤微生物数量的增进作用而言，秸秆半量还田到全量还田都是较理想的选择。不同研究案例结果有以下几种情况。

2.5.3.1 秸秆还田对土壤微生物数量的增进作用随着还田量的提升而提升

林云红等（2012）在云南楚雄烟田进行了小麦秸秆覆盖还田试验，烤烟采收结束后土壤采样分析结果（表 2-16）表明：①无论是田烟还是地烟，不同量的秸秆覆盖还田都会显著增进土壤微生物总量以及细菌、放线菌数量，而且三者皆随着秸秆覆盖量的增加而增加。与无秸秆覆盖相比，11 250kg·hm^{-2}（约相当于 1.5 倍量的秸秆还田）秸秆覆盖的土壤微生物总量以及细菌、放线菌数量，田烟分别增长 170.67%、176.13% 和 43.40%，地烟分别增长 111.97%、112.92% 和 88.98%。②秸秆覆盖对土壤真菌数量的影响较为复杂。田烟土壤真菌数量以 7 500kg·hm^{-2}（约相当于秸秆全量还田）的秸秆覆盖处理为最高，与无秸秆覆盖相比增长 123.84%，而且 3 种不同的秸秆还田量之间差异不显著。地烟土壤真菌数量以 3 750kg·hm^{-2}（约相当于 1/2 量的秸秆还田）的秸秆覆盖处理为最高，但与无秸秆覆盖相比增长不大（8.54%）。更高量的秸秆覆盖对地烟土壤真菌数量有显著的抑制作用。

表2-16 不同量秸秆覆盖还田烟田土壤微生物数量变化

烟田类别	秸秆覆盖量 (kg·hm⁻²)	区系微生物				功能菌	
		总量 ($\times 10^6$) CFU·g⁻¹	细菌 ($\times 10^6$) CFU·g⁻¹	放线菌 ($\times 10^5$) CFU·g⁻¹	真菌 ($\times 10^3$) CFU·g⁻¹	固氮菌 ($\times 10^5$) CFU·g⁻¹	纤维素分解菌 ($\times 10^5$) CFU·g⁻¹
田烟	0	35.01	33.56	14.17	29.87	5.29	5.67
	3 750	64.49	62.83	15.96	64.03	5.32	7.77
	7 500	80.46	78.50	18.97	66.86	8.48	9.65
	11 250	94.76	92.67	20.32	61.94	7.25	19.23
地烟	0	43.62	42.18	13.79	62.31	5.86	5.81
	3 750	77.70	76.14	14.89	67.63	5.91	8.66
	7 500	89.53	87.59	18.92	48.76	8.41	14.69
	11 250	92.46	89.81	26.06	40.53	7.93	23.93

注：田烟即利用水田种烟，进行水稻—烟草复种；地烟即利用旱地种烟，一般进行小麦—烟草、油菜—烟草、蔬菜—烟草复种。

孟庆英（2020）在黑龙江八五四农场进行了玉米秸秆还田试验，与秸秆不还田相比，秸秆覆盖还田对大豆盛花期耕层（0～20cm）土壤微生物总量以及细菌、真菌、放线菌数量都有显著的增进作用，而且增进作用随着秸秆还田量的增加而增强（表2-17）。秸秆全量覆盖、2倍量覆盖、3倍量覆盖土壤微生物总量较无秸秆覆盖分别增加35.80%、92.36%和157.40%。

表2-17 不同量玉米秸秆覆盖还田对土壤微生物数量的影响

单位：$\times 10^4$CFU·g⁻¹

秸秆覆盖量	区系微生物			
	合计	细菌	真菌	放线菌
无秸秆覆盖	43.05	34.13	4.87	4.05
全量覆盖	58.46	46.58	5.48	6.39
2倍量覆盖	82.81	68.98	5.49	8.35
3倍量覆盖	110.81	95.04	7.25	8.51

2.5.3.2 秸秆全量还田对土壤微生物数量有显著的增进作用

强学彩等（2004）开展了小麦—玉米复种两季秸秆连续翻埋还田试

验，小麦、玉米各生育时期分期土壤采样分析结果（表2-18）表明：与秸秆不还田相比，全量还田与2倍量还田均能显著增进玉米季和小麦季的土壤微生物生物量碳平均含量，其中玉米季2倍量还田显著高于全量还田，小麦季全量还田又显著高于2倍量还田。秸秆全量还田土壤微生物生物量碳周年平均含量略高于2倍量还田，但两者之间差异不显著。

表2-18　小麦—玉米复种两季秸秆全量和2倍量翻埋还田对土壤微生物
　　　　生物量碳平均含量的影响

单位：mg·g^{-1}

秸秆还田量	玉米季平均	小麦季平均	周年平均
对照（不还田）	1.02	1.78	1.48
全量还田	1.07	2.34	1.85
2倍量还田	1.27	2.13	1.81

杨文平等（2012）在河南新乡进行了小麦—玉米复种两季秸秆还田试验，秸秆全量还田和2倍量还田都可显著提升小麦各生育时期根际土壤微生物总量以及细菌、真菌、放线菌数量（表2-19）。虽然土壤微生物总量以及细菌、放线菌数量在小麦全生育期总体（平均）表现为秸秆全量还田弱于2倍量还田，土壤真菌数量又总体（平均）表现为秸秆2倍量还田弱于全量还田，但这些数值在两个级别的秸秆还田量之间的总体（平均）差异都不显著。

表2-19　小麦—玉米复种两季秸秆全量和2倍量还田对麦季根际
　　　　土壤微生物的影响

区系微生物	秸秆还田量	越冬期	返青期	拔节期	抽穗期	开花期	成熟期	平均
合计 （×10^{7}mg·g^{-1}）	不还田	4.36	6.44	8.90	10.27	7.44	3.57	6.83
	全量还田	5.37	7.95	9.57	12.25	8.66	4.72	8.09
	2倍量还田	5.19	7.16	9.67	12.86	9.81	5.29	8.33
细菌 （×10^{7}mg·g^{-1}）	不还田	4.32	6.34	8.67	10.07	7.25	3.54	6.70
	全量还田	5.32	7.83	9.30	12.03	8.45	4.68	7.94
	2倍量还田	5.14	7.03	9.38	12.65	9.59	5.25	8.17

（续）

区系微生物	秸秆还田量	越冬期	返青期	拔节期	抽穗期	开花期	成熟期	平均
放线菌 （×10⁵mg·g⁻¹）	不还田	3.21	8.64	21.44	17.24	15.32	2.44	11.38
	全量还田	4.02	10.32	25.68	19.66	17.33	3.25	13.38
	2倍量还田	4.32	11.06	27.35	18.86	18.34	3.40	13.89
真菌 （×10⁴mg·g⁻¹）	不还田	5.33	14.58	16.12	23.44	32.11	4.22	15.97
	全量还田	6.23	17.32	17.22	26.31	35.14	5.44	17.94
	2倍量还田	6.05	17.01	17.01	26.00	33.24	4.25	17.26

刘龙等（2017）在吉林梨树玉米宽窄行（宽行140cm、窄行40cm）种植模式下，采用尼龙网袋法进行了连续2年的秸秆还田试验，设置全田秸秆不还田、半量还田、全量还田、1.5倍量还田，与浅层（0～15cm）还田、中层（15～30cm）还田、深层（30～45cm）还田的交叉处理，共计12个处理，并在下季玉米播种后，按设计还田量将秸秆集中埋设于宽行中。玉米收获期土壤采样分析结果表明：秸秆还田第1年，土壤微生物生物量碳增长幅度，在深层和中层还田处理中以全量还田处理为高，在浅层还田处理中以1.5倍量还田处理为高。相较于秸秆不还田处理，秸秆半量还田处理、全量还田处理、1.5倍量还田处理土壤微生物生物量碳增长比例，深层秸秆还田处理分别为76.06%、358.89%和271.97%，中层秸秆还田处理分别为66.13%、93.57%和72.64%，浅层秸秆还田处理分别为32.13%、68.36%和101.16%。秸秆还田第2年，各土层秸秆全量还田处理和1.5倍量还田处理的土壤微生物生物量碳均显著高于秸秆半量还田处理和秸秆不还田处理，而且全量还田处理与1.5倍量还田处理之间差异不显著。相较于秸秆不还田处理，秸秆全量还田处理和1.5倍量还田处理土壤微生物生物量碳增幅分别高达42.71%～207.52%和41.37%～246.87%。

以上研究表明，为了增进土壤微生物数量，秸秆全量还田即可取得良好的效果，无须进行高倍量的秸秆还田。

2.5.3.3 2/3量秸秆还田对土壤微生物数量有显著的增进作用

刘高远等（2021）在河南驻马店进行了小麦—玉米复种玉米秸秆旋耕混埋还田试验，到小麦收获期，不同秸秆还田量处理的土壤微生物生物量碳、微生物生物量氮皆表现为 2/3 量还田＞全量还田＞1/3 量还田＞不还田。其中，秸秆 2/3 量还田处理土壤微生物生物量碳较秸秆不还田处理提升 46.7%；秸秆 2/3 量还田、全量还田处理土壤微生物生物量氮较秸秆不还田处理分别提升 54.4% 和 53.5%。

2.5.3.4 半量秸秆还田对土壤微生物数量有显著的增进作用

隋文志等（1995）在黑龙江进行了小麦秸秆混埋还田种植大豆试验，在同等施用氮肥的条件下，秸秆还田较不还田显著提升了大豆生育期根际土壤微生物总量以及细菌、放线菌数量（表 2-20）。其中，中量秸秆还田（300g·m^{-2}，大致相当于半量秸秆还田）大豆根际土壤微生物总量以及细菌、放线菌数量增幅最高，分别较秸秆不还田处理增长 2.42 倍、2.42 倍、2.33 倍；其次为高量秸秆还田处理；最后为低量秸秆还田处理。

表 2-20 不同量小麦秸秆还田大豆生育期根际土壤微生物数量变化

试验处理	合计 (×10^{8}个·g^{-1})	细菌 (×10^{8}个·g^{-1})	真菌 (×10^{4}个·g^{-1})	放线菌 (×10^{8}个·g^{-1})
氮肥	80.50	78.41	36.52	2.09
低量秸秆还田＋氮肥	145.70	141.12	25.27	4.58
中量秸秆还田＋氮肥	275.10	268.15	27.28	6.95
高量秸秆还田＋氮肥	253.69	248.60	23.55	5.09

注：表中数据为大豆分枝期、开花期和鼓粒期 3 次土壤采样测定结果平均值；氮肥用量为 10g·m^{-2}；低、中、高量秸秆分别为 150g·m^{-2}、300g·m^{-2}、450g·m^{-2}。

王淑彬等（2011）在江西省红壤旱地棉田进行了水稻秸秆覆盖还田试验，棉花完收期土壤采样分析结果（表 2-21）表明，不同量的水稻秸秆覆盖都有利于土壤微生物总量的增加。其中：半量（4 375kg·hm^{-2}）水稻秸秆覆盖还田有利于土壤微生物的均衡增加（包括区系微生物和功能微生物）；全量（8 750kg·hm^{-2}）水稻秸秆覆盖还田土壤微生物总量增幅最低，而且放线菌数量显著减少；1.5 倍量（13 125kg·hm^{-2}）水稻秸秆覆盖还田土壤微生物总量增幅最高，但只有利于细菌数量增加，放线菌、真菌数量都显著下降。

表 2 - 21　不同量水稻秸秆覆盖棉田土壤微生物数量变化

试验处理	区系微生物				功能微生物		
	合计 （×10⁷ CFU·g⁻¹）	细菌 （×10⁷ CFU·g⁻¹）	真菌 （×10⁴ CFU·g⁻¹）	放线菌 （×10⁵ CFU·g⁻¹）	好气自生固氮菌 （×10⁵ CFU·g⁻¹）	磷细菌 （×10⁴ CFU·g⁻¹）	纤维素分解菌 （×10⁴ CFU·g⁻¹）
不覆盖水稻秸秆	1.12	1.0a	7.0b	11.0c	1.4b	1.0a	2.0a
半量水稻秸秆覆盖	1.76	1.6b	22.0c	13.5d	4.1d	3.0c	3.0b
全量水稻秸秆覆盖	1.48	1.4b	7.0b	7.0b	1.7c	2.0b	3.0b
1.5 倍量水稻秸秆覆盖	2.04	2.0c	4.0a	4.0a	1.0a	2.0b	3.0b

韩新忠等（2012）在江苏扬州进行了水稻—小麦复种小麦秸秆旋耕混埋还田试验，水稻成熟期土壤采样分析结果表明，不同量的小麦秸秆还田对稻季土壤微生物生物量碳、微生物生物量氮都有明显的增进作用，其中 1/2 量还田的增进作用最为明显，与对照（不还田）的差异达显著水平。土壤微生物生物量碳、微生物生物量氮皆表现为 1/2 量还田＞1/4 量还田＞3/4 量还田＞全量还田＞不还田。

徐蒋来等（2015）在江苏扬州进行了水稻—小麦复种连续 3 年的周年秸秆旋耕混埋还田试验，最后一年小麦收获期土壤采样分析结果表明，不同秸秆还田量对土壤细菌和放线菌数量均有不同程度的增进作用，且半量还田作用最为显著，分别比秸秆不还田处理提高 14.85% 和 24.58%。其中，土壤细菌数量表现为 1/2 量还田＞3/4 量还田＞1/4 量还田＞全量还田＞不还田，土壤放线菌数量表现为 1/2 量还田＞1/4 量还田＞全量还田＞3/4 量还田＞不还田。而真菌数量变化不同，除 3/4 量还田处理有所提升外，其他还田量处理均低于秸秆不还田处理。

董亮等（2017）在鲁西北黄河冲积平原连续 3 年进行了小麦—玉米两季秸秆还田（小麦秸秆覆盖还田、玉米秸秆旋耕混埋还田）试验，最后一年小麦收获后土壤采样分析结果（表 2 - 22）表明，不同量秸秆还田对小麦收获后的土壤微生物总量以及细菌、真菌、放线菌数量都有显著的增进作用。其中，土壤微生物总量和细菌数量表现为半量还田＞全量还田＞1.5 倍量还田＞不还田，放线菌数量表现为全量还田＞1.5 倍量还田＞半量还田＞不还田，真菌数量表现为全量还田＞半量还田＞1.5 倍量还田＞不还田。

表 2 - 22　小麦—玉米复种不同量秸秆连续还田对土壤
微生物数量的影响

秸秆还田量	合计 （×10^8CFU・g^{-1}）	细菌 （×10^8CFU・g^{-1}）	放线菌 （×10^7CFU・g^{-1}）	真菌 （×10^6CFU・g^{-1}）
不还田	10.60	9.5	10.4	5.9
半量还田	13.85	12.6	11.7	7.9
全量还田	13.32	12.0	12.3	9.4
1.5 倍量还田	12.97	11.7	12.1	6.4

　　闫洪奎等（2018）在沈阳农业大学进行了玉米秸秆旋耕混埋还田试验，玉米各生育时期土壤采样结果（表 2 - 23）表明，秸秆还田处理土壤微生物总量以及细菌、放线菌数量都显著高于秸秆不还田处理。在不同量的秸秆还田处理中，虽然 1.5 倍量秸秆还田对土壤微生物数量的增进作用最强，但半量秸秆还田对土壤微生物数量的增进作用就已经达到较高的水平，总体上超过全量秸秆还田。而全量秸秆还田的增进作用又总体上超过 2 倍量秸秆还田。

表 2 - 23　不同量玉米秸秆混埋还田对种植玉米土壤
微生物平均数量的影响

秸秆还田量		区系微生物数量			
还田量 （kg・hm^{-2}）	秸秆平均单产 相当量	合计 （×10^6CFU・g^{-1}）	细菌 （×10^6CFU・g^{-1}）	放线菌 （×10^4CFU・g^{-1}）	真菌 （×10^3CFU・g^{-1}）
0	0	89.25	89.10	10.83	37.72
3 750	半量	151.49	151.30	14.93	35.82
7 500	全量	133.78	133.60	14.33	41.16
11 250	1.5 倍量	274.51	274.28	16.35	67.46
15 000	2 倍量	104.69	104.53	13.03	30.73

　　注：表中数据为玉米拔节初期、抽雄初期、乳熟中期、完熟期 0～15cm 土层土壤样品 4 次测定结果的平均值。

　　高日平等（2019）在内蒙古清水河连续 2 年进行了玉米秸秆旋耕混埋还田试验，玉米各生育时期土壤采样分析结果表明，不同量的秸秆还田对土壤微生物总量和各区系微生物数量都有显著的增进作用，而且 1/2 量秸秆还田的增进作用最为显著。与秸秆不还田处理相比，全量、1/2 量、

1/4 量秸秆还田土壤细菌数量分别提高 28.7％、33.7％和 27.3％，真菌数量分别提高 11.1％、13.0％和 9.3％，放线菌数量分别提高 29.3％、31.9％和 22.3％。

2.5.3.5 1/3 量秸秆还田对土壤微生物数量有显著的增进作用

肖嫩群等（2008）在湖南益阳连续 2 年进行了早稻秸秆翻埋还田试验，第二年晚稻收获后土壤采样分析结果（表 2 - 24）表明，1/3 量或 2/3 量秸秆还田最有利于增进土壤微生物数量。①1/3 量（约 2 500kg・hm^{-2}）秸秆还田对土壤好气性细菌数量的增进作用最明显，因此其土壤微生物总量、细菌总量水平提高。与此同时，全量（约 7 500kg・hm^{-2}）秸秆还田对土壤好气性细菌数量有显著的抑制作用，因此其土壤微生物总量、细菌总量水平最低。②不同量的秸秆还田对土壤真菌和嫌气性细菌都有明显的增进作用，但 2/3 量（约 5 000kg・hm^{-2}）秸秆还田的增进作用最明显。同时，2/3 量秸秆还田对土壤好气性细菌亦有明显的增进作用。另外，秸秆还田对土壤放线菌数量的作用不明显。

表 2 - 24 早稻秸秆翻埋还田对晚稻收获后土壤
微生物数量的影响

秸秆还田量	合计（×10^{5}CFU・g^{-1}）	细菌（×10^{5}CFU・g^{-1}）			真菌（×10^{4}CFU・g^{-1}）	放线菌（×10^{5}CFU・g^{-1}）
		小计	好气性	嫌气性		
不还田	18.44	17.25	16.4	0.85	0.77	1.11
1/3 量还田	45.99	44.77	42.8	1.97	1.15	1.10
2/3 量还田	25.88	24.76	22.4	2.36	1.58	0.96
全量还田	11.77	10.64	8.7	1.94	1.28	1.00

2.5.4 不同方式秸秆还田对土壤微生物数量的增进作用

免耕秸秆覆盖还田、犁耕秸秆翻埋还田、旋耕秸秆混埋还田是秸秆还田的三大主导方式。总体而言，秸秆三大还田方式对土壤微生物数量都有明显的增进作用，而且总体表现为犁耕秸秆翻埋还田＞旋耕秸秆混埋还田＞免耕秸秆覆盖还田。但秸秆三大还田方式又各有千秋，对三大区系微生物的影响有差异性。

2.5.4.1 秸秆三大还田方式对土壤微生物都有明显的增进作用，高者可达数倍到十数倍

Doan（1980）发现秸秆覆盖可使土壤细菌、放线菌、真菌数量增加2～6倍，硝化细菌和反硝化细菌数量的增加更为明显（裴鹏刚等，2014）。

汤树德（1980）在黑龙江进行了白浆土小麦秸秆耙耕混埋还田试验，经过3个月的秸秆腐解后，土壤中微生物总量较对照增加12.52倍，细菌、放线菌、真菌数量分别增加15.44倍、2.69倍和1.74倍（表2-25）。

表2-25 小麦秸秆耙耕混埋还田对白浆土土壤微生物数量的影响

区系微生物	对照（耙耕秸秆不还田）	耙耕秸秆混埋还田
合计（$\times 10^6 CFU \cdot g^{-1}$）	15.56	210.36
细菌（$\times 10^6 CFU \cdot g^{-1}$）	12.0	197.3
放线菌（$\times 10^6 CFU \cdot g^{-1}$）	3.5	12.9
真菌（$\times 10^3 CFU \cdot g^{-1}$）	58.4	160.0

汤树德（1987）在黑龙江进行的白浆土玉米秸秆深耕（45cm）翻埋还田试验结果（表2-26）表明，经过4个月的秸秆腐解后，土壤中微生物总量较对照增加2.71倍，细菌数量增加3.47倍。实际上这一现象在试验开始1个月后就已出现。另外，与深耕不还田相比，深耕翻埋还田后放线菌数量表现为前期减少、后期急剧增加，并由显著低于深耕不还田转变为显著高于深耕不还田。真菌数量表现为前期增加、后期大量减少，并由明显高于深耕不还田转变为显著低于深耕不还田。

表2-26 玉米秸秆深耕翻埋还田对白浆土土壤微生物数量的影响

项 目	试验开始后土壤微生物数量					
	对照（深耕秸秆不还田）		深耕秸秆翻埋还田		深耕秸秆翻埋还田+厩肥	
	1个月	4个月	1个月	4个月	1个月	4个月
合计（$\times 10^6 CFU \cdot g^{-1}$）	7.00	7.90	16.01	29.30	22.00	47.70
细菌（$\times 10^6 CFU \cdot g^{-1}$）	3.80	3.40	13.90	15.20	18.80	32.40
放线菌（$\times 10^6 CFU \cdot g^{-1}$）	3.20	4.50	2.10	14.10	3.20	15.30
真菌（$\times 10^3 CFU \cdot g^{-1}$）	4.76	3.91	5.33	2.39	3.90	4.87

曾广骥等（1988）对黑龙江南部黑土、东部白浆土和西部碳酸盐黑土进行了试验测定，发现秸秆翻埋还田使 0～20cm 土层土壤细菌和真菌平均数量分别增加 1.43 倍和 1.15 倍。

刘刚等（2003）在四川省农业科学院桑园进行水稻秸秆覆盖试验，与无水稻秸秆覆盖处理相比，水稻秸秆覆盖处理年平均土壤细菌数量增加 150.99%、真菌数量增加 56.33%。

李金埔等（2014）在山东西北部进行了棉花秸秆全量粉碎旋耕混埋还田试验，发现土壤微生物生物量和活跃微生物生物量在棉花各生育时期都高于对照（棉花秸秆不还田），而且在大部分时期表现为差异显著。

丁红利等（2016）以我国 17 个省份（黄淮海 3 省、黄土高原 2 省、西北 2 自治区、西南 4 省市、长江中下游 3 省、华南 3 省）的 85 个土壤样品为研究对象，定量添加玉米秸秆（土 150g＋秸秆 4g）在实验室进行 90d 的恒温（30℃）培养，结果表明，无论添加玉米秸秆后土壤有机质如何变化，土壤细菌、真菌、放线菌数量均明显增加，增加幅度为细菌＞真菌＞放线菌。

刘艳慧等（2016）在山东西北部进行了棉花秸秆粉碎旋耕混埋还田试验，对照为秸秆不还田，棉花全生育期 0～20cm、20～40cm、40～60cm 土层土壤活跃微生物总量分别增长 11.57%、15.03% 和 20.27%，细菌数量分别增长 20.42%、20.59% 和 56.84%，真菌数量分别增长 26.32%、30.94% 和 31.78%，放线菌数量分别增长 4.27%、11.62% 和 53.94%。

周子军等（2021）在四川广汉进行了连续 12 年的水稻—小麦复种周年秸秆全量覆盖还田试验，最后一年小麦收获后土壤采样测定结果表明：秸秆覆盖显著提高了土壤微生物 PLFA 总量和细菌 PLFA 总量（较无秸秆覆盖处理分别提升 22.79% 和 33.55%），而对真菌 PLFA 总量和放线菌 PLFA 总量无显著影响。与此同时，秸秆覆盖使土壤真菌/细菌下降了 21.43%。

2.5.4.2　不同秸秆还田方式对土壤微生物数量的增进作用时常表现为翻埋还田＞混埋还田＞覆盖还田

刘定辉等（2011）在成都平原进行了连续 6 年的水稻—小麦复种周年秸秆全量还田试验，小麦各生育时期 0～15cm 土层土壤采样测定结果表明：与双季旋耕秸秆不还田相比，双季犁耕秸秆翻埋还田和双季免耕秸秆覆盖还田小麦全生育期土壤微生物生物量碳平均含量分别增长 74.06% 和 25.80%，土壤微生物总量平均分别增长 51.70% 和 12.84%，其中细菌平均数量增长 81.20% 和 42.97%，放线菌和真菌数量变化较复杂，相较于秸秆不还田处理都有升有降，但在整个小麦生育期总体表现为犁耕秸秆翻埋还田处理高于免耕秸秆覆盖还田处理。

杨敏芳（2013）在江苏扬中进行了连续 5 季的水稻—小麦复种秸秆还田试验，发现秸秆犁耕翻埋还田对土壤微生物的增进作用明显超过秸秆混埋还田。其中，第 4 季水稻收获时犁耕秸秆翻埋还田处理 0~20cm 土层土壤微生物生物量碳较犁耕秸秆不还田处理提升 151.42%，旋耕秸秆混埋还田处理较旋耕秸秆不还田处理提升 121.59%；第 5 季小麦收获时犁耕秸秆翻埋还田处理 0~20cm 土层土壤微生物生物量碳较犁耕秸秆不还田处理提升 123.08%，旋耕秸秆混埋还田处理较旋耕秸秆不还田处理提升 114.10%。

于寒等（2015）的研究表明，在吉林玉米长期连作区，玉米秸秆翻埋还田比覆盖还田更能有效地增进土壤微生物数量，即在玉米各生育时期秸秆翻埋还田土壤微生物总量以及细菌、放线菌数量皆超过秸秆覆盖还田处理。除苗期外，玉米各生育时期秸秆翻埋还田处理土壤真菌数量也均超过覆盖还田处理（表 2-27）。

表 2-27　玉米长期连作区秸秆翻埋还田和覆盖还田对
土壤微生物数量的影响

区系微生物	秸秆还田处理	玉米各生育时期土壤微生物数量					
		苗期	拔节期	大喇叭口期	抽雄吐丝期	灌浆期	成熟期
合计 ($\times 10^8 CFU \cdot g^{-1}$)	翻埋还田	7.227	12.407	13.508	20.074	17.106	15.941
	覆盖还田	6.702	11.061	12.034	15.519	13.375	13.166
细菌 ($\times 10^8 CFU \cdot g^{-1}$)	翻埋还田	6.6	11.5	12.1	18.6	15.8	14.7
	覆盖还田	6.1	10.2	10.8	14.1	12.2	12.0
放线菌 ($\times 10^7 CFU \cdot g^{-1}$)	翻埋还田	5.8	8.4	13.2	14.2	12.6	12.0
	覆盖还田	5.4	8.1	11.5	13.8	11.4	11.3
真菌 ($\times 10^6 CFU \cdot g^{-1}$)	翻埋还田	4.7	6.7	8.8	5.4	4.6	4.1
	覆盖还田	6.2	5.1	8.4	3.9	3.5	3.6

　　李纯燕等（2017）在西辽河平原进行了玉米秸秆一次性还田对当年和翌年土壤微生物数量影响的试验，玉米吐丝期土壤采样分析结果表明，无论是秸秆还田的当年还是翌年，无论是土壤微生物总量还是细菌、真菌、放线菌数量，无论是0～30cm土层总量还是0～10cm、10～20cm、20～30cm分层数量，都表现为翻埋还田＞混埋还田＞不还田。

　　徐莹莹等（2018）在黑龙江齐齐哈尔进行了玉米秸秆还田试验，在整个玉米生育期0～30cm土层根际土壤微生物总量以及细菌、放线菌、真菌数量都表现为犁耕秸秆翻埋还田＞免耕秸秆覆盖还田＞旋耕秸秆不还田。在玉米吐丝期（土壤微生物数量高峰期），犁耕秸秆翻埋还田、免耕秸秆覆盖还田与旋耕秸秆不还田相比，根际土壤细菌数量分别增加28.0％和13.0％、放线菌数量分别增加29.1％和22.5％、真菌数量分别增加36.5％和16.4％。

　　潘孝晨等（2019）在湖南宁乡进行了连续2年的双季稻区周年秸秆还田试验，早稻季、晚稻季和周年0～15cm土层根际与非根际土壤微生物生物量碳均表现为犁耕秸秆翻埋还田＞旋耕秸秆混埋还田＞免耕秸秆覆盖还田＞旋耕秸秆不还田，而且前三者与后者之间的差异均达到显著水平。

　　潘晶等（2021）在辽宁进行了玉米连作秸秆还田试验，发现秸秆翻埋还田对根际土壤微生物的增进作用超过秸秆覆盖还田。由表2-28可知，秸秆翻埋还田处理玉米各生育时期的根际土壤微生物总量以及细菌、放线菌数量大多超过秸秆覆盖还田处理。秸秆翻埋还田处理的根际土壤细菌和放线菌数量与秸秆不还田处理之间的差异大多数时期都达到显著水平，而秸秆覆盖还田处理根际土壤细菌数量在大多数时期与秸秆不还田处理之间的差异达到显著水平。玉米全生育期秸秆翻埋还田处理的根际土壤微生物总量以及细菌、放线菌的平均数量比秸秆不还田处理分别增加45.61％、35.08％和40.80％，秸秆覆盖还田处理分别增加16.22％、14.64％和1.55％。

2.5.4.3　秸秆还田越深对土壤微生物的增进作用越明显

　　刘龙等（2017）在吉林梨树进行了玉米宽窄行（宽行140cm、窄行40cm）种植网袋法秸秆还田试验，发现无论是秸秆半量还田还是秸秆全量

表 2 - 28　玉米长期连作秸秆翻埋还田和覆盖还田对根际
土壤微生物数量的影响

区系微生物	秸秆还田处理	玉米不同生育时期土壤微生物数量					
		苗　期	拔节期	大喇叭口期	抽雄期	乳熟期	成熟期
合计 （×10⁹CFU·g⁻¹）	不还田	3.78	5.82	6.87	8.40	7.05	9.61
	覆盖还田	3.92	7.59	8.07	8.49	7.51	11.18
	翻埋还田	3.96	6.44	8.22	12.11	11.18	13.99
细菌 （×10⁹CFU·g⁻¹）	不还田	3.2d	5.0d	5.9e	7.4d	6.1d	8.6d
	覆盖还田	3.3c	6.8c	7.1c	7.5c	6.6d	10.2c
	翻埋还田	3.4c	5.5d	6.8d	10.6c	9.9c	12.7b
放线菌 （×10⁸CFU·g⁻¹）	不还田	5.1c	7.3c	8.0c	8.3c	7.8c	8.6c
	覆盖还田	5.6a	7.2c	8.6c	8.4c	7.6c	8.4c
	翻埋还田	5.1c	8.6a	12.8b	13.6b	11.6b	11.8b
真菌 （×10⁷CFU·g⁻¹）	不还田	6.7a	9.4a	16.8a	17.4a	16.5a	14.9a
	覆盖还田	5.8b	6.5c	10.6c	15.3b	14.9a	13.8a
	翻埋还田	5.1b	7.6b	13.5b	14.6b	12.3b	11.2b

表头内：含 CO_2

还田，与对照相比，玉米收获期土壤微生物生物量碳增长幅度均表现为深层（30～45cm）还田＞中层（15～30cm）还田＞浅层（0～15cm）还田。其中：半量秸秆深层、中层、浅层还田处理土壤微生物生物量碳占比分别比对照增长 76.06％、66.13％和 32.13％；全量秸秆深层、中层、浅层还田处理土壤微生物生物量碳占比分别比对照增长 358.89％、93.57％和 68.36％。

2.5.4.4　秸秆混埋还田对土壤微生物数量的增进作用超过秸秆翻埋还田

秸秆翻埋还田与混埋还田对土壤微生物数量的增进作用不同。以上案例表明秸秆翻埋还田的作用超过混埋还田，但也有试验表明秸秆混埋还田对土壤微生物的增进作用更明显。

汤树德（1980）在黑龙江的白浆土上进行的小麦秸秆大田还田试验结果（表 2 - 29）表明，由于耕作上层土壤微生物数量多于耕作下层，故用重耙方式混埋于耕作上层（10cm）的小麦秸秆比犁耕翻埋于耕作下层（20cm）的小麦秸秆更能刺激土壤中各区系微生物的增长。小麦秸秆还田 2 个月和 3 个月后，耙耕还田处理的土壤微生物总量和细菌、放线菌、真菌数量分别是翻耕还田处理的 2.48 倍、2.46 倍、2.93 倍和 3.27 倍。试验还指出，采用重耙浅耕混埋还田比深耕翻埋还田更有利于小麦秸秆的腐解，前者与后者相比纤维素分解菌数量提高 50%，小麦秸秆腐解可提前一个生长季。

表 2 - 29　小麦秸秆不同还田方式对大田土壤
微生物数量的影响

试验处理		微生物数量			
		合计 $(\times 10^6 CFU \cdot g^{-1})$	细菌 $(\times 10^6 CFU \cdot g^{-1})$	放线菌 $(\times 10^6 CFU \cdot g^{-1})$	真菌 $(\times 10^3 CFU \cdot g^{-1})$
翻耕 20cm	对照（秸秆不还田）	47.8	40.3	7.5	3.6
	秸秆翻埋还田	84.7	80.3	4.4	4.9
耙耕 10cm	对照（秸秆不还田）	15.5	12.0	3.5	5.8
	秸秆混埋还田	210.2	197.3	12.9	16.0

注：表中数据为小麦秸秆还田 2 个月和 3 个月两次测定结果的平均值。

需要说明的是，无论是在东北地区还是全国其他农区，由于旋耕、耙耕和浅翻等耕作方式耕层较浅，连年的秸秆全量还田将使大量秸秆积聚在浅层土壤中，从而影响下茬农作物的播种和出苗，并可能影响其正常生长。

2.5.4.5　秸秆覆盖还田对耕作层尤其是表层土壤微生物数量的增进作用超过秸秆翻埋还田和混埋还田

Kushwaha 等（2000）在常规耕作、少耕和免耕 3 种条件下研究了秸秆还田、秸秆移除对土壤微生物数量的影响，发现少耕配合秸秆还田的处理拥有最高的土壤微生物生物量碳和微生物生物量氮。

洪艳华等（2012）开展了盆栽水稻模拟秸秆还田试验，水稻收获期土壤采样分析结果表明，秸秆覆盖还田有利于土壤表层乃至整个土层土壤微生物数量的增加。由表 2 - 30 可知，0～15cm 土层土壤微生物总量表现为免耕秸秆覆盖还田＞犁耕秸秆翻埋还田＞免耕秸秆不还田＞旋耕秸秆不还田＞旋耕秸秆混埋还田。旋耕秸秆混埋还田有利于增进 0～10cm 土层的土壤细菌数量和整个土层的放线菌数量。

表 2-30　盆栽水稻模拟秸秆还田对土壤微生物数量的影响

模拟情景	盆栽处理	土层 (cm)	区系微生物数量				全土层土壤微生物数量合计 (CFU·g⁻¹)
			合计 (CFU·g⁻¹)	细菌 (CFU·g⁻¹)	放线菌 (CFU·g⁻¹)	真菌 (CFU·g⁻¹)	
旋耕秸秆不还田	将粉碎后的根茬和化肥与土壤混合，0～15cm土层搅浆	0～5	2 947	2 900	7	40	54 702
		5～10	8 345	8 000	300	45	
		10～15	43 410	43 000	350	60	
旋耕秸秆混埋还田	将粉碎后的秸秆、根茬和化肥与土壤混合，0～15cm土层搅浆	0～5	14 096	14 000	21	75	51 771
		5～10	23 130	23 000	100	30	
		10～15	14 545	14 000	500	45	
犁耕秸秆翻埋还田	将粉碎后的秸秆、根茬埋于15cm土层以下，其上施化肥、搅浆	0～5	13 140	13 000	30	110	59 920
		5～10	21 280	21 000	100	180	
		10～15	25 500	25 000	150	350	
免耕秸秆不还田	将未粉碎的根茬植于土表，上层施化肥，不搅浆	0～5	25 075	25 000	25	50	57 495
		5～10	30 310	30 000	150	160	
		10～15	2 110	2 000	50	60	
免耕秸秆覆盖还田	将未粉碎的根茬植于土表、秸秆盖于土表，上层施化肥，不搅浆	0～5	47 175	47 000	60	115	62 465
		5～10	10 180	10 000	80	100	
		10～15	5 110	5 000	50	60	

郭梨锦等（2013）在湖北随州进行了水稻—小麦复种小麦秸秆全量还田试验，水稻收获后土壤采样分析结果表明，小麦秸秆覆盖还田处理土壤微生物总量比小麦秸秆翻埋还田处理提高 25.51%，比小麦秸秆不还田处理提高 77.49%。

李晓莎等（2015）在华北平原进行了小麦—玉米复种周年秸秆还田试验，在前茬玉米秸秆全量覆盖或翻埋还田（小麦机播）、小麦秸秆全量覆盖还田（玉米免耕贴茬播种）的情况下，下茬玉米全生育期 0～10cm 土层的土壤微生物生物量碳平均含量总体表现为深松玉米秸秆覆盖还田＞免耕玉米秸秆覆盖还田＞深松玉米秸秆不还田＞犁耕玉米秸秆翻埋还田＞免耕玉米秸秆不还田＞犁耕玉米秸秆不还田。其中深松玉米秸秆覆盖还田和免耕玉米秸秆覆盖还田土壤微生物生物量碳分别较犁耕玉米秸秆不还田提升 95.8% 和 74.3%。

2.5.4.6 不同的秸秆还田方式时常对三大区系微生物数量产生有差异的影响

陈冬林等（2010）在湖南益阳开展了双季稻田早稻秸秆还田试验，晚稻季分期土壤微生物数量测定结果（表2-31）表明，不同量、不同方式的水稻秸秆还田对土壤细菌、真菌、放线菌平均数量都可产生有差异的激发或抑制作用。与翻耕秸秆不还田相比：①秸秆全量覆盖还田、1/3量覆盖还田、全量混埋还田、1/3量翻埋还田对土壤微生物总量有一定的激发作用；其他耕作方式和还田量有一定的抑制作用。②不同量的秸秆覆盖还田对土壤好气性细菌数量都有一定的激发作用；全量翻埋还田和1/3量翻埋还田作用不明显；其他耕作方式和还田量有一定的抑制作用。③各种秸秆还田方式和还田量对土壤放线菌数量都有激发作用，2/3量混埋还田的激发作用最强。④秸秆全量混埋还田、1/3量翻埋还田、1/3量覆盖还田对土壤嫌气性细菌数量有一定的激发作用；其他耕作方式和还田量有一定的抑制作用。⑤秸秆全量覆盖还田、1/3量混埋还田和2/3量混埋还田对土壤真菌数量有一定的激发作用；其他耕作方式和还田量有一定的抑制作用。

表2-31 双季稻田早稻秸秆不同量、不同方式还田对晚稻生育期土壤微生物数量的影响

项 目	土壤微生物数量									
	不还田	犁耕翻埋还田			旋耕混埋还田			免耕覆盖还田		
		1/3量	2/3量	全量	1/3量	2/3量	全量	1/3量	2/3量	全量
合计（$\times 10^6$CFU·g^{-1}）	1.89	2.00	1.16	1.47	1.10	1.49	2.11	2.43	1.53	2.52
好气性细菌（$\times 10^6$CFU·g^{-1}）	1.06	1.07	0.85	1.10	0.60	0.88	0.96	1.47	1.25	1.82
嫌气性细菌（$\times 10^5$CFU·g^{-1}）	6.94	7.72	1.40	2.11	3.22	3.75	10.04	7.72	1.13	4.97
放线菌（$\times 10^5$CFU·g^{-1}）	0.77	1.08	1.15	1.01	1.11	1.70	0.92	1.35	1.04	1.33
真菌（$\times 10^4$CFU·g^{-1}）	6.14	5.29	5.22	5.49	6.42	6.48	5.63	5.68	5.80	7.06

注：表中数据为晚稻季三个时期（8月25日、9月17日、10月23日）土壤微生物数量测定结果平均值。

焦加国等（2012）通过实验室培养，对2周、4周、6周、10周4次土壤样品测定结果进行统计分析发现，秸秆覆盖和秸秆混埋对土壤细菌、酵母菌和丝状真菌都有显著的增进作用，但增进的重点有别。首先，秸秆混埋对细菌和酵母菌的增进作用超过秸秆覆盖。与不添加秸秆相比，秸秆混埋使细菌和酵母菌数量分别增加 21.17 倍和 73.96 倍，秸秆覆盖使细菌和酵母菌数量分别增加 3.45 倍和 15.78 倍。其次，秸秆覆盖对丝状真菌的增进作用超过秸秆混埋。与不添加秸秆相比，秸秆覆盖和秸秆混埋的丝状真菌数量分别增加 8.98 倍和 4.82 倍。

2.5.5　秸秆还田与施肥对土壤微生物数量的协同增进作用

单一的秸秆还田或单一的施肥对土壤微生物数量都表现为一定的增进作用，而两者相结合对土壤微生物数量的增进作用更为明显，且时常达到倍增的效果。

2.5.5.1　秸秆还田配施化肥对土壤微生物数量的协同增进作用

土壤中有效氮的增加能够促进微生物繁殖，加快秸秆腐解。这是由于土壤微生物在腐解秸秆的过程中，需要同化碳和吸收有效氮，以合成新的细胞体。

Ocio 等（1991）将 [15]N 标记的小麦秸秆施用于黏壤土中，设置了配施氮肥和不施氮肥的处理，发现：①施用秸秆后土壤微生物生物量氮在 5d 内从 $46\mu g \cdot g^{-1}$ 增加到 $80\mu g \cdot g^{-1}$，并在此后保持在这个水平。②配施氮肥使得土壤微生物生物量氮在 5d 内进一步增加了约 $20\mu g \cdot g^{-1}$，但这一数值在随后的 20d 内有所下降。③在没有施用氮肥的情况下土壤微生物利用的氮有 30% 来源于秸秆，而在施用氮肥的情况下只有 25% 来源于秸秆。

张进良（2013）于 5 月在河南商丘对玉米秸秆还田年限 5 年以上的农田进行土壤采样分析，发现单一秸秆还田、单一化肥施用以及秸秆还田配施化肥对根际和非根际土壤细菌数量都有很高乃至极高的增进作用，而且增长倍数表现为秸秆还田配施化肥＞单一秸秆还田＞单一施用化肥。与秸秆不还田且不施化肥处理相比，秸秆还田配施化肥处理根际土壤细菌数量净增超过 2 570 倍，非根际土壤细菌数量净增超过 3 340 倍（表 2 - 32）。

表 2 - 32　玉米秸秆还田与化肥施用对根际和非根际

土壤微生物数量的影响

土壤类别	秸秆是否还田	化肥施用	微生物总量		细菌		放线菌		真菌	
			数量（×10⁸ CFU·g⁻¹）	比例（%）	数量（×10⁸ CFU·g⁻¹）	比例（%）	数量（×10⁶ CFU·g⁻¹）	比例（%）	数量（×10⁵ CFU·g⁻¹）	比例（%）
根际土壤	不还田	不施肥	1.48	100	1.40	94.917	7.40	5.009	1.10	0.074
		施肥	10.21	100	10.20	99.919	0.78	0.076	0.50	0.005
	还田	不施肥	2 050.10	100	2 050.00	99.995	9.50	0.005	1.10	0.000
		施肥	3 600.07	100	3 600.00	99.998	6.60	0.002	0.70	0.000
非根际土壤	不还田	不施肥	0.44	100	0.41	94.347	2.40	5.492	0.70	0.160
		施肥	6.55	100	6.50	99.267	4.70	0.718	1.00	0.015
	还田	不施肥	51.06	100	51.00	99.891	5.45	0.107	0.98	0.002
		施肥	1 370.05	100	1 370.00	99.997	4.50	0.003	1.00	0.000

杨滨娟等（2014）在江西农业大学进行了连续 3 年的稻田秸秆还田试验，以单纯的秸秆还田为对照，秸秆还田配施化肥 8 种处理（表 2 - 33）水稻成熟期根际土壤微生物总量以及细菌、放线菌数量都显著提升。其中配施氮磷钾肥、配施 1.5 倍氮磷钾肥处理的提升效果最显著，土壤微生物总量分别增长 1.66 倍和 1.61 倍，细菌数量分别增长 1.33 倍和 1.36 倍，放线菌数量分别增长 1.97 倍和 1.85 倍。各种化肥配施处理真菌数量都有所增加，但未达到显著提升水平。

表 2 - 33　水稻秸秆还田配施不同化肥处理对水稻成熟期

根际土壤微生物数量的影响

单位：×10⁵CFU·g⁻¹

试验处理	区系微生物数量			
	合计	细菌	放线菌	真菌
对照（单纯秸秆还田）	36.57	16.33	19.80	0.44
秸秆还田＋氮肥	49.92	17.50	31.95	0.47
秸秆还田＋1.5 倍氮肥	51.74	18.83	32.40	0.51
秸秆还田＋磷肥	63.32	28.33	34.50	0.49

（续）

试验处理	区系微生物数量			
	合计	细菌	放线菌	真菌
秸秆还田＋1.5 倍磷肥	63.46	26.67	36.34	0.45
秸秆还田＋氮磷肥	63.39	19.50	43.43	0.46
秸秆还田＋1.5 倍氮磷肥	60.95	23.00	37.50	0.45
秸秆还田＋氮磷钾肥	97.28	38.00	58.75	0.53
秸秆还田＋1.5 倍氮磷钾肥	95.41	38.50	56.40	0.51

顾美英等（2016）在新疆和田地区进行了大枣行间小麦—绿豆复种周年秸秆粉碎旋耕混埋还田配施化肥试验，与单施化肥相比，绿豆收获期秸秆粉碎旋耕混埋还田配施化肥处理 0～20cm 根际土壤细菌、放线菌、真菌数量均显著增加。

陈珊等（2017）的实验室培养结果表明，秸秆的添加增强了土壤微生物活性，显著提高了土壤微生物生物量氮含量，而化肥的添加又进一步促进了土壤微生物活性的增强。培养 100d 后，秸秆＋氮处理与秸秆＋氮磷处理使土壤微生物生物量氮较对照（不添加秸秆和化肥）分别增加 2.0 倍和 2.2 倍。

黄雪娇等（2018）在重庆市郊菜地进行了连续 4 年的玉米秸秆翻埋还田钾肥合理施用试验，7月土壤采样分析结果表明：①与单纯施用钾肥相比，秸秆还田配施适量钾肥可使土壤细菌、真菌、革兰氏阳性菌、革兰氏阴性菌分别增长 39.72％、76.31％、58.63％和 7.96％，放线菌数量持平；与单纯秸秆还田相比，秸秆还田配施适量钾肥可使土壤细菌、放线菌、真菌、革兰氏阳性菌、革兰氏阴性菌分别增长 36.37％、49.19％、83.07％、43.33％和 21.80％。②莴笋、白菜、甜玉米等作物多年平均产量与土壤细菌、革兰氏阳性菌和革兰氏阴性菌数量之间皆存在显著到极显著的正相关关系，甜玉米多年平均产量与真菌数量之间存在显著正相关关系。

2.5.5.2 秸秆还田配施化肥和有机肥对土壤微生物数量的协同增进作用

秸秆还田配施化肥和有机肥对土壤微生物数量时常表现出一定的增进作用，而且配施化肥与配施有机肥的增进作用各有千秋。同时有研究表明，秸秆还田与化肥、有机肥施用相结合对土壤微生物数量的增进作用更为明显。

汤树德（1980）在黑龙江的白浆土上进行的小麦秸秆翻埋还田试验结果（表2-34）表明，经3个月的腐解后，配施氮肥的小麦秸秆腐解残体微生物数量和近残体土壤微生物数量皆显著高于单纯的秸秆还田处理，小麦秸秆腐解残体细菌、真菌数量分别提升86.75%和34.81%，近残体土壤细菌、放线菌、真菌数量分别提升57.29%、47.00%和30.21%。与配施氮肥相比，配施厩肥液对小麦秸秆腐解残体和近残体细菌数量的提升作用无区别，对小麦秸秆腐解残体真菌数量和近残体土壤放线菌数量有更强的提升作用，但对近残体土壤真菌数量有所抑制。

表2-34　小麦秸秆翻埋还田与施肥对小麦秸秆腐解残体和近残体土壤微生物数量的影响

试验处理	小麦秸秆腐解残体微生物数量		小麦秸秆腐解近残体土壤微生物数量		
	细　菌	真　菌	细　菌	放线菌	真　菌
	$(\times 10^6 CFU \cdot g^{-1})$	$(\times 10^3 CFU \cdot g^{-1})$	$(\times 10^6 CFU \cdot g^{-1})$	$(\times 10^6 CFU \cdot g^{-1})$	$(\times 10^3 CFU \cdot g^{-1})$
对照（小麦秸秆）	297.4	99.4	50.1	10.0	9.6
小麦秸秆＋氮	555.4	134.0	78.8	14.7	12.5
小麦秸秆＋厩肥液	521.4	397.4	77.9	25.2	8.9

汤树德（1987）在黑龙江的白浆土上进行的玉米深耕（45cm）秸秆翻埋还田试验结果（表2-26）表明，深耕秸秆翻埋还田配施厩肥对土壤微生物数量有明显的增进作用。与单纯的秸秆还田相比，4个月的深耕秸秆翻埋还田配施厩肥使土壤微生物总量以及细菌、放线菌、真菌数量分别增长62.80%和113.16%、8.51%、103.77%。

许仁良等（2010）在江苏姜堰进行了水稻—小麦复种小麦秸秆全量还田试验，水稻成熟期土壤采样分析结果表明，秸秆还田配施有机肥或氮肥可协同促进根际和非根际土壤微生物的繁衍，并促进秸秆的腐解，秸秆还田量6 000kg·hm^{-2}、有机肥施用量4 500kg·hm^{-2}、氮肥施用量（折纯氮）240kg·hm^{-2}效果较佳。

2.5.6　秸秆还田对不同农用地土壤微生物的增进作用

李玖燃等（2017）对17个省份不同农用地的85个土壤样品进行了实

验室培养分析，发现添加玉米秸秆后，各类农用地土壤样品的可培养微生物总量以及细菌、放线菌、真菌数量均大幅度增加（表 2-35）。经过 90d 的培养后：土壤微生物总量增长幅度为 132%～267%，平均为 191%，总体表现为水田＞菜地＞旱地＞林地；细菌、放线菌、真菌数量增长幅度分别为 99%～263%、130～359%、233%～503%，平均为 178%、225%、344%。其中三大区系微生物数量增长幅度，水田和旱地皆表现为真菌＞细菌＞放线菌，菜地表现为放线菌＞真菌＞细菌，林地表现为真菌＞放线菌＞细菌。

表 2-35　不同农用地土壤初始微生物数量及其添加
玉米秸秆后的变化

农用地	区系微生物	初始数量 （×10⁶CFU·g⁻¹）	添加秸秆培养 90d 后的增长率 （%）
林地	细菌	6.27	99
	真菌	0.46	369
	放线菌	0.43	359
	合计	7.16	132
菜地	细菌	5.16	194
	真菌	0.29	233
	放线菌	0.28	247
	合计	5.73	199
旱地（粮田）	细菌	4.10	155
	真菌	0.48	271
	放线菌	0.26	130
	合计	4.84	165
水田	细菌	7.10	263
	真菌	0.26	503
	放线菌	0.32	165
	合计	7.68	267

注：培养期间土壤样品含水率为 21%～30%。

2.6 秸秆还田对土壤主要功能菌数量的增进作用

特定类群的土壤微生物数量在很大程度上体现着其生存状况、生物活性及其作用程度。作为土壤微生物的主要功能类群，固氮菌、纤维素分解菌、钾细菌、解磷菌等功能菌直接参与土壤碳、氮等营养元素的循环和能量流动，其数量和活性直接关系着土壤生态系统的维持与改善。

秸秆还田为土壤提供了大量的纤维素、半纤维素和木质素等纤维质，直接激发纤维素分解菌的生长与繁殖，进而促进秸秆的腐解。

小麦、玉米、水稻、棉花、油菜等大宗农作物的秸秆都有较高的碳含量，属于高 C/N 秸秆。这类秸秆的还田可显著提高土壤有机物料的 C/N，激发土壤微生物从土壤矿质和有机残体、氮肥和空气中摄取氮，以满足高碳、高能量条件下土壤微生物快速繁殖对氮的需求。与此同时，秸秆还田可有效地促进土壤固氮菌（包括自生固氮菌和共生固氮菌等）的繁衍和固氮作用的发挥。秸秆还田对土壤微生物摄取氮的能力和固氮菌固氮能力的双重增进作用可有效地提高土壤氮尤其是土壤有效氮和土壤微生物生物量氮的含量以及农作物对土壤氮的利用率。因此，高 C/N 秸秆还田配施氮肥不仅可在秸秆快速腐解阶段防止微生物与农作物争氮，更可在农作物的全生育期发挥土壤氮的总体效用。更为重要的是，秸秆还田能够促使集约化高氮输入的农田生态系统维持正常的 C/N，减少氮淋洗损失，防止或抑制土壤结构板结和作物连作障碍等不良现象的发生与发展（潘剑玲等，2013）。

秸秆还田对土壤解磷、钾细菌的增进作用同样可有效地提高土壤磷、钾元素的含量。

2.6.1 秸秆还田对土壤纤维素分解菌数量的增进作用

秸秆还田对土壤纤维素分解菌数量的增进作用直接而明显，使其增幅高达数倍的试验结果并不罕见。土壤纤维素分解菌数量的增长时常与秸秆还田年限、还田数量以及秸秆腐解进程等因素有着密切的关系，总体表现为秸秆还田年限越长、秸秆还田数量越高、秸秆腐解越快，纤维素分解菌数量越大。

秸秆翻埋还田、混埋还田、覆盖还田对土壤纤维素分解菌数量总体表现为明显的增进作用，而且前两者的增进作用常高于后者。另外，秸秆还田与化肥配施对土壤纤维素分解菌数量具有协同增进作用，有时可产生倍增作用。

2.6.1.1 不同方式秸秆还田对土壤纤维素分解菌数量的增进作用

试验表明，不同方式的秸秆还田对土壤纤维素分解菌数量都有明显的增进作用，而且总体表现为秸秆翻埋还田和混埋还田高于覆盖还田。

汤树德（1980）在黑龙江的白浆土上进行了小麦秸秆大田还田试验，经过 2 个月和 3 个月的秸秆腐解后，耙耕秸秆混埋还田处理土壤纤维素分解菌数量较秸秆不还田处理显著提升，增长幅度高达 8 倍；犁耕秸秆翻埋还田处理较秸秆不还田处理略有提升（表 2 - 36）。

**表 2 - 36 小麦秸秆不同还田方式对大田土壤纤维素
分解菌数量的影响**

单位：$\times 10^3 CFU \cdot g^{-1}$

项　　目	犁耕 20cm		耙耕 10cm	
	秸秆不还田	秸秆翻埋还田	秸秆不还田	秸秆混埋还田
纤维素分解菌数量	0.5	0.6	0.1	0.9

注：表中数据为小麦秸秆还田 2 个月和 3 个月两次测定结果的平均值。

徐新宇等（1985）在山东藤县进行了小麦—大豆复种连续两季小麦秸秆覆盖试验，发现秸秆覆盖显著增进了大豆季土壤纤维素分解菌数量，较不覆盖秸秆提高 1.4 倍。

陶军等（2010）在江苏南部地区进行了连续 7 年的水稻（水稻旱作）—小麦复种秸秆还田试验，麦收后土壤采样测定结果（表 2 - 37）表明，秸秆覆盖还田和秸秆混埋还田处理土壤纤维素分解菌数量较秸秆不还田处理分别提升 1.18 倍和 1.73 倍。

徐莹莹等（2018）在黑龙江齐齐哈尔进行的玉米秸秆还田试验结果表明，玉米各生育时期 0～30cm 根际土壤纤维素分解菌数量皆表现为秸秆犁耕翻埋还田＞免耕秸秆覆盖还田＞旋耕秸秆不还田。在犁耕秸秆翻埋还田处理与旋耕秸秆不还田处理之间，玉米各生育时期根际土壤纤维素分解菌数量的差异均达到显著水平；在免耕秸秆覆盖还田处理与旋耕秸秆不还田处理之间，除玉米拔节期外，其他各生育时期根际土壤纤维素分解菌数量的差异也都达到显著水平。犁耕秸秆翻埋还田显著提高了玉米生育后期根际土壤纤维素分解菌的数量，吐丝期较旋耕秸秆不还田增加31.40%。

表 2-37 秸秆还田与蚯蚓接种土壤主要功能
菌群数量变化

单位：$\times 10^6 CFU \cdot g^{-1}$

处　　理	氨化细菌	固氮菌	纤维素分解菌	无机磷分解菌
秸秆不还田	134.2	3.43	0.44	0.47
秸秆覆盖还田	274.3	8.80	0.96	1.83
秸秆覆盖还田接种蚯蚓	318.7	9.42	1.14	2.27
秸秆混埋还田	268.9	10.85	1.20	2.44
秸秆混埋还田接种蚯蚓	320.5	10.32	1.10	2.60

潘晶等（2021）在辽宁进行的玉米连作秸秆还田试验结果（表2-38）表明，无论是秸秆翻埋还田还是覆盖还田，玉米各生育时期根际土壤纤维素分解菌数量都明显高于秸秆不还田，而且秸秆翻埋还田处理明显高于秸秆覆盖还田处理。秸秆翻埋还田处理和秸秆覆盖还田处理整个玉米生育期根际土壤纤维素分解菌平均数量分别较秸秆不还田处理高34.55%和10.91%。

表 2-38 玉米长期连作秸秆翻埋还田和覆盖还田对玉米各生育时期
根际土壤主要功能菌数量的影响

功能菌	秸秆还田处理	玉米各生育时期根际土壤主要功能菌数量						
		苗期	拔节期	大喇叭口期	抽雄期	乳熟期	成熟期	平均
固氮菌 ($\times 10^5 CFU \cdot g^{-1}$)	不还田	21.8	27.6	26.8	38.6	31.2	29.6	29.3
	覆盖还田	22.4	27.9	28.4	41.2	30.8	32.6	30.6
	翻埋还田	34.2	39.7	50.3	62.8	58.1	54.7	50.0
纤维素分解菌 ($\times 10^2 CFU \cdot g^{-1}$)	不还田	7.8	9.3	14.5	13.8	11.5	9.1	11.0
	覆盖还田	8.1	9.8	15.4	15.5	13.8	10.6	12.2
	翻埋还田	9.3	11.9	16.5	18.9	16.6	15.8	14.8

2.6.1.2 不同年限秸秆还田对土壤纤维素分解菌数量的增进作用

试验表明，土壤纤维素分解菌数量随着秸秆还田年限的延长而不断提升。

李鑫等（2013）在辽宁朝阳进行的温室大棚内置式生物反应堆玉米秸秆翻压还田试验结果（表2-39）表明，秸秆还田1年、3年和5年土壤纤维素分解菌数量较秸秆不还田分别增长9.74%、199.63%和200.75%。

表2-39 不同年限玉米秸秆翻压还田对温室大棚土壤
主要功能菌数量的影响（李鑫等，2013）

单位：$\times 10^6 CFU \cdot g^{-1}$

试验处理	固氮菌	纤维素分解菌	有机磷细菌	钾细菌
对照（不还田）	3.28	2.67	0.54	0.52
还田1年	2.94	2.93	0.71	0.51
还田3年	5.82	8.00	0.95	0.60
还田5年	4.78	8.03	1.05	0.59

2.6.1.3 不同量秸秆还田对土壤纤维素分解菌数量的增进作用

试验表明，不同量的秸秆还田对土壤纤维素分解菌数量都有明显的增进作用，而且总体上随着秸秆还田量的增加而提升。

顾爱星等（2005）在新疆农业大学进行了小麦秸秆覆盖还田试验，2004年6月28日、7月12日、2005年4月3日3次土壤取样分析结果表明，土壤好气性纤维素分解菌和嫌气性纤维素分解菌数量都随秸秆覆盖量的增加而增加。但在不同量的秸秆覆盖条件下，土壤上层（0～10cm）好气性纤维素分解菌数量普遍高于嫌气性纤维素分解菌数量，土壤下层（10～20cm）嫌气性纤维素分解菌数量普遍高于好气性纤维素分解菌数量。

林云红等（2012）在云南楚雄开展了烟田小麦秸秆覆盖还田试验，烤烟采收结束后土壤采样分析结果（表2-16）表明，无论是田烟还是地烟，土壤纤维素分解菌数量都随秸秆还田量的增加而增加。与无秸秆覆盖相比，半量（3 750kg·hm^{-2}）、全量（7 500kg·hm^{-2}）、1.5倍量（11 250kg·hm^{-2}）秸秆覆盖土壤纤维素分解菌数量，田烟分别增长

37.04%、70.19% 和 239.15%，地烟分别增长 49.05%、152.84% 和 311.88%。

王淑彬等（2011）在江西的红壤旱地进行了棉田水稻秸秆覆盖还田试验，棉花完收期土壤采样分析结果（表 2-21）表明，水稻秸秆覆盖对纤维素分解菌数量有显著的增进作用，但不同量（半量、全量、1.5 倍量）的水稻秸秆覆盖处理之间没有显著差异。

2.6.1.4　秸秆腐解进程对土壤纤维素分解菌数量的影响

试验表明，秸秆腐解越快，土壤纤维素分解菌数量越大。或者说，土壤纤维素分解菌数量越大，秸秆腐解越快。与之相对应的是，随着秸秆腐解进程的不断推进以及在秸秆腐解"先快后慢"的变化规律的作用下，土壤纤维素分解菌数量逐步下降。

汤树德（1987）在黑龙江的白浆土上进行了玉米秸秆深耕（45cm）翻埋还田试验，秸秆腐解初期（秸秆快速腐解时期）土壤纤维素分解菌数量的增幅最为显著。由表 2-40 可知，与秸秆不还田相比，经过 1 个月的秸秆腐解后土壤纤维素分解菌数量增幅高达 2.30 倍，而到第 4 个月增幅降至 58.14%。

表 2-40　玉米秸秆深耕翻埋还田对土壤纤维素分解菌数量的影响

单位：$\times 10^3 \text{CFU} \cdot \text{g}^{-1}$

对照（秸秆犁耕不还田）		秸秆犁耕翻埋还田	
1 个月	4 个月	1 个月	4 个月
2.65	2.15	8.75	3.40

胡云等（2016）在内蒙古农业大学的日光温室里进行的玉米秸秆覆盖种植黄瓜试验结果（表 2-41）表明，黄瓜结果初期根际土壤纤维素分解菌数量较高，且覆盖秸秆处理与对照之间无显著差异。到黄瓜结果后期根际土壤纤维素分解菌数量显著下降，但覆盖秸秆较显著地抑制了其下降幅度，从而使其数量较对照高 36.99%。说明秸秆覆盖还田条件下，腐解进程的不断推进对土壤造成了更为深刻的影响。另外，与秸秆翻埋还田相比，秸秆覆盖对土壤纤维素分解菌数量的影响有一定的迟滞性，即增进作用较为缓慢。

**表 2-41 日光温室黄瓜秸秆覆盖还田对玉米根际土壤
主要功能菌数量的影响**

单位：$\times 10^6 CFU \cdot g^{-1}$

测定时期	试验处理	固氮菌	纤维素分解菌
黄瓜结果初期	覆盖秸秆	3.41	3.36
	对照（不覆盖秸秆）	0.60	3.45
黄瓜结果后期	覆盖秸秆	4.63	2.37
	对照（不覆盖秸秆）	4.06	1.73

2.6.1.5 秸秆还田与化肥配施对土壤纤维素分解菌数量的增进作用

秸秆还田与化肥配施对土壤纤维素分解菌数量具有协调增进乃至倍增作用。

汤树德（1980）在黑龙江的白浆土上开展的小麦秸秆翻埋（20cm）还田小区试验结果（表 2-42）表明，秸秆还田配施氮肥或厩肥液都有助于提升土壤纤维素分解菌数量。单纯的小麦秸秆还田因其过高的 C/N 而抑制了小麦秸秆腐解残体上纤维素分解菌的生长，使其数量显著低于近残体土壤。小麦秸秆还田配施氮肥或厩肥液可降低物料 C/N，从而有效地促进小麦秸秆腐解残体上纤维素分解菌的生长，使其数量显著高于近残体土壤。

**表 2-42 小麦秸秆翻埋还田小麦秸秆腐解残体和近残体
土壤中的纤维素分解菌数量**

单位：$\times 10^3 CFU \cdot g^{-1}$

项 目	小麦秸秆还田	小麦秸秆还田＋氮肥	小麦秸秆还田＋厩肥液
小麦秸秆腐解残体	0.2	1.7	1.5
近残体土壤	0.6	0.9	0.8

杨滨娟等（2014）在江西农业大学进行的连续 3 年的稻田秸秆还田配施化肥试验结果（表 2-43）表明，以单纯秸秆还田为对照，秸秆还田配施化肥处理水稻成熟期根际土壤纤维素分解菌数量都有所提升。其中配施1.5 倍磷肥、氮磷肥、1.5 倍氮磷肥、氮磷钾肥、1.5 倍氮磷钾肥处理与对照之间的差异都达到显著水平，分别增长 3.73 倍、4.45 倍、2.63 倍、

6.31 倍、6.11 倍。另外，配施氮肥、1.5 倍氮肥、磷肥处理与对照之间的差异虽然没有达到显著水平，但土壤纤维素分解菌数量的增幅也分别达到 0.27 倍、1.67 倍和 1.32 倍。

表 2-43　稻田秸秆还田配施不同化肥处理对水稻成熟期根际
土壤主要功能菌数量的影响

试验处理	纤维素分解菌 （×10⁴CFU·g⁻¹）	自生固氮菌 （×10⁵CFU·g⁻¹）	磷细菌 （×10⁵CFU·g⁻¹）
对照（单纯秸秆还田）	0.75d	4.17e	3.48c
秸秆还田＋氮肥	0.95d	5.88de	3.61bc
秸秆还田＋1.5 倍氮肥	2.00cd	5.84de	3.69bc
秸秆还田＋磷肥	1.74cd	5.79de	3.99abc
秸秆还田＋1.5 倍磷肥	3.55b	9.15c	4.19abc
秸秆还田＋氮磷肥	4.09ab	6.36d	5.64a
秸秆还田＋1.5 倍氮磷肥	2.72bc	8.76c	5.02ab
秸秆还田＋氮磷钾肥	5.48a	14.64b	5.56a
秸秆还田＋1.5 倍氮磷钾肥	5.33a	24.24a	5.22ab

顾美英等（2016）在新疆和田地区开展了大枣行间小麦—绿豆复种周年秸秆混埋还田配施化肥试验，绿豆收获期根际土壤纤维素分解菌数量较单施化肥增长 4.5 倍。与此同时，有机肥（腐熟羊粪）还田配施化肥则大大降低了纤维素分解菌数量，其结果不仅远低于秸秆还田配施化肥处理，而且显著低于单施化肥处理，说明腐熟有机物对纤维素分解菌已丧失需求。

2.6.2　秸秆还田对土壤固氮菌数量的增进作用

秸秆还田对大豆共生固氮菌和土壤自生固氮菌都有明显的增进作用。

秸秆还田对土壤自生固氮菌数量的增进作用常达到显著乃至极显著的水平，较秸秆不还田处理的增幅有时可达数倍到数十倍。

2.6.2.1　秸秆还田对大豆共生固氮菌数量的增进作用

徐新宇等（1985）在山东藤县开展了小麦—大豆复种连续两季小麦秸

秆覆盖还田试验，气相色谱分析根瘤乙炔还原结果表明，秸秆覆盖有利于土壤 C/N 的协调，显著提高了土壤生物固氮活性，特别是对大豆根瘤的固氮活性有显著的增进作用。秸秆覆盖条件下，大豆根瘤固氮率随着大豆生育期的据进而逐步提高，到盛花期前后达到全生育期的最高峰，较无秸秆覆盖高出 $21.78mg \cdot d^{-1} \cdot 株^{-1}$。秸秆覆盖处理的大豆根瘤固氮率较无秸秆覆盖处理的增幅则随着大豆生育期的据进而逐步下降（表 2-44）。

表 2-44　小麦秸秆覆盖还田对大豆根瘤固氮率的影响

试验处理	大豆根瘤固氮率（$mg \cdot d^{-1} \cdot 株^{-1}$）			
	幼苗期	分枝期	盛花期	鼓粒期
覆盖秸秆	8.90	26.64	78.80	26.63
对照（不覆盖秸秆）	4.62	15.01	57.02	27.16
增长绝对量	4.28	11.63	21.78	−0.53
增幅（%）	92.64	77.48	38.20	−1.95

隋文志等（1995）在黑龙江进行了小麦秸秆混埋还田大豆种植微区试验，发现秸秆还田配施氮肥对大豆全生育期根瘤固氮活性和根瘤数量都有显著的增进作用。与单纯秸秆还田、单施氮肥、秸秆不还田且不施氮肥相比：大豆开花期秸秆还田配施氮肥处理根瘤数量分别增加 33.15%、92.74% 和 117.27%，根瘤干重分别增加 27.72%、45.62% 和 89.90%；大豆鼓粒期根瘤数量分别增加 67.32%、46.58% 和 193.16%，根瘤干重分别增加 12.24%、22.04% 和 4.62%。

2.6.2.2　不同方式秸秆还田对土壤自生固氮菌数量的增进作用

试验表明，犁耕翻埋、旋耕混埋、免耕覆盖三大秸秆还田方式对土壤自生固氮菌数量都有明显的增进作用，而且秸秆翻埋还田的增进作用又时常超过免耕覆盖和旋耕混埋。

徐新宇等（1985）在山东藤县开展了小麦—大豆复种连续两季小麦秸秆覆盖还田试验，秸秆覆盖显著增加了大豆季土壤自生固氮菌数量，使其较不覆盖秸秆提高 13.4 倍。经过两季秸秆覆盖还田后再进行犁耕翻埋和圆盘耙耙耕混埋处理，则会进一步提升土壤自生固氮菌数量，其中犁耕翻埋处理土壤自生固氮菌数量又显著高于耙耕混埋处理。

徐新宇等（1985）的盆栽辅助试验结果也表明，夏播大豆覆盖小麦秸秆明显增加了土壤以圆褐自生固氮菌为主的自生固氮细菌数量。特别是在大豆初花期，覆盖小麦秸秆处理的自生固氮菌数量比对照增加 9.54 倍（表 2 - 45）。此后增加量随生育期的推进而逐渐下降，但直到成熟期仍高于对照。

表 2 - 45 小麦秸秆覆盖还田对盆栽大豆土壤自生
固氮菌数量的影响

试验处理	土壤自生固氮菌数量（$\times 10^4$个·g^{-1}）				
	播种前	初花期	结荚期	鼓粒期	成熟期
覆盖秸秆	0.799	78.29	41.50	8.42	7.67
对照（不覆盖秸秆）	0.799	7.43	10.57	1.12	6.15
增长绝对量	0.00	70.86	30.93	7.30	1.52
增长倍数（倍）	0.00	9.54	2.93	6.52	0.25

高美英等（2000）在山西太谷果园开展了试验，发现秸秆覆盖可明显增加土壤自生固氮菌数量。以无秸秆覆盖为对照，1989—1997 年连年进行秸秆覆盖的果园 4—11 月各月以及各土层的土壤自生固氮菌数量皆显著或极显著提高。0～60cm 土层土壤自生固氮菌月均数量总体增加95.47%，其中 0～20cm、20～40cm、40～60cm 土层分别增加 123.80%、51.61%和 103.85%。

陶军等（2010）在江苏南部地区开展了连续 7 年的水稻（水稻旱作）—小麦复种秸秆还田试验，最后一年麦收后土壤采样测定结果（表 2 - 37）表明，秸秆覆盖还田和秸秆混埋还田处理的土壤自生固氮菌数量比秸秆不还田处理分别提升 1.57 倍和 2.16 倍。

樊俊等（2019）在湖北宣恩开展了烟田秸秆旋耕混埋还田试验，经过连续 3 年的水稻秸秆、玉米秸秆、烟草秸秆还田，烟叶采收完成后土壤自生固氮菌相对丰度与秸秆不还田相比分别提高 51.95%、19.53%和 18.37%。

潘晶等（2021）在辽宁开展了玉米连作秸秆还田试验，发现秸秆翻埋还田处理玉米各生育时期根际土壤自生固氮菌数量显著高于秸秆不还田处理，秸秆覆盖还田处理总体上高于秸秆不还田处理。由表2-38可知，秸秆翻埋还田处理和覆盖还田处理玉米全生育期根际土壤自生固氮菌平均数量分别比秸秆不还田处理高70.65%和4.44%。

2.6.2.3 不同秸秆还田年限对土壤自生固氮菌数量的增进作用

试验表明，随着秸秆还田年限的增加，土壤自生固氮菌数量逐步提升，或在较长的还田年限后达到较为稳定的数量水平。

李鑫等（2013）在辽宁朝阳开展的温室大棚玉米秸秆还田试验结果（表2-39）表明：与秸秆不还田相比，还田1年处理土壤自生固氮菌数量有所下降，连续还田3年处理土壤自生固氮菌数量达到最高，增加了77.44%；连续还田5年处理土壤自生固氮菌数量虽有所下降，但仍保持在较高的水平，较秸秆不还田处理增长45.73%。

萨如拉等（2014）在内蒙古半干旱地区开展了玉米秸秆全量翻埋还田试验，在玉米全生育期内，土壤自生固氮菌数量总体表现为2年秸秆还田＞1年秸秆还田＞秸秆不还田。高峰期（玉米灌浆期）2年秸秆还田处理和1年秸秆还田处理土壤自生固氮菌数量分别较秸秆不还田处理高157.61%和81.18%。

2.6.2.4 不同量秸秆还田对土壤自生固氮菌数量的增进作用

试验表明，半量到全量的秸秆还田对土壤自生固氮菌数量都可起到较为理想的增进作用。

顾爱星等（2005）在新疆农业大学开展了小麦秸秆覆盖还田试验，2004年6月28日、7月12日、2005年4月3日3次土壤取样分析结果表明，秸秆还田显著提高了土壤C/N，促进了土壤自生固氮菌的生长与繁殖，而且秸秆还田量越高促进作用越显著。同时，秸秆腐解速率越快，土壤自生固氮菌增殖量越高。

王淑彬等（2011）在江西红壤旱地上开展了棉田秸秆还田试验，棉花完收期土壤采样分析结果（表2-21）表明，半量水稻秸秆覆盖对土壤好气自生固氮菌数量的增进作用最为显著，比不覆盖水稻秸秆增幅高1.93倍；其次为全量水稻秸秆覆盖，增幅为21.43%。1.5倍量水稻秸秆覆盖土壤好气自生固氮菌数量低于对照。

林云红等（2012）在云南楚雄开展了烟田小麦秸秆覆盖还田试验，烤烟采收结束后的采样分析结果（表 2-16）表明，无论是田烟还是地烟，不同量秸秆还田对土壤固氮菌数量都有一定的增进作用，但全量（7 500kg·hm^{-2}）秸秆还田的增进作用最明显。与秸秆不还田处理相比，秸秆全量还田处理田烟和地烟土壤固氮菌数量分别增长 60.30% 和 43.52%。

2.6.2.5 秸秆腐解进程对土壤自生固氮菌数量的影响

秸秆还田对土壤自生固氮数量的增进作用与秸秆腐解进程基本一致，即"先快后慢""先高后低"。

胡云等（2016）在内蒙古农业大学日光温室中开展了玉米秸秆覆盖种植黄瓜试验，发现秸秆覆盖显著提高了黄瓜结果初期的土壤固氮菌数量，较对照增加 4.68 倍；黄瓜结果后期，无论是覆盖秸秆还是不覆盖秸秆，土壤固氮菌数量都显著提升，两者之间的差距大大缩小，前者较后者仅高 14.04%（表 2-41）。

徐新宇等（1985）的试验结果（表 2-44、表 2-45）也表明，秸秆还田对大豆根瘤固氮率和土壤自生固氮菌数量的增进作用都表现出明显的"先快后慢""先高后低"的变化特征。

2.6.2.6 秸秆还田与化肥配施对土壤自生固氮菌数量的影响

试验结果表明，秸秆还田配施化肥对土壤固氮菌数量可产生两种截然不同（增进、抑制）的作用，内在机理还有待深入的研究分析。但可以确定的是，秸秆还田配施钾肥有利于增进土壤固氮菌的数量。

张进良（2013）于 5 月在河南商丘对玉米秸秆还田年限 5 年以上的农田土壤进行采样分析，结果（表 2-46）表明，秸秆还田配施化肥对根际土壤好气固氮菌数量有一定的增进作用，对非根际土壤好气固氮菌数量有明显的抑制作用。具体而言：首先，根际和非根际土壤好气固氮菌数量都以单纯秸秆还田为最高，由此可见秸秆还田对根际和非根际土壤好气固氮菌数量的显著增进作用。其次，秸秆还田配施化肥处理的根际土壤好气固氮菌数量既高于单施化肥处理，又高于秸秆不还田且不施化肥处理，由此可见秸秆还田配施化肥对根际土壤好气固氮菌数量有一定的增进作用。但这一增进作用主要是由秸秆还田带来的。最后，非根际土壤好气固氮菌数量以秸秆还田配施化肥为最低，由此可见秸秆还田配施化肥对非根际土壤好气固氮菌数量的显著抑制作用。但这一抑制作用又主要是由化肥的施用产生的。单施化肥的非根际土壤好气固氮菌数量不仅低于秸秆不还田且不施化肥处理，还低于单纯的秸秆还田处理。

表 2-46　玉米秸秆还田与化肥施用对根际与非根际土壤
好气固氮菌数量的影响

| 土壤类别 | 好气固氮菌数量（$\times 10^5$个·g^{-1}） | | | |
| | 秸秆还田 | | 秸秆不还田 | |
	施化肥	不施化肥	施化肥	不施化肥
根际土壤	3.04	3.62	2.43	2.24
非根际土壤	1.46	2.68	1.74	2.26

刘骁蒨等（2013）于四川广汉利用变性梯度凝胶电泳法（PCR-DGGE）研究了水稻—小麦复种连续多年（2004—2009年）周年秸秆全量覆盖还田对稻季土壤固氮菌群落结构的影响，2009年7月水稻生长旺季土壤采样分析结果表明：①秸秆覆盖使土壤固氮菌的群落结构发生明显变化。②秸秆覆盖配施氮磷钾肥更有利于土壤固氮细菌的生长与繁殖，并能显著提高土壤固氮菌的多样性和丰富度。在正常施用氮磷钾肥的条件下，以不覆盖秸秆为对照，覆盖秸秆处理0~10cm、10~20cm土层土壤固氮菌多样性指数分别提升17.70%和19.75%，丰富度指数提升54.24%和67.76%。③秸秆覆盖配施同量的磷钾肥，氮肥施用量越高土壤固氮菌多样性指数越高。④秸秆覆盖后缺施钾肥（只施氮磷肥）不利于土壤固氮菌的生长。这一点与张进良（2013）的试验结果相同。最后，配施磷肥对土壤固氮菌多样性指数有一定影响，但处理间差异不显著。

杨滨娟等（2014）在江西农业大学连续3年开展的稻田秸秆还田配施化肥试验结果（表2-43）表明，水稻成熟期根际土壤自生固氮菌数量都有所提升。以单纯的秸秆还田为对照，配施1.5倍磷肥、氮磷肥、1.5倍氮磷肥、氮磷钾肥、1.5倍氮磷钾肥处理的根际土壤自生固氮菌数量分别增长1.19倍、0.53倍、1.10倍、2.51倍、4.81倍，且与对照之间的差异达到显著水平。

2.6.3　秸秆还田对土壤磷细菌数量的增进作用

磷细菌（无机磷细菌和有机磷细菌）既可提高磷肥的有效性，又可活化土壤中的固态磷，从而提高磷利用率。磷细菌在将难溶性磷转变为可溶性磷的同时，还具有一定的固氮能力，并分泌生长激素，有效地促进农作物的生长。Chabot 等（1996）研究指出，磷细菌的溶磷作用是中低肥力土壤上促进作物生长最重要的机制之一。

试验表明，不同的秸秆还田方式、还田量以及化肥配施对土壤磷细菌数量都有一定的增进作用，而且增进作用随着秸秆还田年限的增加而提升。同时，秸秆还田对土壤磷细菌数量的增进作用可达到数倍。

陶军等（2010）在江苏南部地区进行了连续 7 年的水稻（水稻旱作）—小麦复种秸秆还田试验，麦收后土壤采样测定结果（表 2 - 37）表明，与对照相比，秸秆覆盖还田处理和混埋还田处理土壤无机磷细菌数量分别提升 2.89 倍和 4.19 倍。

王淑彬等（2011）在江西红壤旱地上开展了棉田秸秆还田试验，棉花完收期土壤采样分析结果（表 2 - 21）表明，不同量的水稻秸秆覆盖对土壤磷细菌数量都有显著的增进作用，其增幅在不同处理之间表现为半量＞全量＝1.5 倍量。

李鑫等（2013）在辽宁朝阳的温室大棚开展的玉米秸秆还田试验结果（表 2 - 39）表明，土壤有机磷细菌数量随着秸秆还田年限的延长而不断提高。与秸秆不还田相比，秸秆还田 1 年、3 年和 5 年土壤有机磷细菌数量分别增长 31.48％、75.93％和 94.44％。

萨如拉等（2014）在内蒙古半干旱地区开展了玉米秸秆全量翻埋还田试验，在玉米全生育期内，土壤无机磷细菌、有机磷细菌数量都总体表现为 2 年秸秆还田＞1 年秸秆还田＞秸秆不还田。玉米苗期 2 年秸秆还田处理和 1 年秸秆还田处理土壤无机磷细菌数量分别较秸秆不还田处理提高31.44％和 15.27％。玉米大喇叭口期，2 年秸秆还田和 1 年秸秆还田处理土壤有机磷细菌数量分别较秸秆不还田提高 58.91％和 5.47％。

杨滨娟等（2014）在江西农业大学进行了连续 3 年的稻田秸秆还田试验（表 2 - 43），与单纯的秸秆还田相比，水稻成熟期秸秆配施化肥处理根际土壤磷细菌数量都有所提升。其中配施氮磷肥、1.5 倍氮磷肥、氮磷钾肥、1.5 倍氮磷钾肥处理与对照之间的差异都达到显著水平，分别增长62.07％、44.25％、59.77％和 50.00％。

2.6.4　秸秆还田对土壤钾细菌和硅酸盐细菌的增进作用

李鑫等（2013）在辽宁朝阳的温室大棚内开展的玉米秸秆还田试验结果（表2-39）表明，与秸秆不还田相比：还田1年土壤钾细菌数量变化不大；还田3年以上土壤钾细菌数量明显提升，增幅在17％左右。

硅酸盐细菌是土壤中的一种重要功能菌，能将土壤矿物中无效态的钾释放出来，供作物生长所需，并且具有微弱的固氮能力。萨如拉等（2014）在内蒙古半干旱地区开展了玉米秸秆全量翻埋还田试验，发现在玉米全生育期内土壤硅酸盐细菌数量总体表现为2年秸秆还田＞1年秸秆还田＞秸秆不还田。在玉米播种期、苗期、成熟期，秸秆还田处理土壤硅酸盐细菌数量都显著高于秸秆不还田处理。玉米播种期（秸秆还田初期），2年秸秆还田处理和1年秸秆还田处理土壤硅酸盐细菌数量分别较秸秆不还田处理高122.80％和76.91％。在玉米拔节期、大喇叭口期和灌浆期，秸秆还田处理土壤硅酸盐细菌数量稍高于秸秆不还田处理，但差异都不显著。

2.7　秸秆还田对土壤微生物数量分布的影响

距离秸秆越近土壤微生物数量越高，这是秸秆还田条件下土壤微生物数量分布的基本规律。

一般情况下，土壤微生物数量的基本分布规律是上层土壤高、下层土壤低（简称"上高下低"），根际土壤高、非根际土壤低。秸秆还田在总体增进土壤微生物数量的同时，也会对其分布产生重大的影响。具体而言，受秸秆还田方式、还田深度、还田量等因素的影响，土壤微生物在上层土壤、下层土壤以及根际与非根际之间的分布有两种截然不同的结果：①上层土壤、下层土壤或根际与非根际之间的差异更为显著；②整个土层的土壤微生物数量分布趋于均衡，即上层土壤、下层土壤或根际与非根际之间的差异减小。

2.7.1　距离秸秆越近土壤微生物数量越高

汤树德（1980）在黑龙江的白浆土上开展的秸秆还田试验结果表明，

由于秸秆有机能源对土壤微生物生命活动的刺激作用，各类微生物的数量急剧增加，土壤各部位微生物数量的分布也受到影响。

汤树德（1980）的小麦秸秆翻埋还田试验结果（表 2 - 34）表明，无论是单纯的小麦秸秆还田还是小麦秸秆还田配施氮肥或厩肥液，小麦秸秆腐解残体上的细菌和真菌数量都远远超过近残体土壤。经 3 个月的腐解后，单纯小麦秸秆还田、小麦秸秆还田配施氮肥、小麦秸秆还田配施厩肥液处理小麦秸秆腐解残体的细菌数量分别比近残体土壤高 4.94 倍、6.05 倍和 5.69 倍，真菌数量分别高 9.35 倍、9.72 倍和 43.65 倍。

汤树德（1980）的玉米秸秆翻埋（15～20cm）还田试验结果表明，无论后作是小麦还是大豆，在其生长季的 4 次土壤取样分析中皆明显观察到近秸秆（0～5cm）土壤微生物活性、酶活性皆显著高于远秸秆土壤。其中好气纤维素细菌分布密度即在纤维素平板上生长的好气纤维素细菌阳性土粒占比，大豆田近秸秆土壤是远秸秆土壤的 2.68 倍，小麦田近秸秆土壤是远秸秆土壤的 2.98 倍。

汤树德（1980）的试验结果还表明，晚秋翻压（埋深 20cm）的玉米秸秆经一年腐解（有效腐解期 7 个月）后，其对土壤微生物数量的影响范围可达秸秆残体水平距离的 10cm 以上，以 0～5cm 最为明显（表 2 - 47）。0～10cm 范围内，距离秸秆越近细菌和真菌数量越高，距离秸秆越远放线菌数量越高。三大区系微生物总量，0～5cm 范围内是 5～10cm 范围内的 2.12 倍。10～40cm 范围内，细菌、真菌、放线菌数量变化都不显著。

表 2 - 47　玉米秸秆翻埋还田不同距离范围内的土壤微生物数量

水平距离（cm）	细菌（$\times 10^6$ CFU $\cdot$ g^{-1}）	放线菌（$\times 10^6$ CFU $\cdot$ g^{-1}）	真菌（$\times 10^3$ CFU $\cdot$ g^{-1}）
0～5	101.0	16.8	2.2
5～10	29.6	26.0	1.8
10～25	23.7	21.5	1.7
25～40	26.2	19.2	1.7

杨军（2015）在河南封丘开展了网袋法秸秆埋田（20cm）试验，经过近半年（2012 年 12 月 10 日至 2013 年 6 月 1 日）的腐解后，秸秆腐解残留率和残留物内部微生物群落在不同质地（沙质、壤质、黏质）的土壤

中都没有显著差异，但土壤微生物的含量（包括土壤微生物总量以及细菌、真菌、放线菌数量）都表现为秸秆残留物内部＞网袋附近土＞远离网袋土。与此同时，土壤微生物多样性的变化趋势也与之基本一致。

2.7.2 不同秸秆还田方式对上、下土层土壤微生物数量分布的影响

不同的秸秆还田方式影响微生物的数量分布，秸秆覆盖还田对土壤微生物的增进作用集中于土壤表层，从而使上、下土层土壤微生物数量的差异更为显著，秸秆翻埋还田和混埋还田则使整个土层土壤微生物数量的分布趋于均衡。

免耕秸秆覆盖还田属于严格意义上的表土秸秆还田，其对土壤微生物的增进作用自然集中于土壤表层，从而使"上高下低"的土壤微生物数量分布特征更为显著，甚至导致整个土层土壤微生物的"上富下贫"。

犁耕作业深度一般大于 20cm。犁耕秸秆翻埋还田基本上属于深层秸秆还田，对深层土壤微生物数量的增进作用（总量增长和占比提高）时常超过浅层土壤，从而使整个土层土壤微生物数量的分布在大多情况下趋于更加均衡。

旋耕（包括耙耕、浅耕）作业深度一般在 8～15cm。旋耕秸秆混埋还田基本上属于浅层秸秆还田，这样既可使浅层土壤微生物数量分布更为均匀，也可使浅层与深层土壤的微生物数量差异更为显著。

不同秸秆还田方式对土壤微生物数量分布的总体影响（秸秆覆盖还田使土壤微生物数量"上高下低"的差异更为显著，翻埋还田和混埋还田使整个土层土壤微生物数量分布趋于均衡）都是对"距离秸秆越近土壤微生物数量越高"这一秸秆还田条件下土壤微生物数量分布变化规律的最好诠释。

为了充分发挥秸秆还田对土壤微生物数量的增进作用、有效提高整个耕作层土壤微生物活性，可主要从两个方面改进秸秆还田机械作业水平：①将免耕秸秆覆盖还田与犁耕秸秆翻埋还田相结合，如秸秆全量还田情形下的"两免一翻"（两年免耕秸秆覆盖还田、一年犁耕秸秆翻埋还田，适于东北、西北等一熟制地区）等。②适度深旋深耕，提高秸秆混埋还田作业质量。目前，我国广大小麦—玉米两熟地区普遍实施的"一盖一埋"周年秸秆全量还田（小麦秸秆粉碎覆盖还田，免耕贴茬直播玉米；玉米秸秆

粉碎旋耕混埋或犁耕翻埋还田，机播小麦）和水稻—小麦（油菜）两熟地区广泛实施的"一盖一埋"周年秸秆全量还田（水稻秸秆粉碎覆盖还田，免耕或浅旋灭茬、撒播覆土或机播种植小麦或油菜；小麦或油菜秸秆粉碎、浅耕或旋耕耢田整地混埋还田，机插或抛秧种植水稻），对改良土壤发挥了十分积极的作用。但要针对现实旋耕或浅耕秸秆混埋还田存在的耕整作业深度过浅、表土层秸秆积聚较多的问题，努力提高旋耕和浅耕作业能力，将其作业深度增加到 20cm 左右（以不低于 15cm 为准），以便在增进耕层土壤微生物数量和均衡分布、促进秸秆快速腐熟的同时减轻周年秸秆全量还田对农作物种植可能造成的不利影响。

2.7.2.1　秸秆覆盖还田使"上高下低"的土壤微生物数量分布差异更为显著

Saffigna 等（1989）的试验结果表明，与常规耕作条件下的秸秆覆盖相比，免耕秸秆覆盖使表层土壤微生物生物量碳增加了 31%。

Staley 等（2001）的研究指出，同常规耕作相比，免耕能明显提高表层土壤微生物数量及活性，而免耕结合秸秆覆盖更有利于表层土壤微生物的繁殖。

顾爱星等（2005）在新疆农业大学开展了小麦秸秆覆盖还田试验，发现小麦秸秆覆盖对 0～10cm 土层土壤微生物总量以及细菌、放线菌、真菌数量增长的促进作用总体上超过 10～20cm 土层。取三次测定结果（表 2-48）平均值，不同秸秆还田量对 0～10cm 和 10～20cm 土层土壤微生物总量的增进作用分别为 14.52%～48.09% 和 8.65%～18.74%，平均为 30.29% 和 13.87%；不同秸秆还田量对细菌数量的增进作用分别为 16.13%～52.48% 和 12.50%～22.00%，平均为 32.92% 和 17.31%；不同秸秆还田量对放线菌数量的增进作用分别为 -0.33%～10.58% 和 -14.09%～-0.65%，平均为 6.08% 和 -6.64%；不同秸秆还田量对真菌数量的增进作用分别为 32.87%～84.04% 和 24.50%～50.56%，平均为 52.87% 和 36.30%。

李晓莎等（2015）在山东泰安开展了小麦—玉米复种周年秸秆还田试验，发现免耕秸秆覆盖还田玉米全生育期 0～10cm 土层土壤微生物生物量碳平均含量不仅显著高于免耕秸秆不还田处理，而且显著高于常规翻耕秸秆还田处理。

表 2 - 48　不同秸秆覆盖量条件下 0～10cm 和 10～20cm

土层土壤微生物数量变化

取样时间	秸秆覆盖量（kg·hm⁻²）	土壤区系微生物数量							
		合计（×10⁶CFU·g⁻¹）		细菌（×10⁶CFU·g⁻¹）		放线菌（×10⁵CFU·g⁻¹）		真菌（×10³CFU·g⁻¹）	
		0～10cm	10～20cm	0～10cm	10～20cm	0～10cm	10～20cm	0～10cm	10～20cm
2004年6月28日	0	6.82	3.96	6.63	3.78	1.91	1.79	1.28	0.90
	1 073	8.30	4.89	8.05	4.75	2.43	1.39	3.57	1.12
	2 813	7.58	4.37	7.35	4.24	2.25	1.32	3.79	1.34
	4 219	9.63	4.49	9.41	4.28	2.10	2.12	5.91	1.70
2004年7月12日	0	8.06	5.31	6.74	4.11	13.10	12.00	5.78	3.27
	1 073	10.75	6.11	9.32	4.88	14.20	12.30	5.67	4.03
	2 813	9.41	5.59	8.13	4.54	12.70	10.50	6.13	4.28
	4 219	12.52	6.06	11.10	4.97	14.10	10.90	7.05	4.55
2005年4月3日	0	0.34	0.44	0.33	0.43	0.11	0.12	0.21	0.32
	1 073	0.47	0.53	0.46	0.52	0.09	0.13	0.42	0.44
	2 813	0.44	0.59	0.43	0.58	0.12	0.13	0.38	0.39
	4 219	0.39	0.54	0.38	0.52	0.13	0.17	0.42	0.51

　　周子军等（2021）对四川广汉水稻—小麦复种连续 12 年秸秆全量覆盖还田后的土壤微生物群落和土壤碳、氮组分进行分土层（0～5cm、5～10cm、10～20cm、20～30cm）测定和相关性分析，结果表明：①与秸秆不还田相比，秸秆覆盖还田显著提高了各土层土壤微生物 PLFA 总量和细菌 PLFA 总量以及细菌/真菌，而对真菌 PLFA 总量和放线菌 PLFA 总量无显著影响。②与秸秆不还田相比，秸秆覆盖还田处理各土层土壤微生物 PLFA 总量和细菌 PLFA 总量以及细菌/真菌的增长幅度以 0～5cm 土层为最高，并随着土层的加深而降低。③土壤微生物数量与土壤碳、氮组分显著相关的多集中在 0～5cm 土层，以下土层很少有显著相关的。其中，0～5cm 土层土壤微生物总量和细菌数量分别与土壤全氮、有机氮、硝态氮和可溶性有机氮含量显著或极显著正相关，与土壤微生物生物量 C/N 显著负相关；细菌/真菌与土壤全氮、有机氮、硝态氮、铵态氮和可

溶性有机氮含量以及土壤总 C/N 显著正相关。

2.7.2.2 秸秆翻埋和混埋还田使整个土层土壤微生物数量分布总体上趋于均衡

如下试验研究，不仅进一步强化了"秸秆覆盖还田使'上高下低'的土壤微生物数量分布差异增大"的结论，同时证明了秸秆翻埋和混埋还田可使整个土层的土壤微生物数量分布趋于均衡。

（1）高云超等（1994）：秸秆翻埋还田有助于增进整个土层土壤微生物数量的均衡分布，而秸秆覆盖还田则进一步增大了"上高下低"的土壤微生物数量分布差异。

高云超等（1994）1978—1988 年在北京郊区进行了小麦—玉米复种连年秸秆全量还田试验，1987 年 7—10 月和 1988 年 4—6 月连续 8 次（每月 1 次）进行土壤微生物量的测定（氯仿熏蒸法），1988 年 4—6 月连续 4 次（每月 1 次）进行土壤活跃微生物生物量的测定（添加葡萄糖营养液的 CO_2 释放量测定法），平均统计结果表明：①尽管秸秆离田、翻埋还田、覆盖还田处理各土层的土壤微生物生物量都表现为 0～7.5cm＞7.5～15cm＞15～30cm（表 2 - 49），但各土层土壤微生物生物量的高低差异（标准差）表现为覆盖还田（160.15）＞秸秆离田（99.98）＞翻埋还田（22.15）。②各土层土壤活跃微生物生物量，秸秆离田和覆盖还田处理都表现为 0～7.5cm＞7.5～15cm＞15～30cm，秸秆翻埋还田处理则表现为 7.5～15cm＞0～7.5cm＞15～30cm，而且各土层土壤活跃微生物生物量的高低差异（标准差）也表现为覆盖还田（160.15）＞秸秆离田（99.98）＞翻埋还田（22.15）。

表 2 - 49　玉米秸秆不同还田方式对各土层土壤微生物
数量分布的影响

土层 （cm）	土壤微生物量（$\mu g \cdot g^{-1}$）			土壤活跃微生物生物量（$\mu g \cdot g^{-1}$）		
	秸秆离田	翻埋还田	覆盖还田	秸秆离田	翻埋还田	覆盖还田
0～7.5	681.2	565.7	858.4	144.8	138.8	179.8
7.5～15	527.2	557.9	620.7	115.9	163.8	134.8
15～30	439.3	515.3	469.3	88.2	135.1	95.4

如上说明，土壤微生物生物量和活跃微生物生物量在整个土层的均衡

性，秸秆翻埋还田处理超过秸秆离田处理，秸秆离田处理又超过覆盖还田处理。换言之，相较于秸秆离田，秸秆翻埋还田尽管没有完全打破"上高下低"的土壤微生物数量分布规律，但却明显增进了整个土层土壤微生物数量的均衡性；而秸秆覆盖还田则使"上高下低"的土壤微生物数量分布差异进一步增大。

（2）任万军等（2009）：秸秆翻埋还田使上、下土层间的土壤微生物数量分布趋于均衡，而秸秆覆盖还田使"上高下低"的土壤微生物数量分布差异更为显著。

任万军等（2009）在四川郫县开展了水稻—小麦复种小麦秸秆全量还田试验，水稻各生育时期分期土壤采样测定结果（表 2-50）表明：①秸秆覆盖还田和翻埋还田对整个土层土壤微生物总量以及细菌、放线菌、真菌数量都有明显的增进作用。②无论是土壤微生物总量还是细菌、放线菌、真菌数量，在 0～10cm 土层中秸秆覆盖还田处理皆超过秸秆翻埋还田处理，在 10～20cm 土层中秸秆翻埋还田处理又都超过秸秆覆盖还田处理。③与秸秆不还田相比，秸秆覆盖还田处理 0～10cm 土层土壤微生物总量增长比例显著高于 10～20cm 土层，而秸秆翻埋还田处理 10～20cm 土层土壤微生物总量增长比例又显著高于 0～10cm 土层。④0～10cm 土层土壤微生物总量比例比 10～20cm 土层高，秸秆覆盖还田处理较秸秆不还田处理显著提升，而秸秆翻埋还田处理较秸秆不还田处理显著下降。

表 2-50　水稻—小麦复种小麦秸秆不同还田方式对水稻全生育期上、
下土层土壤微生物平均数量的影响

微生物	项　目	水稻全生育期不同土层土壤微生物平均数量			
		免耕		犁耕	
		覆盖还田	不还田	翻埋还田	不还田
合计 （×10⁵CFU·g⁻¹）	上层（0～10cm）	3.33	2.8	2.65	1.97
	下层（10～20cm）	1.5	1.43	1.7	1.11
	上层比下层高（%）	122.00	95.80	55.88	77.48
细菌 （×10⁵CFU·g⁻¹）	上层（0～10cm）	1.83	1.57	1.57	1.1
	下层（10～20cm）	0.97	0.97	1.06	0.77
	上层比下层高（%）	88.66	61.86	48.11	42.86

（续）

微生物	项　目	水稻全生育期不同土层土壤微生物平均数量			
		免耕		犁耕	
		覆盖还田	不还田	翻埋还田	不还田
放线菌 （×10⁵CFU·g⁻¹）	上层（0～10cm）	1.46	1.2	1.05	0.85
	下层（10～20cm）	0.51	0.45	0.62	0.33
	上层比下层高（%）	186.27	166.67	69.35	157.58
真菌 （×10³CFU·g⁻¹）	上层（0～10cm）	4.23	3.48	2.78	2.33
	下层（10～20cm）	1.98	1.43	2.35	1.25
	上层比下层高（%）	113.64	143.36	18.30	86.40

（3）洪艳华等（2012）：犁耕秸秆翻埋还田和旋耕秸秆混埋还田都逆转了"上高下低"的土壤微生物数量分布规律，而秸秆覆盖还田却使"上高下低"的土壤微生物数量分布差异更为显著。

洪艳华等（2012）开展了盆栽水稻模拟秸秆还田试验，水稻收获期土壤采样分析结果（表 2 - 30）表明，0～5cm、5～10cm、10～15cm 土层土壤微生物总量之比，犁耕秸秆翻埋还田处理为 1∶1.62∶1.94，旋耕秸秆混埋还田处理为 1∶1.64∶1.03，免耕秸秆覆盖还田处理为 1∶0.22∶0.11，说明犁耕秸秆翻埋还田和旋耕秸秆混埋还田都逆转了"上高下低"的耕层土壤微生物数量分布规律。原因在于：①犁耕秸秆翻埋还田使 5～10cm 和 10～15cm 土层土壤微生物总量急剧提升，占 0～15cm 土层土壤微生物总量的 78.07%。②旋耕秸秆混埋还田处理 5～10cm 土层土壤微生物总量增长最多，其占 0～15cm 土壤微生物总量的比例由对照（秸秆不还田）的 15.26% 提升到 44.68%。

与此同时，免耕秸秆覆盖还田使 0～5cm 土层土壤微生物总量高上再高，占 0～15cm 土层土壤微生物总量的比例由对照（秸秆不还田）的 43.61% 提升到 75.52%，从而使 0～5cm、5～10cm、10～15cm 土层土壤微生物总量之比降至 1∶0.22∶0.11。

（4）郭海斌等（2017）：深耕秸秆还田可更加有效地增进整个耕作层土壤微生物数量分布的均衡性。

郭海斌等（2017）在河南温县开展了小麦—玉米复种周年秸秆全量还

田试验，玉米成熟期土壤采样分析结果（表 2-51）表明，深耕秸秆还田（犁耕 30cm，秸秆翻埋还田）对各土层土壤微生物总量以及细菌、真菌、放线菌数量都有明显的增进作用，而常耕秸秆还田（旋耕 15cm，秸秆混埋还田）的增进作用则主要集中于 0～10cm 和 10～20cm 土层。深耕秸秆还田处理 20～30cm 土层土壤微生物总量以及细菌、真菌、放线菌数量分别比常耕秸秆还田处理高 78.28％和 79.59％、105.48％、64.57％。

表 2-51　常耕与深耕秸秆还田对玉米成熟期各土层土壤
微生物数量的影响

区系微生物	耕作方式	不同土层土壤微生物数量					
		0～10cm		10～20cm		20～30cm	
		秸秆还田	秸秆不还田	秸秆还田	秸秆不还田	秸秆还田	秸秆不还田
合计	常耕（15cm）	5.60	3.22	4.72	2.68	2.21	2.01
（×10⁶CFU·g⁻¹）	深耕（30cm）	7.26	4.28	4.94	4.19	3.94	3.58
细菌	常耕（15cm）	5.02	2.78	4.43	2.46	1.96	1.80
（×10⁶CFU·g⁻¹）	深耕（30cm）	6.72	3.78	4.48	3.83	3.52	3.29
真菌	常耕（15cm）	2.07	1.54	1.30	1.14	0.73	0.67
（×10³CFU·g⁻¹）	深耕（30cm）	1.97	1.69	1.53	1.28	1.50	1.03
放线菌	常耕（15cm）	5.81	4.34	2.91	2.21	2.54	2.11
（×10⁵CFU·g⁻¹）	深耕（30cm）	5.41	4.99	4.57	3.56	4.18	2.91

2.7.3　秸秆还田对根际与非根际土壤微生物数量分布的影响

土壤微生物尤其是根际土壤微生物数量的高低在某种程度上决定了土壤微生物的活性，进而影响农作物的生长发育。

根际土壤远超过非根际土壤，此乃土壤微生物数量的一般性分布规律。秸秆还田对土壤微生物数量在根际与非根际之间的分布同样产生两种截然不同的作用结果——差异更为显著或趋于均衡。

与不同秸秆还田方式对上、下土层土壤微生物总量分布的影响所不同：秸秆覆盖还田时常使上、下土层土壤微生物总量的分布更为不均，却使根际与非根际土壤微生物总量的分布趋于均衡；秸秆翻埋和混埋还田时常使上、下土层土壤微生物总量的分布趋于均衡，但却使根际与非根际土壤微生物总量的分布更为不均。

秸秆还田时常对根际与非根际土壤三大区系微生物即细菌、放线菌、真菌数量的分布产生有差异的影响。土壤细菌数量占微生物总量的比例较大，因此，秸秆还田对根际与非根际土壤微生物总量分布的影响主要取决于土壤细菌数量的变化。而不同秸秆还田方式对根际与非根际土壤放线菌和真菌数量分布的影响总体上都表现为使其趋于均衡。由此，不同秸秆还田方式使根际与非根际土壤微生物数量分布产生两类较有规律的变化：①秸秆翻埋和混埋还田使根际与非根际土壤微生物总量和细菌数量分布更加不均，而秸秆覆盖还田使根际与非根际土壤微生物总量和细菌数量分布趋于均衡。②无论是秸秆翻埋和混埋还田，还是秸秆覆盖还田，都能使根际与非根际土壤放线菌、真菌数量分布趋于均衡。

2.7.3.1 秸秆混埋还田使根际与非根际土壤微生物总量和细菌数量分布差异更为显著

（1）张进良（2013）：秸秆混埋还田使根际与非根际土壤微生物总量和细菌数量分布更加不均，而使土壤放线菌和真菌数量分布趋于均衡。

张进良（2013）在河南商丘对玉米秸秆混埋还田年限 5 年以上的农田进行土样采集（采样时间为 2010 年 5 月），测定结果（表 2-32）表明：①土壤微生物总量：单一秸秆还田情况下，与秸秆不还田相比，根际土壤和非根际土壤微生物总量增长倍数分别达到 1 384 倍和 115 倍，根际土壤高出非根际土壤的绝对量由 1.04×10^8 CFU·g^{-1} 提升到 2.00×10^{11} CFU·g^{-1}，高出倍数由 2.36 倍提升到 39.15 倍；秸秆还田配施化肥，与单纯施用化肥相比，根际土壤和非根际土壤微生物总量增长倍数分别达到 352 倍和 208 倍，根际土壤高出非根际土壤的绝对量由 3.66×10^8 CFU·g^{-1} 提升到 2.23×10^{11} CFU·g^{-1}，高出倍数由 0.56 倍提升到 1.63 倍。②土壤细菌数量：单一秸秆还田情况下，与秸秆不还田相比，根际土壤和非根际土壤细菌数量增长倍数分别达到 1 463 倍和 123 倍，根际土壤高出非根际土壤的绝对量由 0.99×10^8 CFU·g^{-1} 提升到 2.00×10^{11} CFU·g^{-1}，高出倍数由 2.41 倍提升到 39.20 倍；与单纯施用化肥相比，秸秆还田配施化肥处理根际土壤和非根际土壤细菌数量增长倍数分别达到 352 倍和 210 倍，根际土壤放线菌数量高出非根际土壤的绝对量由 3.70×10^8 CFU·g^{-1} 提

升到 2.23×10^{11} CFU·g^{-1}，高出倍数由 0.57 倍提升到 1.63 倍。③土壤放线菌数量：单一秸秆还田情况下，与秸秆不还田相比，根际土壤放线菌数量高出非根际土壤的绝对量由 5.00×10^6 CFU·g^{-1} 降至 4.05×10^6 CFU·g^{-1}，高出倍数由 2.08 倍降至 0.74 倍；与单纯施用化肥相比，秸秆还田配施化肥处理根际土壤真菌数量高出非根际土壤的绝对量由 -3.92×10^6 CFU·g^{-1} 提升到 2.10×10^6 CFU·g^{-1}，高出倍数由 -0.83 倍提升到 0.47 倍。④土壤真菌数量：单一秸秆还田情况下，与秸秆不还田相比，根际土壤真菌数量高出非根际土壤的绝对量由 0.40×10^5 CFU·g^{-1} 降至 0.12×10^5 CFU·g^{-1}，高出倍数由 0.57 倍降至 0.12 倍；与单纯施用化肥相比，秸秆还田配施化肥处理非根际土壤真菌数量高出根际土壤的绝对量由 0.50×10^5 CFU·g^{-1} 降至 0.30×10^5 CFU·g^{-1}，高出倍数由 1.00 倍降至 0.43 倍。

（2）杨钊等（2019）：秸秆混埋还田使根际与非根际土壤微生物总量和细菌数量的差距进一步拉大，并长年稳定保持这一差距；而根际与非根际土壤放线菌数量的差距持续下降，土壤真菌数量的差距变化较小。

杨钊等（2019）在陇东黄土高原连续 9 年、12 年、15 年开展了玉米旋耕秸秆混埋还田试验，于 2016 年玉米苗期、拔节期、散粉期、成熟期进行了 4 次采样测定，得出如表 2-52 所示的根际与非根际土壤微生物数量统计结果。

由表 2-52 可知：①玉米全生育期土壤微生物总量平均值：与秸秆不还田相比，根际增长超过（107.90%～125.94%，平均为 116.26%）非根际增长（65.23%～91.83%，平均为 78.52%）。在秸秆不还田的情况下，根际高出非根际 132.74×10^6 CFU·g^{-1}，高出 36.78%；秸秆还田 9 年后，根际高出非根际的量大幅提升到 430.03×10^6 CFU·g^{-1}，高出 72.11%；在此后的连年秸秆还田中，根际高出非根际的量保持在 416.83×10^6 CFU·g^{-1} 以上，高出比例保持在 61.10% 以上。②玉米全生育期土壤细菌平均数量：与秸秆不还田相比，非根际增长超过（108.07%～126.01%，平均为 116.36%）根际增长（64.64%～90.94%，平均为 77.81%）。在秸秆不还田的情况下，根际高出非根际 131.40×10^6 CFU·g^{-1}，高出比例为 36.57%；秸秆还田 9 年后，根际高出非根际的量大幅提升到 429.44×10^6 CFU·g^{-1}，高出比例提升到 72.60%；在此后的连年秸秆还田中，根际高出非根际的量保持在 416.12×10^6 CFU·g^{-1} 以上，高出比例保持在 61.65% 以上。③玉米全生育期土壤放线菌平均数量：与秸秆不还田相比，根际增长超过（196.50%～290.80%，平均为 237.83%）非根际增长（81.58%～116.48%，平均为 100.05%）。在秸秆不还田的情况下，根际高出非根际 134.50×10^4 CFU·g^{-1}，高出比例为 83.21%；秸秆还田 9 年后，根际高出非根际的量降至 58.49×10^4 CFU·g^{-1}，高出比例降至 12.20%；到还田第 15 年，根际高出非根际的量基本持平，均衡性分布水平显著提高。④玉米全生育期土壤真菌平均数量：与秸秆不还田相比，根际增长（18.87%～28.31%，平均为 25.09%）与非根际增长（18.30%～30.73%，平均为 26.52%）基本相同。

表 2-52　玉米秸秆长期还田条件下玉米全生育期根际与
非根际土壤微生物平均数量变化

项　目	处　理	玉米生育期根际土壤微生物			玉米生育期非根际土壤微生物		
		平均数量	较对照增长		平均数量	较对照增长	
			绝对量	比例（%）		绝对量	比例（%）
合　计 （×10⁶ CFU·g⁻¹）	对照（秸秆不还田）	493.67	—	—	360.93	—	—
	连续还田 9 年	1 026.37	532.69	107.90	596.34	235.42	65.23
	连续还田 12 年	1 061.10	567.43	114.94	644.27	283.35	78.51
	连续还田 15 年	1 115.42	621.75	125.94	692.36	331.43	91.83
细　菌 （×10⁶ CFU·g⁻¹）	对照（秸秆不还田）	490.69	—	—	359.29	—	—
	连续还田 9 年	1 020.96	530.27	108.07	591.52	232.23	64.64
	连续还田 12 年	1 055.09	564.40	115.02	638.97	279.68	77.84
	连续还田 15 年	1 108.98	618.30	126.01	686.02	326.73	90.94
真　菌 （×10² CFU·g⁻¹）	对照（秸秆不还田）	230.79	—	—	202.22	—	—
	连续还田 9 年	296.12	65.34	28.31	264.36	62.14	30.73
	连续还田 12 年	295.62	64.83	28.09	263.95	61.73	30.52
	连续还田 15 年	274.33	43.55	18.87	239.24	37.01	18.30
放线菌 （×10⁴ CFU·g⁻¹）	对照（秸秆不还田）	296.13	—	—	161.63	—	—
	连续还田 9 年	537.73	241.60	81.58	479.24	317.61	196.50
	连续还田 12 年	598.45	302.32	102.09	527.21	365.58	226.18
	连续还田 15 年	641.07	344.94	116.48	631.64	470.01	290.80

在秸秆不还田的情况下，根际高出非根际 $28.57 \times 10^2 \mathrm{CFU} \cdot \mathrm{g}^{-1}$，高出比例为 14.13%；秸秆连续还田 9 年、12 年、15 年后，根际高出非根际的量和比例基本保持在此水平，即秸秆还田对根际与非根际土壤真菌数量的分布影响不大。

2.7.3.2 秸秆覆盖还田使根际与非根际土壤微生物数量分布总体上趋于均衡

Soon 等（2012）研究发现，秸秆覆盖对土壤微生物的增进作用主要体现在非根际土壤中，未显著影响根际土壤微生物特性。他们对此给出的解释是在植物生长期间，根系对微生物的影响可能超过了秸秆对微生物的影响。

张桂玲（2011）在山东临沂桃园开展了秸秆覆盖试验，春、夏、秋三次土壤采样测定结果平均取值如表 2-53 所示。分析表明，无论是玉米秸秆覆盖还是小麦秸秆覆盖，都能使根际与非根际土壤微生物数量的分布总体上趋于均衡。

表 2-53 秸秆覆盖条件下桃树根际与非根际土壤
微生物数量变化

微生物	土壤类别	项　目	对照（无秸秆覆盖）	玉米秸秆覆盖	小麦秸秆覆盖
合计	根际	数量（$\times 10^5 \mathrm{CFU} \cdot \mathrm{g}^{-1}$）	6.96	8.77	8.85
		较对照绝对增长量（$\times 10^5 \mathrm{CFU} \cdot \mathrm{g}^{-1}$）	—	1.80	1.88
		较对照增长比例（%）	—	25.92	27.06
	非根际	数量（$\times 10^5 \mathrm{CFU} \cdot \mathrm{g}^{-1}$）	5.46	7.40	7.39
		较对照绝对增长量（$\times 10^5 \mathrm{CFU} \cdot \mathrm{g}^{-1}$）	—	1.95	1.94
		较对照增长比例（%）	—	35.72	35.52
氨化细菌	根际	数量（$\times 10^5 \mathrm{CFU} \cdot \mathrm{g}^{-1}$）	6.67	8.36	8.45
		较对照绝对增长量（$\times 10^5 \mathrm{CFU} \cdot \mathrm{g}^{-1}$）	—	1.69	1.78
		较对照增长比例（%）	—	25.34	26.69
	非根际	数量（$\times 10^5 \mathrm{CFU} \cdot \mathrm{g}^{-1}$）	5.25	7.14	7.10
		较对照增长数量（$\times 10^5 \mathrm{CFU} \cdot \mathrm{g}^{-1}$）	—	1.89	1.85
		较对照增长比例（%）	—	36.00	35.24

（续）

微生物	土壤类别	项　目	对照（无秸秆覆盖）	玉米秸秆覆盖	小麦秸秆覆盖
真菌	根际	数量（$\times 10^4$ CFU $\cdot$ g^{-1}）	2.67	3.58	3.49
		较对照绝对增长量（$\times 10^4$ CFU $\cdot$ g^{-1}）	—	0.91	0.82
		较对照增长比例（％）	—	34.08	30.71
	非根际	数量（$\times 10^4$ CFU $\cdot$ g^{-1}）	1.90	2.28	2.58
		较对照绝对增长量（$\times 10^4$ CFU $\cdot$ g^{-1}）		0.38	0.68
		较对照增长比例（％）		20.00	35.79
放线菌	根际	数量（$\times 10^3$ CFU $\cdot$ g^{-1}）	2.49	4.85	4.65
		较对照绝对增长量（$\times 10^3$ CFU $\cdot$ g^{-1}）		2.36	2.16
		较对照增长比例（％）		94.78	86.75
	非根际	数量（$\times 10^3$ CFU $\cdot$ g^{-1}）	1.56	3.65	3.54
		较对照绝对增长量（$\times 10^3$ CFU $\cdot$ g^{-1}）		2.09	1.98
		较对照增长比例（％）	—	133.97	126.92

首先，秸秆覆盖使根际与非根际土壤氨化细菌数量的分布趋于均衡。无论是玉米秸秆覆盖还是小麦秸秆覆盖，相较于无秸秆覆盖，非根际土壤氨化细菌的绝对增长量超过根际。根际与非根际土壤氨化细菌数量的差距由无秸秆覆盖的 1.42×10^5 CFU $\cdot$ g^{-1} 降至玉米秸秆覆盖的 1.22×10^5 CFU $\cdot$ g^{-1} 和小麦秸秆覆盖的 1.35×10^5 CFU $\cdot$ g^{-1}；根际土壤高出非根际土壤的比例由无秸秆覆盖的 27.05％ 降至玉米秸秆覆盖的 17.09％ 和小麦秸秆覆盖的 19.01％。

其次，秸秆覆盖使根际与非根际土壤放线菌数量分布趋于相对均衡。相较于无秸秆覆盖，玉米秸秆覆盖和小麦秸秆覆盖的根际土壤放线菌数量绝对增长量都明显高于非根际。根际与非根际土壤放线菌数量的差距由无秸秆覆盖的 0.93×10^3 CFU $\cdot$ g^{-1} 升至玉米秸秆覆盖的 1.20×10^3 CFU $\cdot$ g^{-1} 和小麦秸秆覆盖的 1.11×10^3 CFU $\cdot$ g^{-1}；根际高出非根际的比例由无秸秆覆盖的 59.62％ 降至玉米秸秆覆盖的 32.88％ 和小麦秸秆覆盖的 31.36％。

再次，玉米秸秆覆盖使根际与非根际土壤真菌数量分布更为不均，而小麦秸秆覆盖使其分布趋于相对均衡。相较于无秸秆覆盖，玉米秸秆覆盖的根际土壤真菌数量绝对增长量和相对增长量都明显超过非根际土壤；小麦秸秆覆盖的根际绝对增长量明显高于非根际。根际与非根际土壤真菌数量的差距由无秸秆覆盖的 0.77×10^4 CFU·g^{-1} 升至玉米秸秆覆盖的 1.30×10^4 CFU·g^{-1} 和小麦秸秆覆盖的 0.91×10^4 CFU·g^{-1}；根际高出非根际的比例由无秸秆覆盖的 40.53% 增至玉米秸秆覆盖的 57.02% 和小麦秸秆覆盖的 35.27%。

最后，在氨化细菌的主导作用下，秸秆覆盖使根际与非根际土壤微生物总量的分布趋于均衡。根际与非根际土壤微生物总量的差距由秸秆不还田的 1.50×10^5 CFU·g^{-1} 降至玉米秸秆覆盖的 1.37×10^5 CFU·g^{-1} 和小麦秸秆覆盖的 1.46×10^5 CFU·g^{-1}；根际土壤高出非根际土壤的比例由秸秆不还田的 27.47% 降至玉米秸秆覆盖的 18.51% 和小麦秸秆覆盖的 19.76%。

2.8　秸秆还田对土壤微生物数量增进的时效性

研究表明，在实验室培养条件下，秸秆添加对土壤微生物数量有很快的增进作用。但田间试验结果显示，秸秆还田后对土壤微生物数量的影响不仅能保持在当年农作物的整个生长季乃至持续到第二年，而且可能会随着时间的延续越来越明显。与此同时，秸秆还田还时常使农作物各生育时期的土壤微生物数量变幅增大，即使各生育时期之间的差异更为显著。

2.8.1　秸秆添加对土壤微生物数量的快速增进作用——速效的实验室培养结果

张成娥、王栓全（2000）进行了实验室盆钵培养，添加秸秆后，0～15d 土壤微生物生物量碳快速增加，然后缓慢下降，45d 时降至最低；45～60d 又出现一个上升阶段，之后又下降。这一过程反映了土壤微生物在利用有机碳源的过程中的群落演替现象：一开始，易分解的小分子有机化合物先被一些能利用小分子有机物的发酵性微生物同化利用，微生物数量快速增加，随后又随着这些有机物的减少而下降；然后，能够分解大分子有机物的土著性微生物开始利用这些物质繁殖，微生物数量又出现一个快速增加阶段。

2.8.2 秸秆还田对土壤微生物数量的长期增进作用

2.8.2.1 秸秆还田对土壤微生物数量的增进作用随时间的延长而提升

汤树德（1987）在黑龙江白浆土上开展的深耕（45cm）玉米秸秆翻埋还田试验结果（表2-26）表明，与秸秆不还田相比：①土壤中微生物总量和细菌数量的绝对增长量和增长比例都随时间的延长而持续提升。经过1个月和4个月的秸秆腐解后，土壤微生物总量分别增长 9.01×10^6 CFU·g^{-1} 和 21.40×10^6 CFU·g^{-1}，增幅分别达到1.29倍和2.71倍；细菌数量分别增长 10.10×10^6 CFU·g^{-1} 和 11.08×10^6 CFU·g^{-1}，增幅分别高达2.66倍和3.47倍。②土壤放线菌数量先减少后急增。经过1个月的秸秆腐解后，放线菌数量下降 1.10×10^6 CFU·g^{-1}，下降比例为34.38%；经过4个月的秸秆腐解后，放线菌数量增加 9.60×10^6 CFU·g^{-1}，增长了2.13倍。③土壤真菌数量先增加后大幅度下降。经过1个月的秸秆腐解后，真菌数量增加 0.57×10^3 CFU·g^{-1}，增长比例为11.97%；经过4个月的秸秆腐解后，真菌数量下降 1.52×10^3 CFU·g^{-1}，下降比例高达38.87%。

胡云等（2016）在内蒙古农业大学日光温室开展的大棚玉米秸秆覆盖种植黄瓜试验结果（表2-54）表明：由黄瓜结果初期到结果后期，与不覆盖秸秆相比，秸秆覆盖土壤细菌增长量由 1.64×10^6 CFU·g^{-1} 提升至 1.94×10^6 CFU·g^{-1}；在土壤真菌和放线菌增长量显著下降的情况下，土壤微生物总量增长数额保持在 1.65×10^6 CFU·g^{-1}。

表2-54 日光温室黄瓜大棚玉米秸秆覆盖还田土壤微生物数量变化

测定时期	试验处理	合计（$\times 10^6$CFU·g^{-1}）	细菌（$\times 10^6$CFU·g^{-1}）	真菌（$\times 10^3$CFU·g^{-1}）	放线菌（$\times 10^5$CFU·g^{-1}）
黄瓜结果初期	秸秆覆盖	3.31	3.11	2.05	1.93
	不覆盖秸秆	1.66	1.47	0.94	1.92
黄瓜结果后期	秸秆覆盖	4.71	4.67	2.36	0.35
	不覆盖秸秆	3.06	2.73	2.03	3.25

潘晶等（2021）在辽宁开展了玉米连作秸秆还田试验，秸秆翻埋还田

使根际土壤微生物数量在玉米各生育时期持续提升。与秸秆不还田处理相比，到玉米成熟期秸秆翻埋还田处理根际土壤微生物总量的增长量最高，达到 $4.38 \times 10^9 CFU \cdot g^{-1}$（表 2-28）。

2.8.2.2 秸秆还田对土壤微生物数量的增进作用时常持续到作物成熟期或收获期

由表 2-1、表 2-13、表 2-14、表 2-19 可知，秸秆还田对农作物各生育时期土壤微生物数量的增进作用虽时常表现为先增后降，但直到作物成熟或收获后，秸秆还田处理的土壤微生物数量仍持续高于秸秆不还田处理。

陆宁海等（2019）在河南新乡开展了玉米秸秆还田试验，与秸秆不还田相比，秸秆还田对土壤微生物总量以及细菌、真菌、放线菌数量的增进作用都随小麦生育期的延长而逐步提升，并持续到扬花期或成熟期（表 2-55）。

表 2-55 玉米秸秆还田对小麦各生育时期土壤微生物数量的影响

区系微生物	试验处理	返青期	拔节期	孕穗期	扬花期	成熟期
合计 ($\times 10^6 CFU \cdot g^{-1}$)	秸秆还田	7.75	13.15	15.55	18.51	15.98
	秸秆不还田	3.49	5.46	8.77	9.90	7.47
	前者较后者高	4.26	7.69	6.78	8.61	8.51
细菌 ($\times 10^6 CFU \cdot g^{-1}$)	秸秆还田	7.51	12.82	15.14	18.13	15.62
	秸秆不还田	3.42	5.35	8.61	9.75	7.35
	前者较后者高	4.09	7.47	6.53	8.38	8.27
真菌 ($\times 10^3 CFU \cdot g^{-1}$)	秸秆还田	16.73	22.45	28.98	25.15	24.74
	秸秆不还田	2.42	4.74	9.27	6.52	5.22
	前者较后者高	14.31	17.71	19.71	18.63	19.52
放线菌 ($\times 10^4 CFU \cdot g^{-1}$)	秸秆还田	6.85	10.55	11.52	12.64	11.11
	秸秆不还田	4.66	6.24	7.14	8.35	6.93
	前者较后者高	2.19	4.31	4.38	4.29	4.18

2.8.2.3 秸秆还田对土壤微生物数量的增进作用可持续到翌年

李纯燕等（2017）于西辽河平原进行了玉米秸秆一次性还田对当年和翌年土壤微生物数量影响的试验，玉米吐丝期土壤采样分析表明，秸秆还田对土壤微生物数量的增进作用可延续至翌年，秸秆还田所带来的土壤微生物数量增幅也有翌年高于当年的表现。秸秆翻埋还田处理当年土壤细菌数量比秸秆不还田处理增加了 46.82%，翌年增加了 53.73%；秸秆混埋还田处理当年土壤细菌数量比秸秆不还田处理增加了 6.96%，翌年增加了 9.93%。

2.8.3 秸秆还田对农作物各生育时期土壤微生物数量变幅的增大作用

农作物各生育时期土壤微生物数量总体呈现先增后降（表 2-1、表 2-13、表 2-14、表 2-19、表 2-55），但也有总体上呈增加之势的测定结果（表 2-28）。

秸秆还田在对农作物各生育时期土壤微生物数量总体上呈增进作用的同时，也对其时序变化产生较大的影响。由表 2-56 可见，在旱作农业条件下，与秸秆不还田相比，秸秆还田时常使农作物各生育时期土壤微生物总量以及细菌、放线菌、真菌数量的变差（标准差）明显增大，即使农作物各生育时期的土壤微生物数量差异更加显著（杨钊等，2019；庄泽龙等，2021；陆宁海等，2019；杨文平等，2012；潘晶等，2021）。而且，这一增大的变化趋势随着秸秆还田年限的延长而不断增强（杨钊等，2019；庄泽龙等，2021）。只有在个别情况下真菌数量的变差明显下降或放线菌数量变差稍有下降（潘晶等，2021）。

表 2-56　根据文献数据计算的秸秆还田与不还田条件下农作物
各生育时期土壤微生物数量变化标准差

文　献	种植制度与还田秸秆	测定时期种植农作物	测定土壤	秸秆还田处理	农作物各生育时期土壤微生物数量变化标准差（σ）			
					微生物总量	细菌	放线菌	真菌
杨钊等（2019）	玉米连作玉米秸秆还田	玉米	根际土壤	不还田	452.17	449.31	284.77	217.22
				连续还田 9 年	966.53	961.44	508.90	274.19
				连续还田 12 年	1 005.72	999.92	578.21	273.88
				连续还田 15 年	1 055.94	1 049.71	621.20	254.33
			非根际土壤	不还田	368.23	366.75	154.68	189.18
				连续还田 9 年	600.09	595.76	457.08	251.50
				连续还田 12 年	650.52	645.82	502.55	251.36
				连续还田 15 年	697.85	692.19	605.11	224.81

（续）

文　献	种植制度 与 还田秸秆	测定时期 种植 农作物	测定土壤	秸秆还田 处理	农作物各生育时期土壤微生物 数量变化标准差（σ）			
					微生物总量	细菌	放线菌	真菌
庄泽龙等 （2021）	玉米连作 玉米 秸秆还田	玉米	0～30cm 土层土壤	对照不还田	453.38	450.42	293.50	259.95
				连续还田 12 年	767.70	763.01	466.46	363.75
				连续还田 15 年	775.89	771.12	474.43	366.56
				连续还田 18 年	793.76	788.68	505.90	368.41
潘晶等 （2021）	玉米连作 玉米 秸秆还田	玉米	根际土壤	不还田	1.85	1.71	1.15	4.08
				覆盖还田	2.13	2.01	1.04	3.85
				翻埋还田	3.45	3.19	2.90	3.34
陆宁海等 （2019）	小麦—玉米 复种玉米 秸秆还田	小麦	根际土壤	不还田	5.43	2.27	1.21	2.25
				还田	9.21	3.59	1.97	4.03
杨文平等 （2012）	小麦—玉米 复种两季 秸秆还田	小麦	根际土壤	不还田	2.36	2.28	7.13	9.74
				全量还田	2.54	2.46	8.23	10.49
				2 倍量还田	2.74	2.66	8.52	10.22
任万军等 （2009）	水稻—小麦 复种小麦 秸秆还田	水稻	0～10cm 土层土壤	免耕不还田	28.01	23.63	18.17	1.45
				免耕覆盖还田	42.85	14.09	30.12	1.52
				犁耕不还田	38.24	28.01	24.01	1.41
				犁耕翻埋还田	26.16	20.03	22.02	1.43
			10～20cm 土层土壤	免耕不还田	35.53	25.13	11.51	0.83
				免耕覆盖还田	32.83	21.92	13.55	0.94
				犁耕不还田	28.82	18.95	13.25	0.95
				犁耕翻埋还田	31.97	22.26	13.10	1.12

　　在水旱轮作水稻种植环境条件下（任万军等，2009），无论是秸秆覆盖还田还是秸秆翻埋还田，无论是土壤上层还是土壤下层，水稻季土壤微生物总量以及细菌、放线菌、真菌数量的变化，均既有升高又有下降，没有明显的规律可循。

2.9　秸秆还田对土壤微生物的抑制作用

　　秸秆还田对土壤微生物的影响虽然主要表现为激发作用，但在特定的环境中也可能产生一定的抑制作用，而且较多地体现在真菌上。在南方湿热红壤（包括水田和旱地，下同）和东北寒地土壤两种极端的土壤环境中，秸秆还田都可能抑制土壤真菌的增长；在南方湿热红壤和西北干旱土壤两种极端的土壤环境中以及温室大棚土壤环境中，秸秆还田都有可能导致土壤放线菌数量的下降；在南方双季稻田环境中，秸秆还田对土壤细菌也可能起到抑制作用。

　　另外，无论在南方还是在北方，秸秆还田都有可能对自生固氮菌起到抑制作用，但其内在机理尚不明确。

　　在黄淮海平原、关中平原和黄土高原等广大温带地区，有关秸秆还田抑制土壤微生物的试验的结论仍较为少见。

2.9.1　南方地区秸秆还田对土壤微生物的抑制作用

2.9.1.1　南方水稻—小麦复种秸秆还田对土壤真菌的抑制作用

　　徐蒋来等（2015）在江苏扬州连续 3 年开展了水稻—小麦复种周年旋耕秸秆混埋还田试验，与秸秆不还田相比，1/4 量、半量、全量秸秆还田处理 3 年 6 季稻、麦成熟期的土壤真菌平均含量均受到一定程度的抑制，但差异都没有达到显著水平。该试验测定的真菌大部分为需氧菌。秸秆还田促使土壤呼吸速率增强，高浓度 CO_2 对好气真菌的生长有一定的抑制作用。

　　胡蓉等（2020）在湖北襄阳开展了水稻—小麦复种周年旋耕秸秆全量混埋还田试验，与秸秆不还田相比，水稻分蘖期土壤真菌丰富度指数下降29.60％。可能的原因：稻季土壤处于淹水状态，通气性差，真菌生长较慢，在土壤中的大量定殖受到制约；真菌群落以厌氧或兼性厌氧真菌为主，好气真菌少，丰富度受到限制。

2.9.1.2　南方双季稻田秸秆还田对土壤真菌与细菌的抑制作用

　　谭周进等（2006a）在湖南益阳开展的双季稻田水稻秸秆还田试验结果表明，早稻秸秆翻埋还田对晚稻生育早期土壤真菌以及好气性细菌、嫌气性细菌都有一定的抑制作用，全量秸秆还田和 2/3 量秸秆还田对嫌气性细菌数量的抑制作用最强。晚稻分蘖盛期过后，无论是水稻秸秆还田还是不还田，土壤好气性细菌、嫌气性细菌、真菌数量又都急剧下降，并在晚稻收获期达到大致相同的水平。

陈冬林等（2010）在湖南益阳开展了双季稻田早稻秸秆翻埋还田试验，与传统农作（翻耕秸秆不还田）相比，不同数量的水稻秸秆还田总体上使土壤真菌和嫌气性细菌数量减少、使放线菌和好气性细菌数量增加。由表 2-57 可知，土壤真菌和嫌气性细菌数量的减少又集中发生于晚稻分蘖期和齐穗期，即水稻秸秆腐解最快速的时期。

表 2-57 双季稻田不同数量早稻秸秆还田对晚稻各生育时期
土壤微生物数量的影响

区系微生物	晚稻生育时期	不还田	1/3 量还田	2/3 量还田	全量还田
好气性细菌 （×10^6CFU·g^{-1}）	插秧前	1.05a	1.05a	1.05a	1.05a
	分蘖期	1.92a	1.56b	1.15c	1.51b
	齐穗期	1.10b	1.20a	1.01c	1.20a
	黄熟期	0.15c	0.44b	0.39b	0.59a
嫌气性细菌 （×10^5CFU·g^{-1}）	插秧前	2.98a	2.98a	2.98a	2.98a
	分蘖期	11.53a	12.93a	2.43c	3.25b
	齐穗期	9.06a	8.90a	1.64c	2.54b
	黄熟期	0.24c	1.34d	0.32b	0.54b
放线菌 （×10^5CFU·g^{-1}）	插秧前	1.34a	1.34a	1.34a	1.34a
	分蘖期	1.02b	1.34a	1.40a	1.37a
	齐穗期	0.78c	1.12b	1.23a	1.01b
	黄熟期	0.50c	0.77b	0.82a	0.64b
真菌 （×10^4CFU·g^{-1}）	插秧前	0.59a	0.59a	0.59a	0.59a
	分蘖期	10.20a	8.12b	8.57b	8.68b
	齐穗期	7.44a	6.44b	6.32b	6.51b
	黄熟期	0.77b	1.32a	0.76b	1.27a

2.9.1.3 南方双季稻田秸秆还田对土壤细菌与放线菌的抑制作用

肖嫩群等（2008）在湖南益阳开展了连续 2 年的双季稻田早稻秸秆翻埋还田试验，第二年晚稻收获后土壤采样分析结果（表 2-24）表明：全量水稻秸秆还田对土壤好气性细菌有显著的抑制作用，好气性细菌数量秸秆不还田处理下降 46.95%；2/3 量和全量秸秆还田对土壤放线菌都有一

定的抑制作用，放线菌数量分别较秸秆不还田处理下降 13.51%
和 9.91%。

在双季稻田早稻秸秆翻埋还田的情况下，晚稻季土壤微生物可根据
其数量变化分为两组，一组是土壤真菌和嫌气性细菌，另一组是土壤好
气性细菌和放线菌。两组微生物数量变化构成互补关系，即前一组同
增、后一组同减，反之亦然。早稻秸秆翻埋还田对当年晚稻生育早期
（即水稻秸秆快速腐解时期）与翌年稻季（水稻秸秆经过一季或周年腐
解后）土壤微生物数量变化的影响有着截然相反的表现，前者表现为土
壤真菌和嫌气性细菌数量的同减（或土壤好气性细菌和放线菌数量的同
增），后者表现为土壤好气性细菌和放线菌数量的同减（或土壤真菌和嫌
气性细菌数量的同增）。

2.9.1.4　南方旱地烟田秸秆还田对土壤真菌的抑制作用

尚志强等（2011）在云南宁洱烟田开展了秸秆翻埋还田试验，发现不
同种类秸秆还田较显著地抑制了烟叶初采期（秸秆快速腐解时期）的根际
土壤真菌数量。不同处理的土壤真菌数量秸秆不还田＞小麦秸秆还田＞水
稻秸秆还田。

林云红等（2012）在云南楚雄开展了地烟（旱地烟田）小麦秸秆覆盖
还田试验，采收结束后土壤采样分析结果（表 2-16）表明，全量秸秆覆
盖和 1.5 倍量秸秆覆盖对地烟土壤真菌数量都有显著的抑制作用，土壤真
菌数量比无秸秆覆盖分别下降 21.75% 和 34.95%。旱地秸秆覆盖腐解较
为缓慢。经过一个烟季之后，全量秸秆覆盖和 1.5 倍量秸秆覆盖，处理秸
秆腐解程度较低，仍处于以纤维素、半纤维素腐解为主的阶段，尚未进入
以木质素腐解为主的阶段。

2.9.1.5　南方旱地红壤秸秆还田对土壤真菌和放线菌的抑制作用

王淑彬等（2011）在江西红壤旱地棉田进行了水稻秸秆覆盖试验，
棉花采收期末土壤采样分析结果（表 2-21）表明，与无水稻秸秆覆盖
相比，1.5 倍量水稻秸秆覆盖对土壤真菌、放线菌数量都有显著的抑
制作用。同时，全量水稻秸秆覆盖对放线菌数量的增加有显著的抑制
作用。

2.9.2 东北地区与西北地区秸秆还田对土壤微生物的抑制作用

2.9.2.1 东北地区旱地秸秆还田对土壤真菌的抑制作用

汤树德（1987）在黑龙江白浆土上开展的玉米秸秆深耕（45cm）翻埋还田试验结果（表2-26）表明，秸秆腐解1个月土壤真菌数量显著提升，较同期秸秆不还田处理增加11.97%。随着时间的推移，无论是秸秆还田还是秸秆不还田，土壤真菌数量都显著下降，但秸秆还田处理的下降速度和幅度都显著高于秸秆不还田处理。秸秆腐解4个月，土壤真菌数量较同期秸秆不还田处理低38.87%。

隋文志等（1995）在黑龙江853农场进行了小麦秸秆混埋还田大豆种植微区试验，秸秆能源物质的作用改变了大豆根际优势真菌组成，致使木霉、根霉、毛霉、腐霉等发酵性真菌（腐解秸秆的真菌）数量提高，同时使青霉、拟青霉、镰刀菌等土著性真菌数量下降。土著性真菌数量与发酵性真菌的此消彼长致使土壤真菌数量下降。与秸秆不还田相比，高、中、低量秸秆还田处理大豆全生育期土壤真菌平均数量分别下降35.51%、25.30%和30.81%（表2-20）。

潘晶等（2021）在沈阳师范大学实验田进行试验，发现与秸秆不还田相比，玉米秸秆翻埋还田和覆盖还田处理玉米全生育期根际土壤真菌数量分别下降16.09%～25.45%（平均为21.30%）和7.38%～36.90%（平均为18.12%）。这可能是因为秸秆还田使细菌和放线菌成为优势种，抑制了真菌数量的增加。

2.9.2.2 西北地区秸秆还田对土壤放线菌的抑制作用

顾爱星等（2005）在新疆开展了小麦秸秆覆盖还田试验，发现在三个不同的测定时期，秸秆覆盖对0～10cm、10～20cm土层土壤放线菌都有一定抑制作用（表2-48）。第1次（2004年6月28日）测定，1 073 kg·hm^{-2}、2 813kg·hm^{-2}的秸秆覆盖使10～20cm土层土壤放线菌数量分别比不覆盖秸秆下降22.35%和26.26%；第2次（2004年7月12日）测定，2 813kg·hm^{-2}、4 219kg·hm^{-2}的秸秆覆盖使10～20cm土层土壤放线菌数量分别比不覆盖秸秆下降12.50%和9.17%；第3次（2005年4月3日）测定，1 073kg·hm^{-2}的秸秆覆盖使0～10cm土层土壤放线菌数量下降 18.18%。

2.9.3　温室大棚秸秆还田对土壤放线菌的抑制作用

胡云等（2016）在内蒙古农业大学的日光温室内进行了黄瓜种植试验，玉米秸秆覆盖对土壤放线菌有显著的抑制作用（表 2-54）。覆盖秸秆处理与不覆盖秸秆处理土壤放线菌数量在黄瓜结果初期差异不显著，但到黄瓜结果后期降至不覆盖秸秆处理的 10.77%。

2.9.4　秸秆还田对土壤好气自生固氮菌的抑制作用

顾美英等（2016）在新疆和田开展了大枣行间小麦—绿豆复种秸秆混埋还田配施化肥试验，绿豆收获期，与单施化肥相比，秸秆直接还田、过腹还田、炭化还田均显著降低了土壤好气自生固氮菌数量，降幅为 70%～90%。

王淑彬等（2011）在江西红壤旱地上开展了棉田水稻秸秆覆盖试验，棉花完收期土壤采样分析结果（表 2-21）表明，与无水稻秸秆覆盖相比，1.5 倍量水稻秸秆覆盖对土壤好气自生固氮菌有明显的抑制作用，好气自生固氮菌数量降幅为 28.57%。高量水稻秸秆覆盖可能促进了土壤厌氧环境的产生，从而阻碍了好气自生固氮菌的繁殖。

秸秆还田对土壤好气自生固氮菌的抑制机理尚不明确。理论上来讲，有机物料的添加可为土壤固氮菌提供丰富的能源和碳源，从而有效地促进其生长与繁殖。这从上文中秸秆还田增进土壤固氮菌的大量案例中可得到证实。

土壤好气自生固氮菌数量的下降有可能主要源自氮肥的配施，而不是秸秆还田。从张进良（2013）的试验结果（表 2-46）来看，在不施氮肥（氮肥和氮磷钾复合肥）的情况下，秸秆还田处理较不还田处理根际和非根际土壤好气自生固氮菌数量分别增长了 61.61% 和 18.58%。但在施氮肥的情况下，秸秆还田处理较不还田处理非根际土壤好气自生固氮菌数量下降了 16.09%。而且同在秸秆还田的情形下，施氮肥也使根际土壤好气自生固氮菌数量下降了 16.02%。

秸秆还田配施氮肥对土壤好气自生固氮菌数量起增进作用的试验结果同样存在。杨滨娟等（2014）的稻田秸秆还田试验结果（表 2-43）表明，秸秆还田配施氮肥、1.5 倍氮肥、氮磷肥、1.5 倍氮磷肥、氮磷钾肥、1.5 倍氮磷钾肥等试验处理对水稻成熟期根际土壤好气自生固氮菌数量都有明显的乃至极显著的增进作用，各处理水稻成熟期根际土壤好气自生固氮菌数量与单纯秸秆还田处理相比分别增长 41.01%、40.05%、52.52%、110.07%、251.08%、481.29%。

刘骁蒨等（2013）研究发现，全量秸秆覆盖配施同量的磷钾肥，氮肥施用量越高土壤固氮菌多样性指数越大。但刘骁蒨等（2013）同时指出，秸秆覆盖后缺施钾肥（只配施氮磷肥）不利于土壤固氮菌的生长。

因此，秸秆还田试验中土壤好气自生固氮菌受抑制的内在机理尚有待深入的研究和分析。

2.10　秸秆还田对土壤真菌的双重作用及其环境影响

秸秆还田对土壤微生物的激发作用是主要的，但也可能产生一定的或显著的抑制作用，而且较多地体现在真菌上。

真菌是秸秆纤维质分解的主要参与者，对木质素分解起着主导作用。真菌对土壤腐殖质和团聚体的形成发挥着至关重要的作用，并且是土壤氮、碳循环不可缺少的动力。与此同时，真菌性病害又是主要的土壤病害，并且是农作物减产的主要原因。

秸秆还田对土壤真菌的增进或抑制作用都会对土壤环境质量产生复杂且重大的影响。总体而言，无论是激发作用还是抑制作用，秸秆还田都可能改变土壤有益真菌与致病真菌的竞争与存续关系，进而影响土壤环境质量：当有益真菌受到激发或致病真菌受到抑制时，将有效地提升土壤环境质量；当有益真菌受到抑制或致病真菌受到激发时，土壤环境质量将随之退化。但在肥力低下、酸碱度严重失调等恶劣的土壤环境中，秸秆还田对土壤真菌的抑制作用却表征着土壤环境质量的提升。

2.10.1　秸秆还田对土壤真菌的激发作用与土壤环境质量的提升

大量的试验研究和田间调查结果都表明，带病秸秆尤其是连作重茬农田的带病带虫秸秆还田，已经成为土壤病虫源（包括病原菌、害虫虫卵与幼虫，下同）积累和作物病虫害多发的重要原因之一（详见第五章）。但也有大量的试验表明，健康秸秆还田可有效促进土壤有益真菌、细菌、放线菌等区系微生物以及多种功能菌的繁衍，并通过促进生存竞争或拮抗作用的发挥抑制致病真菌等致病微生物的增加、传播和危害。

目前已知的几乎全部的真菌都是化能有机异养型微生物，因此，秸秆还田时常表现为对土壤真菌的激发作用。更为重要的是，秸秆的添加可促进土壤微生物群落从快速生长的致病菌向慢速生长的有益菌方向转化，最终提升土壤中有益真菌的相对丰度（Yang et al.，2019）。李月等（2020）以国家土壤肥力和肥料效益长期监测站为平台探究了秸秆还田条件下土壤真菌群落结构的变化，结果表明：首先，秸秆的周期性添加对纤维素降解真菌具有显著的激发作用，使群落结构得到优化；其次，长期秸秆还田促进了秸秆降解真菌丰度的显著提高（其中大部分是有益菌），这些真菌广泛参与土壤碳的周转和养分转化；最后，小部分病原菌的致病性也可被有益菌分泌的抗生素抑制。

李月等（2020）的综述指出，秸秆的周期性加入激发产生的真菌对土壤生态环境意义重大：在长期秸秆还田条件下镰刀菌属真菌丰度的显著增加已经被前人报道（Wicklow et al.，2005），尽管该属真菌常被认为是禾本科作物的致病菌（Cobo-Diaz et al.，2019），但也有研究证明部分镰刀菌对预防作物土传病原真菌有良好的效果（Kavroulakis et al.，2007）；枝顶孢属可在玉米根系内定殖，其合成的抗生素 *Pyrrocidine* A 和 *Pyrrocidine* B 能够有效抑制黄曲霉、立枯丝核菌和褐腐镰刀菌等病原真菌的生长（Wicklow et al.，2005、2009）；毛壳属真菌产生的毛壳菌素对许多病原真菌有显著的抑制作用，同时该属真菌可促进作物生长、提高作物产量（Vasanthakumari et al.，2014）；青霉菌属真菌对多种作物病原菌均有一定的防治作用（Larena et al.，2003）。

国内外的大量研究表明，丛枝菌根（arbuscular mycorrhiza，AM）真菌能够促进作物生长，改善作物对养分元素的吸收，特别是磷的吸收，同时能够增强作物的抗逆性。徐萍等（2014）通过试验发现：水稻秸秆、小麦秸秆、玉米秸秆和番薯秸秆的浸提液都显著提高了 AM 真菌对番茄根系的侵染率；水稻秸秆浸提液处理的番茄地上部生物量及磷含量都显著增加，玉米秸秆浸提液处理的番茄根部生物量显著增加，大豆秸秆浸提液处理的番茄地上部生物量显著增加。

2.10.2 秸秆还田对土壤真菌的抑制作用与可能起到的土壤菌群结构的优化效果

土壤真菌数量一般与其生长所需基质（秸秆、绿肥、有机肥等有机物料）的含量有关，同时受土壤肥力（有效养分含量）、pH、好（嫌）气环境等因素的影响。

2.10.2.1 秸秆基质增加及对土壤真菌可能的抑制作用

一般情况下，基质增加不构成土壤真菌数量下降的直接作用因素。在更多的秸秆还田试验中，细菌与真菌数量以及细菌/真菌一般会同步增加。细菌具有较快的周转率，以细菌为主导的土壤微生物群落可加快土壤氮的循环；相反，真菌的生命周期较长，有利于土壤氮的保存。因此，细菌/真菌的提升意味着土壤菌群结构从低肥力的"真菌型"向高肥力的"细菌型"转化。

尽管秸秆还田可有效促进以有机物料为基质（碳源和能源）的发酵性真菌数量的增长，但也有可能促进土著性真菌数量的下降（隋文志等，1995）。当土著性真菌减量超过发酵性真菌增量时，即可导致土壤真菌总量的下降。潘晶等（2021）认为，秸秆还田使细菌和放线菌成为优势菌种，从而抑制了真菌数量的增加。

2.10.2.2 秸秆还田对土壤嫌（好）气环境的影响及对土壤真菌可能的抑制作用

由前文可知，秸秆还田对土壤真菌的抑制作用主要发生于南方湿热的土壤环境中。雨季持水量大的红壤，尤其是处于淹水状态的稻田土壤，通气性差，真菌生长较慢，真菌在土壤中的大量定殖受到制约（胡蓉等，2020）。但在秸秆还田的对比试验中，全量和不足全量的秸秆还田对土壤的嫌（好）气环境不会产生根本性的影响，不宜用试验样地嫌（好）气环境的强弱来解释南方秸秆还田对土壤真菌数量的抑制作用。

徐蒋来等（2015）认为，秸秆还田促使土壤呼吸速率增强，淹水或高湿土壤环境中高浓度的 CO_2 对好气真菌生长有一定的抑制作用。这可能是南方湿热地区秸秆还田导致土壤真菌数量增加受到抑制的重要原因。

2.10.2.3　秸秆还田对土壤 pH 的调节作用及对土壤真菌可能的抑制作用

真菌对土壤 pH 的要求比放线菌和细菌低，其可在酸性或碱性较强的条件下活动。真菌在强酸性土壤中往往占有较大的优势，也是酸性土壤中秸秆的主要分解者。

主要农作物秸秆及其腐解过程中的生成物的 pH 都接近中性。秸秆还田对中性、弱酸性或弱碱性土壤的 pH 都有一定的调节作用，或使弱酸性土壤 pH 有所提高（崔月峰等，2020）或下降（叶文培等，2008），或使弱碱性土壤 pH 有所下降（闫洪亮等，2013）或提高（张星等，2016），但与对照（秸秆不还田）的差异都达不到显著水平。

但是，秸秆还田对酸性或强酸性土壤的 pH 却有显著的提升作用。刘璐（2019）通过对酸化较严重的烟田耕层土壤（样品采自云南腾冲，pH 为 5.39）进行实验室培养，以空白土壤为对照，发现 4 种不同的秸秆添加处理都能显著改良酸性土壤，提高其 pH。龚本华等（2019）在贵州长顺进行了烟田水稻秸秆覆盖还田试验，发现水稻秸秆覆盖可使酸性土壤（pH 为 5.03）逐步改良至适宜植烟的微酸性土壤，且保持大田生育期内的土壤 pH 相对稳定。施骥、栗杰（2019）在沈阳农业大学的棕壤（pH 为 5.25）上开展了长期定位试验，发现不同量的水稻秸秆和玉米秸秆还田 180d、270d、360d 后，耕地棕壤 pH 大都有所提高或显著提高，且与秸秆施用量显著正相关。玉米秸秆高量还田对棕壤 pH 的影响最大，比不添加秸秆的棕壤 pH 增加了 0.73 个单位。

秸秆还田对酸性或强酸性土壤 pH 的显著提升作用将有效地改善土壤环境质量，并极有可能使其较高的真菌菌群密度受到抑制并逐步下降。

2.10.2.4　秸秆还田对低肥力土壤的改良及对土壤真菌可能的抑制作用

与细菌、放线菌相比，真菌更能忍耐恶劣的土壤环境。

研究表明，在不同肥力条件下，肥力越高土壤细菌和放线菌数量越多，而根际真菌数量却出现低肥力土壤最多、中等肥力土壤次之、高肥力土壤最少的现象（尚志强等，2011）。原因在于，对于受水肥胁迫的土壤，较高的真菌数量和真菌/细菌才可使土壤菌群具有较高的缓冲能力，以提高其耐旱保肥水平。由此可见，过高的真菌含量和单纯的真菌增生有可能表征着土壤环境质量的退化。

秸秆还田有着显著的改土培肥效果，对低肥力土壤的作用尤其显著。对于肥力较低、真菌数量较高的土壤，秸秆还田在增进土壤微生物总量和活性的同时，也可能抑制土壤真菌数量的增长，进而通过细菌/真菌的提升促使土壤菌群结构从低肥力的"真菌型"向高肥力的"细菌型"转化。

综上所述，秸秆还田可通过其对土壤致病真菌的抑制作用来改善土壤环境质量，而且其对土壤真菌总量尤其是土著性真菌的抑制作用也不总是负面的。在南方酸瘦、北方干旱瘠薄的恶劣土壤环境中，秸秆还田对土壤真菌的抑制作用时常表征着土壤环境质量的提升。

第三章

农作物秸秆直接还田与
土壤动物的交互作用

　　土壤动物类群非常丰富。1g 土壤中包含上万个原生动物、几十到上百条线虫以及数量巨大的螨类和弹尾类等（Phillips et al.，2003）。然而，考虑到绝大多数土壤动物还没有被记录或描述过，这一数字可能被大大低估了（邵元虎等，2015）。

　　土壤动物之于土地非常重要。土壤动物是土壤生态系统的重要组成部分和物质能量循环的重要参与者，并与土壤形成共生关系。土壤动物的生命活动可促进动植物残体的破碎与降解、土壤有机质的合成与矿化、土壤养分的积累与释放、土壤胶体的分散与凝聚（解爱华，2005），并在发挥农田生态系统正常功能上起着积极的作用。如果土壤动物严重退化并逐渐消失，土壤就会慢慢地失去活力。

　　还田秸秆是农田生态系统物质循环中重要的物质基础，其在为土壤微生物提供氮源、碳源和能量的同时，也为土壤动物创造更适宜的生存环境。与此同时，土壤微生物的增加也为土壤动物尤其是原生动物提供充足的食物来源。秸秆还田在提高土壤动物的类群数量和个体数量、土壤动物活性和多样性等方面都有良好的表现。

3.1　土壤动物对秸秆腐解的影响

　　在还田秸秆腐解过程中，尽管土壤微生物发挥着主导作用，但土壤动物也发挥着不可或缺的作用，而且土壤动物与微生物可协同促进秸秆的腐解。土壤动物在全球尺度上对凋落物的分解有一致的正效应（García-Palacios，2013）。大量试验研究已充分证实，土壤动物数量越大，秸秆腐解进程越快。

根据体宽可将土壤动物分成小型（如原生动物和线虫）、中型（如跳虫和螨类）、大型（如蚯蚓和多足类土壤动物）和巨型土壤动物（如鼹鼠）（Wurst et al.，2013），其中，前三类主要指土壤中的无脊椎动物。土壤无脊椎动物生物量通常小于土壤生物总生物量的 10%，但它们种类丰富，取食行为及生活史策略多种多样，且土壤动物之间、土壤动物与微生物之间存在着复杂的相互作用关系（邵元虎等，2015）。

原生动物和线虫等土壤小型动物以细菌等土壤微生物为食，并主要通过对土壤微生物的取食来调节土壤微生物数量和类群，进而影响秸秆等有机物料的分解。土壤原生动物是非常原始的单细胞动物，种类丰富，个体微小，数量庞大，周转速度快，其自身的代谢活动即取食活动对土壤养分的周转尤其是碳氮矿化的贡献可以接近甚至超过细菌。线虫是地球上数量最多和功能类群最丰富的多细胞动物，据估计占多细胞动物总数的 80% 左右（Lorenzen，1994），但 97% 以上的线虫种类是未知的（邵元虎等，2015）。

螨类、跳虫与线虫共同构成三大土壤动物（陈建秀等，2007）。螨类和跳虫等中型土壤动物主要取食真菌、细菌以及作物凋落物碎屑，对凋落物的破碎和腐解产生很大影响，并通过取食调节微生物群落（Scheu et al.，2005）。例如甲螨对凋落物分解的影响主要表现在三个方面：①直接取食凋落物。②使凋落物破碎或通过物理的移动影响微生物的扩散。③通过取食微生物间接影响凋落物的分解（Lussenhop，1992）。这些作用都有利于有机物料的分解，并提高了土壤肥力（邵元虎等，2015）。跳虫对凋落物分解的作用与甲螨大致相同。

土壤原生动物和中小型动物取食微生物会降低微生物数量，但大部分研究却发现，在取食压力下微生物数量不降反增。同时也有相反的报道，分歧可能与土壤基质状况及取食相对强度有关。实际上，所有土壤动物对微生物的取食都可能会刺激微生物的生长，但有时增加的那部分微生物又被重新取食，从而使土壤微生物数量不至于过快地增长或降低，而是总体维持在一定的范围内（张四海等，2011）。

蚯蚓是陆地生态系统中最常见的大型土壤动物类群，对秸秆等有机物料的腐解起着至关重要的作用。作为土壤中分布非常广泛的动物之一和重要的有机物料分解者，蚯蚓被称为"土壤生态系统工程师"，通过取食、消化、排泄和掘穴等一系列的生命活动影响土壤环境质量，并被作为土壤健康水平的主要指示动物。蚯蚓可分为腐生性、根食性和捕食性，其中腐生性占大多数，并由食碎屑者、食土者（食腐殖质者）和食粪者组成（邵元虎等，2015）。秸秆碎片被认为是蚯蚓最好的食物源，因为秸秆碎片中易同化的碳水化合物含量高，木质素、纤维素复合物的含量低，在时间上和空间上的分布也有利于蚯蚓摄食（伍玉鹏等，2014）。蚯蚓以秸秆等作物残体为食，秸秆经过蚯蚓肠道作用转化为蚓粪，蚯蚓掘穴过程中又可使蚓粪与秸秆碎片充分混合，进一步促进秸秆的腐解。

大型节肢动物中的蜘蛛和地表甲虫等捕食者经常活跃于地表，它们常常会通过级联效应对土壤生态系统产生重要的影响，即通过抑制碎屑食物网中的土壤动物数量改变土壤动物的物种组成，从而间接地影响凋落物分解和养分循环等生态系统过程（Lensing et al.，2006）。除蜘蛛和地表甲虫等捕食者外，碎屑食物网中的级联效应过程同时会涉及其他大中型土壤动物，其主要功能是碎化凋落物，增加接触面积，加速后续中小型土壤动物对凋落物的分解（David，2014）。目前，关于蜘蛛和地表甲虫等大型节肢动物在碎屑食物网中级联效应的研究结果差别很大，还没有统一的结论（邵元虎等，2015）。

3.1.1　土壤动物数量越高，秸秆腐解率越高

汪冠收（2012）开展了网袋法秸秆腐解试验，参与秸秆不同时期分解的土壤动物类群有所不同，而且随着秸秆腐解进程的加深土壤动物类群数呈增加的趋势。翻压还田模式下，土壤动物的密度与秸秆腐解率存在显著的正相关关系，即土壤动物密度越高，秸秆腐解率越高。覆盖还田模式下，布设的网袋裸露在地表，秸秆受温湿条件变化影响，物理分解明显，气候环境因子对秸秆分解速率的作用显著，生物因子作用较弱。

杨迪等（2020）以黑龙江省典型黑土为试验样区，选取 3.35mm、

$600\mu m$、$57\mu m$ 的降解袋，研究土壤动物群落结构特征及其对玉米秸秆降解的影响，结果表明：①土壤动物的个体数、类群数、多样性越高，秸秆降解率越高——不同孔径降解袋中土壤动物的个体数、类群数、多样性基本都与秸秆降解率显著正相关。②对秸秆降解起主要作用的动物类群为中小型土壤动物中的甲螨亚目、中气门亚目和节跳虫科，约占土壤动物个体数量的 86.70%。③整体来讲，土壤动物对秸秆降解的贡献率为 26.52%，其中大型土壤动物的贡献率（17.66%）大于中小型土壤动物的贡献率（8.86%）。

3.1.2 限制土壤动物接触秸秆将显著降低秸秆腐解程度

马世龙、崔俊涛（2010）利用 4 种孔径（5mm、2mm、$200\mu m$、$10\mu m$）的网袋进行了连续 4 个月（2009 年 7 月 5 日至 11 月 5 日）的玉米秸秆腐解试验。结果表明，由于 $10\mu m$ 的网袋只允许少数极小型土壤动物进出（即基本排除了土壤动物的进出），秸秆腐解残留率明显提升，且与 5mm 网袋的秸秆腐解残留率的差异达到显著水平（$P < 0.05$）。

汪冠收（2012）的网袋法秸秆覆盖还田腐解试验结果表明，在较小网孔的网袋在对土壤动物的体型进行限制的同时，参与分解的土壤动物类群的减少会导致秸秆分解速率的降低，即秸秆分解时间随着网袋网孔尺寸的变小而延长。试验结果还表明，网袋中与农田中的土壤动物存在明显差异。网袋秸秆中捕获的土壤动物类群数量较少，且绝大部分为植食性、腐食性和杂食性群落，缺乏在农田中占据一定优势度的捕食性群落，而且植食性群落的优势度高于其在农田中的优势度。

3.1.3 蚯蚓可成为影响秸秆腐解的至关重要的因素

李云乐等（2006）在中国农业大学曲周实验站进行了小麦秸秆腐解试验，灰色关联度分析结果表明，土壤生物因素对小麦秸秆分解作用的相对重要程度为蚯蚓（0.777）＞真菌（0.764）＞线虫（0.753）＞细菌（0.738）＞原生动物（0.693）。

周颖（2009）在西北农林科技大学的实验室开展了玉米秸秆和小麦秸秆混合牛粪（调节 C/N 至 20、25、30）接种蚯蚓试验，结果表明：首先，蚯蚓在玉米秸秆与小麦秸秆中均能正常生长与繁殖，但在秸秆与牛粪的混合物料中繁殖状况更佳。其次，接种蚯蚓的物料各个时期纤维素、半纤维素以及木质素的降解速率，皆显著高于其相对应的未接种蚯蚓的处理组。再次，相同处理时间的、同样接种蚯蚓的不同物料中，C/N 为 25 的玉米秸秆与牛粪混合物和小麦秸秆与牛粪混合物中纤维素、木质素降解率最高，试验到第 60 天，纤维素降解率分别达到 44.15％和 42.45％，木质素降解率分别达到 35.97％和 35.35％。最后，C/N 为 30 的玉米秸秆与牛粪混合物和小麦秸秆与牛粪混合物中半纤维素降解率最高，试验到第 60 天，分别达到 42.34％和 41.72％。

庞军等（2009）在实验室进行的土壤掺混小麦秸秆接种蚯蚓盆钵培养试验结果表明，蚯蚓的添加加速了秸秆的分解。首先，在整个处理过程中，秸秆的分解率一直表现为高密度蚯蚓添加（相当于 3 倍量田间蚯蚓密度水平）＞常规密度蚯蚓添加（相当于田间蚯蚓密度水平）＞不添加蚯蚓。在分解的初始阶段，不添加蚯蚓和常规密度蚯蚓添加处理的分解率都不到 40％，而高密度蚯蚓添加处理的分解率已超过 50％。在分解到第 60 天时，不添加蚯蚓处理的分解率为 56.8％，而常规密度蚯蚓添加处理的分解率超过 70％，高密度蚯蚓添加处理的分解率接近 80％。其次，从分解阶段来看，在分解前期，不添加蚯蚓处理与常规密度蚯蚓添加、高密度蚯蚓添加处理之间差异显著，说明此时期蚯蚓的引入对有机物的分解起着重要的作用。原因在于，在分解前期新鲜的秸秆碎片被认为是蚯蚓最好的食物源，秸秆碎片中易同化的碳水化合物含量高，蚯蚓活动作用明显。最后，在分解后期各处理之间差异不显著。原因在于，在分解后期，秸秆已经腐败变质，木质素、纤维素等不易分解的物质逐步积聚，蚯蚓的取食活动受到抑制。由此认为，在分解前期蚯蚓起直接作用和间接作用，在分解后期蚯蚓只是起间接作用。

高娟（2011）在浙江大学实验室开展的水稻秸秆混合猪粪腐熟试验结果表明，接种蚯蚓可显著地提高混合物料腐熟程度。由表 3-1 可知，以非接种蚯蚓为对照，接种蚯蚓使不同比例（以 C/N 计，分别调节至 25、30、35）混合物料的木质素含量明显提升、纤维素含量明显下降，木质素/纤维素显著提升。由此可知，接种蚯蚓使物料腐解进程明显加快。

表 3-1　水稻秸秆与猪粪混合物料接种蚯蚓后木质素、纤维素
含量及木质素/纤维素变化

处理	物料	木质素含量（%）		纤维素含量（%）		木质素/纤维素	
		初始值	腐熟第35天	初始值	腐熟第35天	初始值	腐熟第35天
接种蚯蚓	秸秆混合猪粪（C/N 为 25）	24.82	25.61	15.13	15.80	1.640 4	1.620 9
	秸秆混合猪粪（C/N 为 30）	27.83	27.96	17.81	15.97	1.562 6	1.750 8
	秸秆混合猪粪（C/N 为 35）	30.35	33.65	20.04	13.24	1.514 5	2.541 5
	纯秸秆	33.86	34.75	23.17	17.11	1.461 4	2.031 0
不接种蚯蚓	秸秆混合猪粪（C/N 为 25）	24.82	22.14	15.13	17.03	1.640 4	1.300 1
	秸秆混合猪粪（C/N 为 30）	27.83	24.61	17.81	18.51	1.562 6	1.329 6
	秸秆混合猪粪（C/N 为 35）	30.35	30.02	20.04	20.70	1.514 5	1.450 2
	纯秸秆	33.86	31.04	23.17	23.16	1.461 4	1.340 2

汪冠收（2012）指出，有研究证实螨类、跳虫、蚯蚓、等足目及一些昆虫幼虫是影响秸秆分解转化的最重要的土壤动物，它们通过对秸秆的分解和对微生物的接种影响微生物分解作用及腐殖质的形成。

杨梅玉（2014）在吉林大学的实验室开展了玉米秸秆混合鸡粪（C/N为35）接种蚯蚓塑料钵培养试验，结果表明，无论是表栖类蚯蚓或深栖类蚯蚓单独接种，还是两类蚯蚓混合接种，混合物料纤维素、半纤维素、木质素含量都持续快速下降，而且持续快于不接种蚯蚓处理。60d 后试验结束，蚯蚓接种处理纤维素、半纤维素、木质素降解率分别达到 55.01%～64.62%（平均为 59.12%）、36.76%～39.70%（平均为 38.25%）、39.37%～49.84%（平均为 43.92%），较不接种蚯蚓处理分别提高 7.80～17.41 个百分点（平均为 11.91 个百分点）、15.23～18.17 个百分点（平均为 16.72 个百分点）、13.54～24.01 个百分点（平均为 18.09 个百分点）。

3.1.4　接种蚯蚓可有效促进土壤微生物的增加和酶活性的提高

试验结果表明，蚯蚓不仅可成为秸秆的主要分解者，而且可通过其活

动进一步增进土壤微生物数量、群落多样性和酶活性，进而更加有效地促进秸秆腐解。

3.1.4.1　秸秆混埋还田接种蚯蚓可有效地提升土壤微生物数量

李辉信等（2002）在南京农业大学的网室水泥池内开展了水稻（旱稻）—小麦复种玉米秸秆混埋还田（每季施用量 7 500kg·hm^{-2}）接种蚯蚓试验，水稻、小麦两季各生育时期分期土壤采样测定结果表明，秸秆还田接种蚯蚓，在水稻、小麦两季均可显著地提升土壤微生物生物量碳、微生物生物量氮含量。另外，秸秆还田接种蚯蚓具有扩大土壤微生物生物量氮库和促进有机氮矿化的双重作用，而且这种作用在有效碳源丰富的作物生长发育旺盛期更为明显。

于建光等（2007）在南京农业大学的网室水泥池内开展了水稻（旱稻）—小麦复种玉米秸秆还田接种蚯蚓试验，小麦收获后土壤采样测定结果表明，相较于秸秆不还田且不接种蚯蚓、单一秸秆还田或单一接种蚯蚓，无论是秸秆覆盖还田接种蚯蚓还是秸秆混埋还田接种蚯蚓，都显著地提升了土壤微生物生物量碳的含量。而相较于秸秆覆盖还田接种蚯蚓，秸秆混埋还田接种蚯蚓对土壤微生物生物量碳的增加作用更明显，使土壤微生物生物总量达到 586.22mg·kg^{-1}，提高了 17.32%。

焦加国等（2012）的实验室盆钵培养试验结果（表 3-2）表明：首先，相较于不添加秸秆且不接种蚯蚓、单一添加秸秆、单一接种蚯蚓，添加秸秆接种蚯蚓可大幅度提升土壤细菌和酵母真菌的数量。其次，相较于秸秆表施接种蚯蚓，秸秆混施接种蚯蚓可大幅度提升土壤细菌和酵母真菌的数量，但同时显著抑制了丝状真菌数量。

表 3-2　添加玉米秸秆和接种蚯蚓条件下的土壤微生物数量变化

试验处理	细菌 （×10⁴CFU·g⁻¹）	真菌（×10²CFU·g⁻¹）	
		丝状真菌	酵母菌
不添加秸秆，不接种蚯蚓	31.45	3.41	4.53
不添加秸秆，接种蚯蚓	55.63	2.65	24.58
表施秸秆，不接种蚯蚓	139.89	34.03	76.00
表施秸秆，接种蚯蚓	620.53	48.88	224.59
混施秸秆，不接种蚯蚓	697.27	19.84	339.57
混施秸秆，接种蚯蚓	802.97	6.00	500.30

注：表中数据为第 2 周、第 4 周、第 6 周、第 10 周 4 次土壤采样测定结果平均值。

3.1.4.2 秸秆覆盖接种蚯蚓也可有效地提升土壤微生物数量

王霞等（2003）在南京农业大学的网室水泥池内开展了水稻（旱稻）—小麦复种玉米秸秆还田接种蚯蚓试验，水稻各生育时期分期土壤采样测定结果（表3-3）表明，秸秆还田接种蚯蚓处理土壤微生物生物量碳、微生物生物量氮含量，不仅显著高于秸秆不还田且不接种蚯蚓处理，而且总体上高于单纯的秸秆还田处理。混施秸秆时，除拔节孕穗期外，接种蚯蚓均显著提高了土壤微生物生物量碳含量，整个生育期平均提高18.27％。同时，土壤微生物生物量碳含量在分蘖期也显著提高。表施秸秆时，蚯蚓的作用更加明显，多数时期土壤微生物生物量碳、微生物生物量氮含量都显著提高，在水稻全生育期分别平均提高29.03％和41.38％。

表3-3 旱作稻田玉米秸秆还田条件下水稻各生育时期土壤微生物
生物量碳、微生物生物量氮变化

土壤微生物量	试验处理		分蘖期	拔节孕穗期	抽穗期	蜡熟期	成熟期
微生物 生物量碳 ($g \cdot kg^{-1}$)	对照（秸秆不还田且不接种蚯蚓）		118.14d	61.74d	69.19d	167.9c	77.58d
	秸秆混埋还田	不接种蚯蚓	161.91b	209.90ab	123.06c	172.94c	118.87c
		接种蚯蚓	185.03a	195.54bc	162.41a	212.42b	174.98a
	秸秆覆盖还田	不接种蚯蚓	136.75c	180.60c	145.58b	137.64d	148.77b
		接种蚯蚓	182.09a	220.94a	162.24a	235.10a	166.50ab
微生物 生物量氮 ($g \cdot kg^{-1}$)	对照（秸秆不还田且不接种蚯蚓）		37.06c	25.90d	29.61b	29.71b	34.78c
	秸秆混埋还田	不接种蚯蚓	50.10b	48.70b	45.63a	33.53ab	57.65ab
		接种蚯蚓	61.23a	46.50b	49.65a	35.54a	64.32ab
	秸秆覆盖还田	不接种蚯蚓	47.57b	33.02c	30.64b	34.55ab	50.03bc
		接种蚯蚓	61.68a	58.01a	46.84a	37.45a	72.85a

3.1.4.3 秸秆还田接种蚯蚓可显著提升土壤微生物群落的多样性

刘青源（2022）在吉林德惠开展了玉米秸秆覆盖还田接种蚯蚓小区试验，5月、7月、9月3次土壤采样测定结果表明：首先，秸秆还田接种蚯蚓可显著提高土壤微生物利用碳源的能力。其次，3次土壤采样微平板孔均颜色变化率（average well color development，AWCD）测定结果全部表现为秸秆还田接种蚯蚓＞单一秸秆还田＞单一接种蚯蚓＞对照（秸秆不还田且不接种蚯蚓）。最后，秸秆还田接种蚯蚓使土壤微生物多样性指数、优势度指数和均匀度指数都得以提升。

3.1.4.4 秸秆还田接种蚯蚓可有效地提升土壤功能菌数量

陶军等（2010）在南京农业大学连续 6 年开展了的网室水泥池水稻（旱稻）—小麦复种玉米秸秆还田接种蚯蚓试验，麦收后的土壤采样测定结果（表 2 - 37）表明：首先，与秸秆不还田相比，单纯的秸秆还田增进了土壤 4 种功能菌即氨化细菌、固氮菌、纤维素分解菌和无机磷细菌的数量。其次，与单纯的秸秆还田相比，在秸秆覆盖还田条件下，蚯蚓的接种使 4 种功能菌的数量都进一步提升；在秸秆混埋还田条件下，蚯蚓的接种使氨化细菌和无机磷细菌的数量进一步增加，固氮菌和纤维素分解菌数量无显著变化。最后，相较于秸秆覆盖还田接种蚯蚓，秸秆混埋还田接种蚯蚓使氨化细菌、固氮菌、无机磷细菌数量提升，使纤维素分解菌数量下降。但除无机磷细菌外，其他功能菌差异都不显著。

3.1.4.5 秸秆还田接种蚯蚓可有效地提升土壤酶活性

周颖（2009）在西北农林科技大学的实验室开展了玉米秸秆和小麦秸秆混合牛粪（调节 C/N 至 20、25、30）接种蚯蚓试验，结果表明：同一时期，接种蚯蚓的物料中纤维素酶、木聚糖酶、过氧化物酶和多酚氧化酶的活性显著高于其相对应的未接种蚯蚓的处理；相同物料的情况下，纤维素酶、过氧化物酶、多酚氧化酶的活性随时间的增加而逐渐升高，而木聚糖酶（半纤维素降解酶）的活性则呈现随时间增加而逐渐降低的趋势；相同处理时期，C/N 为 25 的玉米秸秆与牛粪混合物和小麦秸秆与牛粪混合物中纤维素酶、过氧化物酶、多酚氧化酶活性最高，而木聚糖酶在 C/N 为 30 的玉米秸秆与牛粪混合物和小麦秸秆与牛粪混合物中活性最高。

陶军等（2010）在南京农业大学的网室水泥池内连续 6 年开展了水稻（旱稻）—小麦复种玉米秸秆还田接种蚯蚓试验，麦收后的土壤采样测定结果表明：首先，与秸秆不还田且不接种蚯蚓相比，单纯的秸秆还田和秸秆还田接种蚯蚓都显著提升了土壤蛋白酶、脲酶、蔗糖酶、碱性磷酸酶活性。其次，无论是蛋白酶、脲酶、蔗糖酶的活性，还是碱性磷酸酶的活性，单纯的秸秆混埋还田处理都显著高于单纯的秸秆覆盖还田处理，秸秆混埋还田接种蚯蚓处理又都显著高于秸秆覆盖还田接种蚯蚓处理。

杨梅玉（2014）在吉林大学的实验室开展的玉米秸秆混合鸡粪（C/N为 35）接种蚯蚓塑料钵培养试验结果表明，无论是接种表栖类蚯蚓还是接种深栖类蚯蚓，试验所测定的降解纤维质的 7 种酶（3 种纤维素酶：羧甲基纤维素酶、微晶纤维素酶、β－1,4－葡萄糖苷酶；3 种半纤维素酶：木聚糖酶、乙酰酯酶、阿魏酸酯酶；1 种木质素酶：锰过氧化物酶）的活力都随时间的变化呈先升后降的趋势，且在处理前期均高于不接种蚯蚓处理。与此同时，两种蚯蚓混合接种处理的上述 7 种酶的活力又都高于两种蚯蚓单独接种处理。

刘青源（2022）在吉林德惠开展了小区试验，发现秸秆覆盖还田接种蚯蚓有利于提高土壤过氧化氢酶、脲酶、磷酸酶和蔗糖酶的活性。

3.1.5　接种蚯蚓与添加微生物菌剂可协同促进秸秆腐解

王晶（2017）将水稻秸秆与生活有机垃圾（果皮、尾菜）按质量比 3：2 混配，同时接种蚯蚓与 EM 菌剂，经过 45d 的实验室培养，半纤维素降解率达到 73.23%，较单独接种蚯蚓处理半纤维素降解率（53.62%）提高 19.61 个百分点，较单独接种 EM 菌剂处理半纤维素降解率（52.62%）提高 20.61 个百分点，较对照（无菌剂且不接种蚯蚓）半纤维素降解率（43.01%）提高 30.22 个百分点。

钟琳琳（2019）的水稻秸秆混合茶园土壤接种蚯蚓或纤维素分解菌实验室培养结果表明，蚯蚓与纤维素分解菌协同作用对纤维素、半纤维素的降解效果比蚯蚓或纤维素分解菌单独作用效果好，先接种蚯蚓后接种纤维素分解菌的效果最佳。

耿云灿（2022）在长春师范大学的实验室进行试验，在经 EM 菌液（稀释倍数分别为 1：25、1：50、1：100）预处理 4 个月后的玉米秸秆中分别添加不同量（5g、10g、15g，分别记为 E5、E10、E15）的蚯蚓，再经过 4 个月的腐解，结果表明，蚯蚓的添加使秸秆纤维素、半纤维素、木质素腐解率都有不同程度的提升。以不添加蚯蚓为对照，E10 显著提高了 1：50 处理的半纤维素分解率和 1：100 处理的木质素分解率，E5 显著提高了 1：100 处理的纤维素分解率。

3.2 秸秆还田对土壤动物数量的增进作用

秸秆还田在改善土壤质量的同时，还可有效地增进土壤动物类群数量和个体数量，充分发挥其对土壤营养物质的保蓄和转化作用及其对土壤微生物的调节作用，提高土壤生物活性、肥力状况以及土壤生态系统的稳定性和抗干扰能力。

研究表明，土壤动物个体数量和类群数量与土壤有机质、总养分或速效养分、质地、生物活性等有着十分良好的相关关系。因此，有人认为土壤动物数量尤其是蚯蚓、线虫等指示性动物数量，在一定程度上可直接作为土壤肥力的指示指标。

鲍毅新等（2007）进行了不同土地利用方式下土壤动物群落研究，发现土壤大型动物个体数量与土壤有机质、总氮、全钾、速效钾之间均呈显著（$P<0.05$，下同）正相关关系，与土壤容重呈显著负相关关系。

张四海等（2011）开展了蔬菜温室大棚病土室内盆栽番茄试验，发现添加小麦秸秆可显著地增进土壤原生动物个体密度，而原生动物个体密度又与碱解氮、速效钾、有效磷呈极显著（$P<0.01$，下同）正相关关系。

杨佩等（2013）开展了玉米秸秆覆盖还田试验，发现土壤中小型动物类群数量与土壤容重呈显著负相关关系。

卢萍等（2013）开展了玉米秸秆还田试验，发现土壤节肢动物个体数量和类群数量都与土壤有机碳含量呈极显著正相关关系。

朱新玉、朱波（2015）通过试验发现，不同施肥条件下，秸秆还田对线虫、蚯蚓和甲螨等土壤动物个体数量的增进作用最为显著，而线虫、蚯蚓和甲螨的个体数量又都分别与土壤有机质、速效钾、微生物生物量碳、微生物生物量氮呈显著或极显著正相关关系。与此同时：线虫个体数量与土壤 C/N 显著正相关；蚯蚓个体数量与土壤孔隙度、蔗糖酶活性显著正相关，与土壤容重显著负相关；甲螨个体数量与土壤孔隙度显著正相关，与土壤容重显著负相关。

杨旭等（2016）在松嫩平原黑土区的土壤上进行了小型动物时空分布调查，发现土壤中小型动物类群数量和个体数量都与土壤总磷含量呈显著正相关关系。

刘鹏飞等（2018、2019）开展了玉米秸秆翻埋还田试验，发现土壤中小型动物类群数量与土壤有机质呈极显著正相关关系，个体数量与土壤容重呈显著负相关关系；地面节肢动物个体数量与土壤有机质呈极显著正相关关系，与土壤容重呈显著负相关关系。

饶继翔等（2020）研究发现，秸秆还田对土壤线虫数量有明显的增进作用，而土壤线虫数量又与土壤有机质、总氮、有效磷、速效钾均呈显著的正相关关系。

秸秆还田对土壤动物数量的增进作用主要通过三个途径来实现：一是通过增进土壤微生物数量来增加食微动物数量；二是在秸秆腐解过程中直接为土壤动物提供食物；三是通过改良土壤为土壤动物创造更好的适生环境。试验结果表明，不同种类、不同方式、不同量、不同年限的秸秆还田以及秸秆还田与化肥配施，对土壤生物个体数量和类群数量都具有一定的增进作用。

3.2.1 不同种类秸秆还田对土壤动物数量的增进作用

研究表明，秸秆还田对土壤动物数量的影响主要取决于秸秆还田量以及秸秆还田的方式，而秸秆种类的影响相对较弱。吴东辉等（2006）2003年夏季在长春不同生境连续2次进行土壤取样，调查结果表明，地表凋落物的移除和耕作活动是影响螨类群落结构的主要因素，而地表植物群落类型对土壤螨类群落生态结构特征的影响不显著。

但也有研究表明，不同种类的秸秆还田对土壤动物个体数量和类群数量可产生有差异的影响，而且差异会达到显著水平。

饶继翔等（2020）在安徽宿州开展了连续2年（2017—2018年）的小麦—玉米复种旋耕秸秆混埋还田配施化肥试验，2019年3月0～20cm土层土壤采样分析结果表明，玉米秸秆还田对土壤线虫个体数量的增进作用超过小麦秸秆还田，且差异达到显著水平。土壤线虫个体数量总体排序为小麦和玉米秸秆全量还田＋化肥＞玉米秸秆全量或半量还田（小麦秸秆不还田）＋化肥＞小麦秸秆全量或半量还田（玉米秸秆不还田）＋化肥＞单施化肥（秸秆不还田）＞对照（秸秆不还田且不施化肥）。

周育臻（2020）在四川盐亭开展的秸秆翻埋还田试验结果（表3-4）表明，油菜—玉米复种两季秸秆半量还田对土壤节肢动物类群数量和线虫个体数量、类群数量的增进作用都明显超过小麦—玉米复种两季秸秆半量还田。

表3-4 秸秆还田条件下土壤节肢动物和线虫数量变化

土壤动物类别	项目	小麦—玉米两季秸秆全量还田	小麦—玉米两季秸秆半量还田	小麦—玉米两季秸秆30%量还田	油菜—玉米两季秸秆半量还田	对照（秸秆不还田）
节肢动物	个体数量（个）	768	836	680	835	564
	类群数量（类）	94	93	89	103	75
线虫	个体数量（个）	3 188	2 572	2 920	2 753	2 684
	类群数量（类）	75	70	72	92	75

注：表中数据为2011年（连续还田第5年）9月和2018年（连续还田第12年）9月两次试验样地土壤节肢动物和线虫调查结果合计。

3.2.2 连年秸秆还田对土壤动物数量的增进作用

3.2.2.1 连年秸秆还田对土壤动物数量时常表现出明显的增进作用，而且多数情况下随秸秆还田年限的增加而逐步提升

向昌国等（2006）在苏州开展了水稻—油菜复种秸秆还田试验，在正常施用化肥的情况下进行连续17年的秸秆还田，油菜收获后土壤取样分析结果表明，耕层（0~15cm）土壤蚯蚓数量达到17个·m^{-2}，是单施化肥耕层土壤蚯蚓数量（3个·m^{-2}）的5.67倍。

蒋云峰等（2017）在吉林梨树开展了连续8年（2008—2015年）的玉米秸秆覆盖还田试验，2015年4月、7月、10月3次土壤取样测定结果（表3-5）表明，秸秆覆盖还田可显著提升土壤大型动物数量。首先，与连年免耕秸秆离田相比，秸秆3年1覆盖、3年2覆盖、连年覆盖土壤大型动物密度分别增加0.98倍、1.11倍、2.16倍。其次，与连年秸秆离田常规耕作（灭茬旋耕垄作）相比，秸秆3年1覆盖、3年2覆盖、连年覆盖土壤大型动物密度分别增加1.28倍、1.43倍、2.63倍。

表 3-5　玉米秸秆多年覆盖还田条件下土壤大型动物密度变化

项　目	连年秸秆离田常规耕作	连年免耕秸秆离田	3 年 1 次秸秆覆盖	3 年 2 次秸秆覆盖	连年秸秆覆盖
土壤大型动物密度（只·m⁻²）	134.52	154.67	306.67	326.22	488.44

周育臻（2020）在四川盐亭开展了小麦—玉米复种、油菜—玉米复种连续周年秸秆翻埋还田试验，2011 年（连续还田第 5 年）9 月和 2018 年（连续还田第 12 年）9 月土壤采样分析结果表明，土壤节肢动物和线虫密度都随秸秆还田年限的增加而提升。具体而言，无论是小麦—玉米复种还是油菜—玉米复种，连续 12 年不同量秸秆还田的土壤节肢动物和线虫密度都分别超过连续 5 年对应秸秆还田量的相应土壤动物的密度。在秸秆半量还田条件下，两种复种方式的土壤节肢动物密度在两年份间的差异达到显著水平；在秸秆全量还田、半量还田、30%量还田条件下，两种复种方式的土壤线虫密度在两年份间的差异都达到极显著水平。

3.2.2.2　某些土壤动物，尽管秸秆还田会对其起到显著的增进作用，但其数量不总是随着秸秆还田年限的增加而持续增加的，而是在达到一定水平后保持高位存续或略有下降

连旭（2017）在吉林德惠进行了秸秆还田试验，2014—2015 年土壤采样分析结果（表 3-6）表明，连年秸秆全量覆盖还田可显著增进土壤甲螨、跳虫数量。其中，与秸秆不还田处理相比，连续 4 年秸秆还田处理土壤甲螨和跳虫数量分别增长 134.61% 和 16.76%，连续 10 年秸秆还田

表 3-6　玉米秸秆连年全量覆盖还田土壤甲螨、跳虫数量和
多样性特征指数变化

类别	项　目	连续还田 4 年	连续还田 10 年	对照（秸秆不还田）
甲螨	密度（只·m⁻²）	13 774	11 946	5 871
	丰富度指数	0.786a	0.789a	0.609b
	多样性指数	1.511a	1.389b	1.333b
跳虫	密度（只·m⁻²）	10 807	16 673	9 256
	丰富度指数	1.11a	1.12a	0.71b
	多样性指数	1.59a	1.57a	1.53a

处理土壤甲螨和跳虫数量分别增长 103.47％和 80.13％，连续 10 年秸秆还田处理较连续 4 年秸秆还田处理甲螨数量下降 13.27％。

3.2.3　不同方式秸秆还田对土壤动物数量的增进作用

秸秆翻埋还田和覆盖还田对土壤动物数量都有明显的增进作用。同时，有研究表明秸秆覆盖还田比翻埋还田对土壤动物数量有更显著的增进作用，原因在于土壤动物具有明显的表聚性。

3.2.3.1　秸秆翻埋还田对土壤动物数量的增进作用

张庆宇等（2008）在吉林农业大学对秸秆翻埋还田生长季玉米进行了 5 次土壤取样分析，结果表明，秸秆还田处理 0～20cm 土层土壤大型动物类群数量较不还田处理增加 1 类，个体数量增加 25.26％。

汪冠收（2012）在河南兰考开展了玉米秸秆翻埋还田试验，对 2010 年 10 月至 2012 年 6 月 9 次土壤采样分析结果进行平均，发现秸秆还田处理土壤动物个体数量达到 16.08 万只·m^{-2}，类群数量为 11.67 类·m^{-2}，较秸秆不还田处理分别增加 83.83％和 11.70％。

张赛等（2012）在日本长野开展了稻田根茬翻埋还田试验，2011 年 11 月土壤采样分析结果（表 3-7）显示，土壤大中型动物个体数量增长 2.91 倍。

表 3-7　秸秆还田土壤大中型动物数量与特征指数比较

样　地	试验处理	个体数量（个）	类群数量（类）	特征指数			
				H	E	C	D
有机种植果园	果树行间：自然生草，不施肥	88	7	1.365	0.701	0.316	0.435
	果树下：覆盖水稻秸秆。土壤采样时秸秆呈半腐烂状态，厚约 5cm	908	7	0.430	0.221	0.806	0.256
常规种植果园	果树行间：施肥、除草，地表裸露	13	4	1.072	0.773	0.432	0.540
	果树下：覆盖新鲜水稻秸秆，厚约 10cm	75	5	1.403	0.872	0.269	0.373
稻田	根茬不还田：水稻收获后根茬全部移走	44	3	0.615	0.560	0.660	0.290
	根茬还田：水稻收获后根茬粉碎翻耕还田	172	3	0.486	0.442	0.759	0.213

王文东等（2019）在内蒙古扎赉特旗开展了玉米秸秆翻埋还田试验，

玉米生长季逐月土壤采样分析结果表明，与秸秆不还田处理相比，秸秆翻埋还田处理玉米全生育期 0～30cm 土层土壤中小型动物个体数量增长 73.24%。

3.2.3.2　秸秆覆盖还田对土壤动物数量的增进作用

籍增顺等（1995）在山西开展的多点玉米秸秆整秆覆盖还田试验结果表明，相较于常规耕作，免耕秸秆覆盖使蚯蚓数量由每 $100m^2$ 2.5 条提升到 33.5 条，增长 12.4 倍。

曹奎荣、朱建兰（2006）在甘肃张掖开展了小麦留高茬还田试验，发现与传统耕作相比，秸秆还田土壤线虫个体数量增加 1.17～1.64 倍，平均为 1.47 倍。

张赛等（2012）在日本长野开展了果园水稻秸秆覆盖试验，2011 年 11 月土壤采样分析结果（表 3-7）表明，水稻秸秆覆盖对土壤大中型动物类群数量影响不大，但显著增加了其个体数量。其中有机种植果园水稻秸秆覆盖与常规种植果园水稻秸秆覆盖分别使土壤大中型动物个体数量较对照增长 9.32 倍和 4.77 倍。

张赛、王龙昌（2013）在重庆北碚区连续 6 年开展了旱三熟套作（小麦—玉米—大豆或甘薯）秸秆覆盖还田试验，2012 年 2 月土壤采样分析结果表明，与无秸秆覆盖处理相比，秸秆覆盖还田处理土壤大中型动物个体数量由 55 个提升到 242 个，增长 3.40 倍，类群数量由 4 类增加到 7 类，增长 0.75 倍。

3.2.3.3　朱强根等（2009a、2009b）：秸秆覆盖还田较翻埋还田对土壤动物数量表现出更显著的增进作用

朱强根等（2009a）在河南封丘开展的小麦—玉米复种周年秸秆还田试验结果（表 3-8）表明，在秸秆全量还田条件下玉米季土壤动物个体数量，无论在玉米拔节期还是在成熟期，免耕覆盖还田处理都显著高于犁耕翻埋还田处理；但在半量还田条件下，两者之间无显著差异。与此同时，免耕秸秆覆盖还田处理土壤动物类群数量总体上高于犁耕秸秆翻埋还田处理，但差异不显著。

朱强根等（2009b）在河南封丘开展的小麦—玉米复种周年秸秆还田试验结果（表 3-9）表明，除个别情况（秸秆全量覆盖还田处理小麦成

熟期）外，免耕秸秆覆盖还田处理麦季土壤动物个体数量和类群数量都明显高于犁耕秸秆翻埋还田处理。

表 3-8 小麦—玉米复种周年秸秆还田玉米季土壤动物数量

耕作与秸秆还田方式	还田量	玉米拔节期		玉米成熟期	
		个体数量（只）	类群数量（类）	个体数量（只）	类群数量（类）
犁耕秸秆翻埋还田	不还田	212	6	358	11
	半量还田	358	9	457	10
	全量还田	404	9	471	11
免耕秸秆覆盖还田	不还田	306	10	352	9
	半量还田	360	11	438	9
	全量还田	557	10	649	12

表 3-9 小麦—玉米复种周年秸秆还田小麦季土壤动物数量

耕作与秸秆还田方式	还田量	小麦拔节期		小麦成熟期	
		个体数量（只）	类群数量（类）	个体数量（只）	类群数量（类）
犁耕秸秆翻埋还田	不还田	174	8	199	8
	半量还田	207	6	177	7
	全量还田	350	6	786	6
免耕秸秆覆盖还田	不还田	219	9	319	8
	半量还田	376	9	396	10
	全量还田	482	8	598	9

3.2.3.4 牛新胜等（2010）：秸秆覆盖免耕直播更有利于提升土壤蚯蚓数量

牛新胜等（2010）在中国农业大学曲周实验站开展了小麦—玉米复种周年秸秆还田试验，在小麦秸秆覆盖还田免耕直播玉米的情况下，对玉米秸秆还田设置 4 种试验处理即玉米秸秆离田翻耕播种小麦、玉米秸秆离田免耕播种小麦、玉米秸秆翻埋还田播种小麦、玉米秸秆（立秆）覆盖还田免耕播种小麦，全年 4 次（5 月 3 日、6 月 22 日、9 月 8 日、10 月 16 日）土壤采样测定结果表明，免耕作业和玉米秸秆覆盖还田都可显著地提升各土层土壤蚯蚓数量，其中又以免耕的作用最为显著。对于 0～10cm 土层土壤，免耕玉米秸秆覆盖还田处理蚯蚓平均数量分别是玉米秸秆离田翻耕处理的 5.7 倍、玉米秸秆翻埋还田处理的 7.2 倍和玉米秸秆离田免耕处理的 2.3 倍。特别是在 10 月 16 日，玉米秸秆覆盖还田处理 0～10cm 土层土壤的蚯蚓数量较玉米秸秆翻埋还田高 8.2 倍。秸秆还田处理 10～20cm 土层土壤的蚯蚓数量虽然高于秸秆离田处理，但差异不显著；而免耕与翻耕土壤之间的差异更显著，免耕土壤的平均数量为 24.7 条·m^{-2}，是翻耕土壤的 4.4 倍。

3.2.4 不同量秸秆还田对土壤动物数量的增进作用

3.2.4.1 土壤动物数量随秸秆还田量的增加而增加，这是秸秆还田对土壤动物影响的基本表现

朱强根等（2009a）在河南封丘开展的小麦—玉米复种周年秸秆还田试验结果（表 3 - 8）表明，无论是犁耕秸秆翻埋还田还是免耕秸秆覆盖还田，无论是在玉米拔节期还是在玉米成熟期，玉米季土壤动物个体数量都表现为秸秆全量还田＞秸秆半量还田＞秸秆不还田。

朱强根等（2009b）在河南封丘开展的小麦—玉米复种周年秸秆还田试验结果（表 3 - 9）表明，除小麦成熟期犁耕秸秆翻埋还田处理外，其他情况下小麦季土壤动物个体数量都表现为秸秆全量还田＞秸秆半量还田＞秸秆不还田。秸秆全量还田处理小麦成熟期犁耕秸秆翻埋还田处理土壤动物个体数量极显著地高于秸秆半量还田和不还田处理，而秸秆半量还田处理略低于不还田处理。

李泽兴等（2010）在吉林德惠开展了玉米秸秆覆盖还田试验，玉米生长期两次（7 月和 9 月）土壤采样结果表明，0～20cm 土层土壤动物个体数量与类群数量都随着秸秆覆盖量的增加而增加。不覆盖秸秆处理的土壤动物个体数量为 747 只，1/4 量秸秆覆盖、1/2 量秸秆覆盖、3/4 量秸秆覆盖、全量秸秆覆盖处理分别较其增加 0.13%、19.14%、70.82%、122.49%。不覆盖秸秆处理的土壤动物类群数为 23 类，1/4 量秸秆覆盖、1/2 量秸秆覆盖、3/4 量秸秆覆盖、全量秸秆覆盖处理分别较其增加 4 类、10 类、15 类和 19 类。

张四海等（2011）开展了蔬菜温室大棚病土室内盆栽番茄添加小麦秸秆试验，按小麦秸秆全量还田 7 500kg·hm^{-2} 计，设置 0 倍量（对照）、

1 倍量、2 倍量、4 倍量 4 个梯度的小麦秸秆添加量。结果表明：①在栽培时间相同的条件下，土壤原生动物个体数量随着秸秆添加量的增加而增加。栽培 6 个月，1 倍量、2 倍量、4 倍量小麦秸秆添加土壤原生动物个体数量分别较对照增加 52.34%、64.87% 和 75.45%。②在小麦秸秆添加量相同的条件下，土壤原生动物个体数量随着栽培时间的延长而增加。

卢萍等（2013）在吉林公主岭开展了玉米秸秆还田试验，玉米生长季（5—9 月）每月下旬 0～20cm 土层土壤采样分析结果表明，土壤节肢动物个体数量和类群数量都随着秸秆还田量的增加而增加。与秸秆不还田处理相比，不同秸秆还田量处理的中小型节肢动物平均类群数量由 13 类提升到 20 类，增长 53.85%，平均个体数量由 2 265 个提升到 422 414 个，增长 185.50 倍。与此同时，不同秸秆还田量处理的大型节肢动物平均类群数量由 27 类提升到 56 类，增长 107.41%，平均个体数量由 143 个提升到 1 391 个，增长 8.73 倍。

徐演鹏等（2013）在吉林公主岭开展了玉米秸秆粉碎旋耕混埋还田试验，玉米各生育时期（苗期、拔节期、吐丝期、灌浆期和收获期）0～20cm 土层土壤采样分析结果表明：①秸秆还田大幅度提升了土壤动物数量。与秸秆不还田处理相比，秸秆还田处理玉米全生育期土壤大型动物平均个体数量和平均类群数量分别提升 7.63 倍和 93.10%，土壤中小型动物平均个体数量和平均类群数量分别提升 7.57 倍和 46.15%。②土壤大型动物和中小型动物平均个体数量都随秸秆还田量的增加而提升，总体表现为 2 倍量还田＞全量还田＞半量还田＞不还田。③土壤大型动物和中小型动物平均类群数量都以秸秆全量还田处理为最高，其中土壤大型动物总体表现为全量还田＞2 倍量还田＞半量还田＞不还田，土壤中小型动物总体表现为全量还田＞半量还田＞2 倍量还田＞不还田。

徐演鹏等（2015）在吉林公主岭开展了玉米秸秆粉碎翻埋还田试验，土壤中小型节肢动物测定结果（表 3 - 10）表明：①不同量的秸秆还田对当年度土壤中小型节肢动物个体数量有显著的增进作用，对其类群数量有一定的增进作用，而且土壤中小型节肢动物个体数量和类群数量都随着秸秆还田量的增加而增加。②一次性的秸秆还田对土壤动物的影响可持续到第 2 年。随着秸秆的深度分解，到第 2 年秸秆半量和全量还田处理的土壤节肢动物类群数量都有所减少，而其个体数量仍随着秸秆还田量的增加而增加，其中全量还田和 2 倍量还田处理土壤节肢动物个体数量分别达到 319 只和 405 只的高水平，是秸秆不还田处理的 1.36 倍和 1.73 倍。

表 3－10　玉米秸秆粉碎翻埋还田条件下土壤中小型节肢动物数量变化

采样时间	还田量	个体数量（只）	类群数量（类）
一次性秸秆还田后当年 9 月	不还田	117.33	4.00
	半量还田	144.67	4.00
	全量还田	200.00	5.33
	1.5 倍量还田	212.67	5.00
	2 倍量还田	257.00	5.67
一次性秸秆还田后翌年 9 月	不还田	234.67	7.00
	半量还田	230.00	5.67
	全量还田	319.00	5.67
	1.5 倍量还田	292.33	8.00
	2 倍量还田	405.00	7.00

刘鹏飞等（2018、2019、2020）在内蒙古扎赉特开展了玉米秸秆粉碎翻埋还田试验，结果（表 3－11）表明：①不同量秸秆还田条件下，土壤大型动物、中小型动物、地面节肢动物的个体数量都随秸秆还田量的增加而增加，而且与秸秆不还田处理的差异大都达到显著水平。②不同量秸秆还田条件下，土壤大型动物、中小型动物、地面节肢动物的类群数量总体上随秸秆还田量的增加而增加，而且与秸秆不还田处理的差异有时可达到显著水平。

李静等（2019）以转双价基因棉 SGK321 的秸秆为供试材料，按棉秆全量还田计算棉秆添加量，在农业农村部环境保护科研监测所网室内进行了棉秆完全粉碎混土盆栽试验，结果表明土壤线虫个体数量总体上随棉秆添加量的增加而增加。棉花蕾期土壤线虫个体数量总体表现为 1.5 倍量＞2 倍量≈全量≈半量＞对照（不添加棉秆，下同），而且 1.5 倍量与对照之间的差异达到显著水平。棉花花铃期土壤线虫个体数量总体表现为 2 倍量＞1.5 倍量＞全量＞半量＞对照，而且 2 倍量、1.5 倍量与对照之间的差异均达到显著水平。

表3-11 不同量玉米秸秆还田条件下的土壤动物数量变化

项目			不同量玉米秸秆还田条件下的土壤动物数量							资料来源
			0 (kg·hm⁻²)	4 500 (kg·hm⁻²)	9 000 (kg·hm⁻²)	10 500 (kg·hm⁻²)	12 000 (kg·hm⁻²)	13 500 (kg·hm⁻²)	18 000 (kg·hm⁻²)	
中小型动物	个体数量 (只·m^{-2})		97 955c	206 944b	226 467b	—	—	274 510ab	311 010a	刘鹏飞等，2018
	类群数量 (类·样点$^{-1}$)		11.67a	11.56a	12.11a	—	—	12.22a	13.33a	
地面节肢动物	个体数量 (只·样点$^{-1}$)		98.67b	—	115.00ab	116.00a	130.00a	147.00a	—	刘鹏飞等，2019
	类群数量 (类·样点$^{-1}$)		5.00b	—	5.33ab	5.00b	6.00a	5.67ab	—	
大型动物	个体数量 (只·样点$^{-1}$)		231	—	308	484	683	975	—	刘鹏飞等，2020
	类群数量 (类·样点$^{-1}$)		24	—	27	24	25	25	—	

注：表中中小型动物、地面节肢动物数据为2016年、2017年、2018年连续3年玉米生长季6—9月每月1次土壤采样结果平均值。大型动物数据为2016年玉米生长季6—9月每月1次土壤采样结果平均值。

3.2.4.2 非全量秸秆还田对土壤动物数量的增进作用有时可超过全量还田

张庆宇等（2013）在吉林龙井开展了玉米秸秆翻埋还田试验，玉米各生育时期（苗期、大喇叭口期、拔节期、抽雄期、吐丝期、成熟期）土壤采样分析结果表明，秸秆半量还田处理土壤动物个体数量和类群数量显著高于秸秆全量还田处理和秸秆不还田处理。秸秆全量还田处理土壤动物个体数量和类群数量虽然超过秸秆不还田处理，但差异未达到显著水平。

孔云等（2018）在天津武清开展了小麦—玉米复种连续 5 年（2010—2015 年）的秸秆还田（玉米秸秆粉碎翻埋还田、小麦秸秆粉碎覆盖还出）试验，2015 年 7 月、8 月、9 月连续 3 次土壤采样分析结果表明：①不同量玉米秸秆还田处理土壤线虫总量和类群数量均显著高于秸秆不还田处理。②在不同量的秸秆还田处理之间，土壤线虫总量和类群数量皆总体表现为 3/4 量还田＞1/2 量还田＞1/4 量还田＞全量还田，但相互间差异不显著。

周育臻（2020）在四川盐亭开展了小麦—玉米复种连续周年秸秆翻埋还田试验，2011 年（连续还田第 5 年）9 月和 2018 年（连续还田第 12 年）9 月土壤采样分析结果（表 3 - 4）表明，与秸秆不还田相比，不同量的秸秆还田对土壤节肢动物个体数量都有显著的增进作用，总体表现为两季秸秆半量还田＞两季秸秆全量还田＞两季秸秆 30％还田＞秸秆不还田。

3.2.5 秸秆还田与施肥对土壤动物数量的协同增进作用

3.2.5.1 秸秆还田与化肥配施对土壤动物数量有明显的协同增进作用

李淑梅等（2008）在河南周口开展了秸秆翻埋还田试验，2007 年 6—9 月每月中旬 1 次土壤采样分析结果表明，秸秆还田配施氮磷钾肥处理玉米季土壤动物类群数量和个体数量分别达到 16 种和 939 头，显著高于秸秆不还田且不施肥处理（14 种和 737 头）、单施氮磷钾肥处理（13 种和 722 头）和单施氮肥处理（11 种和 631 头）。由此可见，氮肥对土壤动物数量有明显的抑制作用。

张腾昊等（2014）开展了实验室培养试验研究秸秆、氮肥与食细菌线虫的交互作用，发现：①在低氮和高氮条件下，添加秸秆（水稻秸秆 6 000kg·hm^{-2}，约相当于水稻秸秆全量还田）都显著促进了食细菌线虫的繁殖。②秸秆添加对食细菌线虫数量的增进作用，高氮处理显著高于低氮处理。而单施氮肥对食细菌线虫数量的影响不大。换言之，秸秆与氮肥配施对食细菌线虫数量有协同倍增作用。

饶继翔等（2020）在安徽宿州开展了小麦—玉米复种连续 2 年（2017—2018 年）的旋耕秸秆混埋还田试验，2019 年 3 月土壤采样分析结果表明，与秸秆不还田且不施化肥或单施化肥相比，不同量的小麦秸秆和玉米秸秆还田配施化肥（尿素 585kg·hm^{-2}、过磷酸钙 750kg·hm^{-2}、氯化钾 150kg·hm^{-2}）均可显著地增进 0～20cm 土层土壤线虫个体数量。总体表现为小麦秸秆和玉米秸秆全量还田＋化肥＞玉米秸秆全量还田（小麦秸秆不还田）＋化肥≈玉米秸秆半量还田（小麦秸秆不还田）＋化肥＞小麦秸秆全量还田（玉米秸秆不还田）＋化肥≈小麦秸秆半量还田（玉米秸秆不还田）＋化肥＞单施化肥（秸秆不还田）＞秸秆不还田且不施化肥。秸秆半量还田对土壤线虫个体数量的增进作用与全量还田大体相同。

3.2.5.2 秸秆还田与有机肥/化肥配施对土壤动物数量也有明显的协同增进作用

叶成龙等（2013）在河北曲周开展了小麦—玉米复种秸秆还田施肥试验，麦收时 0～20cm 土层土壤采样分析结果表明，秸秆还田配施化肥或有机肥可显著提高土壤线虫数量。各试验处理土壤线虫数量变幅很大，为16.11～32.81 条·g^{-1}，排序为秸秆全量还田（配施腐熟剂，下同）＋全量化肥（氮磷钾肥当地常规用量，下同）＞秸秆全量还田＋猪粪肥＋半量化肥≈猪粪有机无机复合肥＋30％化肥＞猪粪肥＋半量化肥＞全量化肥≈对照（秸秆不还田且不施肥）。其中，前 4 种处理土壤线虫数量都显著高于后 2 种处理，第 1 种处理又显著高于第 4 种处理。

任宏飞等（2020）在天津西青区的日光温室开展了蔬菜不同施肥处理定位试验，在 N、P$_2$O$_5$、K$_2$O 折纯投入总量控制的情况下，秸秆或有机肥替代化肥处理可促进土壤线虫总量的提升以及有益线虫（食细菌线虫、食真菌线虫、捕食性线虫和杂食性线虫）的生长繁殖，同时对土壤有害植食性线虫起到一定的抑制作用。具体而言：①秸秆或有机肥替代化肥处理0～5cm、5～10cm、10～20cm 土层土壤线虫总数均高于单施化肥处理，3个土层分别增加 16.8％、31.8％和 11.2％。其中，2 种秸秆配施有机肥或化肥处理（1/4 秸秆氮＋1/4 猪粪氮＋1/2 化肥氮、1/2 秸秆氮＋1/2 化肥氮）和有机肥配施化肥处理（3/4 猪粪氮＋1/4 化肥氮）各土层土壤线虫总数相对较高，较单施化肥处理分别提高 12.1％～26.4％、34.3％～42.8％、13.2％～18.3％。②与单施化肥相比，2 种秸秆配施有机肥或化肥处理和有机肥配施化肥处理可提高 0～5cm、5～10cm 土层土壤有益线虫营养类群个体数量。其中，0～5cm 土层分别增加 13.0％、7.4％和 26.7％，5～10cm 土层分别增加 35.5％、20.2％和 56.5％。③秸秆或有机肥替代化肥处理 0～5cm、5～10cm 土层土壤有害植食性线虫数量虽然都高于单施化肥处理，但其相对丰度均低于单施化肥处理，分别降低 6.3％和 13.1％。

吴宪（2021）在天津宁河区开展了小麦—玉米复种连续 5 年（2015—2019 年）的周年秸秆还田（小麦秸秆全量粉碎覆盖还田、玉米秸秆全量粉碎翻埋还田）、有机肥还田与化肥减量施肥试验，小麦收获前和玉米收获前 0～20cm 土层土壤采样分析结果表明，秸秆还田配施有机肥与化肥减量施用皆可显著提高土壤线虫个体数量。其中：①小麦季提高比例为 178.46％～240.46％。各试验处理土壤线虫个体数量总体表现为小麦—玉米两季秸秆全量还田配施有机肥（有机肥只在小麦季配施，下同）、减量施用化肥＞小麦—玉米两季秸秆全量还田、减量施用化肥≈小麦季秸秆全量还田配施有机肥、减量施用化肥＞小麦季秸秆全量还田、减量施用化肥＞小麦季秸秆全量还田、常量施用化肥。其中前 3 种处理与后两种处理之间的差异都达到显著水平。小麦季以植食性线虫和杂食-捕食性线虫的增加为主。②玉米季提高比例为 85.11％～170.09％。各试验处理土壤线虫个体数量总体表现为小麦—玉米两季秸秆全量还田配施有机肥、减量施用化肥＞小麦季秸秆全量还田、减量施用化肥＞小麦季秸秆全量还田配施有机肥、减量施用化肥＞小麦—玉米两季秸秆全量还田、减量施用化肥＞小麦季秸秆全量还田、常量施用化肥。其中，前 3 种处理与第 4 种处理之间的差异都达到显著水平，第 4 种处理与最后一种处理之间的差异也达到显著水平，即前 4 种处理与最后一种处理之间的差异都达到显著水平。玉米季以食细菌性线虫、食真菌性线虫和杂食-捕食性线虫的增加为主。

3.2.5.3　秸秆还田对土壤动物数量的增进作用时常超过有机肥

林英华等（2003）在陕西杨凌开展了小麦—玉米复种秸秆、有机肥以及氮、磷、钾化肥共计 9 个不同的施肥组合处理（包括对照不施肥处理）试验，2001 年 10 月土壤采样分析结果表明：①秸秆＋氮磷钾肥处理土壤动物个体数量最高，而且与其他 8 个处理的差异都达到显著水平。②0～5cm、5～10cm 土层土壤动物类群数量也以秸秆＋氮磷钾肥处理为最高，但在 10～20cm 土层其类群数量却显著低于其他处理。

　　林英华等（2006b）在吉林黑土区开展了玉米田不同施肥处理试验，2003 年 8 月中旬 0～20cm 土层土壤采样分析结果表明，秸秆还田配施化肥可显著提升土壤中小型动物个体数量和类群数量。在秸秆、有机肥以及氮、磷、钾化肥共计 10 种不同的组合处理（包括对照不施肥处理）中，秸秆还田＋氮磷钾肥处理土壤中小型动物个体数量显著高于对照以及各种形式的化肥、有机肥组合处理，仅低于 1.5 倍（有机肥＋氮磷钾肥）和单施磷钾肥两种处理。与此同时，秸秆还田＋氮磷钾肥处理土壤中小型动物类群数量显著高于单施氮肥处理，与其他 8 种处理基本相当。

　　朱新玉、朱波（2015）在四川盐亭开展了小麦—玉米复种长期（2002—2009 年）施肥试验，除对照（秸秆不还田且不施肥）外，各施肥（包括秸秆还田）处理以总氮等量投入为控制条件，分别于 2008 年和 2009 年的 5 月（小麦收获期）、7 月（玉米苗期）、9 月（玉米收获期）、11 月（小麦苗期）进行 0～15cm 土层土壤采样分析。试验结果表明：①秸秆还田（配施或不配施化肥）对土壤动物个体总量和线虫个体数量的增进作用显著超过有机肥（配施或不配施化肥），总体表现为秸秆还田＋氮磷钾肥＞单纯秸秆还田＞施猪粪肥＋氮磷钾肥＞单施猪粪肥＞单施氮磷钾肥＞对照（秸秆不还田且不施肥，下同），其中前 3 种处理与对照之间的差异皆达到显著水平。②有机肥配施化肥对蚯蚓和甲螨个体数量的增进作用明显超过秸秆还田配施化肥，但单纯秸秆还田又明显超过单施有机肥。蚯蚓个体数量总体表现为施猪粪肥＋氮磷钾肥＞秸秆还田＋氮磷钾肥＞单纯秸秆还田＞单施猪粪肥＞单施氮磷钾肥＞对照，其中前 3 种处理与对照之间的差异皆达到显著水平。甲螨个体数量总体表现为施猪粪肥＋氮磷钾肥＞秸秆还田＋氮磷钾肥≈单纯秸秆还田＞单施氮磷钾肥＞单施猪粪肥＞对照，而且所有施肥处理与对照之间的差异都达到显著水平。

3.3 秸秆还田对土壤动物群落特征的增进作用

用于衡量土壤动物群落特征的指数主要有两类，一类是土壤动物多样性特征指数，一类是土壤线虫生态指数。

与土壤微生物一样，土壤动物多样性特征也经常用多样性指数（H）、丰富度指数（D）、均匀度指数（E）和优势度指数（C）等来表达（公式2-1、公式2-3、公式2-4、公式2-5）。

总体而言，物种数目越多，生物多样性越丰富。但在如下两种情况下多样性指数并不能很好地指示动物群落的多样性：一是类群数少、个体数也少，但个体数在各类群间分布均匀，将导致多样性指数显著偏高；二是类群数多、个体数也多，但个体数在各类群间分布不均匀，将导致多样性指数显著偏低。

由张赛等（2012）的果园秸秆覆盖试验结果（表3-7）可知：首先，在果园有机种植条件下，树下水稻秸秆覆盖较行间自然生草土壤大中型动物个体数量增长9.32倍，且两者类群数量都较多（同为7类）。但由于前者土壤大中型动物个体数在各类群间分布不均匀，致使其均匀度指数和多样性指数都远远低于后者。其次，稻田根茬不还田处理土壤大中型动物个体数量仅及稻田根茬还田处理的1/4左右，且两者类群数量都较少（同为3类）。但由于前者土壤大中型动物个体数在各类群间分布较均匀，致使其均匀度指数和多样性指数都远高于后者。最后，在果园常规种植条件下，果树行间裸地的土壤大中型动物不仅个体数量低（约为树下水稻秸秆覆盖的1/6），而且类群数量也比后者低。但由于前者土壤大中型动物个体数在各类群间分布较均匀，致使其均匀度指数和多样性指数都接近后者。这都给人造成果园不覆草、果园裸地、稻田根茬不还田等处理方式土壤动物群落多样性更高的错觉。

朱强根等（2009a、2009b）在河南封丘开展的小麦—玉米复种周年秸秆还田试验结果（表3-8）显示，与秸秆不还田相比，不同量秸秆犁耕翻埋还田和免耕覆盖还田的玉米季（拔节期和成熟期）土壤动物个体数量都有显著提升，类群数量也有显著提升或差异不显著。但由表3-12可知，与秸秆不还田相比，无论是秸秆犁耕翻埋还田还是免耕覆盖还田，无论是秸秆半量还田还是全量还田，无论是在玉米拔节期还田还是在成熟期还田，土壤动物多样性指数都随着优势度指数的提升以及均匀度指数的下降而下降。

表 3 - 12 小麦—玉米复种秸秆还田玉米季土壤动物特征指数

耕作与还田方式	还田量	玉米拔节期			玉米成熟期		
		多样性指数	均匀度指数	优势度指数	多样性指数	均匀度指数	优势度指数
犁耕翻埋还田	不还田	0.975	0.544	0.459	1.299	0.542	0.354
	半量还田	0.968	0.441	0.517	1.227	0.533	0.403
	全量还田	0.933	0.425	0.501	1.099	0.459	0.428
免耕覆盖还田	不还田	1.286	0.559	0.361	1.281	0.583	0.357
	半量还田	1.199	0.500	0.417	1.150	0.523	0.408
	全量还田	1.017	0.442	0.453	1.111	0.447	0.425

朱强根等（2009a、2009b）在河南封丘开展的小麦—玉米复种周年秸秆还田试验结果（表3-9）还表明，与秸秆不还田相比，除小麦成熟期秸秆犁耕翻埋半量还田外，其他不同量秸秆犁耕翻埋还田和免耕覆盖还田处理的小麦季（拔节期和成熟期）土壤动物个体数量都显著或极显著地提升，类群数量有所下降或下降不显著。但由表3-13可知，与秸秆不还田相比，除不同量秸秆免耕覆盖还田处理在小麦拔节期土壤动物多样性指数随着优势度指数的明显下降、均匀度指数的明显提升而有些许提升外，其他情况下的土壤动物多样性指数都随着优势度指数的提升以及均匀度指数的下降而下降。

表 3 - 13 小麦—玉米复种秸秆还田小麦季土壤动物特征指数

耕作与还田方式	还田量	小麦拔节期			小麦成熟期		
		多样性指数	均匀度指数	优势度指数	多样性指数	均匀度指数	优势度指数
犁耕翻埋还田	不还田	1.810	0.603	0.354	1.742	0.581	0.369
	半量还田	1.728	0.668	0.379	1.682	0.599	0.398
	全量还田	1.728	0.669	0.372	1.054	0.408	0.587
免耕覆盖还田	不还田	1.928	0.608	0.348	1.520	0.507	0.459
	半量还田	2.037	0.643	0.321	1.416	0.426	0.505
	全量还田	2.017	0.672	0.298	1.488	0.469	0.481

由此可见，在有些情况下，尤其是在生物群落个体数量和类群数量都很大但个体数量在各类群间分布严重不均时，不可简单地用多样性指数度量生物群落的多样性特征，需要在个体数量和类群数量的总量控制下进行类比分析。否则，将会得出完全背离客观实际的分析结果。

土壤线虫生态指数是衡量土壤环境健康状况的特定指数。研究表明，土壤线虫是土壤微生态环境中最丰富且最敏感的生物类群之一，可作为土壤健康状况和受干扰程度的指示生物。由此，在线虫生态学上人们提出了多个指数，如成熟度指数、瓦斯乐斯卡指数、通道指数、富集指数、结构指数等来评价和指示土壤环境质量水平，并将其统称为土壤线虫生态指数。

Bongers（1990）提出的成熟度指数（maturity index，MI）很好地解释了土壤线虫群落生态与土壤功能的关系（Neher et al.，2005）。

土壤线虫成熟度指数一般特指自由生活线虫（free-living nematodes）成熟度指数，其计算公式为

$$MI = \sum_{i=1}^{n}(v_i \times f_i) \qquad (3-1)$$

式中：n 为自由生活线虫的类群数量；v_i 为土壤线虫在生态演替中属于 K－选择和 r－选择科属分别赋予的 $c-p$ 值；f_i 为第 i 种（类群）自由生活线虫的个体数占线虫群落总个体数的比例。自由生活线虫包括食细菌线虫（bacterivores）、食真菌线虫（fungivores）和杂食-捕食线虫（omnivores-predators）。

MI 可用于评价人类活动对线虫群落结构的影响，进而表明土壤环境所受的干扰程度：指数值越低，土壤环境受到干扰程度越大。也可用于表明土壤环境受干扰后的自我恢复能力：指数值越高，土壤环境自我恢复能力越高。

植物寄生线虫成熟度指数（plant parasite index，PPI）计算公式为

$$PPI = \sum_{i=1}^{n}(v_i \times f_i) \qquad (3-2)$$

式中：f_i 为植物寄生线虫在分类单元个体中所占的比例（周育臻，2020）。

植物寄生线虫是指能寄生于植物的各种组织，使植物发育不良，并且在感染寄主的同时会传播其他植物病原，导致植物出现疾病症状的一类线

虫。PPI 值越低土壤环境越好，反之亦然。因此，就植物寄生线虫特征而言，时常将秸秆还田对植物寄生线虫成熟度指数的抑制作用作为其对土壤动物群落总体特征增进作用的组成部分。

瓦斯乐斯卡指数（wasilewska index，WI）与通道指数（channel index，CI）分别由 Wasilewska（1994）和 Ferris 等（2001）提出。

$$WI = (B+F)/PP \qquad (3-3)$$
$$CI = B/(B+F) \qquad (3-4)$$

式中：B 为食细菌线虫数量；F 为食真菌线虫数量；PP 为植物寄生线虫数量。

瓦斯乐斯卡指数能较好地指示土壤线虫群落组成和土壤健康水平：其值越大，土壤食微线虫丰度越高，土壤健康程度越高。因此，人们又将瓦斯乐斯卡指数称为土壤健康度指数。

通道指数又称线虫通路比（nematode channel ratio，NCR）。CI 可用于表示土壤有机物料的分解途径：CI 为 0，表明其完全依靠真菌分解；CI 为 1，表明其完全依靠细菌分解。

在 Bongers（1990）成熟度指数研究的基础上，Ferris 等（2001）提出的富集指数（enrichment index，EI）和结构指数（structure index，SI）可用于表征土壤食物网的养分状况、稳定程度以及食物网功能。

$$EI = 100[e/(e+b)] \qquad (3-5)$$
$$SI = 100[s/(s+b)] \qquad (3-6)$$

式中：b（basal）代表食物网中的基础成分，主要指 Ba2 和 Fu2 这两个类群，即食细菌线虫（bacterivores，Ba）和食真菌线虫（fungivores，Fu）中 $c-p$ 值为 2 的类群；e（enrichment）代表食物网中的富集成分，主要指 Ba1 和 Fu2 这两个类群，即食细菌线虫中 $c-p$ 值为 1 和食真菌线虫中 $c-p$ 值为 2 的类群；s（structure）代表食物网中的结构成分，包括 Ba3～Ba5、Fu3～Fu5、Om3～Om5、Pr 2～Pr 5 类群，即食细菌线虫、食真菌线虫和杂食线虫（omnivores，Om）中 $c-p$ 值为 3～5 的类群以及捕食线虫（predators，Pr）中 $c-p$ 值为 2～5 的类群。b、e 和 s 对应的值分别为 $\sum k_b n_b$、$\sum k_e n_e$ 和 $\sum k_s n_s$，其中 k_b、k_e 和 k_s 为各类群所对应的权重（取值范围为 0.8～5.0），而 n_b、n_e 和 n_s 则为各类群的相对多度（李慧等，

2013a）。

任宏飞等（2020）给出的 s、e、b 经验公式为

$$s = \sum_{n=3}^{n=5} (B_n \times W_n + F_n \times W_n + OP_n \times W_n) \quad (3-7)$$

$$e = 3.2 \times B_1 + 0.8 \times F_2 \quad (3-8)$$

$$b = 0.8 \times (B_2 + F_2) \quad (3-9)$$

式中：n 为 $c-p$ 值，取值为 3、4、5；B_n、F_n、OP_n 分别表示 $c-p$ 值为 n 的食细菌、食真菌和捕食/杂食性线虫的数量；W_n 为权重，其中 $W_3=1.8$，$W_4=3.2$，$W_5=5.0$；B_1、B_2 分别为 $c-p$ 值为 1 和 2 的食细菌线虫数量；F_1、F_2 分别为 $c-p$ 值为 1 和 2 的食真菌线虫数量。

富集指数（EI）主要用于评估食物网对可利用资源的响应；结构指数（SI）主要指示在干扰（胁迫）或生态恢复过程中土壤食物网结构的变化（李慧等，2013b）。SI 和 EI 的值在 0~100 变化，如以 50 为临界点，可将其组合成一个四象限坐标图，依此可以更好地指示土壤受干扰程度和食物网的变化以及对可利用资源的响应：第一象限（$EI>50$，$SI>50$）表示土壤受干扰程度较低，食物网稳定成熟；第二象限（$SI>50$，$EI<50$）表示土壤未受干扰，食物网处于结构化的状态；第三象限（$SI<50$，$EI<50$）表示土壤环境处于受胁迫状态，食物网退化；第四象限（$EI>50$，$SI<50$）表示土壤受干扰程度较高（周广帆等，2020）。

不同种类、不同方式、不同量、不同年限的秸秆还田以及秸秆还田配施化肥，对土壤动物群落特征时常表现出明显的增进作用，而且各项特征指数又时常表现出与土壤主要肥力指标有良好的相关性。例如，饶继翔等（2020）的研究表明，在秸秆还田条件下线虫多样性指数（H）与土壤速效钾含量呈显著正相关关系，瓦斯乐斯卡指数（WI）与土壤有机质含量呈显著正相关关系；刘鹏飞等（2018）通过玉米秸秆翻埋还田试验发现土壤中小型动物丰富度指数与土壤有机质呈极显著正相关关系。

3.3.1　不同种类秸秆还田对土壤动物群落特征的增进作用

周育臻（2020）在四川盐亭开展了油菜—玉米复种与小麦—玉米复种

连续周年秸秆翻埋还田试验，2011 年（连续还田第 5 年）9 月和 2018 年（连续还田第 12 年）9 月土壤采样分析结果表明，在常规化肥施用情况下，与秸秆不还田相比，两种复种方式的秸秆还田处理对土壤节肢动物多样性特征指数、土壤线虫多样性特征指数和生态指数都有一定的影响，但对两种复种方式的半量秸秆还田处理都没有产生显著影响。

由表 3-14 可知，与秸秆不还田相比，连续 12 年的油菜—玉米复种秸秆半量还田处理与小麦—玉米复种秸秆半量还田处理土壤节肢动物丰富度指数、多样性指数、均匀度指数大多显著提高，同时优势度指数显著降低，但两种复种方式的秸秆半量还田处理之间没有显著差异。

表 3-14 不同秸秆还田处理土壤节肢动物多样性特征指数

多样性特征指数	还田年限	小麦—玉米复种			油菜—玉米复种	
		全量还田	半量还田	30%还田	半量还田	不还田
丰富度指数	还田 5 年	17A	18A	17A	19A	14.5A
	还田 12 年	37aB	31abB	29bB	32abB	22cB
多样性指数	还田 5 年	2.35A	2.00A	2.25A	2.30A	1.70A
	还田 12 年	3.05aC	3.35aC	3.10aC	3.00aC	2.45bA
均匀度指数	还田 5 年	0.82A	0.71A	0.81A	0.78A	0.61A
	还田 12 年	0.845abA	0.91aB	0.915aB	0.835abA	0.79bB
优势度指数	还田 5 年	0.12A	0.22A	0.15A	0.16A	0.37A
	还田 12 年	0.08bA	0.04bB	0.06bB	0.08bA	0.16aB

注：表中数据为根据周育臻（2020）特征指数柱状图利用透明网格法进行数据转换所得。表中不同小写字母表示同一行数值之间差异显著，不同大写字母表示同一指数不同年份间差异显著。下同。

由表 3-15 可知，连续 12 年的油菜—玉米复种秸秆半量还田处理土壤线虫丰富度指数显著高于小麦—玉米复种秸秆半量还田和对照（秸秆不还田）。除此之外，土壤线虫多样性指数、均匀度指数、优势度指数，在油菜—玉米复种秸秆半量还田、小麦—玉米复种秸秆半量还田、对照秸秆不还田之间的差异都没有达到显著水平（周育臻，2020）。

表 3-15　不同秸秆还田处理土壤线虫多样性特征指数

多样性 特征指数	还田年限	小麦—玉米复种			油菜—玉米复种	
		全量还田	半量还田	30%还田	半量还田	不还田
丰富度指数	还田 5 年	11.5A	9.5A	10.5A	9.5A	10.5A
	还田 12 年	46abC	44bC	48abC	53aC	47abC
多样性指数	还田 5 年	2.05A	1.95A	2.05A	1.95A	2.1A
	还田 12 年	3.4aB	3.35aB	3.4aB	3.37aB	3.25aB
均匀度指数	还田 5 年	0.86A	0.87A	0.88A	0.88A	0.91A
	还田 12 年	0.89aB	0.88aA	0.88aA	0.86aA	0.87nA
优势度指数	还田 5 年	0.045A	0.050A	0.047A	0.051A	0.050A
	还田 12 年	0.170aB	0.185aB	0.160aB	0.180aB	0.145aB

由表 3-16 可知，与秸秆不还田相比处理，连续 12 年的油菜—玉米复种秸秆半量还田处理与小麦—玉米复种秸秆半量还田处理，土壤自由生活线虫成熟度指数都显著提高，但两种复种方式的秸秆半量还田处理之间没有显著差异。与此同时，土壤自由生活线虫通道指数、植物寄生线虫成熟度指数在油菜—玉米复种秸秆半量还田、小麦—玉米复种秸秆半量还田处理和对照（秸秆不还田）之间的差异都没有达到显著水平（周育臻，2020）。

表 3-16　不同秸秆还田处理土壤线虫生态指数

多样性 特征指数	还田年限	小麦—玉米复种			油菜—玉米复种	
		全量还田	半量还田	30%还田	半量还田	不还田
自由生活线虫 成熟度指数	还田 5 年	3.60A	3.75A	3.60A	3.70A	3.20A
	还田 12 年	2.75aB	3.20aA	2.85aB	3.10aB	2.20bB
植物寄生线虫 成熟度指数	还田 5 年	3.35A	4.75A	4.60A	4.85A	3.23A
	还田 12 年	2.65aA	2.90aB	2.85aB	2.95aB	2.35aA
自由生活线虫 通道指数	还田 5 年	0A	0A	0A	0A	3A
	还田 12 年	79aC	43abC	27bB	23bB	44abC

综上可知，不同种类秸秆还田对土壤动物群落特征的增进作用明显弱于不同方式、不同量、不同年限秸秆还田。

3.3.2　连年秸秆还田对土壤动物群落特征的增进作用

连年秸秆还田对土壤动物群落特征的影响比较复杂，总体上随秸秆还田年限的延长而提升，或在达到较高水平后长期存续。

3.3.2.1　秸秆还田初期土壤甲螨和跳虫多样性特征指数的快速提升与长年秸秆还田的高位存续

连旭（2017）在吉林德惠开展了玉米秸秆连年全量覆盖还田试验，2014—2015 年土壤采样分析结果（表 3－6）表明，经过连续 4 年的秸秆还田，土壤甲螨和跳虫的丰富度指数、多样性指数都得以显著提升。到连续还田的第 10 年，各指数值仍都持续保持在连续还田第 4 年的水平。

3.3.2.2　土壤节肢动物多样性特征指数随秸秆还田年限的延长而逐步提升

周育臻（2020）开展的连续周年秸秆翻埋还田试验结果（表 3－14）表明，在秸秆不还田的情况下，常规的化肥施用也可使土壤节肢动物多样性特征指数随着年限的延长而显著提升。但在连续秸秆还田的第 5 年，不同量的秸秆还田处理土壤节肢动物丰富度指数、多样性指数、均匀度指数都已经明显高于秸秆不还田处理土壤。直到连续还田第 12 年，上述各项指数仍在显著地提升，并大都与秸秆不还田处理构成显著的差异。土壤节肢动物优势度指数与上述各指数的变化相反，但也与秸秆不还田处理存在显著差异。

3.3.2.3　连年秸秆还田使土壤线虫多样性特征指数快速提升并高位存续

周育臻（2020）开展的连续 12 年的周年秸秆翻埋还田试验结果（表 3－15）还表明，不同量的秸秆还田使土壤线虫丰富度指数、多样性指数与秸秆不还田处理同步且快速地提升，并在相当高的水平上得以保持。油菜—玉米复种秸秆半量还田处理的土壤线虫丰富度指数达到 53 的高水平。与此同时，随着优势度指数的显著提升，均匀度指数没有发生大的变化。所有这些，都标志着土壤线虫群落多样性水平的提高。

3.3.2.4　长期秸秆还田使土壤自由生活线虫成熟度指数下降幅度得到有效抑制

周育臻（2020）开展的连续 12 年的周年的秸秆翻埋还田试验结果

（表 3 - 16）表明，不同量的秸秆还田使土壤自由生活线虫成熟度指数与秸秆不还田处理同步下降，但下降幅度（绝对量的减少和下降比例）都显著低于秸秆不还田处理，说明长期秸秆还田对土壤连作障碍有一定的抑制作用。

3.3.2.5　长期秸秆还田使土壤植物寄生线虫成熟度指数得到有效抑制

周育臻（2020）开展的连续周年的秸秆翻埋还田试验结果（表 3 - 16）还表明，对照秸秆不还田，在连续秸秆还田的第 5 年，不同量的秸秆还田使土壤植物寄生线虫成熟度指数明显提升。但随着秸秆还田时间的延长，到连续还田的第 12 年，不同量秸秆还田的土壤植物寄生线虫成熟度指数都有效下降，逐步接近秸秆不还田条件下的指数水平。

3.3.3　不同方式秸秆还田对土壤动物群落特征的增进作用

3.3.3.1　不同方式秸秆还田对土壤动物群落特征都可起到明显的增进作用

张赛、王龙昌（2013）在重庆北碚区进行了连续 6 年的旱三熟套作（小麦—玉米—大豆或甘薯）秸秆覆盖还田试验，2012 年 2 月土壤采样分析结果表明，秸秆覆盖还田可明显提升土壤大中型动物的多样性。与无秸秆覆盖相比：土壤大中型动物多样性指数明显提升，由 0.785 提高到 1.124；优势度指数明显下降，由 0.572 降至 0.403；均匀度指数和丰富度指数有所提升，但差异不显著。

汪冠收（2012）在河南兰考开展了玉米秸秆翻埋还田试验，2010 年 10 月至 2012 年 6 月 9 次土壤采样分析结果平均值表明，与秸秆不还田相比，在土壤动物个体数量和类群数量显著提升的情况下：土壤动物均匀度指数由 0.47 提升到 2.41，增长 4.13 倍；多样性指数分别为 0.98 和 1.06，两者大体相当。

牟文雅等（2017）在山东德州开展了连续 2 年的玉米秸秆全量翻埋还田试验，结果表明，综合考虑土壤线虫多样性指数和生态指数，玉米秸秆还田使土壤环境状况更加稳定健康。与秸秆不还田相比：①秸秆还田处理可显著提高整个玉米生育期（播种期、拔节期、扬花期、乳熟期 4 次土壤采样结果平均值）的土壤线虫多样性指数（增幅为 5.21%～37.68%）、属类丰富度指数（增幅为 26.53％～87.50％）和通道指数（增幅为 0％～68.25％）。秸秆还田处理土壤线虫通道指数变幅为 53％～82％，以细菌分解为主要分解途径。②秸秆还田显著影响土壤线虫各营养类群的相对丰度。秸秆还田处理土壤植食类线虫（植物寄生线虫）相对丰度下降 0.78％～45.74％，食细菌线虫相对丰度升高 16.33％～125.58％。③随着秸秆还田时间的延长，土壤线虫均匀度指数变化不大，成熟度指数总体低于不还田处理，瓦斯乐斯卡指数普遍高于不还田处理，但差异都没有达到显著水平。

王文东等（2019）在内蒙古扎赉特旗开展了玉米秸秆翻埋还田试验，玉米生长季逐月土壤采样分析结果表明，与秸秆不还田处理相比，秸秆还田处理玉米全生育期 0～30cm 土层土壤中小型动物多样性指数平均提升 18.07％，均匀度指数平均提升 24.56％，优势度指数平均下降 45.95％。

饶继翔等（2020）在安徽宿州开展了小麦—玉米复种连续 2 年（2017—2018 年）旋耕秸秆混埋还田配施化肥试验，2019 年 3 月土壤采样分析结果（表 3-17）表明，秸秆还田对土壤线虫多样性特征指数和生态指数都表现为一定的或显著的提升作用（包括对优势度指数和植物寄生线虫成熟度指数的抑制作用），或影响不显著。这说明，秸秆还田对土壤生物环境质量不仅没有负面效应，反而能使其有较全面的提升。

表 3-17　不同秸秆还田处理的土壤线虫多样性特征

指数和生态指数

试验处理	多样性特征指数				生态指数			
	多样性指数	均匀度指数	优势度指数	丰富度指数	通道指数	瓦斯乐斯卡指数	植物寄生线虫成熟度指数	自由生活线虫成熟度指数
小麦和玉米秸秆全量还田＋化肥	2.43a	0.73a	0.15c	4.18c	0.69b	2.67bc	0.50b	2.08bc
小麦秸秆全量还田（玉米秸秆不还田）＋化肥	2.42a	0.73a	0.14c	4.27bc	0.65b	2.71b	0.52b	2.12b
玉米秸秆全量还田（小麦秸秆不还田）＋化肥	2.43a	0.72ab	0.15bc	4.36b	0.69b	2.57c	0.53ab	2.18ab

（续）

试验处理	多样性特征指数				生态指数			
	多样性指数	均匀度指数	优势度指数	丰富度指数	通道指数	瓦斯乐斯卡指数	植物寄生线虫成熟度指数	自由生活线虫成熟度指数
小麦秸秆半量还田（玉米秸秆不还田）＋化肥	2.40a	0.71b	0.14c	4.54a	0.67b	2.91a	0.53ab	2.22a
玉米秸秆半量还田（小麦秸秆不还田）＋化肥	2.41a	0.71b	0.15bc	4.37b	0.68b	2.85a	0.56a	2.14ab
单施化肥（秸秆不还田）	2.32ab	0.72ab	0.16b	4.07d	0.80a	2.64bc	0.51b	2.09bc
对照（秸秆不还田且不施化肥）	2.21b	0.71b	0.19a	3.99d	0.78a	2.23d	0.56a	2.03c

3.3.3.2 不同方式秸秆还田对不同时期的土壤动物群落特征产生有差异的影响

朱强根等（2009a、2009b）在河南封丘开展的小麦—玉米复种周年秸秆还田试验结果（表3-12、表3-13）表明，无论是在玉米季还是在小麦季，在秸秆还田的早期（玉米拔节期或小麦拔节期），不同量秸秆免耕覆盖还田处理的土壤动物多样性指数都明显高于相应量的秸秆犁耕翻埋还田处理。但随着秸秆腐熟程度的加深，到玉米成熟期，犁耕翻埋还田处理的土壤动物多样性指数明显提升，而免耕覆盖还田处理的土壤动物多样性指数无显著变化，从而使两种秸秆还田方式的土壤动物多样性指数无显著差异。到小麦成熟期，犁耕翻埋半量还田处理的土壤动物多样性指数略有下降，而免耕覆盖半量还田处理的土壤动物多样性指数显著下降，从而使前者的土壤动物多样性指数超过后者；犁耕翻埋全量还田处理和免耕覆盖全量还田处理的土壤动物多样性指数都显著下降，从而使后者的土壤动物多样性指数仍明显高于前者。

张庆宇等（2008）的研究进一步证实，秸秆翻埋还田虽然会对农作物生育初期的土壤动物多样性产生一定的抑制作用，但可有效地增进农作物生育后期的土壤动物多样性。张庆宇等（2008）在吉林农业大学开展的玉米全生育期 5 次土壤采样分析结果表明，在玉米生育早期（6 月），秸秆翻埋还田处理的土壤大型动物多样性指数和均匀度指数皆显著低于秸秆不还田处理。随着秸秆腐解程度的加深，秸秆翻埋还田处理的土壤大型动物多样性指数和均匀度指数皆稳步提升，而对照（秸秆不还田）的两项指数却在波动中下降。8 月初，秸秆翻埋还田处理的土壤大型动物多样性指数和均匀度指数开始反超秸秆不还田处理，后来差距又逐步增大，这一变化趋势持续到玉米收获。

3.3.4　不同量秸秆还田对土壤动物群落特征的增进作用

不同量秸秆还田对土壤动物群落特征皆可起到一定的或显著的增进作用。有研究表明土壤动物群落特征可随秸秆还田量的提升而提升，但也有研究表明部分秸秆还田可对其起到更为显著的增进作用。另有研究表明，部分秸秆还田与秸秆全量还田对土壤动物群落特征的增进作用差异不显著。因此，仅就秸秆还田对土壤动物群落特征的增进作用而言，全量和部分秸秆还田都是较为理想的选择。

3.3.4.1　有研究表明，土壤动物群落特征随秸秆还田量的提升而提升

李泽兴等（2010）在吉林德惠开展了玉米秸秆覆盖还田试验，玉米生育期 2 次（7 月和 9 月）土壤采样分析结果表明，土壤动物群落多样性指数、均匀度指数、优势度指数都随秸秆还田量的增加而提升，其中秸秆全量覆盖处理较无秸秆覆盖处理分别提升 80.10%、49.90% 和 31.72%。

孔云等（2018）在天津武清开展了小麦—玉米复种连续 15 年（2010—2015 年）的秸秆还田（玉米秸秆粉碎翻埋还田、小麦秸秆粉碎覆盖还田）试验，2015 年 7 月、8 月、9 月连续 3 次土壤采样分析结果表明，土壤线虫通道指数为 0.63～0.97，而且总体表现为随着秸秆还田量的提高而提升。这说明：①土壤有机物料的分解以细菌分解途径为主。②秸秆还田进一步增进了细菌在微生物分解中的主导作用。

周育臻（2020）在四川盐亭开展了小麦—玉米复种连续 12 年的周年秸秆翻埋还田试验，9 月土壤采样分析结果（表 3-14）表明，土壤节肢动物丰富度指数随秸秆还田量的增加而提升，即全量还田＞半量还田＞

30％还田＞不还田，而且不同量的秸秆还田处理都显著高于秸秆不还田处理，同时秸秆全量还田处理又显著高于30％还田处理。

周育臻（2020）连续12年的周年秸秆翻埋还田试验结果（表3-16）还表明：①秸秆全量还田处理土壤线虫通道指数显著高于部分秸秆还田处理，总体表现为全量还田＞不还田＞半量还田＞30％量还田，秸秆全量还田与30％量还田处理之间的差异达到显著水平。②秸秆全量还田处理植物寄生线虫成熟度指数低于部分秸秆还田处理，总体表现为半量还田＞30％量还田＞全量还田＞不还田，但两两之间的差异都没有达到显著水平。

3.3.4.2 有研究表明，部分秸秆还田对土壤动物群落特征可起到更为显著的增进作用

杨佩等（2013）在吉林梨树开展了玉米秸秆覆盖还田试验，2011年5月、7月、9月进行了3次土壤采样分析，结果（表3-18）表明，与秸秆全量覆盖还田相比，半量秸秆覆盖还田对土壤中小型动物多样性指数、均匀度指数有更显著的增进作用，而对丰富度指数的增进作用在处理间差异不显著。

表3-18 玉米秸秆免耕覆盖还田土壤中小型
动物特征指数变化

处　　理	多样性指数	丰富度指数	均匀度指数
不覆盖秸秆	1.30	2.18	0.45
半量秸秆覆盖	1.69	2.96	0.55
全量秸秆覆盖	1.40	3.10	0.43

孔云等（2018）在天津武清开展了小麦—玉米复种连续15年（2010—2015年）的秸秆还田（玉米秸秆粉碎翻埋还田、小麦秸秆粉碎覆盖还田）试验，2015年7月、8月、9月连续3次土壤采样分析结果表明，秸秆还田显著提高了土壤线虫多样性指数和瓦斯乐斯卡指数，且两者都随秸秆还田量的增加呈先升后降的趋势；1/2量还田处理土壤线虫类群数较大，土壤健康程度较高。

饶继翔等（2020）在安徽宿州开展了小麦—玉米复种连续2年

（2017—2018 年）旋耕秸秆混埋还田试验，2019 年 3 月土壤采样分析结果（表 3 - 17）表明，在同等施用化肥的情况下，小麦秸秆半量还田处理土壤线虫丰富度指数、瓦斯乐斯卡指数、自由生活线虫成熟度指数皆显著高于小麦秸秆全量还田处理，玉米秸秆半量还田处理土壤线虫瓦斯乐斯卡指数显著高于玉米秸秆全量还田处理。

周育臻（2020）在四川盐亭开展了小麦—玉米复种连续 12 年的周年秸秆翻埋还田试验，末年 9 月土壤采样分析结果表明，部分秸秆还田处理的土壤节肢动物多样性指数、均匀度指数和土壤线虫成熟度指数都超过秸秆全量还田处理。其中：①土壤节肢动物多样性指数（表 3 - 14）总体表现为秸秆半量还田＞30％量还田＞全量还田＞不还田，而且不同量秸秆还田处理都显著高于秸秆不还田处理，但不同量秸秆还田处理之间无显著差异。②土壤节肢动物均匀度指数（表 3 - 14）总体表现为秸秆半量还田≈30％量还田＞全量还田＞不还田，而且秸秆半量还田处理与 30％量还田处理都显著高于秸秆不还田处理，秸秆全量还田处理与不还田处理差异不显著。③土壤线虫成熟度指数（表 3 - 16）总体表现为秸秆半量还田＞30％量还田＞全量还田＞不还田，但在不同量秸秆还田处理之间无显著差异，同时又都显著高于秸秆不还田处理。

3.3.4.3 有研究表明，部分秸秆还田与秸秆全量还田对土壤动物群落特征的增进作用差异不明显

张婷等（2019）在天津武清开展了连续 15 年（2010—2015 年）的小麦—玉米复种周年秸秆还田（小麦秸秆粉碎覆盖还田、玉米秸秆粉碎翻埋还田）试验，2015 年 7 月底和 8 月底土壤采样分析结果（表 3 - 19）显示，不同量即 1/4 量、1/2 量、3/4 量、全量秸秆还田条件下，0～5cm、5～10cm 土层土壤中小型节肢动物多样性指数、丰富度指数和均匀性指数整体上都超过秸秆不还田处理，而不同量秸秆还田处理之间又都无显著差异。与此同时，在 10～15cm 土层，不同量秸秆还田处理与秸秆不还田处理的土壤中小型节肢动物多样性指数、丰富度指数和均匀性指数也都无显著差异。换言之，部分（1/4 量、1/2 量、3/4 量）秸秆还田与全量秸秆还田对土壤中小型节肢动物的多样性特征起到大致相同的保持或增进作用。

表 3 - 19 不同量秸秆还田处理的不同土层土壤中小型
节肢动物群落特征指数

特征指数	秸秆还田量	0～5cm	5～10cm	10～15cm
多样性指数	不还田	1.72b	1.74a	1.97ab
	1/4 量还田	2.33a	1.95a	1.96ab
	1/2 量还田	2.03ab	1.91a	2.01a
	3/4 量还田	2.35a	1.90a	1.80ab
	全量还田	2.06ab	2.06a	1.59b
丰富度指数	不还田	2.95a	3.14a	3.04a
	1/4 量还田	3.91a	3.19a	2.97a
	1/2 量还田	3.49a	3.12a	3.33a
	3/4 量还田	3.65a	3.14a	2.64a
	全量还田	3.54a	3.49a	2.47a
均匀性指数	不还田	0.71b	0.74a	0.90a
	1/4 量还田	0.94a	0.88a	0.93a
	1/2 量还田	0.89ab	0.88a	0.90a
	3/4 量还田	0.91ab	0.89a	0.87a
	全量还田	0.88ab	0.89a	0.83a

周育臻（2020）在四川盐亭开展了小麦—玉米复种连续 12 年的周年秸秆翻埋还田试验，末年 9 月土壤采样分析结果（表 3 - 15）表明，秸秆还田对土壤线虫群落多样性特征没有明显影响，即不同量秸秆还田处理与秸秆不还田处理之间以及不同量秸秆还田处理之间，土壤线虫多样性指数、丰富度指数、均匀度指数、优势度指数差异都不显著。

刘鹏飞（2020）在内蒙古扎赉特旗开展了玉米秸秆粉碎翻埋还田试验，2016 年玉米生长季每月 1 次土壤采样分析结果表明，与秸秆不还田相比：①不同量秸秆还田处理，土壤中小型动物多样性指数、均匀度指数、丰富度指数、优势度指数各有高低，但除 2 倍量秸秆还田处理的多样性指数显著提升外，其他皆无显著改变。②不同量秸秆还田条件下，土壤大型动物与地面节肢动物的多样性指数和丰富度指数都有所提升，均匀度指数和优势度指数又各有高低，但差异都没有达到显著水平。

饶继翔等（2020）在安徽宿州开展了小麦—玉米复种连续 2 年（2017—2018 年）旋耕秸秆混埋还田试验，2019 年 3 月土壤采样分析结果

（表3-17）表明，在同等施用化肥的情况下：①小麦和玉米秸秆全量还田、小麦秸秆全量还田（玉米秸秆不还田）、玉米秸秆全量还田（小麦秸秆不还田）、小麦秸秆半量还田（玉米秸秆不还田）、玉米秸秆半量还田（小麦秸秆不还田）各处理土壤线虫多样性指数、优势度指数、通道指数差异不显著。②土壤植物寄生线虫成熟度指数在小麦秸秆全量还田与半量还田处理之间差异不显著。③土壤线虫均匀度指数、丰富度指数、自由生活线虫成熟度指数、植物寄生线虫成熟度指数在玉米秸秆全量还田与半量还田处理之间差异不显著。

3.3.5 秸秆还田与施肥对土壤动物群落特征的协同增进作用

3.3.5.1 秸秆还田与化肥配施对土壤动物群落特征的协同增进作用

林英华等（2006b）在吉林黑土区开展了玉米田不同施肥处理试验，2003年8月中旬0～20cm土层土壤采样分析结果（表3-20）表明，秸秆还田＋氮磷钾肥处理土壤中小型动物多样性指数和均匀度指数明显高于各种形式的化肥处理以及对照，优势度指数又明显低于各种形式的化肥处理以及对照。

表3-20 不同施肥处理的土壤中小型动物多样性特征指数

处　理	项　目	多样性指数	均匀度指数	优势度指数
对　照	秸秆不还田且不施肥	1.902 8	0.793 5	0.181 0
化肥处理	氮肥	1.627 1	0.706 6	0.238 7
	氮磷肥	1.907 3	0.795 4	0.175 0
	氮钾肥	1.873 2	0.781 2	0.183 8
	磷钾肥	1.826 2	0.761 6	0.201 8
	氮磷钾肥	1.829 7	0.763 0	0.178 0
秸秆＋化肥处理	秸秆还田＋氮磷钾肥	1.962 3	0.818 4	0.164 7
有机肥＋化肥处理	M_1NPK （有机肥中氮与化肥中氮的比例为1∶1）	1.973 7	0.823 1	0.172 2
	M_2NPK （有机肥中氮与化肥中氮的比例为2∶1）	2.047 5	0.853 9	0.155 9
	1.5 MNPK （1.5倍有机肥＋1.5倍氮磷钾肥）	1.937 0	0.807 8	0.168 2

李淑梅等（2008）在河南周口开展了小麦秸秆还田试验，玉米季 4 次（6—9 月每月中旬 1 次）土壤采样分析结果平均值如表 3-21 所示。由此可见，秸秆还田＋氮磷钾肥处理的土壤动物多样性指数明显高于氮肥处理、氮磷钾肥处理和对照；而秸秆还田＋氮磷钾肥处理的优势度指数又明显低于后三者，均匀度指数又与后三者无大的差异。说明与对照、氮肥处理、氮磷钾肥处理相比较，秸秆还田＋氮磷钾肥处理可有效提升土壤动物群落的多样性特征。

表 3-21　不同施肥处理的土壤动物群落多样性特征指数

施肥处理	多样性指数	均匀度指数	优势度指数
对照（秸秆不还田且不施肥）	1.537 5	0.582 6	0.273 7
氮肥	1.473 3	0.614 4	0.284 6
氮磷钾肥	1.550 9	0.604 7	0.269 4
秸秆还田＋氮磷钾肥	1.669 0	0.602 0	0.249 7
有机肥＋氮磷钾肥	1.673 3	0.590 8	0.245 6

饶继翔等（2020）在安徽宿州连续 2 年（2017—2018 年）开展了小麦—玉米复种旋耕秸秆混埋还田配施化肥试验，2019 年 3 月土壤采样分析结果（表 3-18）表明，秸秆还田配施化肥对土壤线虫多样性特征指数和生态指数都有一定的提升作用。具体来讲：①与秸秆不还田且不施化肥相比，秸秆还田配施化肥全面显著地提升了土壤线虫多样性指数、丰富度指数、瓦斯乐斯卡指数，全面显著地降低了土壤线虫优势度指数，部分显著地提升了土壤线虫均匀度指数、自由生活线虫成熟度指数，且部分显著地降低了植物寄生线虫成熟度指数。这表明秸秆还田对土壤环境质量没有负面效应，且使其有较全面的提升。②与单施化肥相比，秸秆还田配施化肥全面显著地提升了土壤线虫丰富度指数，部分显著地提升了土壤线虫瓦斯乐斯卡指数、自由生活线虫成熟度指数，且部分显著地降低了土壤线虫优势度指数，土壤线虫多样性指数、均匀度指数之间均无显著差异。这些变化标示着秸秆还田条件下土壤环境质量没有下降以及土壤线虫群落特征的部分提升。③与单施化肥处理相比，玉米秸秆半量还田处理植物寄生线虫成熟度指数显著提升，这是一种负面作用。其他还田处理的植物寄生线

虫成熟度指数都与单施化肥处理无显著差异。④与秸秆不还田且不施化肥或单施化肥相比,秸秆还田都显著降低了土壤线虫通道指数,说明秸秆还田显著增加了食真菌线虫数量,并提升了真菌对秸秆等有机物料的分解作用。但不同秸秆还田处理的土壤线虫通道指数又都≥0.65,说明尽管秸秆还田提升了真菌对有机物料的分解作用,但整个有机物料的分解仍为细菌作用占主导。

吴宪(2021)在天津宁河开展了连续 5 年(2015—2019 年)的小麦—玉米复种周年秸秆还田(小麦秸秆全量粉碎覆盖还田、玉米秸秆全量粉碎翻埋还田)试验,末年小麦收获前 0～20cm 土层土壤采样分析结果表明,秸秆还田减量配施化肥处理显著提高了土壤线虫多样性指数,同时又显著降低了土壤线虫优势度指数,即秸秆的添加使土壤线虫种类更加丰富、群落结构更加稳定。

3.3.5.2 秸秆还田与有机肥或化肥配施对土壤动物群落特征的协同增进作用

任宏飞等(2020)在天津西青的日光温室开展了蔬菜不同施肥处理定位试验,在氮折纯投入总量控制的情况下,秸秆或有机肥替代氮肥处理可优化土壤线虫群落结构,降低土壤环境的受干扰程度,改善土壤的质量,使设施蔬菜土壤生态系统向稳定健康的方向发展。秸秆替代处理(1/2 化肥氮＋1/2 秸秆氮)、高量有机肥替代处理(1/4 化肥氮＋3/4 猪粪氮)、秸秆或有机肥联合替代处理(1/2 化肥氮＋1/4 秸秆氮＋1/4 猪粪氮)土壤线虫成熟度指数、瓦斯乐斯卡指数、富集指数和结构指数均高于单施化肥处理(100％化肥氮),其中 0～5cm 土层分别增加 3.9％、11.5％、6.2％和 130.4％,5～10cm 土层分别增加 1.8％、19.1％、2.4％和 138.7％。

叶成龙等(2013)在河北曲周开展了小麦—玉米复种秸秆还田施肥处理试验,麦收时 0～20cm 土层土壤采样分析结果表明,秸秆、有机肥、化肥 6 种组合处理(包括对照即秸秆不还田且不施肥处理)虽然对土壤线虫多样性特征指数无显著影响(即土壤线虫多样性指数、均匀度指数、优势度指数均无显著变化),但对土壤线虫生态指数影响显著。具体来讲:①各处理土壤线虫通道指数均在 0.5 以上,表明各处理主要依靠细菌途径分解秸秆和粪肥等有机物料，其中秸秆全量还田＋全量化肥（氮磷钾肥当地常规用量，下同）、秸秆全量还田＋猪粪肥＋半量化肥、猪粪有机无机复合肥＋30％化肥3种处理都显著高于对照。②土壤线虫成熟度指数以全量化肥处理为最低，而且显著低于其他5种处理，说明化肥对土壤线虫群落的干扰程度最大。其他5种处理间虽无显著差异，但秸秆全量还田＋猪粪肥＋半量化肥处理最高。③土壤线虫瓦斯乐斯卡指数以秸秆全量还田＋全量化肥、秸秆全量还田＋猪粪肥＋半量化肥处理为最高，分别比其他4种处理高64.37％～155.36％和57.76％～145.09％。由此可知，秸秆还田配施化肥、秸秆还田配施有机肥和化肥都有利于提高土壤健康水平。

3.3.5.3　研究表明，秸秆还田与有机肥还田对土壤动物群落特征的增进作用可达到大致相当的水平

林英华等（2006b）在吉林黑土区玉米田开展了不同施肥处理试验，结果（表3-20）和李淑梅等（2008）在河南周口开展的秸秆还田试验结果（表3-21）相同，都表明，以秸秆不还田且不施肥或单施化肥为对照，秸秆还田（配施化肥）与有机肥还田（配施化肥）都可明显地提升土壤动物群落多样性指数和均匀度指数，同时降低优势度指数，但两者之间的差异又都不显著。

3.4　秸秆还田对土壤动物数量和群落特征的抑制作用

秸秆还田对土壤动物数量和群落特征的抑制作用总体上并不突出，而且这一抑制作用可能主要是秸秆还田配施氮肥或在等量施用化肥的条件下秸秆还田氮回归所产生的。

需要特别指出的是，小麦、玉米、水稻、油菜、棉花等大宗农作物的秸秆都属于高C/N秸秆。高C/N秸秆还田，为了调节其C/N，促进其快速腐熟，需要适量配施氮肥，而氮肥的配施又可能对土壤动物数量及其群落特征起到抑制作用，这就产生了矛盾。因此，从增进土壤动物数量和群落特征的角度来讲，高C/N秸秆还田配施氮肥需要慎重考虑，尤其是对于氮肥过量施用的农田，应适度调减氮肥配施量。

3.4.1 外源氮投入对土壤动物数量和群落特征的抑制作用

目前，人们已经开展了大量的化肥施用对土壤动物影响的研究，而且基本证实了外源氮尤其是氮肥的施入对土壤动物类群数量、个体数量和群落特征都有明显的抑制作用。

3.4.1.1 外源氮投入对土壤动物数量的抑制作用

杨旭等（2016）在松嫩平原黑土区开展了调查，发现土壤中小型动物个体数量与土壤总氮含量呈极显著负相关关系。

徐演鹏等（2013）在吉林公主岭开展了玉米秸秆粉碎旋耕混埋还田试验，玉米各生育时期（苗期、拔节期、吐丝期、灌浆期和收获期）0～20cm土层土壤采样分析结果表明，氮肥的施用对土壤动物类群数量有明显的抑制作用。尿素常量（实物量180kg·hm^{-2}）、2倍量施用处理，玉米各生育时期土壤中小型动物类群数量都低于不施尿素处理；只有尿素半量施用才使土壤中小型动物类群数量与不施尿素基本相当。尿素常量施用处理玉米各生育时期土壤大型动物类群数量高于不施尿素处理，但尿素半量、2倍量施用处理土壤大型动物类群数量都低于不施尿素处理。另外，尿素2倍量施用对土壤大型动物个体数量有明显的抑制作用。

叶成龙等（2013）在河北曲周开展了小麦—玉米复种秸秆还田施肥处理试验，麦收时0～20cm土层土壤采样分析结果表明，土壤线虫个体数量以全量化肥（尿素259.9kg·hm^{-2}、过磷酸钙750.0kg·hm^{-2}、硫酸钾199.9kg·hm^{-2}）处理为最低，显著低于秸秆还田＋全量化肥、秸秆还田＋猪粪肥＋半量化肥、猪粪有机无机复合肥＋30％化肥、猪粪肥＋半量化肥处理。

付荣恕等（2007）在济南市郊开展了网袋法秸秆表层土壤埋田添加氮肥（6.67％的尿素溶液）试验，结果表明，与不添加氮肥相比，添加氮肥处理周年土壤动物个体数量有6个月增加、6个月减少。个体数量增加的6个月，90.58％的增量集中于夏季7月和8月。除去这两个月，其他10个月的土壤动物月平均个体数量下降了16.55％。

李淑梅等（2008）在河南周口开展了秸秆还田与施肥试验，玉米季4次（6—9月每月中旬1次）土壤采样分析结果表明，施氮肥对土壤动物数量和类群数量有明显的抑制作用。单施氮肥玉米季土壤类群数量和个体数量分别仅为 11 类和 631 头，而对照（不施氮肥）分别达到 14 类和 737 头，施氮磷钾化肥处理也分别达到 13 类和 722 头。

朱新玉、朱波（2015）在四川盐亭开展了小麦—玉米复种长期（2002—2009 年）施肥试验，2008 年和 2009 年连续 2 年的小麦苗期和收获期、玉米苗期和收获期 0～15cm 土层土壤采样分析结果表明，在秸秆还田条件下，土壤线虫个体数量与土壤全氮、碱解氮含量都呈显著的负相关关系。

但也有研究表明，秸秆还田条件下的土壤线虫数量（饶继翔等，2020）或不同土地利用方式下的土壤动物个体数量（鲍毅新等，2007）与土壤总氮含量呈显著正相关关系。

3.4.1.2 外源氮投入对土壤动物群落特征的抑制作用

林英华等（2006b）在吉林黑土区玉米田开展了不同施肥处理试验，结果（表 3-20）和李淑梅等（2008）在河南周口开展的秸秆还田试验结果（表 3-21）一致：土壤动物多样性指数都以纯氮肥处理为最低，优势度指数又以纯氮肥处理为最高，即纯氮肥处理土壤动物多样性总体特征明显低于秸秆还田＋氮磷钾肥处理、有机肥＋氮磷钾肥处理、氮磷钾肥处理及对照（秸秆不还田且不施肥）。

叶成龙等（2013）在河北曲周开展了小麦—玉米复种秸秆还田施肥处理试验，麦收时 0～20cm 土层土壤采样分析结果表明，土壤线虫多样性指数、均匀度指数都以全量化肥（尿素 259.9kg·hm^{-2}、过磷酸钙 750.0kg·hm^{-2}、硫酸钾 199.9kg·hm^{-2}）处理为最低，其成熟指数显著低于秸秆还田＋全量化肥、秸秆还田＋猪粪肥＋半量化肥、猪粪肥＋半量化肥、猪粪有机无机复合肥＋30％化肥处理及对照（秸秆不还田且不施肥）。

3.4.2 秸秆还田对土壤动物数量的抑制作用

秸秆还田腐解后是土壤重要的氮源。因此，在等量施用氮肥或氮磷钾肥的情况下，秸秆还田有时会对土壤动物个体数量或类群数量起到抑制作用。但这一抑制作用往往弱于单一氮肥投入或氮磷、氮钾肥组合投入的抑制效果。另外，土壤动物具有表聚性，翻耕处理也可能是土壤动物数量下降的原因。

林英华（2003）利用国家土壤肥力与肥料效益长期监测基地网试验数据做出如表 3-22 所示的归纳整理。由表可见，不同类型农田秸秆还田＋氮磷钾肥处理的土壤动物个体密度都明显低于单施氮磷钾肥处理。与此同时，水田秸秆还田＋氮磷钾肥处理土壤动物类群数量明显高于单施氮磷钾肥处理，而旱地秸秆还田＋氮磷钾肥处理土壤动物类群数量却明显低于单施氮磷钾肥处理。

表 3-22　秸秆还田对不同类型农田土壤动物数量的影响

项　目	秸秆还田处理	郑州（潮土，小麦—玉米或小麦—大豆复种，玉米秸秆切碎施入）	湖南祁阳（红壤，小麦—玉米或小麦—大豆—甘薯复种，每季作物秸秆半量还田）	陕西杨陵（黄土，小麦—玉米或小麦—大豆复种，干秸秆 $4.5t \cdot hm^{-2}$，秋播种，一次施入）	杭州（水稻土，大麦—早稻—晚稻复种，前茬秸秆）	重庆（紫色土，小麦—水稻或油菜—水稻复种，干水稻秸秆 $7.5t \cdot hm^{-2}$）
个体密度（只·m^{-2}）	单施氮磷钾肥	24 044.6	23 401.7	3 414.8	3 623.5	7 762.7
	秸秆还田＋氮磷钾肥	20 859.9	10 946.0	3 384.6	2 944.1	6 568.5
类群数量（类）	单施氮磷钾肥	5	5	16	5	3
	秸秆还田＋氮磷钾肥	3	2	14	8	4

林英华等（2006a，2006b）在吉林黑土区玉米田开展了不同施肥处理试验，2003 年 8 月中旬 0～20cm 土层土壤采样分析结果表明，秸秆还田显著抑制了土壤动物的个体数量和类群数量。在秸秆、有机肥以及氮、磷、钾肥共计 10 种不同的组合处理（包括对照不施肥处理）中：①秸秆还田＋氮磷钾肥处理，土壤大型动物个体数量仅高于对照，而显著低于其他 8 种处理，土壤大型动物类群数量在 10 种处理中最低。②秸秆还田＋氮磷钾肥处理，土壤大型昆虫个体数量和类群数量在 10 种处理中都最低。③秸秆还田＋氮磷钾肥处理，土壤中小型昆虫个体数量仅高于氮、氮磷、氮钾肥 3 种处理，而低于对照以及其他 5 种有机肥、化肥组合处理，土壤

中小型昆虫类群数量仅高于氮肥处理，而低于对照以及其他 7 种有机肥、化肥组合处理。

在林英华等（2006a、2006b）的试验中，氮、氮磷、氮钾、氮磷钾肥处理以及有机肥＋氮磷钾组合处理均以纯氮等量投入为控制条件，而秸秆还田＋氮磷钾组合处理没有考虑秸秆的氮含量，从而使秸秆还田＋氮磷钾处理的外源氮总投入量明显高于其他施肥处理，这可能是其土壤动物个体数量和类群数量受抑制的主要原因。

张婷等（2019）在华北地区开展了连续 15 年的小麦—玉米复种周年秸秆还田试验，2015 年 7 月底和 8 月底的土壤采样分析结果表明，在同等施用化肥的条件下，与秸秆不还田相比，秸秆还田降低了土壤中小型节肢动物类群数量，且后者随秸秆还田量（1/4 量、1/2 量、3/4 量、全量）的增加呈下降的趋势。这可能与秸秆还田增加了土壤氮含量有关。

王文东等（2019）在内蒙古扎赉特旗开展了玉米秸秆翻埋还田试验，玉米生长季逐月土壤采样分析结果表明，与秸秆不还田相比，玉米生育期 0～30cm 土层土壤中小型动物在个体数量增长 73.24％的同时，类群数量下降了 16.69％。原因在于秸秆还田导致土壤动物生存环境条件发生变化，部分类群的中小型土壤动物因无法适应环境而消亡。

朱强根等（2009b）在河南封丘开展了小麦—玉米复种犁耕秸秆翻埋还田试验，小麦拔节期和成熟期土壤采样分析结果（表 3-9）表明，秸秆全量还田和半量还田对土壤动物类群数量都有一定的抑制作用，秸秆半量还田在小麦成熟期对土壤动物个体数量有一定的抑制作用。犁耕作业可能是抑制土壤动物类群数量增长的主要因素。

周育臻（2020）在四川盐亭开展了小麦—玉米复种连续周年秸秆翻埋还田试验，2011 年（连续还田第 5 年）9 月和 2018 年（连续还田第 12 年）9 月土壤采样分析结果（表 3-4）表明，在正常施用氮磷钾肥条件下，秸秆半量还田对土壤线虫个体数量和类群数量、30％量还田对土壤线虫类群数量都有一定的抑制作用。

3.4.3 秸秆还田对土壤动物群落特征的抑制作用

秸秆还田对土壤动物数量和群落特征的抑制作用都不普遍。秸秆还田对土壤动物群落特征的抑制可能与其对土壤动物数量抑制的原因大致相同，即主要是由外源氮投入的增加所致。

林英华等（2006a、2006b）在吉林黑土区玉米田开展了秸秆还田与施肥处理试验，2003 年 8 月中旬 0～20cm 土层土壤采样分析结果表明，秸秆还田显著抑制了土壤大型动物和昆虫的多样性指数。在秸秆、有机肥以及氮、磷、钾化肥共计 10 种不同的组合处理［包括对照（不施肥处理）］中，秸秆还田＋氮磷钾肥处理土壤大型动物多样性指数最低，土壤大型昆虫多样性指数仅高于有机肥＋氮磷钾肥（氮素比为 1：1）处理，而低于对照以及其他 7 种有机肥、化肥组合处理，土壤中小型昆虫多样性指数仅高于对照、氮肥处理、氮磷肥处理、有机肥＋氮磷钾肥（氮素比为 1：1）处理，而低于其他 5 种有机肥、化肥组合处理。

王文东等（2019）在内蒙古扎赉特旗开展了玉米秸秆翻埋还田试验，玉米生长季逐月土壤采样分析结果表明，与秸秆不还田相比，玉米全生育期 0～30cm 土层土壤中小型动物丰富度指数下降了 17.94％。类群数量的下降是其丰富度指数下降的直接原因。

饶继翔等（2020）在安徽宿州开展了连续 2 年（2017—2018 年）的小麦—玉米复种旋耕秸秆混埋还田试验，2019 年 3 月土壤采样分析结果（表 3 - 17）表明，与单施化肥相比，玉米秸秆半量还田配施化肥对植物寄生线虫成熟度指数有显著的提升作用。

第 四 章

农作物秸秆直接还田酶解机理与秸秆腐解对土壤酶活性的双重影响

　　土壤酶是存在于土壤中的各类酶的总称,包括氧化还原酶、水解酶、裂合酶(裂解酶)、蔗糖酶(转化酶)等,主要来源于土壤微生物和作物根系分泌物以及动植物残体。土壤酶是土壤中最活跃的有机组分,并参与到土壤养分循环和生物活动的整个生物化学过程中。土壤酶活性已经成为评价土壤质量和肥力的重要生物学指标。

　　秸秆还田对土壤酶活性有许多不同的影响,总体表现在激发作用上,并最终将激发作用体现在对土壤质量和肥力的改善上。

4.1　秸秆还田对土壤酶活性与土壤质量肥力的增益作用

　　土壤酶具有催化活性,是土壤有机物和矿物组分生物代谢的直接调控者(詹雨珊等,2017)。作为土壤组分中最活跃的有机成分之一,土壤酶与土壤微生物协同推进土壤的代谢过程。而且,土壤酶活性的提高一般可指示土壤微生物的大量增殖情况。刘更另(1991)指出,土壤酶活性与土壤微生物数量常呈现显著的正相关关系。研究表明,脲酶活性主要受细菌数量的影响,氨化细菌和硝化细菌数量主要控制土壤过氧化氢酶的活性,真菌数量是蔗糖酶活性的主要影响因素(钱海燕等,2012)。Frankenberger 等(1983)研究了 10 种土壤中的 11 种酶,发现碱性磷酸酶、酰胺酶和过氧化氢酶与微生物呼吸、生物量之间存在密切关系。

　　土壤酶可作为生物催化剂参与土壤中许多重要的生物化学过程,包括土壤生物的生长和繁殖、动植物残体的腐解和转化、土壤腐殖质的合成与分解等，且与土壤营养元素循环、能量转移、环境质量等密切相关，成为连接土壤理化性状、肥力与土壤微生物性状的桥梁，并可在较高的程度上用其活性指示土壤中生物化学过程的方向和强弱。

土壤供应作物养分的能力不仅取决于潜在养分的有效化过程，而且取决于土壤胶体吸收性离子的有效程度，而这两个方面的作用都和土壤酶的活性有关。所以土壤酶活性和土壤肥力的关系十分紧密（高彦波等，2015）。例如，土壤脲酶活性在某些方面可以反映土壤的供氮能力与水平，与土壤中氮循环体系有着密切关系，通常以其数值的高低来表征土壤氮元素的状况。因此，土壤酶活性已经成为评价土壤质量和肥力的重要生物学指标。

还田秸秆是土壤酶的良好基质。在秸秆腐解过程中，腐解微生物和腐解产物自身都向土壤释放大量的酶类。秸秆作为外源碳被还田进入土壤后，一方面使土壤酶促反应底物增加及酶来源增多，另一方面使土壤微生物可利用碳源和营养增加、生存环境得到改善，从而在改善土壤微生物状况的同时提高土壤酶活性。Perucci 等（1985）研究发现，秸秆还田主要改变了酶促反应的最大反应速率，从而促进了土壤酶活性的提高。

大量研究表明，尽管秸秆还田对土壤酶活性有诸多不同的影响，但总体而言，无论是土壤水解酶还是土壤氧化还原酶，其活性大多都得到不同程度的提高。而秸秆还田对土壤酶活性的激发作用最终又体现在对土壤质量和肥力的改善上。

孙瑞莲等（2003）开展了连续 12 年的土壤施肥试验，发现：土壤磷酸酶活性与土壤有机质、全磷、有效磷含量呈极显著（$P<0.01$，下同）正相关关系，与土壤碱解氮、速效钾含量呈显著（$P<0.05$，下同）正相关关系；土壤脲酶活性与土壤有效磷含量呈极显著正相关关系，与土壤有机质、全磷、速效钾含量呈显著正相关关系；土壤蔗糖酶活性与土壤有机质、全磷含量呈极显著正相关关系，与土壤碱解氮、有效磷含量呈显著正相关关系。

邱莉萍等（2004）进行了小麦—玉米复种秸秆还田配合施肥研究，发现：土壤脲酶和碱性磷酸酶活性可反映土壤肥力水平的高低，其中脲酶活性与土壤有机质、全氮、全磷含量呈极显著正相关关系，与碱解氮含量呈显著正相关关系；碱性磷酸酶活性与土壤有机质、全氮、全磷、碱解氮含量呈极显著正相关关系，与有效磷含量呈显著正相关关系。

徐国伟等（2009）进行了水稻—小麦复种秸秆还田研究，发现土壤脲酶、碱性磷酸酶活性与土壤有机质、全氮、全磷、全钾含量呈极显著正相关关系，土壤过氧化氢酶活性与土壤有机质含量呈极显著正相关关系、与全氮含量呈正相关关系。

李花等（2011）开展了小麦—玉米复种秸秆还田研究，发现：秸秆还田可显著提升土壤碱性磷酸酶、脱氢酶活性，而上壤碱性磷酸酶活性与土壤有机碳、全氮含量呈显著（$P<0.001$，下同）正相关关系，与土壤微生物生物量碳含量呈极显著正相关关系，与土壤全磷、有效磷、微生物生物量氮含量呈显著正相关关系；土壤脱氢酶活性与土壤有机碳、全氮、全磷、有效磷、微生物生物量碳、微生物生物量氮含量皆呈显著正相关关系。

马晓霞等（2012）开展了连续 20 年的小麦—玉米复种秸秆还田试验，发现：土壤脲酶活性与土壤有机碳含量呈极显著正相关关系，与土壤全氮、微生物生物量碳含量呈极显著正相关关系；土壤碱性磷酸酶活性与土壤有机碳、有效磷、全氮、微生物生物量碳、微生物生物量氮含量呈显著正相关关系。

徐莹莹等（2017）进行了不同深度秸秆还田研究，发现土壤酶活性与有机质含量呈显著正相关关系。

另外，土壤微生物和酶活性的增加有助于提升农作物的抗病虫害能力，增强土壤对农残、石油等外源污染物的降解能力（董祥洲等，2020）。张坤等（2009）研究发现小麦秸秆直接还田使土壤真菌 P450 酶系和细菌单（双）加氧酶系的活性增强，提升了土壤微生物对石油污染物的降解能力。

4.2 秸秆还田酶解机理与外源酶添加

秸秆还田生物腐解是在酶的催化作用下完成的。微生物作为土壤酶的主要来源之一，在秸秆腐解过程中发挥了主导作用。

不同酶的催化反应类型和功能存在差异。水解酶和氧化酶可促进有机物质分解，释放营养物质，对有机质的降解具有重要影响。土壤水解酶（包括 FDA 水解酶、酸性磷酸酶、碱性磷酸酶、芳基硫酸酯酶、$\beta-1,4-$葡萄糖苷酶、蔗糖酶、蛋白酶、纤维素酶和脲酶等）直接参与秸秆的分解与养分释放，而土壤氧化还原酶（包括脱氢酶、多酚氧化酶、过氧化物酶、过氧化氢酶等）则与秸秆有机质转化及腐殖质组分形成等密切相关（裴鹏刚等，2014）。降解秸秆的酶类主要是纤维素水解酶、Cx 组分和 $\beta-1,4-$葡萄糖苷酶（史央等，2002）。

土壤纤维素酶和蔗糖酶都属于土壤碳元素循环过程中的重要酶类。土壤蔗糖酶主要参与碳元素的生物循环，促进蔗糖分解生成葡萄糖和果糖，而葡萄糖又是微生物和植物重要的碳源（李军等，2015）。纤维素酶可分解植物残渣中难分解的纤维素和木质素，锰过氧化物酶则能氧化分解芳香多聚体，以此来降解木质素（马南等，2021）。土壤 $\beta-1,4-$葡萄糖苷酶不仅可水解土壤中的碳水化合物，将纤维二糖和其他水溶性纤维糊精水解成葡萄糖，参与土壤中有机质的转化，还能表征土壤生物学活性强度（李娜等，2017）。

4.2.1　纤维素的酶解——三种酶的协同作用

纤维素大分子不能通过渗透进入微生物细胞，因此，微生物必须分泌胞外酶才能把不溶性物质转化为简单的、可透过细胞膜的、水溶性的单糖或双糖，这样才能利用纤维素碳源（陈昕等，2013）。纤维素降解酶主要有内切葡聚糖酶（简称内切酶）、外切葡聚糖酶（简称外切酶）、$\beta-1,4-$葡萄糖苷酶。

纤维素酶对纤维素的持续性水解是秸秆纤维质解聚的关键过程，而且该降解过程是纤维素酶各结构域协同作用的结果，即在三种酶的协同作用下将纤维素分解为葡萄糖单体：首先，内切酶主要对纤维素分子内的非结晶区发挥作用，随机水解其 $\beta-1,4-$糖苷键，产生葡萄糖、二糖等结构大小不等的纤维糊精；其次，外切酶对内切酶作用后的纤维素分子由非结晶区到结晶区同时进行水解，将 $\beta-1,4-$糖苷键依次降解为纤维二糖，其中真菌的外切酶可作用于纤维素结晶区；最后，β-1,4-葡萄糖苷酶进一步降解由前两者生成的纤维糊精和纤维二糖。

需要指出的是，三种降解酶的功能并不是单一和固定的，协同作用的顺序也不是绝对的（李海铭等，2021）。

4.2.2 半纤维素的酶解——由木聚糖到低聚糖，再到彻底酶解

半纤维素的主要化合物是杂多糖，将其完全降解需要多种酶的协调作用，包括β-1,4-外切木聚糖酶、β-1,4-内切木聚糖酶、β-木糖苷酶以及几种辅助酶。

β-1,4-外切木聚糖酶、β-1,4-内切木聚糖酶分别作用于木聚糖非还原性末端和木聚糖内部，共同将木聚糖降解为低聚糖；β-木糖苷酶主要作用于低聚糖，并将其彻底降解。

几种辅助酶的作用：α-L-阿拉伯糖苷酶主要去除阿拉伯糖；α-D-葡萄糖醛酸酶主要去除4-O-甲基葡萄糖醛酸；酯酶（乙酰酯酶、阿魏酸酯酶、对香豆酸酯酶等）主要对木糖与侧链取代基之间的酯键进行水解（薛林贵等，2017）。

4.2.3 木质素的酶解——三种酶的作用

木质素在有机质中最难分解，只能在好氧条件下经过真菌和放线菌的氧化、脱水后才逐步降解。经过一系列的自由基链反应，先形成高活性的酶中间体，将木质素氧化成许多不同的自由基，产生不稳定木质素自由活性中间体；然后经过一系列自发的降解反应实现对木质素的生物降解（陈昕等，2013）。

木质素降解酶主要有木质素过氧化物酶（简称过氧化物酶）、锰过氧化物酶和漆酶。三种酶的作用在于：①过氧化物酶以过氧化氢（H_2O_2）为催化剂氧化非酚型化合物，使苯丙基结构中的 C_α—C_β 键断裂及芳香环打开。白腐菌降解木质素的主要酶类就是过氧化物酶（刘延岭等，2020）。②锰过氧化物酶是一种依赖锰的含血红素的过氧化物酶，可预先催化木质素即氧化酚类生成苯氧基，以促进氧化能力更强的过氧化物酶发挥作用。③漆酶以苯酚为主要降解对象。漆酶属于多酚氧化酶，可使木质素中的苯

酚结构单元失去电子被氧化，产生含苯氧基的自由活性基团，从而使芳香基及 C_α—C_β 键裂解。研究发现，漆酶对木质素既有解聚作用又有聚合作用，故需要与锰过氧化物酶及过氧化物酶联合作用，才能实现对木质素的高效降解（薛林贵等，2017）。

吴坤等（2000）指出，木质素的降解酶系是一个非常复杂的体系。除了上述三种重要的酶外，一些其他的酶如芳醇氧化酶、酚氧化酶、葡萄糖氧化酶、过氧化氢酶及还原酶、甲基化酶和蛋白酶等，都参与木质素的降解或对其降解产生一定的影响。刘延岭等（2020）认为，葡萄糖氧化酶、乙二醛氧化酶等氧化酶也是参与木质素降解的主要酶类。

Pointing（2001）认为，只有腐生微生物分泌的氧化还原酶才能够将木质素分解为单体，并在微生物体内进一步将其氧化成 CO_2 和水或通过其他方式同化到菌体内。Gulkowska 等（2013）则认为，分解木质素形成的单体在其他胞外酶的催化作用下直接被微生物转化形成腐殖质，即木质素是土壤腐殖质的前体物。

4.2.4　外源酶添加对秸秆腐解和土壤酶活性的作用

生物酶制剂用途极其广泛，遍布食品、医药、纺织、酿酒、造纸、皮革、洗涤剂、饲料、生物农药、生物能源、污水处理、固废发酵等工农业生产和生物环保领域。

在秸秆综合利用领域，生物酶制剂主要用于秸秆青（黄）贮饲料和生物颗粒饲料生产。秸秆纤维素酶水解（生产乙醇）是目前的研究热点。

在还田秸秆腐熟菌剂研发方面，人们进行了大量的高效产酶（如纤维素酶、木聚糖酶等）菌的筛选研究和多菌组合（混合发酵）产纤维素酶的研究，并据此开发出市场化的秸秆腐熟菌剂。与此同时，人们通过大量的试验研究已经充分证实酶提取液和复合酶剂以及（市场化的）纤维素酶产品对秸秆腐解的高效作用，但有关（还田）秸秆腐解酶制剂产品的研发仍处于起步阶段，商品化的秸秆还田酶制剂促腐产品尚未面世。

韩玮（2006）的温室网袋法秸秆埋土培养试验结果表明，外源纤维素酶的添加可显著提高小麦秸秆和玉米秸秆降解速率。到 90d 培养结束时，加酶处理小麦秸秆和玉米秸秆降解率比不加酶处理分别提高 7.10～11.86

个百分点和 8.01~14.04 个百分点。

韩玮等（2014）的水稻秸秆添加纤维素酶堆腐试验结果表明，纤维素酶的添加明显加快了水稻秸秆腐解进程。经过 60d 的堆腐处理，添加纤维素酶处理的水稻秸秆质量分数较不加酶处理低 35.1%。

杜万清（2010）研究了 5 株担子菌固体发酵和液体深层发酵胞外提取液对玉米秸秆酶解的影响，发现固体发酵 5d 的胞外提取液与纤维素酶的复合酶液促进了秸秆的酶解，且胞外提取液和纤维素酶之间存在协同作用。

解媛媛等（2010）在陕西开展了小麦—玉米复种小麦秸秆翻埋还田常规施肥配施酶制剂和菌剂试验，玉米各生育时期（播种期、拔节期、抽雄期、灌浆期、成熟期）土壤采样测定结果（表 4-1）表明，以秸秆还田常规施肥为对照，添加酶制剂对玉米各生育时期土壤蔗糖酶活性有显著的激发作用，而对脲酶、碱性磷酸酶、多酚氧化酶活性有一定的抑制作用。同时，添加酶制剂和菌剂对土壤蔗糖酶和碱性磷酸酶活性有良好的协同激发作用。

表 4-1　小麦—玉米复种小麦秸秆还田常规施肥添加酶制剂与菌剂
对玉米季土壤酶活性的影响

试验处理	蔗糖酶 ($mg \cdot g^{-1}$, 24h)		脲酶 ($mg \cdot g^{-1}$, 24h)		碱性磷酸酶 ($mg \cdot g^{-1}$, 24h)		多酚氧化酶 ($mg \cdot g^{-1}$, 24h)	
	变幅	平均	变幅	平均	变幅	平均	变幅	平均
秸秆还田常规施肥	16.61~34.99	27.27	1.25~4.70	2.30	1.83~3.15	2.40	0.32~1.32	0.62
秸秆还田常规施肥＋酶制剂	20.65~43.63	31.58	1.25~4.26	2.18	1.59~2.49	2.02	0.35~0.84	0.56
秸秆还田常规施肥＋菌剂	31.92~46.75	39.01	1.38~3.87	2.14	1.65~3.44	2.48	0.46~1.05	0.61
秸秆还田常规施肥＋酶制剂＋菌剂	35.63~58.30	44.91	1.31~4.85	2.35	2.31~3.85	3.21	0.25~1.46	0.59

4.3　秸秆还田对土壤酶活性的激发作用

秸秆还田是引起土壤酶活性变化的重要因素之一。在秸秆腐解过程中，腐解微生物和腐解产物自身都向土壤释放大量的酶类。具体而言：一方面，秸秆是土壤酶的良好基质，其作为外源碳进入土壤后可大量增加土壤酶促反应底物，并在其腐解过程中直接生成土壤酶；另一方面，微生物可通过分泌土壤酶来分解动植物残体，而秸秆还田可为土壤微生物提供丰富的碳源和营养，并改善其生存环境，从而显著地增进土壤微生物的类群、数量和活性，进而促进土壤酶活性的提高。

人们对秸秆还田条件下土壤酶活性的变化进行了诸多研究，总体来讲，秸秆还田后大多数土壤酶活性得到了不同程度的提高（Zhao et al.，2016）。裴鹏刚等（2014）的文献综述结果表明，作物秸秆介入农田土壤可显著提高土壤 FDA（fluorescein diacetate，荧光素二乙酸酯）水解酶、酸性磷酸酶、碱性磷酸酶、芳基硫酸酯酶、β-1,4-葡萄糖苷酶、纤维素酶和脲酶等的活性，而且 FDA 水解酶、脲酶、β-1,4-葡萄糖苷酶、碱性磷酸酶活性对秸秆介入的响应较为敏感。

大量研究表明，秸秆还田对土壤酶活性的激发作用有较强的时效性，不同种类、不同量、不同年限、不同方式的秸秆还田以及秸秆还田与化肥配施对土壤脲酶、蔗糖酶、FDA 水解酶、磷酸酶（包括碱性磷酸酶和酸性磷酸酶）、纤维素酶（包括 β-1,4-葡萄糖苷酶）、木聚糖酶（包括碱性木聚糖酶）、β-乙酰氨基葡萄糖苷酶、蛋白酶、芳基硫酸酯酶、脂肪酶、过氧化氢酶、过氧化物酶、脱氢酶、多酚氧化酶（包括漆酶）、固氮酶等酶的活性都可产生以激发作用为主的影响。与此同时，秸秆还田对不同土层、不同根际范围的土壤酶活性都可产生有差异性的影响。

更为重要的是，土壤酶活性与土壤环境质量时常存在良好的正相关关系，因此，仅就秸秆还田对土壤酶活性的激发作用而言，其对土壤环境质量的影响也主要是正向的。

4.3.1　秸秆还田对土壤酶活性激发的时效性

试验表明，秸秆还田对土壤酶活性的激发作用是极快的。但大量田间试验结果却表明，秸秆还田对土壤酶活性的激发作用虽然主要表现在作物生长的中前期，但也可持续到作物生长的后期乃至作物收获以后。

4.3.1.1　秸秆添加对土壤酶活性极快的激发作用——速效的实验室培养结果

赵勇等（2005）通过实验室培养发现，添加小麦秸秆粉和油菜秸秆粉的土壤纤维素酶的活性在 60d 的培养时间内一直高于对照（未添加秸秆），而且在第 30 天时这一差异达到最大，较对照高 1.5～2.0 倍。

闫慧荣等（2015）的堪土添加玉米秸秆实验室恒温恒湿培养结果（表 4-2）显示，土壤蔗糖酶、纤维素酶、脲酶、脱氢酶、FDA 水解酶活性不仅随着秸秆添加量的增加而显著增加，而且在添加秸秆培养的第 1 天就达到最高（蔗糖酶、纤维素酶）或较高（脲酶、脱氢酶、FDA 水解酶）水平。在培养第 1 天，添加 $24g \cdot kg^{-1}$ 的秸秆与不添加秸秆相比，土壤蔗糖酶、纤维素酶、脲酶、脱氢酶、FDA 水解酶活性分别提升 3.00 倍、6.19 倍、0.80 倍、1.60 倍和 11.97 倍。脲酶、脱氢酶、FDA 水解酶活性有个提升过程，在培养第 4～7 天时最高。可能的原因在于，这 3 种酶与氮关系密切，而玉米秸秆又属于高 C/N 有机物料，添加玉米秸秆后土壤氮含量不足，分泌这些酶的微生物活性在添加秸秆的头几天受到一定的抑制。然而，随着微生物对外源氮的吸收，其作用逐步增大。

表 4-2　玉米秸秆添加土壤酶活性变化

土壤酶	秸秆添加量 $(g \cdot kg^{-1})$	培养 1d	培养 4d	培养 7d	培养 15d	培养 30d	培养 60d
蔗糖酶 $(mg \cdot g^{-1} \cdot h^{-1})$	0	0.97	1.26	1.20	1.23	1.24	0.93
	6	2.29	2.14	1.97	2.24	2.42	1.84
	12	2.86	2.45	2.42	2.45	2.60	2.13
	18	3.69	2.78	2.49	2.66	2.70	2.23
	24	3.88	3.23	2.68	3.00	3.07	2.53
纤维素酶 $(\mu g \cdot g^{-1} \cdot h^{-1})$	0	6.01	5.81	5.01	4.94	5.55	4.26
	6	27.80	26.94	24.73	19.75	19.45	13.15
	12	30.23	27.81	26.28	21.95	21.88	14.28
	18	36.77	33.85	27.69	24.77	25.68	20.83
	24	43.23	36.82	33.74	27.96	29.75	21.59
脲酶 $(\mu g \cdot g^{-1} \cdot h^{-1})$	0	26.89	24.60	37.81	27.84	32.55	35.68
	6	29.46	44.12	63.38	39.20	41.12	45.50
	12	41.12	56.74	70.51	44.90	69.92	58.84
	18	41.28	87.27	94.67	56.67	81.43	73.00
	24	48.40	91.59	99.68	66.57	97.96	77.34

（续）

土壤酶	秸秆添加量 ($g \cdot kg^{-1}$)	培养 1d	培养 4d	培养 7d	培养 15d	培养 30d	培养 60d
脱氢酶 ($\mu g \cdot g^{-1} \cdot h^{-1}$)	0	4.47	7.09	7.27	6.85	7.70	4.01
	6	7.88	14.15	13.36	15.10	15.49	10.00
	12	9.85	20.00	17.71	16.90	20.05	13.38
	18	12.62	20.82	20.65	20.24	21.61	15.25
	24	11.60	22.40	21.15	21.43	22.33	18.52
FDA 水解酶 ($\mu g \cdot g^{-1} \cdot h^{-1}$)	0	22.64	22.14	31.56	24.41	26.00	15.14
	6	105.31	136.40	117.14	65.79	99.09	27.74
	12	151.10	274.08	341.70	148.19	230.24	53.36
	18	222.51	490.89	515.61	219.09	271.55	71.00
	24	293.72	834.20	833.00	299.39	420.41	129.57

注：$10g \cdot kg^{-1}$ 的玉米秸秆添加大致相当于大田 3 倍量的玉米秸秆还田。

闫慧荣等（2015）的实验室培养结果还表明，随着秸秆腐解时间的延长，不同土壤酶活性的变化规律整体表现为前期较高、30d 以后尤其是到第 60 天显著降低。这说明，随着秸秆的不断降解，可利用的能源物质逐渐减少，微生物生长逐渐衰退，酶活性随之降低。

4.3.1.2 秸秆还田对土壤酶活性持久的激发作用

田间试验结果表明，秸秆还田对土壤酶活性有较为持久的激发作用，时常可持续到农作物生长的中后期或收获后。

(1) 秸秆还田使土壤酶活性保持数月的增长，且随着时间的延长而提升。

汤树德（1980、1987）在黑龙江白浆土上开展的玉米秸秆深耕翻埋还田试验结果（表 4-3）显示，小麦秸秆翻埋还田 3 个月后，随着土壤中微生物数量的增加，土壤过氧化氢酶、蔗糖酶和脲酶活性分别较对照提升2.36 倍、0.36 倍和 0.58 倍。试验结果（表 4-4）还显示，玉米秸秆还田土壤酶活性的快速增长在试验开始后的第 1 个月就已表现出来；到玉米秸秆翻埋还田第 4 个月，随着土壤中微生物数量的增加，土壤蔗糖酶和脲酶活性进一步提高，分别较对照提升 1.40 倍和 3.24 倍。

表4-3　小麦秸秆翻埋还田3个月白浆土酶活性测定结果

试验处理	过氧化氢酶（mL·g^{-1}）	蔗糖酶（mg·g^{-1}）	脲酶（mg·g^{-1}）
对照（深耕）	1.82	15.00	0.26
深耕＋玉米秸秆	6.12	20.44	0.41

表4-4　玉米秸秆翻埋还田对不同时期白浆土酶活性的影响

试验处理	翻埋还田后不同采样时期土壤酶活性			
	蔗糖酶（mg·g^{-1}）		脲酶（mg·g^{-1}）	
	1月	4月	1月	4月
对照（深耕）	2.95	3.47	0.18	0.17
深耕＋玉米秸秆	5.75	8.32	0.37	0.72

（2）秸秆还田对农作物土壤酶活性的持久激发作用和波动性增进。

试验结果表明，无论是秸秆还田还是不还田，作物全生育期的土壤酶活性都表现出"先升后降"的总体变化趋势，但秸秆还田对土壤酶活性的激发作用即相较于秸秆不还田土壤酶活性的增长比例却大多表现出"先升后降、再提升"的变化规律。这说明：在作物生长旺期对土壤酶活性的增进以微生物与作物根系分泌作用为主，以秸秆腐熟作用为辅；而农作物生长的前期（"先升"）或后期（"再提升"），秸秆腐熟对土壤酶活性的增进作用相对较强。

与此同时，秸秆还田也可使作物各生育时期土壤酶活性的增幅持续地提升或总体呈增长趋势，并延续至或接近作物收获期。

杨文平等（2011）在河南辉县开展了小麦—玉米复种玉米秸秆还田试验，冬小麦各生育时期根际土壤采样分析结果（表4-5）表明，无论是犁耕秸秆翻埋还田还是旋耕秸秆混埋还田，与秸秆不还田相比，土壤脲酶、过氧化氢酶活性的增长比例都在小麦返青期达到较高或最高的水平，此后有所下降或明显下降。但到小麦成熟期又都达到新高，其中犁耕秸秆翻埋还田处理脲酶活性和旋耕秸秆混埋还田处理过氧化氢酶活性的增长比例都达到小麦全生育期的最高值。

表 4-5 小麦—玉米复种玉米秸秆还田对小麦季土壤酶活性的影响

土壤酶	秸秆还田处理	项目	玉米全生育期土壤酶活性				
			平均	返青期	拔节期	开花期	成熟期
脲酶 (mg·g⁻¹)	不还田	酶活数值	26.56	23.34c	29.41c	35.57c	17.90c
	混埋还田	酶活数值	28.90	25.82b	31.67b	38.55b	19.56b
		比不还田高（%）	8.83	10.63	7.68	8.38	9.27
	翻埋还田	酶活数值	30.84	27.47a	33.76a	40.67a	21.46a
		比不还田高（%）	16.14	17.69	14.79	14.34	19.89
过氧化氢酶 (mL·g⁻¹)	不还田	酶活数值	6.60	5.53b	8.65b	9.05a	3.17a
	混埋还田	酶活数值	6.91	5.96b	8.86b	9.35a	3.45a
		比不还田高（%）	4.62	7.78	2.43	3.31	8.83
	翻埋还田	酶活数值	7.52	7.04a	9.94a	9.45a	3.65a
		比不还田高（%）	13.94	27.31	14.91	4.42	15.14

夏强等（2013）在安徽蒙城开展了小麦—玉米复种小麦秸秆（全量粉碎覆盖还田）与玉米秸秆（全量粉碎翻埋还田）组合还田试验，小麦季和玉米季各生育时期土壤脲酶活性测定结果（表 4-6）显示，无论是小麦秸秆和玉米秸秆皆还田还是单一的小麦秸秆或玉米秸秆还田，无论是配施化肥还是不配施化肥，与秸秆不还田相比，秸秆还田对小麦各生育时期土壤脲酶活性的显著激发作用都集中于抽穗期和收获期；对玉米各生育时期土壤脲酶活性的显著激发作用集中于拔节期、大喇叭口期和吐丝期。

徐莹莹等（2018）在黑龙江齐齐哈尔开展的玉米秸秆还田试验结果（表 4-7）表明，在玉米各生育时期，秸秆翻埋还田和覆盖还田处理玉米根际土壤脲酶、蔗糖酶和过氧化氢酶活性全部超过秸秆不还田处理，而且差异多达到显著水平。具体表现在：①秸秆覆盖还田和翻埋还田处理的脲酶活性、秸秆翻埋还田处理的蔗糖酶活性，在玉米苗期就已经大比例高出秸秆不还田处理，其后比例有所下降，但到玉米成熟期又达到新高，且是整个生育期的最高值。②秸秆覆盖还田处理的蔗糖酶活性高出不还田处理的比例在玉米成熟期达到最高值。③秸秆覆盖还田和翻埋还田处理的过氧化氢酶活性高出不还田处理的比例，分别在玉米吐丝期和拔节期达到最高值，且在其后都维持在较高的水平。

表 4-6　小麦—玉米复种秸秆还田小麦季和玉米季各生育时期

每 24h 土壤脲酶活性变化

单位：mg·g^{-1}

作物季节	生育时期	配施化肥				不施化肥	
		小麦秸秆和玉米秸秆皆不还田	玉米秸秆还田（小麦秸秆不还田）	小麦秸秆还田（玉米秸秆不还田）	小麦秸秆和玉米秸秆皆还田	小麦秸秆和玉米秸秆皆不还田	小麦秸秆和玉米秸秆皆还田
小麦季	越冬期	43.86	37.85	48.50	56.18	29.03	45.91
	拔节期	61.81	46.75	62.19	65.01	45.23	51.01
	抽穗期	62.27	76.95	84.18	97.11	58.62	73.07
	灌浆期	90.79	98.10	93.91	95.28	86.38	93.68
	收获期	64.70	73.45	81.97	82.73	34.28	73.75
	平　均	64.69	66.62	74.15	79.26	50.71	67.48
玉米季	播种期	48.96	49.09	50.47	49.45	35.58	53.63
	拔节期	34.15	46.58	58.55	49.87	30.85	39.38
	大喇叭口期	13.97	20.78	17.37	18.47	13.71	14.45
	吐丝期	56.83	60.34	77.73	62.12	52.43	66.66
	灌浆期	57.71	57.49	63.70	59.95	53.19	57.67
	成熟期	30.41	28.81	30.70	34.91	25.03	30.15
	平　均	40.34	43.85	49.75	45.80	35.13	43.66

表 4-7　秸秆还田对玉米根际土壤酶活性的影响

土壤酶	秸秆还田处理	项　目	玉米全生育期				
			平均	苗期	拔节期	吐丝期	成熟期
脲酶 (mg·g^{-1})	不还田	酶活数值	1.05	0.93b	1.09c	1.24c	0.94c
	覆盖还田	酶活数值	1.16	1.06a	1.16b	1.31b	1.10b
		比不还田高（%）	10.48	13.98	6.42	5.65	17.02
	翻埋还田	酶活数值	1.39	1.23a	1.37a	1.62a	1.33a
		比不还田高（%）	32.38	32.26	25.69	30.65	41.49
蔗糖酶 (mg·g^{-1})	不还田	酶活数值	13.91	10.35b	14.57b	17.05b	13.65c
	覆盖还田	酶活数值	15.10	10.92b	15.36a	17.96b	16.16b
		比不还田高（%）	8.55	5.51	5.42	5.34	18.39
	翻埋还田	酶活数值	16.36	12.08a	16.43a	19.04a	17.90a
		比不还田高（%）	17.61	16.71	12.77	11.67	31.14

（续）

土壤酶	秸秆还田处理	项　目	玉米全生育期				
			平均	苗期	拔节期	吐丝期	成熟期
过氧化氢酶（mL·g⁻¹）	不还田	酶活数值	11.83	9.64b	11.98c	13.32c	12.38b
	覆盖还田	酶活数值	13.00	10.12a	13.25b	15.04b	13.57b
		比不还田高（%）	9.89	4.98	10.60	12.91	9.61
	翻埋还田	酶活数值	14.15	10.98a	14.85a	15.59a	15.17a
		比不还田高（%）	19.61	13.90	23.96	17.04	22.54

祁君凤等（2020）在海南定安开展了双季稻早稻秸秆翻埋还田试验，晚稻季连续 6 次土壤采样分析结果表明，在晚稻全生育期，水稻秸秆还田处理土壤过氧化氢酶、脲酶活性持续高于不还田处理。但水稻秸秆还田土壤过氧化氢酶、脲酶活性皆在 50d 前后达到最高，分别比对照（水稻秸秆不还田）提高 60.2% 和 1.45 倍。随后逐渐降低，但直到试验结束（第 90 天）仍持续高于秸秆不还田处理。

潘晶等（2021）在沈阳师范大学实验田开展的玉米秸秆还田试验结果（表 4-8）表明，秸秆覆盖还田和翻埋还田处理的土壤脲酶、蔗糖酶、过氧化氢酶活性，在玉米季绝大多数时期超过秸秆不还田处理，而且秸秆翻埋还田处理又都超过覆盖还田处理。具体表现在：①土壤脲酶活性高出秸秆不还田处理的比例，秸秆覆盖还田处理在拔节期达到最高，此后明显下降，但在成熟期又达到新高；秸秆翻埋还田处理在抽雄期达到最高，此后维持在较高的比例。②土壤蔗糖酶活性高出秸秆不还田的比例，秸秆覆盖还田处理和翻埋还田处理都在抽雄期达到最高，此后又都急剧下降。③土壤过氧化氢酶活性高出秸秆不还田处理的比例，秸秆覆盖还田处理和翻埋还田处理分别在拔节期和苗期达到较高水平，此后明显下降，但到成熟期又都达到全生育期的最高值。

（3）秸秆还田对土壤酶活性的激发作用可持续到第二茬作物乃至其收获。

夏强等（2013）在安徽蒙城开展的小麦—玉米复种小麦秸秆（全量粉碎覆盖还田）与玉米秸秆（全量粉碎翻埋还田）组合还田试验结果（表 4-6）表明，小麦秸秆还田（玉米秸秆不还田）对下茬小麦全生育期

表 4-8　秸秆还田对玉米季土壤酶活性的影响

土壤酶	秸秆还田处理	项　目	玉米全生育期						
			平　均	苗　期	拔节期	大喇叭口期	抽雄期	乳熟期	成熟期
脲酶 (mg·g⁻¹·d⁻¹)	不还田	酶活数值	0.20	0.21	0.18	0.18	0.26	0.21	0.17
	覆盖还田	酶活数值	0.25	0.29	0.26	0.21	0.28	0.25	0.23
		比不还田高（%）	25.00	38.10	44.44	16.67	7.69	19.05	35.29
	翻埋还田	酶活数值	0.34	0.33	0.24	0.29	0.49	0.38	0.29
		比不还田高（%）	70.00	57.14	33.33	61.11	88.46	80.95	70.59
蔗糖酶 (mg·g⁻¹·d⁻¹)	不还田	酶活数值	4.25	4.15	4.86	5.46	3.12	4.08	3.82
	覆盖还田	酶活数值	4.73	4.49	5.49	6.35	4.04	4.04	3.98
		比不还田高（%）	11.29	8.19	12.96	16.30	29.49	−0.98	4.19
	翻埋还田	酶活数值	5.37	4.68	5.26	7.02	5.96	5.17	4.12
		比不还田高（%）	26.35	12.77	8.23	28.57	91.03	26.72	7.85
过氧化氢酶 (mL·g⁻¹)	不还田	酶活数值	3.85	3.08	3.50	4.29	4.58	4.08	3.56
	覆盖还田	酶活数值	4.13	3.27	3.88	4.55	4.82	4.22	4.04
		比不还田高（%）	7.27	6.17	10.86	6.06	5.24	3.43	13.48
	翻埋还田	酶活数值	4.37	3.65	3.75	4.89	5.04	4.59	4.31
		比不还田高（%）	13.51	18.51	7.14	13.99	10.04	12.50	21.07

的土壤脲酶活性都产生一定的或显著的激发作用，相较于秸秆不还田处理全生育期平均提高 14.62%，到小麦收获期仍高出 26.69%。与此同时，玉米秸秆还田（小麦秸秆不还田）对下茬玉米全生育期的土壤脲酶活性也产生一定的激发作用，尤其是在玉米拔节期和大喇叭口期，相较于秸秆不还田处理分别提高 36.40% 和 48.75%。但到玉米灌浆期和成熟期，已经恢复到与秸秆不还田处理无明显差异。

张电学等（2006）在冀东地区开展了小麦—玉米复种玉米秸秆犁耕翻埋还田试验，持续到翌年玉米收获秸秆还田处理土壤酶活性仍显著高于秸秆不还田处理。根据不同的 C/N 调整施肥，与单纯施用氮磷钾肥相比，翌年玉米收获期玉米秸秆还田处理土壤过氧化氢酶、转化酶、脲酶和磷酸酶活性分别高 25.6% ～ 27.7%、48.8% ～ 50.7%、51.7% ～ 53.5% 和

12.1%～19.7%。

4.3.2　不同种类秸秆还田对土壤酶活性的激发作用

小麦、玉米、水稻等大宗农作物的秸秆还田，对土壤蔗糖酶、脲酶、磷酸酶（包括碱性磷酸酶和酸性磷酸酶）活性都可产生显著的激发作用。与此同时，各类秸秆对土壤各种酶活性的激发作用互有高低，但又时常差异不显著。

张桂玲（2011）在山东临沂的桃园开展了秸秆覆盖试验，春（4月）、夏（7月）、秋（11月）3次土壤采样分析平均统计结果（表4-9）表明，与无秸秆覆盖相比，玉米秸秆和小麦秸秆覆盖处理皆显著提升了桃树根际和非根际土壤脲酶、磷酸酶活性。尽管小麦秸秆覆盖处理的根际土壤脲酶、磷酸酶活性总体上高于玉米秸秆覆盖处理，但两者差异不显著。

表4-9　桃园秸秆覆盖桃树根际与非根际土壤酶平均活性变化

秸秆覆盖处理	脲酶（mg·g⁻¹，24h）		磷酸酶（μg·g⁻¹，2h）	
	根际	非根际	根际	非根际
玉米秸秆覆盖	0.37a	0.29a	97.60a	84.80a
小麦秸秆覆盖	0.38a	0.31a	98.90a	86.40a
对照（不覆盖秸秆）	0.19b	0.17b	77.00b	74.40b

夏强等（2013）在安徽蒙城开展了小麦—玉米复种小麦秸秆全量粉碎覆盖还田、玉米秸秆全量粉碎翻埋还田试验，小麦季和玉米季各生育时期土壤脲酶活性测定结果（表4-6）显示：①无论是配施化肥还是不配施化肥，无论是小麦秸秆和玉米秸秆皆还田还是单一的小麦秸秆或玉米秸秆还田，与秸秆不还田相比，对小麦各生育时期和玉米各生育时期的土壤脲酶活性总体表现出明显的激发作用，而且在小麦抽穗期和收获期、玉米拔节期和大喇叭口期皆达到显著提升水平。②无论是在小麦各生育时期还是在玉米各生育时期，小麦秸秆还田对土壤脲酶活性的激发作用总体上超过玉米秸秆还田。

薄国栋等（2017）在山东诸城开展了连续3年的烟田秸秆翻埋还田试验，末年烟叶采收结束后土壤采样分析结果（表4-10）表明：①玉米秸秆和小麦秸秆高、中量还田均可显著提升土壤蔗糖酶、脲酶、碱性磷酸酶活性。与此同时，低量的玉米秸秆还田可显著提升土壤蔗糖酶和碱性磷酸酶活性，低量的小麦秸秆还田可显著提升土壤碱性磷酸酶活性。②玉米秸秆还田处理的土壤蔗糖酶、脲酶和碱性磷酸酶活性，大都显著高于同量还田处理的小麦秸秆还田处理。

表 4-10　不同秸秆还田量对烟田土壤酶活性的影响

秸秆种类	还田量 (kg·hm⁻²)	蔗糖酶 (mg·g⁻¹，24h)	脲酶 (mg·kg⁻¹，24h)	碱性磷酸酶 (mg·g⁻¹·h⁻¹)	过氧化氢酶 (mL·g⁻¹，20min)
玉米秸秆	1500（低量）	71.67bc	18.88bc	0.69c	6.70ab
	4500（中量）	78.53b	20.14b	0.78b	4.80c
	7500（高量）	87.80a	21.53a	0.86a	6.23b
小麦秸秆	1500（低量）	49.67d	16.61d	0.41f	7.50a
	4500（中量）	68.93c	19.26b	0.54e	7.30ab
	7500（高量）	75.80c	20.16b	0.65d	6.17b
对照（秸秆不还田）		49.27d	17.70cd	0.34g	7.50a

樊俊等（2019）在湖北宣恩开展了连续 3 年的烟田秸秆旋耕混埋还田试验，第 3 年烟叶采收完成后土壤采样分析结果（表 4-11）表明，与秸秆不还田相比，水稻秸秆对蔗糖酶、脲酶活性有显著的激发作用，玉米秸秆对蔗糖酶活性有显著的激发作用，烟草秸秆对酸性磷酸酶活性有显著的激发作用。水稻秸秆和玉米秸秆对土壤蔗糖酶活性的激发作用显著超过烟草秸秆。水稻秸秆对土壤脲酶活性的激发作用显著超过玉米秸秆和烟草秸秆。

表 4-11　不同种类秸秆还田对烟田土壤酶活性的影响

还田秸秆	蔗糖酶 (mg·g⁻¹·d⁻¹)	脲酶 (mg·g⁻¹·d⁻¹)	过氧化氢酶 (mL·g⁻¹·h⁻¹)	酸性磷酸酶 (mg·g⁻¹·d⁻¹)
水稻秸秆	19.018±6.957ab	0.496±0.035a	5.754±0.175b	0.877±0.059ab
玉米秸秆	21.549±8.000a	0.238±0.051c	5.430±0.368b	0.886±0.128ab
烟草秸秆	11.738±0.717bc	0.335±0.114c	5.945±0.114b	1.066±0.106a
秸秆不还田	9.390±3.217c	0.320±0.070c	6.250±0.238a	0.852±0.077b

4.3.3　不同年份秸秆还田对土壤酶活性的激发作用

秸秆短期还田和长期还田对土壤酶活性都可产生明显的乃至显著的激发作用，但该作用并不总是随着秸秆还田年限的延长而持续提升。尤其是在秸秆长期还田的情况下，可能产生先降后升的波动性变化，并可最终起到有效抑制土壤连作障碍的作用。

4.3.3.1　短期秸秆还田对土壤酶活性的激发作用

有关短期尤其是 3 年以内的秸秆还田试验的文献较多。由于秸秆还田对土壤酶活性产生作用比较快，所以这些短期秸秆还田研究对土壤酶活性激发作用的测定结果并不亚于甚至明显超出长期秸秆还田。正如上文所述，樊俊等（2019）连续 3 年的烟田秸秆还田试验中，水稻秸秆和玉米秸秆对蔗糖酶活性的增幅分别达到 1.03 倍和 1.29 倍，水稻秸秆对脲酶的增幅达到 55%（表 4-11）。

萨如拉等（2014）在内蒙古土默特右旗开展了连续 2 年的玉米秸秆全量翻埋还田试验，在玉米全生育期内，土壤过氧化氢酶、脲酶、蔗糖酶和纤维素酶活性均表现为连续 2 年秸秆还田＞1 年秸秆还田＞秸秆不还田，其中，2 年秸秆还田处理较不还田处理分别提升 13.07%、32.15%、40.12% 和 34.43%，1 年秸秆还田处理较不还田处理分别提升 4.23%、25.92%、21.07% 和 22.89%。

刘龙等（2017）在吉林梨树开展了玉米宽窄行（宽行 140cm、窄行 40cm）种植连续 2 年的网袋法玉米秸秆埋田试验，设置秸秆不还田、半量还田、全量还田、1.5 倍量还田以及浅层（0～15cm）还田、中层（15～30cm）还田、深层（30～45cm）还田交叉处理，玉米收获时的土壤采样分析结果表明：首先，无论是秸秆还田的第 1 年还是第 2 年，无论是在浅层、中层还是在深层土壤中，秸秆还田处理土壤纤维素酶活性都高于秸秆不还田处理，而且随着秸秆还田量的增加而提升。其中，全量还田、1.5 倍量还田与秸秆不还田处理之间几乎全部达到显著提升水平，半量还田处理与秸秆不还田处理之间也多半达到显著提升水平。其次，无论是秸秆不还田还是半量、全量、1.5 倍量还田，无论是在浅层、中层还是在深层土壤中，还田第 2 年的土壤纤维素酶活性几乎都低于还田第 1 年，而且秸秆不还田处理降幅最大。例如,在浅层土壤中,秸秆不还田、半量还田、全量还田、1.5倍量还田处理的土壤纤维素酶活性,第2年比第1年分别降低31.72%、7.72%、22.35%和14.86%。这说明,连年秸秆还田对土壤纤维素酶活性的下降有抑制作用。

徐忠山等(2019)在内蒙古扎赉特旗开展了连续2年的不同量秸秆颗粒混埋还田试验,玉米收获后土壤采样分析结果表明:首先,无论是秸秆还田的第1年还是第2年,不同量秸秆还田处理土壤蔗糖酶、脲酶、过氧化氢酶和碱性磷酸酶活性都明显高于秸秆不还田处理,秸秆还田的第1年较不还田处理分别提高4.7%～47.3%、5.2%～52.6%、5.0%～18.0%和11.0%～60.2%。其次,连续2年秸秆还田与还田1年相比,等量秸秆还田处理的土壤过氧化氢酶活性皆显著提升;脲酶活性皆明显下降,且差异多半达到显著水平;蔗糖酶和碱性磷酸酶活性皆互有高低,而且差异都未达到显著水平。

李磊等(2019)在宁夏银川引黄灌区开展了1年或2年的玉米秸秆翻埋还田、接续种植油葵试验,油葵苗期、现蕾期、收获期土壤采样分析平均统计结果(表4-12)表明:首先,秸秆还田1年和2年各土层的土壤脲酶、碱性磷酸酶活性都明显高于对照(秸秆不还田),而且差异大都达到显著水平,尤其是2年的秸秆还田。其次,秸秆还田2年各土层的土壤脲酶、碱性磷酸酶活性总体上超过1年,而且多半差异达到显著水平。与秸秆不还田处理相比,秸秆还田2年处理0～10cm、10～20cm土层的土壤脲酶活性分别增长93.79%和93.94%,土壤碱性磷酸酶活性分别增长27.64%和121.67%。

表4-12　玉米秸秆还田油葵生长季不同土层土壤酶活性变化

单位:mg·g⁻¹·h⁻¹

酶　类	脲　酶			碱性磷酸酶		
土　层	0～10cm	10～20cm	20～30cm	0～10cm	10～20cm	20～30cm
未还田	1.61b	0.99b	0.79a	15.99b	8.03b	7.74b
还田1年	1.96b	1.41ab	1.05a	18.85a	10.94ab	10.09a
还田2年	3.12a	1.92a	1.03a	20.41a	17.80a	10.26a

4.3.3.2 长期秸秆还田对土壤酶活性的激发作用和对土壤连作障碍的抑制作用

长期秸秆还田对土壤酶活性的激发作用，总体上随秸秆还田年限的延长而提升，但可能有先降后升的波动变化。更为重要的是，有案例表明，秸秆长期还田可有效地抑制土壤连作障碍。

刘建国等（2008）和张伟等（2011）在新疆进行了棉花连作秸秆还田比较研究：①未实行秸秆还田的连作棉田土壤脲酶、蔗糖酶、过氧化氢酶活性连年下降，且严重影响棉花的正常生长。连作 15 年后，未实行秸秆还田的棉田土壤脲酶、蔗糖酶、过氧化氢酶活性分别降至 $0.312\mathrm{mg} \cdot \mathrm{g}^{-1}$、$0.47\mathrm{mg} \cdot \mathrm{g}^{-1}$ 和 $1.15\mathrm{mL} \cdot \mathrm{g}^{-1}$，较初始种植棉花的棉田土壤分别降低 17.89%、30.88% 和 17.86%。棉花秸秆连年还田处理，土壤脲酶、过氧化氢酶活性在前 10 年也连年下降，蔗糖酶活性在前 5 年连年下降，在第 5—10 年基本保持稳定。但在棉花秸秆连续还田 10 年后，3 种酶的活性都出现明显的恢复性增长，并在第 15—20 年达到或显著超过初始植棉农田的水平（其中蔗糖酶、过氧化氢酶分别高出 14% 和 20%），且显著高于同期连年不还田的棉田。②未实行秸秆还田的连作棉田土壤过氧化物酶活性在前 10 年持续增长，并在第 10 年达到 $25.4\mathrm{mg} \cdot \mathrm{g}^{-1}$ 的高水平，但在第 15 年骤降至初始植棉农田的水平以下，仅为 $17\sim18\mathrm{mg} \cdot \mathrm{g}^{-1}$。而棉花秸秆还田使连作棉田土壤过氧化物酶活性持续增长，到第 15 年、第 20 年分别高出初始植棉农田 19.0% 和 29.6%。

刘建国等（2008）分析指出：棉田土壤微生物群落结构和土壤酶活性受到棉花连作障碍的负面效应和棉花秸秆长期还田培肥地力的正面效应的双重影响。5~10 年的棉花秸秆分解产生的化感物质所引起的自毒作用占优势，而长期（10 年以上）秸秆还田的培肥地力作用占优势。中短期秸秆还田条件下，棉田土壤微生物状况较差，土壤过氧化氢酶和蔗糖酶等酶活性受到抑制。同时，秸秆分解和根系分泌产生的大量化感物质积累，进一步抑制了土壤微生物的生长和酶活性的发挥，使根系毒害作用加重，引起棉花连作障碍。真菌比例的升高又有可能增进病原菌的繁殖。在没有秸秆还田的情况下，仅靠化肥的大量施用来维持地力，将使上述问题持久地加重。但随着秸秆还田时间的不断延长（10 年以上），土壤有机质含量和熟化程度、有效养分含量和肥力水平有效提升，土壤微生物总量、群落多样性以及土壤酶活性不断提升，土壤异养微生物（细菌等）对土壤化感物质的分解能力显著增强，从而有效地减轻了棉花连作障碍，使长期秸秆还田的正面效应得以显现。

马晓霞等（2012）在陕西杨凌开展了连续20年的小麦—玉米复种秸秆还田（1990—1998年单季小麦秸秆全量还田，1999—2010年小麦、玉米两季秸秆全量还田）试验，2010年玉米季分期（苗期、拔节期、大喇叭口期、抽雄期、成熟期）土壤采样测定平均统计结果（表4-13）表明，与秸秆不还田且不施氮磷钾肥相比，秸秆还田配施氮磷钾肥与单施氮磷钾肥皆可显著提升玉米全生育期土壤蔗糖酶、碱性磷酸酶、脲酶、纤维素酶的平均活性，而秸秆还田配施氮磷钾肥又具有明显的协同激发作用。

表4-13 长期秸秆还田配施化肥玉米全生育期土壤酶
平均活性变化

试验处理	蔗糖酶 $(mg \cdot g^{-1})$	碱性磷酸酶 $(mg \cdot g^{-1})$	脲酶 $(mg \cdot g^{-1})$	纤维素酶 $(\mu g \cdot g^{-1})$
秸秆还田配施氮磷钾肥	55.36a	2.67a	5.47a	15.75a
单施氮磷钾肥	53.06ab	2.50a	4.94b	12.62b
秸秆不还田且不施氮磷钾肥	38.05c	2.17b	2.59c	10.32c

张聪等（2018）在甘肃农业大学平凉试验站开展了长期玉米秸秆全量旋耕混埋还田定位试验，发现玉米生育期0~30cm土层土壤过氧化氢酶、脲酶、碱性磷酸酶和蔗糖酶活性都显著高于未还田处理，而且都随着秸秆还田年限的延长而逐步提升。与无秸秆还田相比，连续15年、12年、9年秸秆还田玉米全生育期土壤过氧化氢酶活性平均值分别提高18.09%、11.80%和9.56%，土壤脲酶活性平均值分别提高28.62%、26.11%和22.76%，土壤碱性磷酸酶活性平均值分别提高36.01%、31.40%和20.47%，土壤蔗糖酶活性平均值分别提高34.30%、23.79%和15.19%。

程曼等（2019）在山西寿阳开展了连续14年（1992—2016年）的秸秆还田试验，发现秸秆覆盖还田和翻埋还田对土壤酶活性都产生了深远的影响，土壤蔗糖酶活性的提高与玉米产量的稳定和提升有非常紧密的联系。2016年玉米收获后土壤采样分析结果表明：首先，无论是秸秆覆盖还田处理还是翻埋还田处理，0～20cm、20～40cm土层的土壤蔗糖酶活性和纤维素酶活性都显著或明显地高于对应土层的秸秆不还田处理。其中，秸秆覆盖还田0～20cm土层土壤蔗糖酶活性高达29.0mg·g^{-1}（葡萄糖，24h），是不还田处理的1.48倍；秸秆翻埋还田处理0～20cm土层土壤纤维素酶活性高达1.5mg·g^{-1}（葡萄糖，72h），是不还田处理的2.14倍。其次，无论是秸秆覆盖还田还是翻埋还田，与秸秆不还田相比，对0～20cm、20～40cm土层的土壤蔗糖酶活性和纤维素酶活性都无显著影响。

4.3.4 不同量秸秆还田对土壤酶活性的激发作用

在秸秆还田对土壤酶活性总体表现为激发作用的情况下，一方面土壤酶活性多数随秸秆还田量的增加而提升，另一方面3/4量、2/3量、半量秸秆还田，甚至1/3量、1/4量秸秆还田，对土壤酶活性皆可能起到良好的激发效果。因此，就秸秆还田对土壤酶活性的激发作用而言，全量和部分秸秆还田都是较为理想的选择。

4.3.4.1 土壤酶活性随着秸秆还田量的增加而提升

李腊梅等（2006）在江苏常熟开展了水稻—小麦复种长期（1990—2001年）水稻秸秆还田试验，末年小麦收割后土壤采样分析结果表明，在同等施肥的条件下，土壤β-1,4-葡萄糖苷酶、脱氢酶、碱性磷酸酶、酸性磷酸酶、芳基硫酸酯酶、脲酶、FDA水解酶活性皆表现为高量秸秆（4 500kg·hm^{-2}）还田＞低量秸秆（2 250kg·hm^{-2}）还田＞秸秆不还田。其中前5种酶的活性，高量秸秆还田处理都显著高于低量秸秆还田处理，低量秸秆还田处理又都显著高于秸秆不还田处理。

王慧新等（2010）在辽宁彰武开展了大扁杏间作花生、不同量（2 250kg·hm^{-2}、4 500kg·hm^{-2}、6 750kg·hm^{-2}）玉米秸秆覆盖试验，花生收获后0～20cm土层土壤采样分析结果表明：①不同量秸秆覆盖对土壤脲酶、蛋白酶活性都有显著的增进作用，而且增进作用随秸秆覆盖量的增加而增大，差异在各覆盖量之间达到显著水平。②不同量秸秆覆盖对土壤过氧化氢酶活性都有显著的增进作用，但不同量的秸秆覆盖处理之间无显著差异。

路文涛等（2011）在宁夏彭阳开展了连续 3 年的秸秆（2007 年谷子秸秆、2008 年玉米秸秆、2009 年谷子秸秆）翻埋还田试验，2009 年玉米收获后土壤采样分析结果表明：0～60cm 土层土壤过氧化氢酶、碱性磷酸酶活性都表现为秸秆高量还田＞中量还田＞低量还田＞不还田，且相互间的差异皆达到显著水平；土壤脲酶、蔗糖酶活性都表现为秸秆高量还田≈中量还田＞低量还田＞不还田，其中前两者都显著高于后两者，而后两者中前者又显著高于后者。

王淑彬等（2011）在江西农业大学的红壤旱地上开展了连续 5 年的棉田水稻秸秆覆盖还田试验，棉花收获后土壤采样分析结果表明：半量（4 375kg·hm^{-2}）、全量（8 750kg·hm^{-2}）、1.5 倍量（13 125kg·hm^{-2}）的水稻秸秆覆盖还田对棉田土壤过氧化氢酶、蔗糖酶与脲酶活性都有显著的提升作用，其中土壤过氧化氢酶活性总体表现为 1.5 倍量还田＞全量还田＞半量还田＞不还田。

Zhang 等（2016）研究表明，玉米秸秆粉碎还田使土壤脲酶、磷酸酶和转化酶活性分别提高 19.6％、39.4％和 44.3％，而且秸秆添加量越多提高效果越显著。

薄国栋等（2017）在山东诸城开展了连续 3 年的玉米秸秆和小麦秸秆烟田翻埋还田试验，末年烟叶采收结束后土壤采样分析结果（表 4 - 10）表明，无论是玉米秸秆还田还是小麦秸秆还田，土壤蔗糖酶、脲酶、碱性磷酸酶活性都随着秸秆还田量的增加而明显提升，而且高量和中量秸秆还田处理都显著超过秸秆不还田处理，低量秸秆还田处理也大多显著超过秸秆不还田处理。

刘龙等（2017）在吉林梨树开展了连续 2 年的玉米宽窄行种植网袋法玉米秸秆埋田试验，玉米收获时土壤采样分析结果表明：①无论是秸秆还田的第 1 年还是第 2 年，无论是浅层（0～15cm）、中层（15～30cm）还田还是深层（30～45cm）还田，土壤纤维素酶活性都随秸秆还田量的增加而提升，而且秸秆全量还田和 1.5 倍量还田处理的土壤纤维素酶活性大都显著超过秸秆不还田处理，秸秆半量还田处理也明显高于秸秆不还田处理。②在秸秆还田的第 1 年，不同土层、不同量的秸秆还田处理土壤过氧化氢酶活性总体达到显著超过秸秆不还田处理的水平，但同一土层不同量秸秆还田处理之间差异不显著。在秸秆还田的第 2 年，不同土层、不同量秸秆还田处理土壤过氧化氢酶活性不仅总体达到显著超过秸秆不还田处理的水平，而且同一土层的过氧化氢酶活性都随秸秆还田量的增加而提升，不同量秸秆还田处理之间的差异时常达到显著水平。

董亮等（2017）在山东平原开展了连续 2 周年的小麦—玉米复种秸秆还田（小麦秸秆覆盖还田、玉米秸秆旋耕混埋还田）试验，第 2 周年麦收后土壤采样分析结果表明：土壤脱氢酶、脲酶、酸性磷酸酶活性都表现为秸秆 1.5 倍量还田≈全量还田＞半量还田＞不还田。其中，前两者都显著高于后两者，而后两者中，秸秆半量还田处理的土壤脲酶、酸性磷酸酶活性都显著高于不还田处理，只有土壤脱氢酶活性差异不显著。

贺美等（2018）在吉林公主岭开展了玉米秸秆在玉米追肥时垄沟填埋试验，玉米收获后 0～20cm 土层土壤采样分析结果表明，在同量配施氮磷钾肥的情景下，以单施氮磷钾肥为对照，不同量秸秆还田对土壤木聚糖酶、纤维素酶、乙酰基 β-1,4-葡萄糖胺酶、β-葡萄糖苷酶活性都有明显的提升作用，而且都总体表现为秸秆全量（9 000kg·hm^{-2}）还田＋氮磷钾肥＞半量（4 500kg·hm^{-2}）还田＋氮磷钾肥＞1/3 量（3 000 kg·hm^{-2}）还田＋氮磷钾肥＞单施氮磷钾肥。其中，全量还田处理土壤木聚糖酶活性显著高于半量还田处理，半量还田处理又显著高于 1/3 量还田和单施化肥处理，后两者无显著差异；全量还田处理和半量还田处理土壤纤维素酶活性显著高于 1/3 量还田和单施化肥处理，前两者之间和后两者之间都无显著差异；土壤 β-乙酰氨基葡萄糖苷酶活性在全量还田、半量还田、1/3 量还田之间无显著差异，但全量还田处理显著高于单施化肥处理；全量还田、半量还田、1/3 量还田处理土壤 β-1,4-葡萄糖苷酶活性都显著高于单施化肥处理，但前三者之间无显著差异。

闫洪奎等（2018）在沈阳农业大学北部试验基地开展了玉米秸秆旋耕混埋还田试验，玉米季分期（拔节始期、抽雄始期、乳熟中期、完熟期）土壤采样测定平均统计结果（表 4-14）显示，土壤脲酶、磷酸酶、蔗糖酶、纤维素酶活性都总体表现为秸秆全量还田＞半量还田＞不还田，其中对磷酸酶活性的激发作用最为显著，全量还田处理较不还田处理提升 66.37％。

表 4-14 不同量秸秆还田对玉米全生育期土壤酶活性的影响

秸秆还田量	脲酶 (mg·kg^{-1}·d^{-1})	磷酸酶 (mg·kg^{-1}·d^{-1})	蔗糖酶 (mg·kg^{-1}·d^{-1})	纤维素酶 (mg·kg^{-1}·d^{-1})
对照（不还田）	38.11	700.23	584.40	9.36
半量还田	44.73	962.95	593.50	10.19
全量还田	46.03	1 164.98	630.50	11.71

徐忠山等（2019）在内蒙古扎赉特旗开展了连续 2 年的不同量秸秆颗粒还田试验，玉米收获后土壤采样分析结果表明，无论是秸秆还田的第 1 年还是第 2 年，土壤蔗糖酶、脲酶、过氧化氢酶和碱性磷酸酶活性都总体上随秸秆还田量的增加而提升。

4.3.4.2 3/4 量秸秆还田对土壤酶活性的最佳激发作用

徐蒋来等（2015）在江苏扬州开展了水稻—小麦复种周年秸秆旋耕混埋还田试验，经过连续 3 年的秸秆还田后于 2013 年 11 月（水稻收后期）和 2014 年 6 月（小麦收获期）进行土壤采样分析，结果表明土壤蔗糖酶和过氧化氢酶活性都总体表现为秸秆 3/4 量还田＞1/2 量还田＞1/4 量还田＞全量还田＞不还田，其中前两者显著高于后三者，而且前两者之间、后三者之间差异不显著。

4.3.4.3 2/3 量秸秆还田对土壤酶活性的最佳激发作用

肖嫩群等（2008）在湖南益阳开展了连续 2 年的双季稻早稻秸秆翻埋还田试验，第 2 年晚稻收获后土壤采样分析结果（表 4-15）表明，与秸秆不还田相比，2/3 量水稻秸秆还田表现较佳，对土壤脲酶、过氧化氢酶、蛋白酶、纤维素酶活性都有一定的激发作用；全量水稻秸秆还田对土壤脲酶活性有明显的激发作用。

表4-15　早稻秸秆翻埋还田对晚稻生育期土壤酶活性的影响

单位：U

秸秆还田量	木聚糖酶	纤维素酶	蛋白酶	脲酶	过氧化氢酶
对照（不还田）	17.87	37.02	9.24	301.0	0.685
1/3量还田	10.21	24.26	10.12	269.5	0.100
2/3量还田	2.55	38.29	10.23	402.5	0.740
全量还田	2.55	25.53	9.87	434.0	0.675

注：木聚糖酶活性以5g土壤在37℃条件下恒温培养5d水解生成1μg还原糖为1个U。纤维素酶活性以10g土壤在33.5℃条件下恒温培养72h水解生成1μg葡萄糖为1个U。蛋白酶活性以1g土壤在27℃条件下恒温培养24h水解生成1μg氨基酸为1个U。脲酶活性以5g土壤在33.4℃条件下恒温培养24h水解生成1μg NH_3-N 为1个U。过氧化氢酶活性以2g土壤在30℃条件下恒温振荡培养20min水解1mL 0.3% H_2O_2 为1个U。

　　蔡丽君等（2015）在黑龙江佳木斯开展了连续5年的玉米—大豆轮作秸秆覆盖还田试验，末年大豆盛花期、鼓粒期、成熟期土壤采样分析平均统计结果表明，大豆各生育时期土壤脲酶、酸性磷酸酶、蔗糖酶、过氧化氢酶活性总体表现为秸秆60%还田＞全量还田＞30%还田＞不还田，而且60%还田处理与全量还田处理之间的差异时常达到显著水平。

　　刘高远等（2021）在河南开展了小麦—玉米复种玉米秸秆旋耕混埋还田试验，小麦收获期土壤采样分析结果（表4-16）表明，土壤脲酶、纤维素酶、木聚糖酶、漆酶活性皆表现为2/3量还田＞全量还田＞1/3量还田＞不还田。

表4-16　不同量玉米秸秆还田条件下土壤酶活性变化

单位：$U \cdot g^{-1}$

秸秆还田量	脲酶	纤维素酶	木聚糖酶	漆酶
秸秆不还田	166.2	11.7	5.2	12.7
1/3量还田	203.6	14.5	5.6	15.9
2/3量还田	240.4	17.8	6.9	17.1
全量还田	235.1	16.6	6.3	16.7

4.3.4.4　半量秸秆还田对土壤酶活性的最佳激发作用

　　王淑彬等（2011）在江西农业大学的红壤旱地上开展了连续5年的水稻秸秆覆盖还田试验，末年棉花收获结束后土壤采样分析结果表明，半量水稻秸秆覆盖对棉田土壤脲酶活性的增进作用与全量水稻秸秆覆盖完全相同，且略高于1.5倍量水稻秸秆覆盖。同时，半量水稻秸秆覆盖对土壤蔗糖酶活性的增进作用显著高于全量水稻秸秆覆盖，但显著低于1.5倍量水稻秸秆覆盖。

韩新忠等（2012）在江苏扬州开展了小麦—水稻复种小麦秸秆旋耕混埋还田试验，水稻成熟期土壤采样分析结果（表4-17）表明，不同量的小麦秸秆还田对土壤过氧化氢酶、蔗糖酶、脲酶活性都有明显的激发作用，其中1/2量小麦秸秆还田对3种酶的活性激发作用最明显，与秸秆不还田相比皆达到显著水平。

表4-17 不同小麦秸秆还田量对稻季土壤酶活性的影响

秸秆还田量	过氧化氢酶 ($mg \cdot g^{-1}$, 20min, 37℃)	蔗糖酶 ($mg \cdot g^{-1}$, 24h, 37℃)	脲酶 ($mg \cdot g^{-1}$, 24h, 37℃)
不还田	3.88c	59.95b	0.40b
1/4量还田	4.24a	69.16ab	0.79a
1/2量还田	4.35a	72.12a	0.79a
2/3量还田	4.21ab	67.29ab	0.62ab
全量还田	4.00bc	68.74ab	0.57ab

徐蒋来等（2015）在江苏扬州开展了水稻—小麦复种周年秸秆旋耕混埋还田试验，经过连续3年的秸秆还田后于2013年11月（水稻收后期）和2014年6月（小麦收获期）进行土壤采样分析，结果表明土壤脲酶活性总体表现为秸秆1/2量还田≈全量还田＞3/4量还田＞1/4量还田＞不还田，其中，1/2量还田处理和全量还田处理显著高于1/4量还田处理和不还田处理，而后三者之间无显著差异。

高日平等（2019）在内蒙古清水河开展了连续2年的玉米秸秆旋耕混埋还田试验，玉米季分期（苗期、拔节期、抽雄期、灌浆期、成熟期）土壤采样分析结果表明，秸秆1/4量（3 000kg·hm^{-2}）还田、半量（6 000kg·hm^{-2}）还田、全量（12 000kg·hm^{-2}）还田处理土壤过氧化氢酶、脲酶、蔗糖酶活性，在玉米各生育时期皆显著高于秸秆不还田处理。玉米全生育期土壤过氧化氢酶和脲酶平均活性都总体表现为秸秆半量还田＞1/4量还田＞全量还田＞不还田。其中，秸秆半量、1/4量、全量还田处理土壤过氧化氢酶平均活性较秸秆不还田处理分别提高 21.4%、30.9%和 16.5%。玉米全生育期土壤蔗糖酶平均活性总体表现为秸秆半量还田＞1/4 量还田＞全量还田＞不还田，其中秸秆半量还田处理较秸秆不还田处理提高 26.8%。

4.3.4.5　1/3 量秸秆还田对土壤酶活性的最佳激发作用

肖嫩群等（2008）在湖南益阳开展了连续 2 年的双季稻早稻秸秆翻埋还田试验，第 2 年晚稻收获后土壤采样分析结果（表 4-15）表明，1/3 量的水稻秸秆还田对土壤过氧化氢酶活性有最强的激发作用，对蛋白酶活性有一定的激发作用。

4.3.4.6　1/4 量秸秆还田对土壤酶活性的最佳激发作用

韩新忠等（2012）在江苏扬州开展了小麦—水稻复种小麦秸秆旋耕混埋还田试验，水稻成熟期土壤采样分析结果（表 4-17）表明，1/4 量的小麦秸秆还田对土壤过氧化氢酶、蔗糖酶、脲酶活性的激发作用，与 1/2 量的小麦秸秆还田皆无显著差异，即都有较好的表现。其中，1/4 量小麦秸秆还田对过氧化氢酶活性的激发作用显著超过全量小麦秸秆还田，对脲酶活性的激发作用明显超过 2/3 量和全量小麦秸秆还田。

4.3.5　两熟制秸秆组合还田对土壤酶活性的激发作用

黄淮海地区与关中平原地区小麦—玉米复种、长江中下游地区水稻—小麦、水稻—油菜复种等，上季作物秸秆或下季作物秸秆单独还田，或两季作物秸秆都还田，对土壤酶活性都可起到明显的或显著的激发作用，而且单季作物秸秆还田的激发作用有时也可达到最佳效果。在条件允许的情况下，两季作物秸秆一季还田、一季离田可作为秸秆综合利用的优选模式，从而使土壤生物环境得到保护，发挥秸秆离田的高值化利用效益。

夏强等（2013）在安徽蒙城开展了小麦—玉米复种小麦秸秆（全量粉碎覆盖还田）与玉米秸秆（全量粉碎翻埋还田）组合还田试验，小麦季和玉米季各生育时期土壤脲酶活性测定结果（表 4-6）显示，无论是单季秸秆还田还是两季秸秆都还田，无论是配施还是不配施化肥，小麦各生育时期和玉米各生育时期土壤脲酶活性总体上都高于秸秆不还田处理。在同量施用化肥的情况下，玉米各生育时期土壤脲酶活性，单季小麦秸秆还田处理总体上高于两季秸秆均还田处理，后者又总体上高于单季玉米秸秆还田处理；玉米全生育期土壤脲酶平均活性表现为单季小麦秸秆还田＞两季秸秆均还田＞单季玉米秸秆还田＞两季秸秆均不还田，前三者较后者分别高 23.33％、13.53％和 8.70％。

杨敏芳（2013）在江苏扬中开展了连续 2 年的水稻—小麦复种秸秆还田试验，第 2 年水稻收获时土壤采样分析结果（表 4-18）表明，单季水稻秸秆旋耕混埋还田对土壤脲酶和蔗糖酶活性的激发作用最高，单季水稻秸秆犁耕翻埋还田对土壤过氧化氢酶活性的激发作用最高。与此同时，单季小麦秸秆旋耕混埋还田处理的土壤蔗糖酶活性显著高于两季秸秆均还田处理。单季水稻秸秆犁耕翻埋还田处理的土壤脲酶和蔗糖酶活性，单季小麦秸秆犁耕翻埋还田处理的土壤脲酶、过氧化氢酶和蔗糖酶活性，单季水稻秸秆旋耕混埋还田处理的土壤过氧化氢酶活性，单季小麦秸秆旋耕混埋还田处理的土壤脲酶和过氧化氢酶活性，都与两季秸秆还田处理差异不显著。

表 4-18　水稻—小麦复种秸秆还田对土壤酶活性的影响

耕作与还田方式	秸秆还田处理	脲酶（mg・g^{-1}，24h，37℃）	过氧化氢酶（mg・g^{-1}，20min，37℃）	蔗糖酶（mg・g^{-1}，24h，37℃）
犁耕翻埋	两季秸秆都不还田	0.65c	7.47ab	0.56d
	小麦季水稻秸秆还田（水稻季小麦秸秆不还田）	0.69abc	7.57a	0.66c
	水稻季小麦秸秆还田（小麦季水稻秸秆不还田）	0.68bc	7.43abc	0.61cd
	两季秸秆全部还田	0.73ab	7.22bc	0.66c
旋耕混埋	两季秸秆都不还田	0.72ab	7.53a	0.36e
	小麦季水稻秸秆还田（水稻季小麦秸秆不还田）	0.75a	7.38abc	0.95a
	水稻季小麦秸秆还田（小麦季水稻秸秆不还田）	0.69bc	7.16c	0.92a
	两季秸秆全部还田	0.72ab	7.43abc	0.73b

丁永亮等（2014）在陕西三原开展了小麦—玉米复种小麦秸秆与玉米秸秆 9 种组合的还田处理试验（表 4-19），经过连续 4 年的秸秆还田试

验，第4年玉米收获后5～30cm土层土壤采样分析结果表明，单季的秸秆还田时常表现出对土壤酶活性的显著激发作用，其中单季的玉米秸秆免耕覆盖还田对FDA水解酶、多酚氧化酶、碱性磷酸酶、脱氢酶活性的激发作用都最为显著。

表4-19 小麦—玉米复种不同秸秆还田方式对土壤酶活性的影响

单位：$\mu g \cdot g^{-1} \cdot h^{-1}$

秸秆还田方式		$\beta-1,4-$葡萄糖苷酶	FDA水解酶	蔗糖酶	多酚氧化酶	碱性磷酸酶	脱氢酶
小麦秸秆还田（玉米秸秆不还田）	免耕覆盖还田	7.05cd	11.48b	853.44b	158.48d	80.17c	1.39a
	旋耕混埋还田	7.44bc	11.33b	758.07c	153.23d	82.98b	1.32a
玉米秸秆还田（小麦秸秆不还田）	免耕覆盖还田	7.39bc	16.14a	890.45b	264.93a	95.86a	1.57a
	旋耕混埋还田	6.71d	10.72b	687.62d	195.28c	78.65c	1.55a
两季秸秆都还田	两季秸秆免耕覆盖还田	8.45a	10.49b	708.26cd	239.96b	75.14d	1.32a
	小麦秸秆免耕覆盖还田＋玉米秸秆旋耕混埋还田	7.12cd	11.40b	959.48a	191.34c	85.29b	1.38a
	小麦秸秆旋耕混埋还田＋玉米秸秆免耕覆盖还田	5.36f	8.81bc	759.50c	233.39b	82.98b	1.40a
	两季秸秆旋耕混埋还田	7.68b	10.87b	597.95e	197.91c	78.33c	1.37a
两季秸秆都不还田		6.24e	6.44c	687.62d	193.96c	73.62d	1.30a

注：玉米秸秆粉碎免耕覆盖还田进行了旋耕施肥；玉米秸秆粉碎旋耕混埋还田进行了30cm的深松。

4.3.6 不同方式秸秆还田对土壤酶活性的激发作用

首先，覆盖还田、翻埋还田、混埋还田等不同方式的秸秆还田对土壤酶活性都起到显著的激发作用。其次，秸秆覆盖还田与翻埋还田或混埋还田对土壤酶活性的激发作用不同，但翻埋还田或混埋还田对土壤酶活性的激发作用时常超过秸秆覆盖还田。最后，秸秆覆盖还田对土壤酶活性的激发作用集中表现在土壤表层，从而使土壤表层的土壤酶活性"高上再高"；而翻埋还田或混埋还田却可使整个土层的土壤酶活性更加趋向均衡。

4.3.6.1 秸秆覆盖还田对土壤酶活性的激发作用

秸秆覆盖还田对土壤酶活性有着明显或显著的激发作用。王淑彬等

（2011）发现不同量水稻秸秆覆盖还田对棉田土壤过氧化氢酶、蔗糖酶与脲酶活性有激发作用；张桂玲（2011）发现桃园不同种类秸秆覆盖还田对土壤脲酶、磷酸酶活性有激发作用；夏强等（2013）发现小麦—玉米复种小麦秸秆全量粉碎覆盖还田对土壤脲酶活性有激发作用。

土壤酶活性与土壤微生物数量在土壤纵剖面的分布规律基本相同，即上层土层高、下层土层低。秸秆覆盖还田对土壤酶活性的激发作用又时常集中体现在土壤上层，或对上层土壤酶活性的激发作用更为明显，从而使上层土壤的酶活性"高上再高"，即使上下土层土壤酶活性的差距进一步增大。长期免耕秸秆覆盖的土壤缺乏扰动，土壤颗粒之间排列更加紧实，水气交换条件变差，碳源得不到有效补充，这些因素均不利于整个土层微生物的生长繁殖和酶活性的提升。

（1）秸秆覆盖还田对土壤酶活性的激发作用。

甄丽莎等（2012）在陕西杨凌开展了小麦—玉米复种周年秸秆全量还田（玉米秸秆翻埋还田、小麦秸秆覆盖还田）试验，小麦、玉米生长期内每10d进行一次0～20cm土层土壤采样分析，结果表明，秸秆还田可显著提升土壤蔗糖酶平均活性，使其较秸秆不还田处理高20.57％。与此同时，秸秆还田处理土壤纤维素酶、脲酶活性与不还田处理差异不显著，前者纤维素酶平均活性提高7.55％，脲酶平均活性下降3.24％。

杨琼会等（2021）在四川广汉开展了连续12年的水稻—小麦、水稻—油菜复种周年秸秆全量覆盖还田试验，末年水稻收割后0～20cm土层土壤采样分析结果表明，水稻—小麦复种秸秆还田处理的FDA水解酶活性较不还田处理提升26.10％。与此同时，水稻—小麦复种和水稻—油菜复种处理的土壤β-1,4-葡萄糖苷酶、脲酶、酸性磷酸酶、β-乙酰氨基葡萄糖苷酶活性，水稻—油菜复种处理的FDA水解酶活性，秸秆还田条件下与不还田条件下差异都不显著。

由此可见，秸秆覆盖还田对整个土层土壤酶活性的激发作用有一定的局限性。

（2）秸秆覆盖使上层土壤的酶活性"高上再高"。

王慧新等（2010）在辽宁彰武开展了大扁杏间作花生、玉米秸秆覆盖还田试验，花生收获后0～20cm土层土壤采样分析结果表明，不同量秸秆覆盖对土壤脲酶、蛋白酶、过氧化氢酶活性都有显著的增进作用，但对 0～20cm 土层土壤相关酶的增进作用显著超过 20～40cm 土层。具体表现：①土壤脲酶活性，秸秆不还田处理 0～20cm 土层和 20～40cm 土层分别为 2.5mg·g^{-1} 和 1.8mg·g^{-1}，前者比后者仅高 0.7mg·g^{-1}；而不同量秸秆覆盖还田处理使 0～20cm 土层土壤脲酶活性大幅度提升，平均达到 7.9mg·g^{-1}，比 20～40cm 土层高 4.9mg·g^{-1}，上下土层之间的差距显著增大。②土壤蛋白酶活性，秸秆不还田处理 0～20cm 土层土壤与 20～40cm 土层土壤都在 0.45mg·g^{-1} 左右；而不同量秸秆覆盖还田处理，20～40cm 土层土壤蛋白酶活性基本保持在 0.45mg·g^{-1} 左右，无显著变化，但却使 0～20cm 土层土壤猛增到 1.5～1.9mg·g^{-1}，平均增幅近 3 倍。③土壤过氧化氢酶活性，秸秆不还田处理 0～20cm 土层和 20～40cm 土层分别为 4.45mg·g^{-1} 和 4.20mg·g^{-1}，前者比后者仅高 0.25mg·g^{-1}；而不同量秸秆覆盖还田处理使 0～20cm 土层土壤过氧化氢酶活性平均达到 5.01mg·g^{-1}，比 20～40cm 土层高 0.68mg·g^{-1}，上下土层之间的差距也显著增大。

蔡丽君等（2015）在黑龙江佳木斯开展了连续 5 年的玉米—大豆轮作、不同量秸秆覆盖还田试验，末年大豆各生育时期土壤采样分析结果表明：首先，无论是秸秆还田还是不还田，无论是在大豆盛花期、鼓粒期还是在成熟期，表层土壤（0～10cm）脲酶、酸性磷酸酶、过氧化氢酶、蔗糖酶活性都明显或显著超过深层土壤（10～20cm）。其次，无论是在大豆盛花期、鼓粒期还是在成熟期，与秸秆不还田相比，不同量秸秆还田对表层土壤脲酶、酸性磷酸酶、过氧化氢酶、蔗糖酶活性的增进作用都超过深层土壤。最后，无论是在大豆盛花期、鼓粒期还是在成熟期，无论是表层土壤还是深层土壤，60％秸秆还田处理和全量秸秆还田处理土壤脲酶、酸性磷酸酶、过氧化氢酶、蔗糖酶活性都显著超过秸秆不还田处理，30％秸秆还田处理土壤脲酶、酸性磷酸酶、过氧化氢酶、蔗糖酶活性都明显超过秸秆不还田处理，且差异大多达到显著水平。

4.3.6.2　秸秆翻埋或混埋还田对土壤酶活性的激发作用

（1）秸秆翻埋或混埋还田对土壤酶活性的激发作用。

相较于秸秆覆盖还田，有关秸秆翻埋或混埋还田对土壤酶活性影响的研究文献更为丰富。

前文已描述了小麦秸秆和玉米秸秆深耕翻埋还田对土壤过氧化氢酶、蔗糖酶、脲酶活性的激发作用（汤树德，1980，1987）；肖嫩群等（2008）发现了双季稻早稻秸秆翻埋还田对土壤脲酶、过氧化氢酶、蛋白酶、纤维素酶活性的激发作用；韩新忠等（2012）发现了小麦—水稻复种不同量小麦秸秆旋耕混埋还田对土壤过氧化氢酶、蔗糖酶、脲酶活性的激发作用；萨如拉等（2014）发现了玉米秸秆全量翻埋还田对土壤过氧化氢酶、脲酶、蔗糖酶和纤维素酶活性的激发作用；徐蒋来等（2015）发现了水稻—小麦复种周年秸秆旋耕混埋还田对土壤脲酶活性的激发作用；薄国栋等（2017）发现了玉米秸秆和小麦秸秆翻埋还田对烟田土壤蔗糖酶、脲酶、碱性磷酸酶活性的激发作用；张聪等（2018）发现了长期玉米秸秆全量旋耕混埋还田对土壤过氧化氢酶、脲酶、碱性磷酸酶和蔗糖酶活性的激发作用；闫洪奎等（2018）发现了玉米秸秆旋耕混埋还田对土壤脲酶、磷酸酶、蔗糖酶、纤维素酶活性的激发作用；贺美等（2018）发现了不同量玉米秸秆垄沟填埋对土壤木聚糖酶、纤维素酶、β-乙酰氨基葡萄糖苷酶、β-1,4-葡萄糖苷酶活性的激发作用；高日平等（2019）发现了不同量玉米秸秆旋耕混埋还田对土壤过氧化氢酶、脲酶、蔗糖酶活性的激发作用；樊俊等（2019）发现了水稻秸秆、玉米秸秆、烟草秸秆旋耕混埋还田对烟田土壤蔗糖酶、脲酶、酸性磷酸酶活性的激发作用；徐忠山等（2019）发现了不同量玉米秸秆混埋还田对土壤蔗糖酶、脲酶、过氧化氢酶和碱性磷酸酶活性的激发作用；祁君凤等（2020）发现了双季稻早稻秸秆翻埋还田对晚稻季土壤过氧化氢酶、脲酶活性的激发作用；刘高远等（2021）发现了小麦—玉米复种不同量玉米秸秆旋耕混埋还田对土壤脲酶、纤维素酶、木聚糖酶、漆酶活性的激发作用。

隋文志等（1995）在黑龙江853农场开展了小麦秸秆混埋还田种植大豆微区试验，大豆季分期（分枝期、开花期和鼓粒期）土壤采样分析结果表明，与秸秆不还田相比，秸秆还田使大豆根际土壤固氮酶活性在大豆开花期、鼓粒期分别提升64.00%和61.38%。

徐国伟等（2009）在江苏扬州开展了连续3年的水稻—小麦复种小麦秸秆旋耕混埋还田试验，水稻季分期（移栽前、分蘖中期、穗分化期、抽穗期、成熟期）土壤采样分析结果表明，与秸秆不还田相比，秸秆还田使水稻全生育期土壤脲酶、过氧化氢酶、磷酸酶平均活性分别提升11.23％、11.97％和13.22％。

闫超等（2012）在哈尔滨开展了水稻秸秆翻埋还田试验，水稻生育期9次土壤采样分析结果（表4-20）表明，秸秆还田使水稻全生育期的土壤蔗糖酶平均活性显著提高，与秸秆不还田相比提升了19.80％。另外，秸秆还田对稻田过氧化氢酶活性无明显影响，对酸性磷酸酶和脲酶活性有一定的抑制作用。

表4-20 水稻秸秆还田对水稻季土壤酶活性的影响

处 理	项 目	脲酶 $(mg \cdot g^{-1} \cdot d^{-1})$	蔗糖酶 $(mg \cdot g^{-1} \cdot d^{-1})$	酸性磷酸酶 $(mg \cdot g^{-1} \cdot d^{-1})$	过氧化氢酶 $(mL \cdot g^{-1})$
秸秆还田	区间值	331.8~499.5	16.5~33.3	876.0~1 137.3	11.8~12.7
	平均值	445.5	20.2	979.6	12.0
秸秆不还田	区间值	458.7~745.5	14.0~19.8	920.0~1 093.9	11.0~12.8
	平均值	570.5	16.2	1 010.5	12.0

吴玉红等（2018）在陕西勉县开展了水稻—小麦复种水稻秸秆旋耕混埋还田试验，小麦收获后土壤采样分析结果表明，在常规施肥条件下，秸秆还田处理土壤脲酶、蔗糖酶活性较秸秆不还田处理分别提升29.02％和19.76％。

宋秋来等（2020）在黑龙江省农业科学院开展了连续3年的玉米连作与水旱轮作秸秆翻埋还田试验，末年作物收获后土壤采样分析结果表明，与秸秆不还田相比，玉米连作秸秆还田显著提高了土壤过氧化氢酶活性，水稻—水稻—玉米轮作秸秆还田显著提高了土壤蔗糖酶活性。

高梦瑶等（2021）在安徽巢湖开展了水稻—油菜复种水稻秸秆混埋还田试验，油菜季分期（蕾薹期、开花期、成熟期）土壤采样分析结果显示，在常规施肥条件下，水稻秸秆还田处理油菜各生育时期土壤脲酶、磷酸酶、过氧化氢酶活性分别提高12.77％~29.03％、15.79％~25.00％和7.11％~7.25％。

（2）秸秆翻埋或混埋还田使整个土层的土壤酶活性趋向均衡。

秸秆翻埋或混埋还田不会完全打破整个土层"上高下低"的土壤酶活性基本分布规律，但相较于秸秆覆盖还田（"高上再高"），却时常能使整个土层的土壤酶活性趋向均衡，即使上下土层土壤酶活性同步提高、相对差距下降，或使下层土壤酶活性增幅超过上层、差距直接下降。但个别酶如过氧化氢酶的活性可能会更加"上高下低"。

路文涛等（2011）在宁夏彭阳开展了连续 3 年的秸秆（2007 年谷子秸秆、2008 年玉米秸秆、2009 年谷子秸秆）翻埋还田试验，2009 年玉米收获后土壤采样分析结果表明，秸秆还田处理各土层土壤酶活性增长幅度，碱性磷酸酶和蔗糖酶以中层（20～40cm）为最高，脲酶以深层（40～60cm）为最高，过氧化氢酶各土层基本相当。各种酶活性具体增幅：碱性磷酸酶活性，中层（70%）＞深层（60%）＞浅层（24%）；蔗糖酶活性，中层（79%）＞浅层（68%）≈深层（67%）；脲酶活性，深层（60%）＞中层（8.6%）≈浅层（8.1%）；过氧化氢酶活性，浅层（7%）＞深层（5%）＞中层（2%）。由此可知，秸秆还田使整个土层土壤碱性磷酸酶、蔗糖酶、脲酶活性的分布趋于均衡，使过氧化氢酶活性的分布更加"上高下低"。

刘艳慧等（2016b）在山东德州开展了连续 5 年的棉花秸秆旋耕混埋还田试验，2014 年 4—9 月每月中旬前后土壤采样分析结果表明：与秸秆不还田相比，秸秆还田使 0～20cm、20～40cm、40～60cm 土层棉花全生育期土壤脲酶平均活性分别增长 4.27%、13.43%、24.03%，其中 20～40cm 土层和 40～60cm 土层显著提升；土壤蔗糖酶平均活性分别增长 27.08%、46.96%、57.59%，均显著提升；土壤过氧化氢酶平均活性分别增长 8.73%、2.82%、2.08%，其中 0～20cm 土层显著提升。由此可知，秸秆还田使整个土层土壤脲酶、蔗糖酶活性的分布趋于均衡，使过氧化氢酶活性的分布更加"上高下低"。

李磊等（2019）在宁夏银川引黄灌区开展了玉米秸秆翻埋还田、持续种植油葵试验，油葵苗期、现蕾期、收获期土壤采样分析统计结果（表 4-12）表明，与秸秆不还田相比，秸秆还田使中层土壤酶活性增幅高于深层，深层又高于表层，因此使整个土层的土壤酶活性趋于均衡。具体而言：①秸秆还田 1 年，各土层土壤脲酶活性增长幅度为 10～20cm 土层（42.42%）＞20～30cm 土层（32.91%）＞0～10cm 土层（21.74%），土壤碱性磷酸酶活性增长幅度为 10～20cm 土层（36.24%）＞20～30cm

土层（30.36%）＞0～10cm 土层（17.89%）。②秸秆还田 2 年，各土层土壤碱性磷酸酶活性增幅为 10～20cm 土层（121.67%）＞20～30cm 土层（32.56%）＞0～10cm 土层（27.64%），土壤脲酶活性增幅为 10～20cm 土层（93.94%）≈0～10cm 土层（93.79%）＞20～30cm 土层（30.38%）。由此可知，秸秆还田使整个土层土壤脲酶、碱性磷酸酶活性的分布都趋于均衡。

4.3.6.3　不同方式秸秆还田对土壤酶活性激发作用的比较分析

首先，秸秆犁耕翻埋还田与旋耕混埋还田对土壤酶活性的激发作用各有千秋，且经常差异不显著。尽管不乏秸秆犁耕翻埋还田处理显著超过旋耕混埋还田处理、旋耕混埋还田处理显著超过犁耕翻埋还田处理的案例，但第一种情况更为多见。

其次，秸秆犁耕翻埋还田对土壤酶活性的激发作用总体上超过秸秆覆盖还田，而且差异时常达到显著水平。但也有案例表明，秸秆覆盖还田对土壤酶活性的激发作用可显著超过秸秆翻埋或混埋还田。

再次，不同方式秸秆还田对不同土层土壤酶活性影响的试验结果更加充分地表明，秸秆覆盖还田使上层土壤酶活性"高上再高"，而秸秆翻埋或混埋还田使整个土层的酶活性更加趋向均衡。

（1）秸秆犁耕翻埋还田与旋耕混埋还田对土壤酶活性的激发作用不同，且差异经常不显著。

杨敏芳（2013）在江苏扬中开展了连续 2 年的水稻—小麦复种秸秆还田试验，第 2 年水稻收获时土壤采样分析结果（表 4－18）表明，单季水稻秸秆还田、单季小麦秸秆还田、两季秸秆均还田处理，犁耕翻埋与旋耕混埋对土壤脲酶、过氧化氢酶活性的激发作用互有高低，但差异都不显著。

孟庆阳等（2016）在河南商水开展了小麦—玉米复种玉米秸秆全量还田试验，小麦季 4 个时期（越冬期、拔节期、开花期、成熟期）、分土层（上层 0～20cm、下层 20～40cm）土壤采样分析结果表明，秸秆还田处理土壤酶活性在上、下土层总体上超过秸秆不还田处理，而且秸秆犁耕翻埋还田与旋耕混埋还田对土壤酶活性的影响又各不相同，但大多差异不显著。具体而言：①秸秆还田处理土壤过氧化氢酶活性在上、下土层都总体上超过秸秆不还田处理，但在犁耕秸秆翻埋还田、犁耕秸秆不还田、旋耕秸秆混埋还田、旋耕秸秆不还田 4 种处理之间差异不显著。②土壤蔗糖酶活性在上、下土层总体表现为旋耕秸秆混埋还田＞犁耕秸秆翻埋还田＞犁耕秸秆不还田＞旋耕秸秆不还田。但在犁耕秸秆翻埋还田与旋耕秸秆混埋还田处理之间，小麦越冬期、开花期、成熟期的上层土壤和拔节期、开花期、成熟期的下层土壤的蔗糖酶活性差异都不显著。③土壤脲酶活性在上、下土层总体表现为犁耕秸秆翻埋还田＞旋耕秸秆混埋还田＞犁耕秸秆不还田＞旋耕秸秆不还田。但在犁耕秸秆翻埋还田与旋耕秸秆混埋还田处理之间，小麦越冬期、拔节期、成熟期的上层土壤和 4 个时期的下层土壤脲酶活性差异都不显著。④土壤碱性磷酸酶活性在上、下土层总体表现为犁耕秸秆翻埋还田＞旋耕秸秆混埋还田＞犁耕秸秆不还田＞旋耕秸秆不还田。但在犁耕秸秆翻埋还田与旋耕秸秆混埋还田处理之间，小麦越冬期、开花期、成熟期的上层土壤和越冬期、拔节期、成熟期的下层土壤碱性磷酸酶活性差异都不显著。

（2）犁耕秸秆翻埋还田对土壤酶活性的激发作用可超过旋耕秸秆混埋还田。

杨文平等（2011）在河南辉县开展了小麦—玉米复种玉米秸秆还田试验，小麦季分期（返青期、拔节期、开花期、成熟期）土壤采样分析结果（表 4-5）表明，小麦各生育时期土壤脲酶和过氧化氢酶活性皆表现为秸秆犁耕翻埋还田＞旋耕混埋还田＞不还田。秸秆犁耕翻埋还田处理的土壤脲酶活性，在小麦各生育时期都显著超过秸秆旋耕混埋还田处理；秸秆犁耕翻埋还田处理的土壤过氧化氢酶活性，在小麦返青期和拔节期都显著超过秸秆旋耕混埋还田处理，而在开花期和成熟期又都差异不显著。小麦全生育期土壤脲酶和过氧化氢酶平均活性，秸秆犁耕翻埋还田处理较旋耕混埋还田处理分别高 6.71％和 8.83％。

孟庆阳等（2016）在河南商水开展了小麦—玉米复种玉米秸秆全量还田试验，小麦季分期（越冬期、拔节期、开花期、成熟期）、分土层（上层 0～20cm、下层 20～40cm）土壤采样分析结果表明，越冬期的下层土壤蔗糖酶活性、开花期的上层土壤脲酶活性、拔节期的上层土壤磷酸酶活性和开花期的下层土壤磷酸酶活性，犁耕秸秆翻埋还田处理都显著高于旋耕秸秆混埋还田处理。

杨恒山等（2017）在内蒙古民大农场（西辽河平原）开展了连续 2 年的玉米秸秆还田试验，第 2 年玉米吐丝期土壤采样分析结果（表 4-21）表明，土壤蔗糖酶、脲酶、过氧化氢酶、碱性磷酸酶、纤维素酶活性，深耕秸秆翻埋还田处理都极显著或显著地高于旋耕秸秆混埋还田处理，而旋耕秸秆混埋还田处理又都极显著或显著地高于旋耕秸秆不还田处理。

表 4-21　玉米秸秆还田对土壤酶活性的影响

还田方式	蔗糖酶 （mg・g⁻¹， 24h）	脲酶 （mg，100g， 24h）	过氧化氢酶 （mL・g⁻¹， 24h）	碱性磷酸酶 （mg・g⁻¹， 24h）	纤维素酶 （mg・g⁻¹， 72h）
深耕秸秆 翻埋还田	$9.86\pm0.10A$	$22.35\pm0.21A$	$13.78\pm0.01A$	$5.47\pm0.05A$	$0.67\pm0.01a$
旋耕秸秆 混埋还田	$8.68\pm0.08B$	$15.41\pm0.21B$	$12.34\pm0.03B$	$4.74\pm0.08B$	$0.47\pm0.02b$
旋耕秸秆 不还田	$5.28\pm0.06C$	$8.56\pm0.27C$	$11.56\pm0.14C$	$3.78\pm0.04C$	$0.30\pm0.02c$

注：不同大写字母表示不同秸秆还田处理间差异极显著（$P<0.01$），不同小写字母表示不同秸秆还田处理间差异显著（$P<0.05$）。余同。

（3）旋耕秸秆混埋还田对土壤酶活性的激发作用也可超过犁耕秸秆翻埋还田。

杨敏芳（2013）在江苏扬中开展了连续 2 年的水稻—小麦复种秸秆还田试验，第 2 年水稻收获时土壤采样分析结果（表 4-18）表明，单季水稻秸秆还田、单季小麦秸秆还田、两季秸秆均还田条件下，旋耕混埋处理的土壤蔗糖酶活性都显著超过犁耕翻埋处理。

孟庆阳等（2016）在河南商水开展了小麦—玉米复种玉米秸秆全量还田试验，小麦季分期、分土层土壤采样分析结果表明，小麦拔节期的上层土壤蔗糖酶活性，旋耕秸秆混埋还田处理显著超过犁耕秸秆翻埋还田处理。

（4）犁耕秸秆翻埋还田对土壤酶活性的激发作用时常超过免耕秸秆覆盖还田。

于寒等（2015）在吉林松原开展了玉米秸秆还田试验，玉米季分期土壤采样分析结果（表 4-22）表明，在玉米各生育时期绝大多数时候，秸秆翻埋还田处理土壤脲酶、蔗糖酶、过氧化氢酶活性超过秸秆覆盖还田处理，而且在不少时候差异达到显著水平。在玉米长期连作的耕作制度条件下，秸秆翻埋还田处理玉米全生育期土壤脲酶、蔗糖酶、过氧化氢酶平均活性较覆盖还田处理分别提升 28.00%、18.67% 和 2.87%。在玉米—小麦轮作的耕作制度条件下，秸秆翻埋还田较覆盖还田处理玉米全生育期土壤脲酶、蔗糖酶、过氧化氢酶平均活性分别提升 2.22%、10.60% 和 4.12%。

表 4-22　秸秆还田对玉米季土壤酶活性的影响

土壤酶	耕作制度	秸秆还田处理	玉米全生育期酶活性						
			平均	苗期	拔节期	大喇叭口期	抽雄吐丝期	乳熟中期	成熟期
脲酶 (NH$_3$-N, mg·g^{-1}·d^{-1})	玉米长期连作	覆盖还田	0.25	0.29b	0.21b	0.21c	0.30c	0.25c	0.21b
		翻埋还田	0.32	0.31b	0.24b	0.29b	0.45b	0.35b	0.26b
	玉米—小麦轮作	覆盖还田	0.45	0.52a	0.43a	0.39a	0.54a	0.42a	0.37a
		翻埋还田	0.46	0.56a	0.45a	0.41a	0.56a	0.41a	0.39a
蔗糖酶 (葡萄糖, mg·g^{-1}·d^{-1})	玉米长期连作	覆盖还田	4.82	4.68b	5.53b	6.34c	4.06c	4.16c	4.13c
		翻埋还田	5.72	4.87b	5.96b	7.23b	6.02b	5.15b	5.09b
	玉米—小麦轮作	覆盖还田	6.70	7.16a	7.95a	8.46a	6.11b	5.33b	5.18b
		翻埋还田	7.41	7.89a	7.95a	8.59a	7.52a	6.48a	6.04a
过氧化氢酶 (KMnO$_4$, 0.1mL·g^{-1})	玉米长期连作	覆盖还田	4.18	3.29b	3.86b	4.56b	4.82b	4.34c	4.18b
		翻埋还田	4.30	3.64b	3.72b	4.90b	5.01b	4.52c	4.02b
	玉米—小麦轮作	覆盖还田	5.83	5.18a	5.40a	6.03a	7.04a	6.22a	5.10a
		翻埋还田	6.07	5.21a	5.96a	6.41a	7.21a	6.39a	5.24a

徐莹莹等（2018）在黑龙江齐齐哈尔开展了玉米秸秆还田试验，玉米各生育时期（苗期、拔节期、吐丝期、成熟期）土壤采样分析结果（表 4-7）表明，秸秆翻埋还田处理玉米根际土壤脲酶、蔗糖酶和过氧化氢酶活性全部超过秸秆覆盖还田处理。其中，除苗期外，玉米各生育时期秸秆翻埋还田处理土壤脲酶和过氧化氢酶活性全部显著超过秸秆覆盖还田处理；除拔节期外，玉米各生育时期秸秆翻埋还田处理土壤蔗糖酶活性皆显著超过秸秆覆盖还田处理。玉米全生育期秸秆翻埋还田处理土壤脲酶、蔗糖酶和过氧化氢酶平均活性较覆盖还田分别高 18.28%、8.34% 和 8.85%。

刘玮斌等（2019）在吉林长春开展了玉米秸秆还田试验，玉米季分期

（苗期、拔节期、抽雄期、灌浆期、蜡熟期）土壤采样分析结果表明，土壤过氧化氢酶、蔗糖酶、脲酶和酸性磷酸酶活性，在玉米各生育时期都总体表现为秸秆深耕翻埋还田＞秸秆覆盖还田＞秸秆不还田。以玉米抽雄期为例，秸秆深耕翻埋还田和秸秆覆盖还田与秸秆不还田相比，过氧化氢酶活性分别升高 14.91％和 9.29％，蔗糖酶活性升高 32.20％和 20.26％，脲酶活升高 10.53％和 5.84％，酸性磷酸酶活性升高 19.79％和 8.59％。

潘晶等（2021）在沈阳师范大学实验田开展了玉米秸秆还田试验，玉米季分期（苗期、拔节期、大喇叭口期、抽雄期、乳熟期、成熟期）土壤采样分析结果（表4-8）表明，秸秆覆盖还田处理和翻埋还田处理土壤脲酶、蔗糖酶、过氧化氢酶活性，在玉米各生育时期绝大多数时候超过秸秆不还田处理，而秸秆翻埋还田处理又都超过覆盖还田处理。玉米全生育期土壤脲酶、蔗糖酶、过氧化氢酶平均活性，秸秆覆盖还田处理比不还田处理分别提升 25.00％、11.29％和 7.27％，秸秆翻埋还田处理比覆盖还田处理又分别提升 36.00％、13.53％和 5.81％。

（5）免耕秸秆覆盖还田对土壤酶活性的激发作用也可超过犁耕翻埋/旋耕混埋还田。

丁永亮等（2014）在陕西三原开展了小麦—玉米复种小麦秸秆与玉米秸秆9种组合的还田处理，经过连续4年的秸秆还田后，第4年玉米收获后5～30cm土层土壤采样分析结果（表4-19）表明，免耕秸秆覆盖还田处理土壤酶活性总体上超过旋耕秸秆混埋还田处理。其中，单季小麦秸秆免耕覆盖还田处理的土壤蔗糖酶和碱性磷酸酶活性皆显著超过单季小麦秸秆旋耕混埋还田处理；单季玉米秸秆免耕覆盖还田处理的土壤 β-1,4-葡萄糖苷酶、FDA水解酶、蔗糖酶、多酚氧化酶和碱性磷酸酶活性皆显著超过单季玉米秸秆旋耕混埋还田处理；两季秸秆免耕覆盖还田处理的土壤 β-1,4-葡萄糖苷酶、蔗糖酶和多酚氧化酶活性皆显著超过两季秸秆旋耕混埋还田处理。另外，两季秸秆旋耕混埋还田处理的碱性磷酸酶活性显著超过两季秸秆免耕覆盖还田处理。

赵雪淞等（2020）在辽宁西北部沙地开展了玉米秸秆还田试验，玉米收获后土壤采样分析结果（表4-23）显示，免耕秸秆覆盖还田处理土壤6种酶即蔗糖酶、脲酶、蛋白酶、磷酸酶、脂肪酶、过氧化物酶的活性皆显著超过平耕秸秆翻埋还田处理和垄耕秸秆翻埋还田处理。

表 4 - 23　不同玉米秸秆还田方式下的土壤酶活性差异

处　理	项　目	蔗糖酶	脲酶	蛋白酶	磷酸酶	脂肪酶	过氧化氢酶
免耕覆盖还田	提升比例（％）	39.83	38.91	24.03	27.18	17.77	40.10
较平耕秸秆翻埋还田	差异显著性	显著	显著	显著	显著	显著	显著
免耕覆盖还田	提升比例（％）	30.93	49.26	20.99	16.40	27.37	28.14
较垄耕秸秆翻埋还田	差异显著性	显著	显著	显著	显著	显著	显著

（6）不同方式秸秆还田对各土层土壤酶活性的影响。

不同耕作方式对土壤的扰动程度不同，所形成的不同土壤环境导致土壤酶活性分布的变化。不同方式秸秆还田对各土层土壤酶活性影响的比较试验和分析更加充分地说明秸秆覆盖还田使上层土壤酶活性"高上再高"，而秸秆翻埋或混埋还田使整个土层的土壤酶活性更加趋向均衡。

任万军等（2011）在四川郫县开展了水稻—小麦复种小麦秸秆全量还田试验，水稻季分期（分蘖期、拔节期、孕穗期、抽穗期、成熟期）、分土层（上层 0～10cm、下层 10～20cm）土壤采样分析结果表明，秸秆覆盖还田处理上层土壤酶活性总体上高于翻埋还田处理，而秸秆覆盖还田处理下层土壤酶活性又总体上低于翻埋还田处理。具体而言：①秸秆覆盖还田处理上层土壤脲酶活性比翻埋还田处理高 10.2％～21.9％，酸性磷酸酶活性高 5.9％～20.4％，蛋白酶活性高 8.2％～28.8％，纤维素酶活性（分蘖期除外）高 2.2％～14.2％。②秸秆覆盖还田处理下层土壤脲酶活性比翻埋还田处理低 2.3％～12.3％，酸性磷酸酶活性（孕穗期除外）高 1.2％～68.0％，蛋白酶活性低 2.7％～11.3％，纤维素酶活性低 2.9％～19.7％。

隋鹏祥等（2016）在沈阳农业大学试验基地开展了玉米连作秸秆全量还田试验，玉米拔节期、灌浆期、成熟期分土层（上层 0～15cm、下层 15～25cm）土壤采样分析统计结果（表 4 - 24）表明：①与秸秆不还田相比，无论是犁耕秸秆翻埋还田、旋耕秸秆混埋还田还是免耕秸秆覆盖还田，对上、下层土壤酶（免耕下层 β - 1,4 - 葡萄糖苷酶除外）活性都有明显的激发作用。②秸秆覆盖还田对下层土壤 β - 1,4 - 葡萄糖苷酶和 β - 乙酰氨基葡萄糖苷酶活性的激发作用显著低于犁耕秸秆翻埋还田和旋耕秸秆混埋还田，甚至使下层土壤 β-1,4-葡萄糖苷酶活性出现负增长，对下层土壤酸性磷酸酶活性的激发作用高于犁耕秸秆翻埋还田、低于旋耕秸秆混埋还田。③不同秸秆还田方式对上层土壤酶活性的激发作用互有高低。旋耕秸秆混埋还田对 β-1,4-葡萄糖苷酶和 β-乙酰氨基葡萄糖苷酶活性的激发作用最显著；免耕秸秆覆盖还田对酸性磷酸酶活性的激发作用最显著；犁耕秸秆翻埋还田对 β-1,4-葡萄糖苷酶和 β-乙酰氨基葡萄糖苷酶活性的激发作用都居中。

表 4-24　不同方式秸秆还田对上、下土层土壤酶活性的影响

单位：nmol·g^{-1}·h^{-1}

土壤酶	耕作方式	不同土层酶活性					
		0～15cm			15～25cm		
		秸秆还田	秸秆不还田	还田较不还田增长（%）	秸秆还田	秸秆不还田	还田较不还田增长（%）
β-1,4-葡萄糖苷酶	翻耕	140	108	29.63	89	83	7.23
	旋耕	138	92	50.00	90	82	9.76
	免耕	82	76	7.89	79	89	−11.24
β-乙酰氨基葡萄糖苷酶	翻耕	34	22	54.55	19	16	18.75
	旋耕	46	24	91.67	15	12	25.00
	免耕	19	16	18.75	14	13	7.69
酸性磷酸酶	翻耕	370	299	23.75	230	216	6.48
	旋耕	354	273	29.67	256	202	26.73
	免耕	329	230	43.04	255	223	14.35

刘新雨等（2021）在吉林长春九台区开展了玉米秸秆全量还田试验，玉米成熟期分土层（上层 0～20cm，下层 20～40cm）土壤采样分析结果表明：①上层土壤脲酶活性增长幅度，秸秆覆盖还田处理显著超过深翻秸秆还田处理，两者较秸秆不还田处理分别提升 35.7% 和 5.81%；下层土壤脲酶活性增长幅度，深翻秸秆还田处理显著超过秸秆覆盖还田处理，两者较秸秆不还田处理分别提升 30.95% 和 6.35%。②上层土壤过氧化氢酶活性增长幅度，秸秆覆盖还田处理显著超过深翻秸秆还田处理，较秸秆不还田处理分别提升 106.25% 和 22.70%；下层土壤过氧化氢酶活性增长幅度，深翻秸秆还田处理又显著超过秸秆覆盖还田处理，其中深翻秸秆还田处理较不

还田处理提升 38.50%，秸秆覆盖还田处理与秸秆不还田处理差异不显著。③土壤酸性磷酸酶活性的增长幅度，深翻秸秆还田处理在上、下土层都显著超过秸秆覆盖还田处理。与秸秆不还田相比，深翻秸秆还田使上、下土层的酸性磷酸酶活性增幅分别达到 75.05% 和 77.5%，覆盖还田对上层土壤酸性磷酸酶活性的增幅也达到 56.40%，但对下层土壤的增幅仅为 24.5%。

4.3.7 秸秆还田与化肥配施对土壤酶活性的协同激发作用

单纯秸秆还田和单施化肥对土壤酶活性都可产生明显的增进作用，而秸秆还田配施化肥对土壤酶活性的增进作用则更加明显：相较于单纯的秸秆还田或单施化肥可"高上再高"，相较于秸秆不还田且不施化肥可产生倍增作用。而且在同等秸秆还田的条件下，土壤酶活性可随化肥配施量的增加而增加；在等量施用化肥的条件下，土壤酶活性又可随秸秆还田量的增加而增加。对于后一点，前文已经有大量阐述。

4.3.7.1 秸秆还田配施化肥处理土壤酶活性可明显超过单纯秸秆还田处理

解媛媛等（2010）在陕西开展了小麦—玉米复种小麦秸秆翻埋还田配施化肥试验，玉米各生育时期（播种期、拔节期、抽雄期、灌浆期、成熟期）土壤采样测定结果（表4-25）表明，以单纯秸秆还田（不施化肥）为对照，低量和高量的氮肥配施对玉米各生育时期土壤蔗糖酶、脲酶、碱性磷酸酶活性都有一定的激发作用，且以高量配施氮肥处理的作用更为明显。

表 4-25 小麦—玉米复种小麦秸秆还田配施化肥对玉米季
土壤酶活性的影响

试验处理				蔗糖酶 $(mg \cdot g^{-1}, 24h)$		脲酶 $(mg \cdot g^{-1}, 24h)$		碱性磷酸酶 $(mg \cdot g^{-1}, 24h)$		多酚氧化酶 $(mg \cdot g^{-1}, 2h)$	
项 目	物料配比（kg·hm⁻²）			变幅	平均	变幅	平均	变幅	平均	变幅	平均
	小麦秸秆	N	P₂O₅								
秸秆还田、不施化肥	7 250	0	0	10.19~31.15	21.08	1.22~3.36	1.95	1.52~2.43	1.95	0.16~1.32	0.77
秸秆还田、低量氮肥	7 250	391	750	16.07~32.73	25.62	1.13~3.82	1.96	2.09~2.74	2.34	0.18~1.05	0.53
秸秆还田、高量氮肥	7 250	489	750	16.61~34.99	27.27	1.25~4.70	2.30	1.83~3.15	2.40	0.32~1.32	0.62

杨滨娟等（2014）在江西农业大学科技园开展了连续 2 年的水田秸秆还田配施化肥试验，8 种化肥配施处理分别为氮肥、1.5 倍量氮肥、磷肥、1.5 倍量磷肥、氮磷肥、1.5 倍量氮磷肥、氮磷钾肥、1.5 倍量氮磷钾肥，水稻成熟期根际土壤采样分析结果表明，以单纯的秸秆还田处理为对照，秸秆还田配施化肥处理土壤过氧化氢酶、脲酶、蔗糖酶活性均有提高，其中土壤过氧化氢酶活性增幅为 1.11%～126.20%，脲酶活性增幅为 2.67%～69.33%，蔗糖酶活性增幅为 15.41%～98.69%。具体而言：秸秆还田处理土壤过氧化氢酶活性，1.5 倍量氮磷钾肥、氮磷钾肥、1.5 倍量氮磷肥配施处理显著高于对照，其他差异不显著；土壤蔗糖酶活性，1.5 倍量氮肥、1.5 倍量氮磷钾肥、氮肥、氮磷钾肥配施处理显著高于对照，其他差异不显著；土壤脲酶活性差异皆不显著。

宫秀杰等（2020）在黑龙江哈尔滨开展了玉米秸秆全量翻埋还田试验，玉米苗期、灌浆期、成熟期土壤采样分析结果表明，秸秆还田配施氮肥处理土壤酶活性总体上高于不配施氮肥处理。其中，秸秆还田处理土壤过氧化氢酶活性由不施氮处理的 $48.57～55.92U \cdot mL^{-1}$ 提升到施氮处理的 $50.69～59.34U \cdot mL^{-1}$，且差异在灌浆期达显著水平；蔗糖酶活性由不施氮处理的 $36.90～51.85U \cdot mL^{-1}$ 提升到施氮处理的 $46.40～58.22$ $U \cdot mL^{-1}$，在 3 个时期差异均达显著水平；施氮处理土壤脲酶活性在灌浆期显著高于不施氮处理，其他两个时期差异不显著。

4.3.7.2　秸秆还田配施化肥土壤酶活性可明显或显著地超过单施化肥

夏强等（2013）在安徽蒙城开展了小麦—玉米复种小麦秸秆全量粉碎覆盖还田、玉米秸秆全量粉碎翻埋还田配施化肥（氮肥和氮磷钾复合肥）试验，小麦和玉米各生育时期土壤脲酶活性测定结果（表 4-6）表明，小麦秸秆还田配施化肥、玉米秸秆还田配施化肥较单施化肥，小麦全生育期土壤脲酶平均活性分别提高 2.98% 和 14.62%，玉米全生育期土壤脲酶平均活性分别提高 8.70% 和 23.33%。

顾美英等（2016）在新疆和田地区开展了枣行小麦—绿豆复种秸秆全量粉碎混埋还田试验，经过连续 5 季的秸秆还田，第 6 季绿豆收获后土壤采样分析结果表明，秸秆还田配施氮磷钾肥与单施氮磷钾肥相比，土壤过氧化氢酶、蔗糖酶、脲酶、蛋白酶和磷酸酶活性都有所提升，但只有磷酸酶活性表现为显著提升，增幅为 26.92%。

贺美等（2018）在吉林公主岭开展了玉米秸秆在玉米追肥时垄沟填埋试验，玉米收获后 0～20cm 土层土壤采样分析结果表明，土壤木聚糖酶、纤维素酶、β-乙酰氨基葡萄糖苷酶和 β-1,4-葡萄糖苷酶的活性全部表现为秸秆还田配施氮磷钾肥＞单施氮磷钾肥＞秸秆不还田且不施化肥。相较于单施氮磷钾肥，不同量（1/3 量、1/2 量、全量）的秸秆还田配施氮磷钾肥，土壤木聚糖酶、纤维素酶、β-乙酰氨基葡萄糖苷酶和 β-1,4-葡萄糖苷酶的活性分别提高了 17.18%～140.53%、1.69%～111.40%、15.37%～42.72% 和 34.03%～64.32%。

4.3.7.3 秸秆还田配施化肥对土壤酶活性的倍增作用

秸秆还田配施化肥与单纯秸秆还田、单施化肥、秸秆不还田且不施化肥处理土壤酶活性的综合比较分析结果表明，秸秆还田配施化肥处理的土壤酶活性不仅明显地超过单纯秸秆还田或单施化肥处理，而且相较于秸秆不还田且不施化肥处理有明显的倍增作用。

隋文志等（1995）在黑龙江 853 农场开展了小麦秸秆混埋还田种植大豆微区试验，大豆季分期（分枝期、开花期和鼓粒期）土壤采样分析结果表明，秸秆还田配施氮肥可显著地提升根际土壤固氮酶活性。相较于单施氮肥、单纯秸秆还田、秸秆不还田且不施氮肥，秸秆还田配施氮肥使大豆开花期固氮酶活性分别提升 45.83%、70.73% 和 180.00%，使大豆鼓粒期固氮酶活性分别提升 62.23%、19.65% 和 93.09%。相较于秸秆不还田且不施氮肥，秸秆还田配施氮肥对固氮酶活性的倍增效果明显。

邱莉萍等（2004）在西北农林科技大学长期肥料定位试验基地开展了连续 25 年的小麦—玉米复种玉米秸秆翻埋还田试验，2002 年冬小麦播种前土壤采样分析结果（表 4-26）表明，土壤脲酶、蔗糖酶、碱性磷酸酶、多酚氧化酶活性全部表现为秸秆还田配施化肥＞单施化肥＞秸秆不还田且不施化肥。

陈强龙（2009）在陕西杨凌开展了小麦—玉米复种玉米秸秆翻埋还田配施化肥试验，对小麦生育期 20 次土壤采样分析结果进行平均，发现秸秆还田配施化肥可显著提高土壤脱氢酶活性，对土壤多酚氧化酶活性则没有显著影响。各试验处理小麦全生育期土壤脱氢酶活性依次为秸秆还田配施氮肥＞秸秆还田配施氮磷肥＞单纯秸秆还田＞秸秆不还田且不施化肥，其中前者较后三者分别提高 10.3%、12.0%和 37.04%，倍增作用十分明显。

表 4-26　小麦—玉米复种玉米秸秆长期还田土壤酶活性变化

单位：$\mu g \cdot g^{-1} \cdot h^{-1}$

试验处理	脲酶	蔗糖酶	碱性磷酸酶	多酚氧化酶
秸秆不还田且不施化肥	78.5	1 035.9	94.2	445.2
单施化肥（秸秆不还田）	85.3	1 148.4	95.6	479.1
秸秆还田配施化肥	87.9	1 219.1	96.3	521.7

注：玉米秸秆还田量为 9 375kg·hm^{-2}；化肥施用量统一为尿素 450kg·hm^{-2}、过磷酸钙 525kg·hm^{-2}。

徐国伟等（2009）在江苏扬州开展了连续 3 年的水稻—小麦复种小麦秸秆旋耕混埋还田试验，连年水稻季分期（移栽前、分蘖中期、穗分化期、抽穗期、成熟期）土壤采样分析统计结果（表 4-27）表明，与单纯秸秆还田、单施氮肥、秸秆不还田且不施氮肥相比，秸秆还田配施氮肥水稻全生育期土壤脲酶平均活性分别提升 9.13%、9.66%和 21.39%，过氧化氢酶平均活性分别提升 2.29%、18.58%和 14.53%，磷酸酶平均活性分别提升 1.46%、18.80%和 14.88%。由此可知，秸秆还田配施氮肥相较于秸秆不还田且不施氮肥对土壤脲酶活性有明显的倍增作用。

表 4-27　水稻—小麦轮作小麦秸秆还田水稻生育期土壤酶活性

试验处理	脲酶 （mg·g^{-1}·d^{-1}）		过氧化氢酶 （mL·g^{-1}）		磷酸酶 （mL·g^{-1}）	
	分期	平均	分期	平均	分期	平均
秸秆不还田且不施氮肥	1.77~1.96	1.87	1.07~1.40	1.17	0.88~1.42	1.21
单纯秸秆还田（不施氮肥）	1.81~2.42	2.08	1.07~1.51	1.31	1.18~1.59	1.37
单施氮肥（秸秆不还田）	1.81~2.46	2.07	1.07~1.38	1.13	0.78~1.42	1.17
秸秆还田配施氮肥	1.81~2.77	2.27	1.07~1.62	1.34	1.06~1.66	1.39

马晓霞等（2012）在陕西杨凌开展了连续 20 年的小麦—玉米复种秸秆还田（1990—1998 年单季小麦秸秆全量还田，1999—2010 年小麦、玉米两季秸秆全量还田）试验，2010 年玉米季分期（苗期、拔节期、大喇叭口期、抽雄期、成熟期）土壤采样测定结果（表 4-13）表明，相较于

秸秆不还田且不施氮磷钾肥，玉米全生育期土壤蔗糖酶、碱性磷酸酶、脲酶、纤维素酶平均活性，单施氮磷钾肥处理分别提高 39.45%、15.21%、90.73 和 22.29%，秸秆还田配施化氮磷钾肥处理分别提高 45.49%、23.04%、111.20% 和 52.62%。由此可知，秸秆还田配施氮磷钾肥对 4 种土壤酶的平均活性都有明显的倍增效果。

甄丽莎等（2012）在陕西杨凌开展了小麦—玉米复种周年秸秆全量还田（玉米秸秆翻埋还田、小麦秸秆覆盖还田）试验，小麦、玉米生长期内每 10d 进行一次土壤采样分析，平均统计结果表明，秸秆还田配施氮肥可明显或显著提升土壤酶活性。相较于单纯秸秆还田、秸秆不还田且不施肥，秸秆还田使土壤纤维素酶平均活性分别提高 10.53% 和 18.87%，使土壤蔗糖酶平均活性分别提高 12.61% 和 35.78%，使土壤脲酶平均活性分别提高 9.15% 和 5.60%。由此可知，秸秆还田配施氮肥对土壤纤维素酶和蔗糖酶活性有明显的倍增作用。

夏强等（2013）在安徽蒙城开展了小麦—玉米复种小麦秸秆全量粉碎覆盖还田、玉米秸秆全量粉碎翻埋还田配施化肥（氮肥和氮磷钾复合肥）试验，小麦和玉米各生育期土壤脲酶活性测定结果（表 4-6）表明，小麦全生育期和玉米全生育期的土壤脲酶平均活性皆表现为两季秸秆全量还田配施化肥＞两季秸秆全量还田（不施化肥）＞单施化肥（两季秸秆都不还田）＞两季秸秆都不还田且不施化肥。

李娜等（2017）在沈阳农业大学实验基地开展了水稻秸秆混埋还田试验，水稻各生育时期（插秧前、分蘖盛期、抽穗期、收获期）土壤采样分析结果表明：①水稻全生育期土壤 β-1,4-葡萄糖苷酶平均活性表现为秸秆还田配施氮磷钾肥＞单纯秸秆还田＞单施氮磷钾肥＞秸秆不还田且不施化肥，其中前三者较后者分别提升 81.6%、73.5% 和 28.4%。②水稻全生育期土壤脲酶平均活性表现为秸秆还田配施氮磷钾肥＞单施氮磷钾肥＞单纯秸秆还田＞秸秆不还田且不施化肥，其中前三者较后者分别提升 76.2%、69.7% 和 20.6%。③水稻全生育期土壤蔗糖酶平均活性表现为秸秆还田配施氮磷钾肥＞单纯秸秆还田＞单施氮磷钾肥＞秸秆不还田且不施化肥，其中前三者较后者分别提升 75.3%、19.6% 和 14.2%。由此可知，秸秆还田配施氮磷钾肥对土壤 β-1,4-葡萄糖苷酶、脲酶、蔗糖酶活性都有明显的倍增作用。

4.3.7.4 同等秸秆还田条件下土壤酶活性可随化肥配施量的增加而提升

秸秆还田配施化肥处理的土壤酶活性不仅明显高于单施化肥和单纯的秸秆还田处理，而且可随着化肥配施量的增加而提升，这进一步说明秸秆还田配施化肥对土壤酶活性的倍增作用。但也有研究表明，土壤酶活性并不总是随化肥配施量的增加而增加。

赵鹏等（2010）在河南滑县开展了小麦—玉米复种玉米秸秆全量翻埋还田配施氮肥试验，小麦各生育时期 $0\sim30cm$ 土层土壤采样分析结果（表4-28）表明，无论是秸秆还田还是不还田，土壤脲酶活性都随着氮肥施用量的增加而波动性变化，且无明显的规律可循。但文献根据试验结果给出了十分宝贵的生产管理建议，即冬小麦生长前期和成熟期，秸秆还田处理土壤脲酶活性较高（明显高于秸秆不还田处理），生产管理中应减少氮肥的施用；进入抽穗期和灌浆期，秸秆还田处理土壤脲酶活性较低（不少情况下低于秸秆不还田处理，这可能与高温季节秸秆快速腐解需氮量较高有关），应增加施用氮肥。

表4-28 小麦—玉米复种玉米秸秆全量还田小麦各生育时期 $0\sim30cm$ 土层土壤脲酶活性变化

单位：$U\cdot g^{-1}$

试验处理	小麦各生育时期 $0\sim30cm$ 土层土壤脲酶活性					
	平 均	越冬期	拔节期	抽穗期	灌浆期	收获期
N0	319.26	217.80	228.40	461.10	570.60	118.40
N90	326.11	258.43	301.80	443.03	482.70	144.60
N180	323.44	282.67	354.47	369.77	465.03	145.27
N270	314.95	330.10	260.20	397.60	448.07	138.77
N360	304.81	244.57	275.70	420.00	436.90	146.87
S＋N0	383.58	329.73	527.63	387.20	482.30	191.03
S＋N90	398.48	289.23	709.00	326.27	482.67	185.23
S＋N180	364.25	349.77	512.17	371.90	362.73	224.70
S＋N270	372.68	353.23	475.13	448.53	376.00	210.50
S＋N360	375.55	301.57	520.67	393.30	429.73	232.50

注：N表示纯氮，其后数值表示纯氮施入量（$kg\cdot hm^{-2}$）；S表示秸秆还田处理，还田量约7 500 $kg\cdot hm^{-2}$。

解媛媛等（2010）在陕西开展了小麦—玉米复种小麦秸秆翻埋还田配施化肥试验，玉米各生育时期（播种期、拔节期、抽雄期、灌浆期、成熟期）土壤采样测定结果（表4-25）表明，秸秆还田处理玉米全生育期土壤蔗糖酶、脲酶、碱性磷酸酶、多酚氧化酶平均活性都随氮肥配施量的增加而提升。但秸秆还田配施氮肥处理的多酚氧化酶活性低于单纯的秸秆还田处理。

庞荔丹等（2017）的实验室培养结果表明，玉米秸秆配施氮肥总体上可以增加土壤脲酶、蔗糖酶、过氧化氢酶活性，对其提升效果明显优于单纯添加秸秆。与此同时，在相同培养时间和秸秆添加量的情况下，土壤脲酶、过氧化氢酶活性都随着氮肥配施量的增加而提升。

徐欣等（2018）在黑龙江哈尔滨呼兰区开展了连续3年的玉米秸秆全量还田配施氮磷钾肥试验，其中氮肥按纯氮设置4个水平的处理即0kg·hm^{-2}、135kg·hm^{-2}、180kg·hm^{-2}、225kg·hm^{-2}，末年玉米各生育时期（苗期、拔节期、抽雄期、收获期）土壤采样分析结果表明：①无论是秸秆还田还是不还田，玉米各生育时期土壤脲酶活性都随着氮肥施用量的增加而提升。②在等量施用氮肥的情况下，秸秆还田配施化肥处理的土壤脲酶活性都显著高于单施化肥处理，而且数值差距较大；而单纯的秸秆还田与秸秆不还田且不施化肥处理的土壤脲酶活性在玉米苗期和收获期差异都没有达到显著水平，虽然在拔节期、抽雄期差异都达到显著水平，但数值差距较小。③秸秆还田配施化肥使土壤脲酶活性大幅度提升，秸秆还田高量配施化肥使玉米各生育时期的土壤脲酶活性比单纯的秸秆还田提升1/3～1/2。

4.3.7.5 同等施肥条件下土壤酶活性可随秸秆还田量的增加而提升

秸秆还田配施化肥处理的土壤酶活性不仅明显高于单施化肥或单纯的秸秆还田处理，而且可随着秸秆还田量的增加而提升，这从另一个角度证实了秸秆还田配施化肥对土壤酶活性的倍增作用。前文所述的不同量秸秆还田对土壤酶活性的激发作用大都是在同等施肥条件下产生的。

李腊梅等（2006）在江苏常熟开展了水稻—小麦复种长期（1990—2001年）水稻秸秆还田试验，末年小麦收割后土壤采样分析结果表明，土壤β-1,4-葡萄糖苷酶、脱氢酶、碱性磷酸酶、酸性磷酸酶、芳基硫酸酯酶、脲酶、FDA 水解酶的活性皆表现为高量（4 500kg·hm⁻²）秸秆还田配施氮磷钾肥＞低量（2 250kg·hm⁻²）秸秆还田配施氮磷钾肥＞单施氮磷钾肥＞秸秆不还田且不施氮磷钾肥。而且有关土壤 β - 1,4 - 葡萄糖苷酶、脱氢酶、碱性磷酸酶、酸性磷酸酶、芳基硫酸酯酶的活性，4 种处理表现出相同的趋势；土壤脲酶、FDA 水解酶活性，在前种处理之间虽然都差异不显著，但都显著高于秸秆不还田且不施氮磷钾肥处理。高量秸秆还田配施氮磷钾肥处理与秸秆不还田且不施氮磷钾肥处理相比，使土壤 β-1,4 - 葡萄糖苷酶活性提升 76%、FDA 水解酶活性提升 40%、碱性磷酸酶活性提升 37%、酸性磷酸酶活性提升 23%。

庞荔丹等（2017）的实验室培养结果表明，在相同培养时间和配氮水平条件下，土壤脲酶、蔗糖酶、过氧化氢酶活性都随着玉米秸秆添加量的增加而增强。

4.3.7.6　秸秆还田减量施用化肥对土壤酶活性的增进作用

秸秆还田腐解可为土壤提供大量的氮、磷、钾营养及微量元素。因此，在秸秆还田的情况下适量减施化肥，土壤氮、磷、钾等营养元素的总投入量不一定会明显下降，甚至会有所提升，土壤酶活性仍然可得到激发，并表现为明显的提升。但研究同时表明，过量减施化肥一般会对土壤酶活性产生抑制作用。

吴玉红等（2018）在陕西勉县开展了水稻—小麦复种水稻秸秆旋耕混埋还田配施氮磷钾肥试验，小麦收获后土壤采样分析结果（表 4 - 29）表明：①秸秆还田常规施肥较单纯的常规施肥，对脲酶和蔗糖酶活性都有显著的激发作用，对过氧化氢酶和脱氢酶活性的影响都不显著。②秸秆还田低减量（15%）施用化肥较单纯的常规施肥，对脲酶活性有显著的激发作用，对过氧化氢酶、脱氢酶活性影响都不显著，对蔗糖酶活性有显著的抑制作用。③秸秆还田高减量（30%）施用化肥较单纯的常规施肥，对过氧化氢酶、脲酶活性的影响都不显著，对脱氢酶、蔗糖酶活性都有显著的抑制作用。

李月等（2020）在河南郑州开展了连续 28 年的小麦—玉米复种玉米秸秆全量还田减施氮肥试验，在氮投入总量一定的条件下，2004 年前小麦季氮投入 70% 由玉米秸秆提供、30% 由氮肥提供即减量施用 70% 的氮肥，2004 年及以后小麦季氮投入 50％由玉米秸秆提供、50％由氮肥提供即减量施用 50％的氮肥。同时，秸秆还田处理与不还田处理磷钾肥施用量保持一致。2018 年玉米收获后土壤采样测定结果（表 4－30）表明，与单纯施用化肥处理相比，秸秆还田减施氮肥处理土壤过氧化物酶、β－1，4－葡萄糖苷酶活性都显著提升，增幅分别为 56.90％和 58.14％，土壤碱性木聚糖酶、纤维素酶活性差异都不显著，其中碱性木聚糖酶活性增加2.88％，纤维素酶活性增加 4.23％，土壤多酚氧化酶活性显著下降，降幅为 23.45％。

表 4－29　小麦—玉米复种长年玉米秸秆还田减量施用
氮肥土壤酶活性变化

试验处理	过氧化氢酶 (mL·g^{-1})	脲酶 (mg·g^{-1}, 24h)	脱氢酶 (mg·g^{-1}, 24h)	蔗糖酶 (mg·g^{-1}, 24h)
常规施用氮磷钾肥	0.823a	0.379b	21.286a	19.233b
秸秆还田常规施用氮磷钾肥	0.784a	0.489a	18.782ab	23.034a
秸秆还田减量 15％氮磷钾肥	0.750a	0.503a	18.651ab	12.985d
秸秆还田减量 30％氮磷钾肥	0.807a	0.407b	17.220b	17.184c

表 4－30　小麦—玉米复种长年玉米秸秆还田减量施用
氮肥土壤酶活性变化

试验处理	多酚氧化酶 (mg·d^{-1}·g^{-1})	过氧化氢酶 (mg·d^{-1}·g^{-1})	碱性木聚糖酶 (μmol·d^{-1}·g^{-1})	β－1,4－葡萄糖苷酶 (μmol·d^{-1}·g^{-1})	纤维素酶 (mmol·h^{-1}·g^{-1})
秸秆不还田且不施化肥	32.57b	27.73b	221.37a	6.23ab	1.23b
100％氮磷钾肥（秸秆不还田）	46.05a	31.97b	166.52a	4.73b	1.89a
秸秆还田＋（30％～50％）氮肥＋100％磷钾肥	35.25b	50.16a	171.32a	7.48a	1.97a

高梦瑶等（2021）在安徽巢湖开展了水稻—油菜复种水稻秸秆混埋还田配施化肥（尿素和复合肥）试验，油菜各生育时期（蕾薹期、开花期、

成熟期）土壤采样分析结果表明，土壤脲酶、磷酸酶、过氧化氢酶平均活性统一表现为秸秆还田减量（20％）施用化肥＞秸秆还田常规施用化肥＞常规施用化肥（秸秆不还田）＞秸秆不还田且不施化肥。与秸秆不还田常规施肥处理相比，水稻秸秆还田常规施肥处理油菜各生育时期土壤脲酶、磷酸酶、过氧化氢酶平均活性分别提高 12.77％～29.03％、15.79％～25.00％和 7.11％～7.25％，水稻秸秆还田减量施肥处理三种酶的平均活性分别提高 23.40％～51.61％、21.25％～33.33％和 9.41％～16.35％。

靳玉婷等（2021）在安徽巢湖开展了连续 4 年的水稻—油菜复种周年秸秆全量翻埋还田配施化肥（尿素和复合肥）试验，末年水稻收获期和油菜收获期土壤采样分析结果表明，无论是在水稻收获期还是在油菜收获期，4 种土壤酶即磷酸酶、脲酶、过氧化氢酶、蔗糖酶的活性皆表现为秸秆还田常规施用化肥＞秸秆还田减量（20％）施用化肥＞常规施用化肥（秸秆不还田）＞秸秆不还田且不施化肥。秸秆还田减量施用化肥处理的土壤脲酶、磷酸酶、蔗糖酶、过氧化氢酶活性在水稻收获期比常规施用化肥处理分别增加 20.31％、18.76％、1.38％和 0.65％，在油菜收获期比常规施用化肥处理分别增加 24.33％、26.19％、12.05％和 2.57％。

4.4　秸秆还田对土壤酶活性分布的影响

秸秆还田对土壤酶活性分布的影响主要体现在三个方面：①对不同土层土壤酶活性分布的影响。②对农作物根际与非根际土壤酶活性分布的影响。③对与还田秸秆不同距离土壤酶活性分布的影响。

4.4.1　距离秸秆越近土壤酶活性越高

距离还田秸秆越近土壤酶活性越高的研究结果更加彰显秸秆还田对土壤酶活性的激发作用。

汤树德（1980）晚秋时对的玉米秸秆进行翻压（20cm），经过一年的腐解（有效腐解期 7 个月）后进行土壤采样分析（表 4-31），可知翻压玉米秸秆腐解对土壤酶活性的影响范围超过 10cm，0～5cm 更为明显。距离秸秆 0～5cm 范围内的土壤过氧化氢酶、蔗糖酶、脲酶活性平均值分别是 5～10cm 范围的 1.50 倍、1.21 倍和 3.14 倍。

表 4-31　玉米秸秆翻压还田不同距离范围内的土壤酶活性

水平距离（cm）	过氧化氢酶（mL·g^{-1}）	蔗糖酶（mg·g^{-1}）	脲酶（mg·g^{-1}）
0～5	10.60	23.7	0.91
5～10	7.07	19.6	0.29
10～25	6.15	16.9	0.20
25～40	3.57	17.0	0.21

4.4.2　秸秆还田对根际与非根际土壤酶活性分布的影响

土壤酶活性是土壤微生物分泌、植物根系分泌以及动植物残体腐解共同作用的结果，因此，农作物根际土壤酶活性高于非根际，是土壤酶活性分布的一般规律。但秸秆还田一般会使农作物根际土壤酶活性"高上再高"。

张桂玲（2011）在山东临沂桃园开展了秸秆覆盖试验，春（4 月）、夏（7 月）、秋（11 月）三次土壤采样分析统计结果（表 4-9）表明：①与无秸秆覆盖相比，玉米秸秆和小麦秸秆覆盖使桃树根际、非根际土壤脲酶和磷酸酶平均活性同步提高，且都达到与无秸秆覆盖差异显著的水平。②秸秆覆盖使桃树根际土壤脲酶平均活性"高上再高"。无秸秆覆盖情况下，桃树根际土壤脲酶平均活性较非根际高 0.02mg·g^{-1}（24h），高出比例为 11.76%；而玉米秸秆和小麦秸秆覆盖使桃树根际土壤脲酶平均活性较非根际分别高 0.08mg·g^{-1}（24h）和 0.07mg·g^{-1}（24h），高出比例分别为 27.59% 和 22.58%，皆显著超过无秸秆覆盖。③秸秆覆盖同样使桃树根际土壤磷酸酶平均活性"高上再高"。无秸秆覆盖情况下，桃树根际土壤磷酸酶活性较非根际高 2.60μg·g^{-1}（2h），高出比例为 3.49%；而玉米秸秆和小麦秸秆覆盖使桃树根际土壤磷酸酶活性较非根际分别高出 12.80μg·g^{-1}（2h）和 12.55μg·g^{-1}（2h），高出比例分别为 15.09% 和 14.47%，均显著超过无秸秆覆盖处理。

4.5　秸秆还田对土壤酶活性的抑制作用

不同种类、不同量、不同年限、不同方式的秸秆还田以及秸秆还田配施化肥对土壤脲酶、蔗糖酶、FDA 水解酶、磷酸酶（包括碱性磷酸酶和酸性磷酸酶）、纤维素酶（包括 β-1,4-葡萄糖苷酶）、木聚糖酶（包括碱性木聚糖酶）、β-乙酰氨基葡萄糖苷酶、蛋白酶、芳基硫酸酯酶、脂肪酶、过氧化氢酶、过氧化物酶、脱氢酶、多酚氧化酶（包括漆酶）、固氮酶等的活性都可产生以激发作用为主的影响。

但秸秆还田对土壤酶活性的影响是双重的。在某些特定的秸秆还田情况下，可对土壤脲酶、纤维素酶、木聚糖酶、蔗糖酶、过氧化氢酶、多酚氧化酶等的活性产生一定的抑制作用。

秸秆还田对土壤脲酶、纤维素酶、木聚糖酶、蔗糖酶活性的抑制作用时常与氮肥的配施量不足有关。为了弱化秸秆还田对土壤脲酶、纤维素酶、木聚糖酶、蔗糖酶活性可能产生的抑制作用，在高 C/N 秸秆还田时也需要配施适量的氮肥——不单单是为了促进秸秆的快速腐解。

为了全面弱化秸秆还田对土壤酶活性可能产生的抑制作用，更需要不断提升还田秸秆质量，以促进秸秆的快速腐解和转化。

4.5.1　秸秆还田对土壤脲酶活性的抑制作用

尽管大量的试验研究表明，秸秆还田对土壤脲酶活性有明显的增进作用，但脲酶同时也是已知的受抑制表现最为突出的酶种。

脲酶的酶促反应产物氨是作物的氮源之一，它的活性可以用来表示土壤氮状况（孙瑞莲等，2003）。在脲酶活性达到平衡之前，土壤脲酶活性随氮量的增加而增加（Dalal，1975）。小麦、玉米、水稻、棉花、油菜等大宗农作物的秸秆都具有较高或很高的 C/N。这些秸秆还田后，其腐解微生物往往需要从土壤中获取氮源。在土壤氮匮乏或没有氮肥配施的情况下，秸秆还田腐解时常会阶段性（秸秆腐解初期或夏季秸秆快速腐解的时期）、竞争性地抑制土壤脲酶活性。从这个角度讲，在平衡施肥的总体要求下，为了提升土壤脲酶活性和氮供给能力，秸秆还田也应适量配施氮肥。另外，钾对土壤脲酶活性的影响十分显著，根据测土结果进行钾肥配施，对提升土壤脲酶活性意义重大。

孙瑞莲等（2003）在北京昌平开展了连续 12 年的小麦—玉米复种玉米秸秆翻埋还田试验，2002 年 4 月（秸秆开始进入较快腐熟期）土壤采样分析结果表明，秸秆还田配合氮磷钾肥较单施氮磷钾肥土壤脲酶活性平均下降 27.01%。

闫超等（2012）在哈尔滨开展了水稻秸秆翻埋还田试验，水稻生育期 9 次土壤采样分析结果（表 4-20）表明，在常规施肥条件下，秸秆还田显著降低了土壤脲酶活性，整个水稻生育期的平均降幅为 21.91%。

甄丽莎等（2012）在陕西杨凌开展了小麦—玉米复种周年秸秆全量还田（小麦秸秆覆盖还田、玉米秸秆翻埋还田）试验，小麦、玉米生长期内每 10d 进行一次土壤采样分析，统计结果表明，单纯的秸秆还田处理脲酶活性较秸秆还田配施氮肥处理下降了 8.37%。

丁文金等（2013）在安徽桐城开展了双季稻秸秆全量翻埋还田试验，水稻收获时土壤采样分析结果表明，在等量施用氮磷钾肥的情况下，秸秆还田处理土壤脲酶活性较不还田处理显著下降，降幅高达 31.04%；与单纯的常规施用氮磷钾肥相比，秸秆还田处理减磷、减氮、减钾、减氮磷钾（减施量均为 10%）使土壤脲酶活性分别下降 33.85%、45.14%、64.89% 和 79.00%。减施钾对土壤脲酶活性的影响最显著。

4.5.2 秸秆还田对土壤纤维素酶活性的抑制作用

土壤纤维素酶，顾名思义，是主要用于降解土壤中作物残体纤维素的酶类。纤维素酶是可降解纤维素的一类复杂酶的总称，目前公认的主要功能酶有内切 β-1,4-葡聚糖酶（EGs，EC3.2.1.4）、外切 β-1,4-葡聚糖酶（CBHs，EC3.2.1.91）和 β-1,4-葡萄糖苷酶（BGs，EC3.2.1.21）三类（王丰园等，2022）。自然界为纤维素酶的来源提供了广阔的途径，但在土壤中纤维素酶主要来自土壤微生物对作物残体纤维素的腐解，包括纤维素腐解微生物的分泌和纤维素自身的腐解产物。

秸秆还田可大量增加土壤纤维质，为土壤微生物提供丰富的碳源、能量和一定量的氮营养，并为土壤酶促反应提供底物。在土壤 C/N 适宜的情况下，秸秆还田可显著促进土壤微生物的繁殖，进而增强土壤纤维素酶的活性。

秸秆还田对土壤纤维素酶活性的抑制作用与其对土壤脲酶活性的抑制作用大致相同，主要原因都是高 C/N 秸秆还田处理氮短缺，但机理有别。高 C/N 秸秆还田对土壤脲酶活性的抑制作用主要在于秸秆腐解微生物需要从土壤环境中摄取氮以满足自身所需，导致土壤氮有效性下降，脲酶活性随之下降。另外，土壤氮有效性下降也会制约作物根系对脲酶的分泌。高 C/N 秸秆还田对土壤纤维素酶活性的抑制作用主要在于秸秆过高的 C/N 使土壤 C/N 失调，秸秆腐解微生物的活性及其对秸秆的腐解作用都受到最为直接的抑制，从而制约秸秆腐解微生物对土壤纤维素酶的分泌以及秸秆腐解产物自身生成土壤纤维素酶的能力。因此，为了促进秸秆有效腐熟，同时为了共同激发土壤脲酶和纤维素酶的活性以及半纤维素分解酶木聚糖酶的活性，在高 C/N 秸秆还田时都应配施适量氮肥。

需要说明的是，氮肥施用过量、土壤 C/N 过低（低于 15），也会抑制秸秆腐解微生物活性和土壤纤维素酶活性。同时有研究表明，过量的氮肥施用对土壤脲酶活性也有抑制作用（孙瑞莲等，2003）。

甄丽莎等（2012）在陕西杨凌开展了小麦—玉米复种周年秸秆全量还田（玉米秸秆翻埋还田、小麦秸秆覆盖还田）试验，小麦、玉米生长期内每 10d 进行一次土壤采样分析，统计结果表明，单纯的秸秆还田处理的纤维素酶平均活性比秸秆还田配施氮肥处理下降 9.52%。

丁文金等（2013）在安徽桐城开展了双季稻秸秆全量翻埋还田试验，水稻收获时土壤采样分析结果表明，双季稻秸秆还田减施氮肥（磷、钾配施量不变）将显著降低土壤纤维素酶活性。对照单纯的常规施用氮磷钾肥和双季稻秸秆还田常规施用氮磷钾肥，双季稻秸秆还田减施氮肥使土壤纤维素酶活性分别下降了 11.82% 和 11.43%。

肖嫩群等（2008）在湖南益阳开展了连续 2 年的双季稻早稻秸秆翻埋还田试验，第 2 年晚稻收获后土壤采样分析结果（表 4-15）表明，在等量施用化肥的情况下，与秸秆不还田相比，1/3 量和全量秸秆还田使纤维素酶活性显著下降，降幅分别高达 34.47% 和 31.04%，而 2/3 量秸秆还田处理与秸秆不还田处理基本持平。

β-1,4-葡萄糖苷酶是纤维素酶 3 种主要的功能酶之一，主要降解由内切酶和外切酶生成的纤维糊精和纤维二糖。丁永亮等（2014）在陕西三原开展了连续 4 年的小麦—玉米复种小麦秸秆与玉米秸秆 9 种组合的还田处理试验，末年玉米收获后土壤采样分析结果（表 4-19）表明，在同等施用化肥的条件下，以两季秸秆都不还田为对照，小麦秸秆旋耕混埋还田＋玉米秸秆免耕覆盖还田使 β-1,4-葡萄糖苷酶活性显著下降。

4.5.3 秸秆还田对土壤木聚糖酶活性的抑制作用

土壤木聚糖酶主要作用于作物残体半纤维素的降解，其主要功能酶有β-1,4-外切木聚糖酶、β-1,4-内切木聚糖酶和 β-木糖苷酶。β-1,4-外切木聚糖酶、β-1,4-内切木聚糖酶分别作用于木聚糖非还原性末端和木聚糖内部，共同将木聚糖降解为低聚糖；β-木糖苷酶主要作用于低聚糖，并将其彻底降解。

秸秆还田对土壤木聚糖酶活性的作用机理与土壤纤维素酶相似。

肖嫩群等（2008）在湖南益阳开展的双季稻早稻秸秆翻埋还田试验结果（表 4-15）表明，在同等施用化肥的情况下，与秸秆不还田相比，不同量秸秆还田都显著降低了土壤木聚糖酶活性，2/3 量和全量秸秆还田都使木聚糖酶活性大幅下降。

4.5.4 秸秆还田对土壤蔗糖酶活性的抑制作用

蔗糖酶（又名转化酶）根据其酶促基质蔗糖而得名，其对增加土壤中易溶性营养物质起着重要的作用。土壤蔗糖酶活性与土壤有机质、磷、氯含量，土壤微生物数量以及土壤通透性等因素有关。一般情况下，土壤肥力越高，蔗糖酶活性越强。它不仅能够表征土壤的生物学活性强度，还可作为评价土壤熟化程度和土壤肥力的一个指标。

秸秆还田可为蔗糖酶提供丰富的酶促基质，激发蔗糖酶活性。高C/N 秸秆还田配施适量氮肥，调节土壤 C/N，可加快秸秆向土壤有机质的转化，激发土壤蔗糖酶活性，促进土壤快速熟化。邱莉萍等（2004）、解媛媛等（2010）、甄丽莎等（2012）、马晓霞等（2012）、杨滨娟等（2014）、李娜等（2017）、庞荔丹等（2017）、贺美等（2018）、吴玉红等

（2018）、宫秀杰等（2020）的研究已经表明，秸秆还田配施氮肥可有效地提升土壤蔗糖酶活性。

蔗糖是秸秆纤维素和半纤维素腐解的后端产物。因此，秸秆还田初期（秸秆未充分腐解）或连年秸秆还田都可能对以蔗糖为酶促基质的蔗糖酶活性产生抑制作用。换言之，土壤中"生秸秆"过多将制约土壤蔗糖酶活性的发挥。

丁永亮等（2014）在陕西三原开展了连续 4 年的小麦—玉米复种小麦秸秆与玉米秸秆 9 种组合的还田处理试验，末年玉米收获后土壤采样分析结果（表 4-19）表明，在同等施用化肥的条件下，连年秸秆旋耕混埋还田使 5～30cm 土层的土壤蔗糖酶活性总体偏低，其中两季秸秆旋耕混埋还田处理显著低于两季秸秆都不还田处理。

孙瑞莲等（2003）研究指出，磷肥在提高土壤蔗糖酶活性方面起重要作用。丁文金等（2013）的试验表明，相较于秸秆还田常规施肥，秸秆还田减施磷肥使土壤蔗糖酶活性明显下降，降幅约为 16%。但甄丽莎（2012）、杨滨娟等（2014）的秸秆还田试验结果表明，相较于秸秆还田配施氮肥，秸秆还田配施磷肥或氮磷肥却使土壤蔗糖酶活性显著下降。由此可见，秸秆还田条件下磷肥的施用对土壤蔗糖酶活性的影响还有待进一步研究。

4.5.5　秸秆还田对土壤过氧化氢酶活性的抑制作用

过氧化氢酶是土壤中主要的氧化还原酶类，直接参与土壤中物质和能量的转化，其活性在一定程度上可以表征土壤生物氧化过程的强弱（孙瑞莲等，2003）。土壤生物的呼吸作用和土壤有机质的生化反应能够产生大量的过氧化氢，而在生物体内和土壤中存在着能够催化过氧化氢水解的过氧化氢酶（$2H_2O_2 \Longrightarrow 2H_2O + O_2$），从而降低和避免了过氧化氢对生物和土壤产生的毒害作用（李军等，2015）。

试验结果表明，秸秆还田时常对土壤过氧化氢酶活性产生明显的激发作用，但同时也是试验结果中较多表现出抑制作用的酶类之一。稻季秸秆还田所增进的厌氧效果、作物连作所产生的自毒作用、化肥施用尤其是氮肥过量施用等都是土壤过氧化氢酶活性下降的主要原因，而后两种原因不单单与秸秆还田有关。

4.5.5.1 水田秸秆还田对土壤过氧化氢酶活性的抑制作用

土壤过氧化氢酶活性与土壤微生物尤其是好氧微生物活动有着密切的关系。秸秆还田腐解可能产生的对土壤厌氧环境的增进作用以及对好氧微生物的抑制作用，都直接或间接地抑制土壤过氧化氢酶的活性。试验结果表明，水田秸秆还田可增进土壤的厌氧环境，对土壤过氧化氢酶活性可产生一定的抑制作用。

宋秋来等（2020）在黑龙江省农业科学院开展了连续 3 年的秸秆翻埋还田试验，末年作物收获后土壤采样分析结果（表 4 - 32）表明，相较于秸秆不还田，水稻连作、水稻—水稻—玉米轮作秸秆还田都显著降低了土壤过氧化氢酶活性。同时，玉米连作秸秆还田显著降低了 β-乙酰氨基葡萄糖苷酶活性。

表 4 - 32 不同种植制度下秸秆全量翻埋还田与秸秆不还田土壤酶活性比较

试验处理	过氧化氢酶	碱性磷酸酶	蔗糖酶	β-乙酰氨基葡萄糖苷酶	木聚糖酶	脲酶	纤维素酶
水稻连作	显著下降	差异不显著	差异不显著	差异不显著	差异不显著	差异不显著	差异不显著
水稻—水稻—玉米复种	显著下降	差异不显著	显著提升	差异不显著	差异不显著	差异不显著	差异不显著
玉米连作	显著提升	差异不显著	差异不显著	显著下降	差异不显著	差异不显著	差异不显著

杨敏芳（2013）在江苏扬中开展了连续 2 年的水稻—小麦复种秸秆还田试验，第 2 年水稻收获时土壤采样分析结果（表 4 - 18）表明，在旋耕混埋条件下，稻季小麦秸秆还田处理的土壤过氧化氢酶活性显著低于秸秆不还田处理。

4.5.5.2 秸秆还田条件下化肥施用对土壤过氧化氢酶活性的抑制作用

研究表明，单纯的化肥施用可抑制土壤过氧化氢酶活性。例如，孙瑞莲等（2003）的试验结果表明，长期施用化肥降低了土壤过氧化氢酶活性：在各试验处理中，不施肥处理的过氧化氢酶活性最高，即各施肥处理的过氧化氢酶活性都明显低于不施肥处理；在各施肥处理中氮肥及磷钾肥处理的过氧化氢酶活性最低，且明显低于其他各施肥处理，更明显低于不施肥处理。王冬梅等（2006）研究指出，氮肥有抑制过氧化氢酶活性的作用。

在等量施肥的条件下，烟田秸秆还田可抑制土壤过氧化氢酶活性。例如，薄国栋等（2017）在山东诸城开展了连续 3 年的玉米秸秆和小麦秸秆烟田翻埋还田试验，末年烟叶采收结束后土壤采样分析结果（表 4-10）表明，在等量施用化肥和饼肥的条件下，对照秸秆不还田，中、高量的玉米秸秆和高量的小麦秸秆还田都显著降低了土壤过氧化氢酶活性。樊俊等（2019）在湖北宣恩开展了连续 3 年的烟田秸秆旋耕混埋还田试验，末年烟叶采收完成后土壤采样分析结果（表 4-11）表明，在等量施用化肥的条件下，对照秸秆不还田处理，水稻秸秆、玉米秸秆、烟草秸秆还田处理土壤过氧化氢酶活性皆显著下降，降幅分别为 7.94%、13.12% 和 4.88%。

秸秆还田条件下土壤过氧化氢酶活性的下降可能主要与化肥的高量施用有关。薄国栋等（2017）分析指出，烟田秸秆还田土壤过氧化氢酶活性的降低可能与化肥中阴离子的封阻有关，也可能与烟草连作有关。

4.5.5.3 秸秆还田条件下作物连作对土壤过氧化氢酶活性的抑制作用

刘建国等（2008）和张伟等（2011）在新疆开展了棉花连作秸秆还田试验，发现棉花长年连作土壤过氧化氢酶活性持续下降，而棉花秸秆长期还田却使土壤过氧化氢酶活性先降后升。尽管前期秸秆还田处理的土壤过氧化氢酶活性的降幅超过秸秆不还田处理，但在一定还田年限后又达到或显著超过初始植棉农田的水平，且显著高于同期连年不还田的棉田。因此，前期秸秆还田所导致的土壤过氧化氢酶活性下降不只是秸秆还田的结果。

刘建国等（2008）和张伟等（2011）对连作棉田秸秆还田土壤脲酶、蔗糖酶活性的试验分析结果，与土壤过氧化氢酶活性的变化趋势相似。刘建国等（2008）和张伟等（2011）分析指出：棉田土壤酶活性受到棉花连作障碍的负面效应和棉花秸秆长期还田培肥地力的正面效应的双重影响，短期秸秆还田培肥土壤的正面效应还不能得到充分发挥，而棉花连作产生的某些自毒物质又对土壤生物化学过程有明显的抑制作用，降低了土壤中酶的活性；长期秸秆还田培肥土壤的正面效应得以显现，增强了土壤的自我解毒能力，恢复并持续提升了土壤酶的活性。

4.5.6　秸秆还田对土壤多酚氧化酶活性的抑制作用

多酚氧化酶能够通过分子氧氧化酚或多酚形成对应的醌。多酚氧化酶是土壤腐殖化的一种媒介，主要参与土壤有机组分中芳香族化合物的转化，在秸秆深度或充分腐解后才发挥有效的作用，而在秸秆快速腐解过程中可能受到抑制。研究表明，土壤多酚氧化酶活性与肥力因素（包括氮、磷和有机质等）相关性不显著（庞荔丹等，2017）。

解媛媛等（2010）在陕西开展了小麦—玉米复种小麦秸秆翻埋还田配施化肥试验，玉米各生育时期（播种期、拔节期、抽雄期、灌浆期、成熟期）土壤采样测定结果（表4-25）表明，相较于单纯的秸秆还田，秸秆还田配施氮肥对玉米全生育期土壤多酚氧化酶平均活性有一定的抑制作用，在拔节期和灌浆期达到显著抑制水平。

丁永亮等（2014）在陕西三原开展了连续4年的小麦—玉米复种小麦秸秆与玉米秸秆9种组合的还田处理试验，末年玉米收获后土壤采样分析结果（表4-19）表明，在同等施用化肥的条件下，小麦秸秆免耕覆盖还田处理和旋耕混埋还田处理土壤多酚氧化酶活性都显著低于两季秸秆都不还田处理，降幅分别为18.29%和21.00%。

庞荔丹等（2017）的实验室培养结果表明，第15天与第30天时的土壤多酚氧化酶活性，添加秸秆配氮处理显著低于单加秸秆处理，同时又都显著低于不加秸秆且不配氮处理；秸秆添加量相同时，随着氮肥添加量的增加，土壤多酚氧化酶活性总体上减小。但随着培养时间的延长，到第45天时，秸秆配氮处理的土壤多酚氧化酶活性基本恢复到未加秸秆且不配氮处理的水平。

李月等（2020）在河南郑州开展了连续28年的小麦—玉米复种玉米秸秆全量还田试验，2018年玉米收获后土壤采样测定结果（表4-30）表明，秸秆还田减施氮肥（磷钾肥配施量不变）处理土壤多酚氧化酶活性较化肥常规施用（秸秆不还田）处理显著下降，降幅为23.45%。

第 五 章

农作物秸秆直接还田
对农作物病虫害的双重影响

当今世界农作物病虫害日趋严重，成为现代农业可持续发展的主要障碍。联合国粮食及农业组织（Food and Agriculture Organization of the U-nited Nations，FAO）的数据显示，每年作物病害给全球经济造成的损失超过 2 200 亿美元。另外，全球每年有多达 40％的作物因虫害而减产，造成的经济损失超过 700 亿美元。

秸秆还田虽然时常被人们视为农作物病虫害的主要传染源之一，但FAO 认定的导致全球农作物病虫害日趋严重的"四大元凶"并不包括秸秆。"四大元凶"，一是大气与水土污染，二是现代作物品种抗逆性的衰退，三是过量施用杀虫剂导致的病虫害抗药性的增强，四是长期连作导致的土壤连作障碍和病虫源（包括病原菌、害虫虫卵与幼虫，下同）的积累。国内有专家将秸秆还田与长期连作合称为第四"元凶"，也有专家将秸秆还田作为第五"元凶"。

秸秆还田是否能称为农作物病虫害的"元凶"十分值得商榷。事实上，秸秆还田对土壤致病生物和农作物病虫害的影响十分复杂，既可能产生增进作用，又可能产生抑制作用。

①在不同的试验研究中，相同或相似的秸秆还田处理可得出完全相反的结论，即对同一致病生物既可能产生增进作用，又可能产生抑制作用。而且，有两种完全相反的结论的试验研究都不是个例。②在同一试验研究中，秸秆还田对某种或某些致病生物可能产生增进作用，同时对另外的致病生物可能产生抑制作用。③在同一试验研究中，不同方式的秸秆还田对

同一致病生物时常产生增进与抑制的不同影响。得出此类结论的试验研究也不是个例。④在同一试验研究中，不同量的秸秆还田对同一致病生物也可能产生增进与抑制的不同影响。此类试验结果也不罕见。⑤在同一试验研究中，秸秆还田对某种致病生物在农作物不同的生育时期可能产生不同的影响，即前期增进、后期抑制，或前期抑制、后期增进，或增进或抑制主要集中于某个特定的生育时期，而其他时期影响又不显著。⑥秸秆还田对不同区域同一病虫害、同一区域不同病虫害都会产生增进与抑制的不同影响。

尽管如此，大量试验研究和调查结果依然表明：从为病虫害提供栖息、越冬或越夏场所，增加田间病虫源基数的角度来讲，秸秆还田在整体上增进了农作物病虫害的发生；而无病虫源或少病虫源秸秆还田、秸秆适量还田和精细还田、秸秆还田合理配施化肥或减量施肥，尤其是合理轮作条件下的秸秆还田、具有化感抑制作用的秸秆还田，以及秸秆还田对有益微生物的增进作用等，在整体上都会有效抑制农作物病虫害的发生。与此同时，也有大量的试验研究和实践调查表明，秸秆还田对农作物病虫害的发生与危害并不产生显著的影响。

综合权衡小麦、玉米、水稻等主要农作物的秸秆还田对各类农作物病虫害的双重（增进和抑制）作用，可进一步完善我国各区域的秸秆还田与离田处置水平，从而实现趋利避害。

①在华北小麦—玉米复种区和南方水稻—小麦复种区，要积极推行小麦秸秆离田作业，减轻小麦秸秆过量覆盖对农作物病虫害带来的严重不利影响。同时应对还田小麦秸秆进行充分的粉碎作业。②东北玉米单作区和华北小麦—玉米复种区，要不断提升秸秆机械粉碎还田作业质量，积极推行玉米秸秆粉碎深耕翻埋还田和深旋混埋还田，充分发挥秸秆粉碎还田和耕整作业对农作物病虫源的灭活作用和对病虫害的抑制作用。③在南方水稻—小麦复种区和北方单作稻区要努力开展水稻秸秆还田精细作业（充分粉碎、高质量灭茬、适时耕整、适时泡田等），将水稻秸秆翻埋还田和混埋还田作为秸秆还田方式的优选。同时，因地制宜地发挥水稻秸秆覆盖还田对某些农作物病害的有效防治作用。④玉米、小麦、水稻等主要农作物秸秆和化感作用强的园艺作物秸秆温室大棚异地还田对温室农业病虫害尤

其是土壤根结线虫有着普遍且显著的抑制作用，积极推行温室大棚秸秆异地还田是促进北方温室农业可持续发展的重要农艺措施。

5.1 秸秆还田对农作物病虫害的增进作用

农作物病虫害的传播途径主要有 5 种：①自主传播（简称自传），如昆虫等；②寄主（动植物体）传播（简称寄传）；③土壤传播（简称土传）；④气流传播（简称气传）；⑤水体（雨水、灌溉污水等）传播（简称水传）。以秸秆为寄主的病虫害传播属于作物体寄主传播，而且其时常与土传交互作用，并可能导致前茬农作物某种或几种病虫源对后茬农作物的侵染和传播。

需要说明的是，寄主传播农作物病虫害的途径往往不是单一的，秸秆还田只是其寄主传播的主要途径之一。以梁训义等（1983）对浙江省北部麦类赤霉病菌越夏和越冬的调查结果为例：在旱地土表、早稻虫伤株叶鞘和稻穗秕谷表面、晚稻秕谷和稻株表面、晚稻收割时活稻株基部表面、麦秸堆的背阴面、小麦脱粒场所周围的残留麦秆、麦粒以及野外的水稻秸秆、芦竹、枯竹、油菜秸秆等寄主上均能查到赤霉病菌，其数量与空中游动子囊孢子的消长有一定的相关性。这些越夏寄主上的赤霉病菌对小麦具有致病性。研究表明，小麦、水稻等农作物根茬对病虫害的寄主传播能力时常会显著高于秸秆的寄主传播能力。立茬直播外加秸秆全量覆盖所导致的农作物病虫害高发已经成为当今保护性耕作可持续发展的严重障碍。

5.1.1 秸秆还田增进农作物病虫害的主要原因

秸秆还田增进农作物病虫害的原因主要有四个方面：①随着全球化时代的到来，原来仅限于某地的真菌感染也更容易扩散，真菌性病害已经占到全部植物病害的 $70\% \sim 80\%$，并成为农作物减产的主要影响因素。与此同时，目前已知的致病微生物（包括致病真菌、致病细菌、病毒等）又都是化能有机异养型生物。因此，秸秆还田可为土壤致病微生物提供适宜的生长环境和营养物质，提高其繁衍能力，从而导致作物发病率上升（陈丽鹃等，2018）。此乃秸秆还田加重农作物病虫害的原因之一。②秸秆尤其是根茬还田所带来的病原菌和虫卵的留传与积累，更是增进农作物病虫害的重要原因。秸秆还田把病残体和在秸秆内越冬或越夏的害虫又带回大田，积累了田间菌源和害虫数量（石洁等，2005）。李进永等（2008）的研究表明，多种作物的根茬和秸秆都是小麦赤霉病菌的侵染源，其中稻茬和棉花秸秆的带菌率为 20%～60%。田间病虫源的增加从基础上增加了作物各类病虫害的发生率。与合理轮作秸秆还田效果相反的是，长期连作带病虫源秸秆就地还田有可能成为作物病虫害大暴发的主要原因。③在北方寒冷条件下，秸秆覆盖和秸秆（浅旋或浅耕混埋还田）在浅层土壤中的大量积累都对土壤病虫源越冬有保护作用，这是加重农作物病虫害的又一原因。王汉朋（2018）在辽宁沈阳东陵区开展的玉米秸秆还田试验结果表明：在纹枯病初始病原菌数量相同的情况下，病原菌菌核越冬数量随秸秆还田量的增加而增加；在秸秆还田量相同的情况下，病原菌菌核越冬数量随着初始病原菌数量的增加而增加。也就是说，秸秆还田量和初始病原菌数量越高，病原菌菌核越冬数量越高。④秸秆腐解产物对作物病原菌菌丝生长及菌核形成的提升作用。赵绪生（2018）在黄淮海平原小麦—玉米复种长期秸秆还田地块采样测定，发现小麦根际土壤中主要含有 27 类有机化合物，其中 3-苯基-2-丙烯酸、己酸、邻苯二甲酸二丁酯、4-羟基-3，5-二甲氧基苯甲酸和邻羟基苯甲酸对禾谷丝核菌具有明显化感作用；利用 3-苯基-2-丙烯酸、己酸预处理后，禾谷丝核菌在小麦基部的菌丝侵染率均明显提高，纹枯病发生程度也明显加重。闫翠梅等（2018）分析指出，玉米秸秆腐解物对禾谷丝核菌致病力的提升作用可能是我国北方麦区纹枯病重发的主要原因之一。齐永志等（2016）试验指出，当玉米秸秆腐解物浓度达到 0.12g·mL^{-1}（约相当于玉米秸秆全量还田）、0.24g·mL^{-1}、0.48g·mL^{-1}时，其对小麦纹枯病发病率的提高幅度分别达到 19.0 个百分点、22.1 个百分点和 29.5 个百分点。齐永志等（2016）的试验结果还表明，除最低浓度（0.03g·mL^{-1}）的玉米秸秆腐解产物没有显著影响小麦全蚀病的发生外，其他浓度的腐解产物均显著加重了小麦全蚀病的发病程度，且浓度越高病害越重。当腐解物浓度达到 0.48g·mL^{-1}时，小麦全蚀病发病率提高了 31 个百分点。张承胤等（2007）的钵栽小麦接种病菌试验结果表明，玉米秸秆腐解液对小麦纹枯病和根腐病都有显著的激发作用，纹枯病发病率由 49.59% 提升到 57.47%，根腐病病情指数由 78.79 提升到 86.89。

尽管秸秆腐解产物对作物病原菌有一定的提升作用，但从下文所列的大量试验结果来看，其对作物病原菌的杀灭作用更为明显。

5.1.2　秸秆还田对主要农作物病害的增进作用

研究表明，在不同种类、不同量、不同年限、不同方式秸秆还田的情况下，可能受到激发作用的主要农作物病害有 20 多种。根据现有文献，本书将主要阐述秸秆还田对玉米、小麦、水稻等主要农作物茎腐病、穗腐病、根腐病、全蚀病、大斑病、纹枯病、丝黑穗病、赤霉病、叶瘟病、穗颈瘟、叶鞘腐病等病害的增进作用。

5.1.2.1　秸秆还田对小麦和玉米茎腐病、穗腐病、根腐病等病害的增进作用

玉米或小麦等农作物的茎腐病、穗腐病、根腐病、全蚀病等都是以土壤传播为主的真菌病害。

李天娇等（2022）研究发现，玉米秸秆还田对玉米茎腐病、穗腐病、苗期根腐病的影响往往是一致的；玉米茎腐病、穗腐病、苗期根腐病均可由禾谷镰刀菌与藤仓镰刀菌侵染引起，3 种病害的同种镰刀菌可以进行交互侵染。镰刀菌可以通过根腐病发病后在植株体内扩展到茎基部引起茎腐病，再沿茎秆扩展到穗部，但所用时间较长，到达穗部时已到收获季节，在此之前穗腐病可能已经发生，所以，玉米穗腐病一般不是由侵染根、茎部的镰刀菌在植株体内扩展引起的（石洁，2002）。盖晓彤（2018）研究发现，东北地区玉米茎腐病的优势菌种为禾谷镰刀菌，穗腐病的优势菌种为轮枝镰刀菌。孟程程（2019）试验分析，山东玉米茎腐病的优势菌种为轮枝镰刀菌，河北玉米茎腐病、穗腐病和苗期根腐病的主要致病菌为串珠镰刀菌和禾谷镰刀菌。Wang 等（2020）通过对我国东北地区玉米长期（10 年）秸秆免耕覆盖还田发现，秸秆免耕覆盖还田显著增加了禾谷镰刀菌和藤仓镰刀菌的丰度，且其丰度与土壤性状和部分微生物相关。石洁（2002）的人工接菌试验结果表明，玉米最容易侵染茎腐病的时期是播种期和散粉期，最容易侵染穗腐病的时期是乳熟期，最容易侵染苗期根腐病

的时期是播种期。

小麦茎腐病（又称为镰刀根腐病、镰刀茎基腐病、旱地脚腐病等）原菌寄主范围广，除侵染小麦以外，还可侵染玉米、水稻、谷子、高粱等农作物。假禾谷镰刀菌和禾谷镰刀菌是我国小麦茎腐病的主要病原菌。河北东南部、河南北部、山东北部和山西南部麦区均以假禾谷镰刀菌为主，其次是麦根腐离蠕孢菌；山东西部、江苏北部、安徽中北部麦区禾谷镰刀菌分布频率最高；河南中部和东部为上述两种菌混合侵染区（马璐璐等，2021）。

与小麦茎腐病类似，玉米全蚀病的病残体遗留在田间后，其病菌除侵染玉米外，还可侵染小麦、水稻等农作物（陆宁海等，2019）。

小麦根腐病、全蚀病也是小麦常见疾病。

（1）免耕秸秆覆盖还田对玉米茎腐病、穗腐病、苗期根腐病等病害的增进作用。

玉米连作与小麦—玉米复种秸秆连年还田是增进玉米茎腐病、穗腐病、苗期根腐病等病害的重要做法。在各类秸秆还田方式中，免耕秸秆覆盖还田或留高茬还田又是加重上述各病害的主要做法。在我国东北、华北等玉米主产区，从防治玉米茎腐病、穗腐病、苗期根腐病等病害的角度来看，应积极推行玉米秸秆粉碎犁耕翻埋还田和深旋混埋还田。

石洁（2002）在河北开展了 2 倍量（15 000kg·hm^{-2}）带病株玉米秸秆还田试验，在根际土壤接菌的条件下，秸秆还田玉米茎腐病发病率为71.4%，比秸秆不还田且不施肥处理高 41.0 个百分点，比单施复合肥处理高 46.4 个百分点，比单施磷酸二氨处理高 51.4 个百分点，比单施有机肥处理高 65.5 个百分点，比单施钾肥处理高 66.1 个百分点。

石洁等（2005）在黄淮海地区调查发现，由镰刀菌引起的茎腐病、穗腐病呈上升趋势。长期实施免（少）耕秸秆覆盖技术处理作物以及主推玉米品种抗性较差，是相关病害加重的主要原因。免（少）耕秸秆覆盖保护了土传病虫害的病原菌和害虫的栖息地，使病原菌和害虫很容易从小麦残体、田间杂草转移或传播到玉米上。2004 年对安徽、河南、河北、山东、陕西 5 省 10 个县（市）的调查发现，玉米穗腐病平均发病率为 42.9%，雌穗平均被害率为 61.1%。

晋齐鸣等（2006）在吉林范家屯镇进行了连作玉米田调查，发现留高茬保护性耕作显著提升了玉米苗期根腐病和茎腐病发病率：①连作5年的玉米田玉米苗期根腐病发病率，深松留高茬还田（宽窄行种植，为20.9%）＞常规耕作（翻耕秸秆不还田，等行距种植，为13.7%）＞深松秸秆不还田（等行距种植，为7.8%）；异常苗发生率，深松留高茬还田（12.3%）＞常规耕作（6.2%）＞深松秸秆不还田（5.3%）。留高茬还田造成土壤低温和湿度加大，延迟出苗时间，减缓玉米幼芽生长速率，增加土壤病原菌与幼芽的接触机会，从而导致苗期根腐病加重。②连作10年的玉米田玉米茎腐病发病率，深松留高茬还田（23%）＞深松秸秆不还田（9.3%）＞常规耕作（0.7%）。连续留高茬还田，土壤病原菌连年积累，且在秸秆覆盖条件下保护了越冬病原菌，从而导致玉米茎腐病加重。

盖晓彤（2018）结合东北地区玉米茎腐病与穗腐病致病菌侵染途径的研究指出，随着秸秆还田面积日增，秸秆中的病原菌可在土壤中存活并累积，致病镰刀菌在土壤中的含量增大，导致玉米茎腐病与穗腐病逐年加重。玉米茎腐病可导致植株易倒伏并影响籽粒千粒重，造成产量损失；穗腐病能降低玉米产量，其病原真菌产生的毒素会影响玉米品质，籽粒作为食物、饲料或加工产品被食用可威胁人畜的健康。

胡颖慧等（2019）在黑龙江牡丹江进行了连作玉米田调查，发现在玉米茎腐病流行年份，免耕秸秆覆盖还田显著提升了玉米茎腐病发病率。2018年各试验处理玉米茎腐病发病率表现为免耕秸秆覆盖还田（21.67%）＞免耕秸秆不还田（18.33%）＞深耕秸秆翻埋还田（17.00%）＞旋耕秸秆不还田（10.00%）。

董怀玉等（2020）于2017—2019年调查了辽宁春玉米产区不同秸秆还田模式对玉米主要病害的影响，结果（表5-1）表明：①在发病较高的阜蒙县桃李村（2017—2018年），秸秆还田玉米茎腐病和穗腐病发病率显著高于对照（秸秆不还田），而秸秆覆盖还田处理又显著高于秸秆翻埋还田处理。②在发病率较低的沈阳沈北新区（2018—2019年），秸秆覆盖还田玉米茎腐病发病率总体偏高，但与秸秆混埋还田、翻埋还田以及秸秆不还田处理差异并不显著。

表 5-1 不同秸秆还田处理对玉米病害的影响

时间	调查地点	玉米品种	生育时期	试验处理	调查结果	
					茎腐病发病率（%）	穗腐病发病率（%）
2017—2018年	阜蒙县桃李村	双乐68	玉米蜡熟期	免耕秸秆粉碎全量覆盖还田	51.67	40.00
				秸秆粉碎秋季犁耕全量翻埋还田	40.00	36.67
				对照1（深耕秸秆不还田）	25.67	20.00
				对照2（旋耕秸秆不还田）	32.00	33.33
2018—2019年	沈阳沈北新区	辽单575	玉米蜡熟期	免耕留高茬、上部秸秆粉碎还田	9.52	—
				免耕秸秆粉碎全量覆盖还田	13.13	—
				免耕秸秆粉碎半量覆盖还田	8.24	—
				秸秆粉碎秋季联合整地机全量混埋还田	11.11	—
				秸秆粉碎秋季犁耕全量翻埋还田	6.25	—
				对照（免耕秸秆不还田）	7.78	—

（2）秸秆还田对小麦茎腐病、根腐病、全蚀病等病害的增进作用。

黄淮海地区小麦—玉米复种周年秸秆还田，染有病菌的秸秆尤其是玉米秸秆常会加重小麦茎腐病、根腐病、全蚀病等病害。

程晓亮（2010）在河北栾城开展了连续9年的小麦—玉米复种秸秆周年全量还田试验，末年小麦病害调查结果（表5-2）表明，与秸秆离田-深耕相比，秸秆还田-免耕对小麦苗期根病和茎病、拔节期和穗期根腐病都有显著的增进作用。同时，秸秆还田-旋耕对小麦苗期根病有显著的增进作用。

表 5-2 小麦—玉米复种秸秆还田对小麦病害的影响

试验处理	苗期		拔节期		穗期	
	根病株率（%）	茎病株率（%）	纹枯病病情指数	根腐病病情指数	纹枯病病情指数	根腐病病情指数
秸秆离田-深耕	19.8b	2.0b	8.20a	22.61ab	8.38a	15.60b
秸秆还田-深耕	16.4b	1.1b	5.07ab	18.41ab	4.07ab	16.87b
秸秆还田-旋耕	43.1a	4.8b	2.08ab	24.60ab	4.96ab	17.34b
秸秆还田-免耕	40.1a	10.1a	1.14b	29.68a	1.48b	25.37a

穆长安、李志（2016）在河南周口调查发现，小麦—玉米复种两季秸秆连年还田使小麦全蚀病不断加重。据统计：2010 年以前小麦全蚀病在周口零星发生，危害较轻；2010 年以后年发生面积达 2.00 万～6.67 万 hm²，年减产 2 万～5 万 t，其中重发田块小麦减产 50% 以上。拔除小麦全蚀病病株的田块翌年发生程度可减轻 50% 以上。

陆宁海等（2019）在河南新乡进行的小麦—玉米复种玉米秸秆还田试验结果表明，染有茎腐病的玉米秸秆还田会使土壤茎腐病菌增多，提高了下茬作物小麦的茎腐病发病率。与秸秆不还田相比，秸秆还田使小麦返青期、拔节期、孕穗期、扬花期、成熟期的根际土壤真菌数量和小麦茎腐病发病率显著提升。其中，根际土壤真菌数量分别增长 5.91 倍、3.74 倍、2.13 倍、2.86 倍和 3.74 倍，小麦茎腐病发病率分别增长 12.00 个百分点、13.00 个百分点、17.50 个百分点、17.00 个百分点和 16.00 个百分点。到小麦成熟期，秸秆还田处理达到 49.00% 的高发病率。玉米秸秆还田不仅可加重下茬小麦的茎腐病，还可加重翌年玉米的茎腐病。

马璐璐等（2019）在河北农业大学实验基地连年进行小麦—玉米复种且未发生过小麦茎腐病和玉米茎腐病的地块，通过接种假禾谷镰刀菌探求玉米秸秆还田对小麦茎腐病的影响，结果表明两个年度的小麦全生育期的茎腐病病情指数、发病率和白穗率，玉米秸秆还田地块均明显高于未还田地块（表 5 - 3）。具体而言：①与同年度玉米秸秆未还田地块相比，2016—2017 年度玉米秸秆还田地块小麦不同生育时期的茎腐病病情指数提高 64.42%～128.57%（平均提高 77.71%），发病率提高 11.7～24.9 个百分点（平均提高 15.5 个百分点），白穗率提高 10.0 个百分点；2017—2018 年度玉米秸秆还田地块小麦不同生育时期的茎腐病病情指数提高 76.67%～244.44%（平均提高 101.02%），发病率提高 20.3～24.5 个百分点（平均提高 21.7 个百分点），白穗率提高 21.0 个百分点。②连续两年度（2016—2018 年）玉米秸秆还田地块的小麦不同生育时期的茎腐病病情指数和发病率，比玉米秸秆还田第 1 年度（2016—2017 年）分别提高 18.66%～93.75%（平均提高 26.69%）和 6.3～12.2 个百分点（平均提高 8.0 个百分点）；连续两年秸秆还田的小麦白穗率比第 1 年度提高 14.0 个百分点。

表 5-3　小麦—玉米复种玉米秸秆还田对小麦茎腐病的影响

试验处理	年度	病情指数				发病率（％）				白穗率（％）
		越冬期	返青期	拔节期	抽穗期	越冬期	返青期	拔节期	抽穗期	
秸秆不还田	2016—2017	1.4	4.3	13.0	16.3	15.1	33.0	64.0	64.5	0.2
	2017—2018	1.8	4.7	14.7	18.0	15.9	36.4	66.2	75.5	5.2
秸秆还田	2016—2017	3.2	9.3	22.9	26.8	29.9	53.6	75.7	89.4	12.2
	2017—2018	6.2	11.0	29.8	31.8	36.2	60.8	87.9	100.0	26.2

5.1.2.2　秸秆还田对水稻常见病害的增进作用

纹枯病、叶瘟病、穗颈瘟、叶鞘腐病等都是水稻常见的病害，而且其病原菌都可以秸秆和根茬为越冬和侵染媒介，具有明显的或一定的土传特性。例如水稻纹枯病就是以土壤传播为主、由立枯丝核菌侵染引起的一种真菌病害，是水稻最为普遍的病害之一，常导致稻谷籽粒不饱满、空壳率增加而减产。纹枯病菌既可以菌核的形式在土壤中越冬，也可以菌丝体和菌核的形式在秸秆、杂草等寄主上越冬。因此，带菌（菌核和菌丝体）秸秆可成为下季或翌年作物发病的重要侵染源。

刘凤艳等（2010）在黑龙江农垦总局建三江分局开展了小区试验，通过对 16 个水稻品种的主要病害平均发生情况进行统计发现，长期水稻秸秆还田使纹枯病等水稻常见病害显著加重。表 5-4 显示，连续 3 年水稻秸秆不还田的试验小区水稻未发生纹枯病，而水稻秸秆连续还田 5 年以上的试验小区水稻纹枯病发病率高达 45.41％；以连续 3 年水稻秸秆不还田为对照，连续还田 5 年以上的试验小区水稻叶瘟病、穗颈瘟、叶鞘腐病发病率分别提高 12.20、4.41、3.96 个百分点。分析表明，水稻纹枯病、稻瘟病和叶鞘腐病的发生与田间孢子捕捉镜检结果正相关——孢子数量越大的品种感染该孢子菌的病害越重。这说明，带病水稻秸秆直接还田，下茬水稻发生各类病害的概率和程度都会提高。在水稻连作和连年水稻秸秆还田的情况下，应将水稻秸秆深耕翻埋，并将春季水整地漂浮的水稻秸秆及时捞出放置到远处。

表 5-4 水稻秸秆长期还田处理与水稻秸秆不还田处理 16 个品种的
水稻主要病害平均发生情况

处　　　理	纹枯病		叶瘟病		穗颈瘟		叶鞘腐病	
	病情指数	发病率（%）	病情指数	发病率（%）	病情指数	发病率（%）	病情指数	发病率（%）
连续还田 5 年以上	13.51	45.41	40.49	67.76	25.31	34.71	12.84	20.28
连续 3 年不还田	0.00	0.00	33.39	55.56	21.45	30.30	10.56	16.32

　　夏艳涛、吴亚晶（2013）在黑龙江建三江管局前进、红卫、胜利、二道河、浓江 5 个农场采用大区对比法进行调查，发现与水稻秸秆不还田相比，连续还田 3 年以上的田块水稻叶瘟病发病率由 3.6% 提升到 17.7%，穗颈瘟发病率由 0.3% 提升到 6.0%，纹枯病发病率由 1.8% 提升到 7.4%，叶鞘腐病发病率由 1.0% 提升到 8.7%。

　　胡蓉等（2020）在湖北襄阳通过对水稻各生育时期的小区试验观测发现，秸秆还田使水稻纹枯病明显加重。在水稻—小麦复种两季秸秆全量粉碎旋耕混埋还田的情况下，相较于秸秆不还田：①在水稻分蘖期和孕穗期，水稻纹枯病病菌含量分别增加 115.93% 和 120.20%。②在水稻拔节期、孕穗期和黄熟期，水稻纹枯病发病率分别高出 4.69 个百分点、17.2 个百分点和 10.26 个百分点。③在水稻分蘖期、拔节期、孕穗期和黄熟期，水稻纹枯病病情指数分别提高 18.10%、20.54%、45.41% 和 24.00%（表 5-5）。

表 5-5 水稻—小麦复种周年秸秆全量还田对水稻纹枯病
发病率和病情指数的影响

处理	发病率（%）				病情指数			
	分蘖期	拔节期	孕穗期	黄熟期	分蘖期	拔节期	孕穗期	黄熟期
秸秆还田	18.57	50.65	75.72	76.31	2.74	15.61	24.56	26.45
秸秆不还田	18.75	45.96	58.52	66.05	2.32	12.95	16.89	21.33

5.1.2.3 秸秆还田对旱作/旱季纹枯病的增进作用

　　纹枯病既可侵染水稻，也发生于小麦、玉米、谷子等旱作作物上，而且无论是在旱作条件下还是在水旱轮作条件下，都可在这些作物间相互侵染。我国北方小麦—玉米复种条件下小麦纹枯病加重的主要原因如下：①还田秸秆在土壤中腐解产生有机酸类物质对病原菌生长的促进作用以及抑制小麦根系生理活性和生长的化感作用。②秸秆还田腐解化感物质对禾谷丝核菌致病力的提升作用和强致病力禾谷丝核菌 AG‐D 融合菌群的积累。③秸秆还田导致的根际土壤真菌多样性提高及细菌多样性降低（赵绪生，2018；赵绪生等，2020）。秸秆免耕覆盖还田、犁耕翻埋还田和旋耕混埋还田都可不同程度地加重小麦纹枯病和玉米纹枯病，而且时常随秸秆还田年限的延长和还田量的增加而不断加重。

穆长安、李志（2016）在河南周口调查发现，小麦—玉米复种两季秸秆连年还田使小麦纹枯病不断加重。20 世纪 90 年代以前小麦纹枯病是一种次要病害，危害较轻；20 世纪 90 年代以后，由于小麦联合收割机的推广，小麦收割后秸秆大量被遗弃在农田，田间菌源逐年积累、数量越来越大，小麦纹枯病发生面积不断增大、发生程度逐步加重。据统计，2010年以后，周口小麦纹枯病病田率达 70%～90%，病茎率达 26%～50%，侵茎率达 8%～13%，常年发生面积约 2.67 万 hm^2，重发年份超过 4.00 万 hm^2。

齐永志（2014）调查发现，在河北大面积推行玉米秸秆还田以前，小麦纹枯病仅在 1989 年出现一次发病高峰，发病面积 58.4 万 hm^2，产量损失约 1.7 万 t；其他年份纹枯病发生面积均在 0.3 万 hm^2 以下。玉米秸秆大面积还田以后，小麦纹枯病年均发生面积达 67.1 万 hm^2，年均产量损失在 2.1 万 t 以上。据测定，玉米秸秆还田能显著提高小麦根际土壤和根表土壤中禾谷丝核菌的数量，提高幅度为 33.3%～83.8%，缩短禾谷丝核菌成功侵染小麦时间 3～6d。

赵永强等（2017）在江苏太湖地区开展了水稻—小麦复种长期秸秆还田定位试验，发现小麦秸秆长期连续还田可显著促进小麦纹枯病的发生，而水稻秸秆长期连续还田可以抑制小麦纹枯病的发生。但水稻秸秆还田对小麦纹枯病的抑制效果低于小麦秸秆的促进效果，故水稻、小麦秸秆均还田情况下小麦纹枯病的发生呈加重趋势。试验于 2007 年水稻季开始，于 2014—2015 年小麦季结束，水稻秸秆连续还田 8 年，小麦秸秆连续还田 7 年。秸秆还田处理设计为 4 种：水稻、小麦秸秆皆不还田（"稻秸‐麦秸‐"）、水

稻、小麦秸秆皆还田（"稻秸＋麦秸＋"）、水稻秸秆还田小麦秸秆不还田
（"稻秸＋麦秸－"）、水稻秸秆不还田小麦秸秆还田（"稻秸－麦秸＋"）。
由表5-6可知，4种秸秆还田处理中，小麦秸秆还田处理（"稻秸－麦秸＋"
和"稻秸＋麦秸＋"）小麦纹枯病病情指数和发病率在扬花期和完熟期均
高于小麦秸秆不还田处理（"稻秸－麦秸－"和"稻秸＋麦秸－"）。

表5-6 水稻、小麦秸秆长期连续还田对小麦纹枯病发生的影响

项目	试验处理	2014年扬花期	2014年完熟期	2015年扬花期	2015年完熟期
病情指数	稻秸－麦秸＋	54.12	76.73	66.18	75.40
	稻秸＋麦秸＋	50.86	69.96	52.01	73.31
	稻秸－麦秸－	35.92	60.62	39.56	56.66
	稻秸＋麦秸－	30.14	57.61	34.83	55.22
病株率（%）	稻秸－麦秸＋	95.38	100.00	95.20	100.00
	稻秸＋麦秸＋	97.86	100.00	93.11	100.00
	稻秸－麦秸－	79.19	100.00	82.54	99.09
	稻秸＋麦秸－	65.74	100.00	77.39	95.46

王汉朋（2018）在辽宁沈阳东陵区开展了连续3年的玉米秸秆翻埋还
田试验，结果表明：①试验所在地区大致在玉米播种2个月后始发纹枯
病，此后随着生育期的延长而不断加重，玉米成熟期最为严重。②各年份
玉米成熟期的纹枯病病情指数都随着秸秆还田量和还田年限的增加而增加
（表5-7）。2015年、2016年、2017年秸秆全量还田处理的病情指数比相
应年份秸秆不还田处理分别高9.4个、8.7个、12.6个百分点。

表5-7 不同年份玉米成熟期纹枯病病情指数
随秸秆还田量的变化

年份	全量还田（9 000kg・hm^{-2}）	半量还田（4 500kg・hm^{-2}）	1/4量还田（2 250kg・hm^{-2}）	不还田（0kg・hm^{-2}）
2015	16.7	12.0	9.4	7.3
2016	18.8	14.3	12.5	10.1
2017	23.2	16.9	15.5	10.6

赵绪生（2018）在黄淮海平原开展了小麦—玉米复种长期秸秆还田地块土壤采样分析，发现长期秸秆还田明显改变了小麦根际土壤微生物群落构成：真菌多样性显著提高，细菌多样性却显著降低，纹枯病发生程度又分别与细菌丰度负相关、与真菌丰度正相关。长期秸秆还田导致小麦纹枯病发生程度不断加重——秸秆还田 4 年和 22 年地块小麦拔节期纹枯病病情指数分别提高 8.9％和 20.8％。

赵绪生等（2020）通过对河北望都小麦—玉米复种农田的土壤采样分析发现，常年两季秸秆还田地块耕层土壤中含有机酸、酯、烃、酰胺及醛类等化学物质，其中有机酸类物质相对含量最高。在 6 种含量较高的有机酸中，3−（4−羟基−3−甲氧基苯基）−2−丙烯酸、4−甲氧基邻氨基苯甲酸、邻羟基苯甲酸、对羟基苯甲酸在一定浓度下均可促进小麦纹枯病的发生，3−（4−羟基−3−甲氧基苯基）−2−丙烯酸的促进作用最强。另两种有机酸即苯甲酸和 4−羟基−3−甲氧基−苯甲酸对纹枯病发生无明显影响。

李磊（2020）在辽宁沈北新区开展了玉米秸秆还田试验，发现免耕秸秆覆盖处理的纹枯病发病最重，而深耕翻埋处理发病最轻。在玉米纹枯病较重的 2019 年，各秸秆还田处理玉米成熟期的病情指数排序为免耕覆盖还田（15.04）＞旋耕混埋还田（13.33）＞松耙混拌还田（11.04）＞深耕翻埋还田（9.63）。

5.1.2.4 秸秆还田对玉米丝黑穗病的增进作用

玉米丝黑穗病属于土传真菌性病害，对玉米、高粱、黍、稷等农作物都有严重影响。多数研究认为秸秆还田会加重丝黑穗病的发生（李天娇等，2022），而且秸秆免耕覆盖和犁耕翻埋还田都有加重玉米丝黑穗病的可能。

赵子俊等（1995）在山西平定玉米种植试验基地的调查表明，免耕秸秆覆盖会加重玉米丝黑穗病的危害。根据对昔阳、汾阳两地 4 块秸秆覆盖田的调查，玉米丝黑穗病病穗率平均为 3.13％。换言之，每年每公顷秸秆覆盖还田将有 1 400 个以上的病穗散入土壤。久而久之，玉米丝黑穗病不断加重。

胡颖慧等（2019）在黑龙江牡丹江连作玉米田调查发现，在丝黑穗病流行年份，秸秆还田可增加丝黑穗病发病率。2018 年各试验处理玉米丝黑穗病发病率表现为深耕秸秆翻埋还田（4.00％）＞免耕秸秆覆盖还田（2.67％）＞旋耕秸秆不还田（2.00％）＞免耕秸秆不还田（1.33％）。

5.1.2.5　秸秆还田对玉米大斑病的增进作用

大斑病属于气传真菌性病害，但其病菌能以休眠菌丝体和分生孢子越冬。因此，带菌秸秆还田有增进大斑病的可能。大斑病主要发生于玉米，因此常被称为玉米大斑病。但大斑病也可侵染高粱、苏丹草等农作物。研究表明，玉米秸秆还田尤其是免耕覆盖还田对玉米大斑病可产生明显的增进作用。

郭晓源（2016）在沈阳东陵区进行的玉米秸秆深埋还田接种病原菌试验结果表明，玉米大斑病病情指数表现为秸秆还田处理大于秸秆不还田处理，而且与秸秆还田量正相关，即随着秸秆还田量的增加而加重。2014年9月中旬玉米大斑病最重时，秸秆半量还田、全量还田、2倍量还田处理的玉米大斑病病情指数分别为15.7、27.5、43.5，分别比秸秆不还田处理高20.77％、111.54％、234.62％。2015年9月中旬玉米大斑病最重时，秸秆半量还田、全量还田、2倍量还田处理的玉米大斑病病情指数分别为6.1、9.2、20.7，分别比秸秆不还田处理高出20.00％、84.00％、314.02％。两个年度的试验，秸秆全量还田和2倍量还田处理的病情指数与秸秆不还田处理之间的差异皆达到显著水平。

董怀玉等（2020）于2018—2019年调查了沈阳沈北新区不同秸秆还田模式对玉米大斑病的影响，结果表明秸秆覆盖还田后玉米大斑病危害最重。在玉米蜡熟期，免耕留高茬＋上部秸秆粉碎覆盖还田与免耕秸秆粉碎全量覆盖还田处理的大斑病病情指数分别高达61.62和59.91，分别较免耕秸秆不还田处理（病情指数52.87）高16.55％和13.32％。

李磊（2020）在辽宁沈北新区开展了玉米秸秆还田试验，发现免耕秸秆覆盖处理的大斑病发生最重，而深耕翻埋处理则发病最轻。在玉米大斑病较重的2019年，各秸秆还田处理玉米成熟期的病情指数为免耕覆盖还田（17.48）＞旋耕混埋还田（16.81）＞松耙混拌（12.74）＞深耕翻埋（10.96）。

5.1.2.6　秸秆还田对小麦赤霉病的增进作用

赤霉病属于世界性麦类病害。

小麦赤霉病属于气传病害，但其病原菌腐生能力很强，常以子囊壳、菌丝体和分生孢子的形式在作物残体上、种子上以及土壤中越冬或越夏，并成为下茬小麦的主要初侵染源。我国小麦赤霉病的优势致病镰刀菌种为禾谷镰孢菌，可以在各种麦类作物以及玉米、水稻等作物之间相互侵染。孙秀娟（2012）在江苏南通开展了带赤霉菌小麦秸秆还田盆栽水稻试验，带菌小麦秸秆覆盖还田、旋耕还田和浅埋还田后，水稻茎基部和籽粒具有较高的带菌率。孟程程（2019）指出，从小麦、玉米两种作物茎腐病样本中都可以分离出禾谷镰刀菌，而禾谷镰刀菌不仅能引起小麦、玉米两种作物的茎腐病，也是小麦赤霉病的优势致病菌。这样看来，小麦赤霉病的发生与茎腐病发病秸秆还田存在一定的联系。

商鸿生等（1980）在陕西关中地区将从小麦腐穗、玉米腐穗和玉米秸秆中分离的禾谷镰孢菌分别接种于小麦穗部，小麦赤霉病发病率1978年分别为100%、70%和84.2%，1979年分别为100%、97.5%和89.4%。

乔玉强等（2013）在安徽蒙城开展了小麦—玉米复种玉米秸秆全量粉碎还田配施氮肥试验，秸秆还田与增施氮肥均会不同程度地加重小麦赤霉病，而且以增施氮肥的影响为主。分析表明，施氮量对病穗率的影响（方差贡献率为84.13%）是秸秆还田影响（方差贡献率为13.01%）的6.5倍，对病情指数的影响（方差贡献率为64.71%）是秸秆还田影响（方差贡献率为34.16%）的1.9倍。秸秆还田与施氮互作对病穗率和病情指数的影响较小（方差贡献率分别为2.86%和1.13%）。

穆长安、李志（2016）在河南周口调查发现，小麦—玉米复种两季秸秆连年还田使小麦赤霉病不断加重。据监测，2010年以前小麦赤霉病在周口属于偶发性病害，仅在1985年、1990年发生较重危害，其他年份危害极轻或没发生。但在2010年以后每年都有不同程度的发生，一般年份病田率达20%～30%，病穗率达0.2%～3.1%，可使小麦减产约3万t。其中病害大发生的2012年病田率达91.9%，病穗率达8.9%，重病田病穗率超过90%，小麦减产17万t以上。大量玉米秸秆旋耕混埋还田，耕层浅，掩埋不彻底，未腐熟的秸秆裸露在田间地表，成为赤霉病菌的越冬寄主，导致田间赤霉病菌源增加，小麦赤霉病发生率的提升和危害程度加重。

5.1.2.7　秸秆异地还田对温室农业主要病害的增进作用

保护地蔬菜难以倒茬、连作严重，棚内土壤的高温高湿状态又有利于病原微生物的积累和繁衍，从而导致土壤微生物区系不断恶化，土传病虫害日益严重，严重阻碍了保护地蔬菜的可持续发展（徐铁男，2010）。温室大棚秸秆就地还田时常有很高的致病风险。

试验研究和生产实践表明，玉米、小麦、水稻等农作物秸秆温室还田（秸秆异地还田）一般对抑制温室农业土传病虫害有着重要的作用，但过量的秸秆施用也可能加重病害的发生。

赵金霞等（2016）在宁夏石嘴山的温室开展了行下内置式玉米秸秆生物反应堆越冬番茄种植试验，整秸秆沟埋还田在一定程度上加重了番茄灰霉病的发生和危害程度（表 5-8）。主要原因在于：秸秆施入量大——试验处理玉米秸秆用量为 $45.0 \sim 67.5 \mathrm{t} \cdot \mathrm{hm}^{-2}$（相当于 $5 \sim 8$ 倍量的玉米秸秆异地还田）；反应前期灌水量大——为了促进秸秆快速腐熟，前期灌水量是常规用水量的 $3 \sim 4$ 倍。冬季天气多低温寡照，棚内空气湿度时常超过 90%，番茄植株尤其是叶面结露重的番茄植株灰霉病早发、快发，危害重。调查表明：灰霉病病源主要在秸秆填埋区，对照区为受感染区。发病时间为 2 月初至 5 月中旬。进入 6 月，温室全天放风排湿，灰霉病渐止。

表 5-8　温室大棚玉米秸秆沟埋还田番茄灰霉病
发生与危害情况

试验处理	植株发病率（%）	果实发病率（%）	果实病情指数（%）	产量损失率（%）
秸秆还田	78.8	29.6	11.87	19.5
秸秆不还田	75.6	28.3	10.3	15.3

5.1.2.8　结论与建议

（1）旱作条件下的秸秆还田。

旱作条件下的秸秆还田农作物病害影响研究主要针对两种种植制度：一种是玉米单作（一年一熟），一种是小麦—玉米复种（一年两熟）。

1）玉米单作情况下的秸秆还田。

玉米连年单作（简称连作）与玉米秸秆连年还田对玉米茎腐病、穗腐病、苗期根腐病、全蚀病、纹枯病、丝黑穗病、大斑病等病害有着明显的增进作用。①玉米连作与玉米秸秆连年还田是玉米茎腐病、穗腐病、苗期根腐病、全蚀病等病害的重要诱因，其中免耕秸秆覆盖还田或留高茬还田的增进作用较为突出。②不同方式玉米秸秆还田都可增进玉米纹枯病和大斑病的发生，其中免耕覆盖处理最重，其次为旋耕混埋处理，再次为犁耕翻埋处理，而且时常随着秸秆还田量的增加而不断加重。③多数研究认为玉米秸秆还田会加重玉米丝黑穗病，而且免耕覆盖和犁耕翻埋还田都会加重玉米丝黑穗病。

综合考虑玉米秸秆还田对玉米茎腐病、穗腐病、苗期根腐病、全蚀病、纹枯病、大斑病、丝黑穗病等病害的增进作用，为防治这些玉米病害，在我国东北、长城沿线等一年一熟的玉米连作地区，应积极推行玉米秸秆粉碎犁耕翻埋还田和深旋混埋还田，但以不加重耕地水土流失为先决条件。在具有土壤风蚀沙化危害和潜在威胁的地区以及具有水蚀危害的自然坡耕地，仍应以保护性耕作（少免耕＋秸秆覆盖＋深松）为主。

2）小麦—玉米复种情况下的秸秆还田。

小麦的茎腐病和赤霉病、玉米的茎腐病和全蚀病、小麦和玉米的纹枯病等农作物病害都可以本作物的秸秆为寄主和在两类作物秸秆之间互为寄主。换言之，这两类带病原菌的秸秆还田，可使这些病害在两种作物间交互侵染。①小麦—玉米复种小麦秸秆覆盖还田对病原菌有保护作用，可使茎腐病和全蚀病的病原菌很容易从小麦残体转移或传播到玉米植株上。②小麦—玉米复种玉米秸秆还田，染有茎腐病的玉米秸秆常会加重小麦茎腐病和小麦赤霉病。玉米秸秆还田不仅可加重下茬小麦的茎腐病，而且可加重翌年玉米的茎腐病。③无论是玉米秸秆还是小麦秸秆，无论是秸秆免耕覆盖还田还是犁耕翻埋还田或旋耕混埋还田，在秸秆带有病原菌的情况下都可不同程度地加重小麦纹枯病和玉米纹枯病，而且纹枯病时常随秸秆还田年限的延长和还田量的增加而不断加重。

黄淮海平原、关中平原等广大小麦—玉米复种地区，一年一季秸秆（小麦秸秆或玉米秸秆）离田可在相当程度上阻断上述病害在小麦—玉米两季作物间的接续侵染，从而取得良好的防治效果。需要强调的是，无论是小麦秸秆还是玉米秸秆，在离田作业条件许可的情况下都要尽可能选择病害较重作物的秸秆离田。

（2）稻作条件下的秸秆还田。

稻作条件下的秸秆还田农作物病害影响研究主要针对两种种植制度：一种是水稻单作（一年一熟），一种是水稻—小麦复种（一年两熟）。

1）东北地区水稻单作。

带菌水稻秸秆还田可成为翌年水稻发病的重要侵染源。东北地区连年水稻秸秆还田对纹枯病、叶瘟病、穗颈瘟、叶鞘腐病等水稻常见病害可产生明显的增进作用。水稻秸秆深耕翻埋，将春季水整地漂浮的水稻秸秆及时捞出放置到远处，可在一定程度上抑制水稻常见病害的发生。

2）南方水稻—小麦复种。

纹枯病不仅可在水稻与小麦间相互侵染，而且其病原菌都可以对方的秸秆为载体。因此，在水稻—小麦复种情况下，无论是带菌的小麦秸秆还田还是带菌的水稻秸秆还田，都可诱发并加重水稻纹枯病的发生和危害。另有研究表明，水稻—小麦复种水稻秸秆还田可抑制小麦纹枯病的发生。

如果仅从抑制水稻、小麦纹枯病的角度考虑，南方水稻—小麦复种区一年一季的秸秆离田可将小麦秸秆作为重点。江苏水稻—小麦复种地区秸秆还田调查结果表明，小麦秸秆浅旋或浅耕混埋还田，水田淹水后秸秆漂浮较多的问题仍然是阻碍水稻抛秧和机插秧的技术难题之一。从这个角度来讲，也应积极倡导小麦秸秆离田，同时做好麦茬灭茬作业。

在水稻—小麦复种情况下，带赤霉菌小麦秸秆离田还可依序抑制水稻、小麦赤霉病的发生与危害。

（3）温室农业的秸秆还田。

温室大棚秸秆就地还田有着很高的致病风险。玉米、小麦、水稻等大田农作物秸秆异地还田常常对温室农业病害有着明显的抑制作用，但过量施用也可能使病害加重。故农作物秸秆温室大棚异地还田应适度控制单位面积的秸秆还田量，以单位面积秸秆产量的 3～4 倍量或秸秆可收集利用量的 4～6 倍量为宜。

5.1.3　秸秆还田对主要农作物虫害的增进作用

本书主要阐述秸秆还田对寄生线虫（根结线虫）、蛀茎类害虫（又称钻蛀类害虫或蛀食类害虫，包括玉米螟、水稻二化螟、玉米二点委夜蛾等）、地下害虫（蛴螬、金针虫、蝼蛄、地老虎等）等主要农作物害虫的激发作用。

5.1.3.1 秸秆还田对植物寄生线虫（根结线虫）发生及其危害的增进作用

植食性线虫作为植物病原线虫，可直接或间接地利用作物作为营养来源，并以作物为栖息地和繁殖地，而且时常引起其他病原体的复合感染，严重危害农田作物，因此被认为是有害线虫（吴宪，2021）。

植物寄生线虫是指能寄生于植物的各种组织，使植物发育不良，并且在侵染寄主的同时侵染其他植物，造成植物出现疾病的一类线虫。在线虫生态学分类中，植物寄生线虫属于典型的植食性线虫，并习惯上被作为植食性线虫的病原物来研究。

植物寄生线虫在寄生植物后可引起植物线虫病害，不仅降低农作物的产量，而且影响农产品的品质（郑海睿等，2019）。目前，全球植物寄生性线虫每年造成的损失估计超过1 000亿美元（Brennan et al.，2020）。

根结线虫又是植物寄生线虫中危害最为严重的土传病原体，环境适应性强，分布广、寄生范围广，几乎每种植物都受到该类线虫的侵害（曹志平等，2010）。此外，根结线虫还能与其他病原菌形成复合侵染，从而对植物造成更严重的损害（喻盛甫等，1999）。韩冰洁等（2021）指出，作为危害农作物的重要病原生物，根结线虫在世界各地均有发生，受害植物分属114科3 000多种，且以葫芦科、茄科、十字花科植物最为严重；目前已有报道的根结线虫有90多种，但能对植物产生危害的主要有4种，即南方根结线虫、爪哇根结线虫、花生根结线虫和北方根结线虫。

近年来，随着农田土壤环境质量的退化，根结线虫病的发生与危害区域迅速扩大，给我国农业发展造成重大损失。

(1) 秸秆还田对植食性线虫（植物寄生线虫）数量及其群落特征的增进作用。

有关秸秆还田对植食性线虫数量、相对丰度以及植物寄生线虫成熟度指数影响的文献结果如表5-9所示。秸秆还田对植食性线虫数量、相对丰度和植物寄生线虫成熟度指数的影响总体表现为不显著。

1）玉米、小麦、水稻、棉花等农作物秸秆还田对植食性线虫数量的影响总体表现为不显著，但又以偏高居多。因此，秸秆还田对植食性线虫数量总体表现为增进作用，而且个别时候会表现出显著的增进作用。

任宏飞等（2020）在天津西青开展了设施蔬菜春番茄—秋芹菜复种秸秆还田试验，以同量氮投入为控制条件，并以单施氮磷钾肥（100％的氮由化肥提供）为对照，秸秆还田配施氮磷钾肥（秸秆氮与化肥氮各占50％）使5～10cm土层植食性线虫数量显著增加，由平均每100g土壤155条增加到180条左右。但对0～5cm土层植食性线虫数量影响不显著。

2）秸秆还田对植食性线虫相对丰度和植物寄生线虫成熟度指数的影响都总体表现为不显著，但有时候也会表现出显著的增进作用。

李静等（2019）在天津南开的网室开展了盆栽抗虫棉棉花秸秆还田试验，半量棉花秸秆添加（按照当地棉花秸秆全量还田量计算盆栽棉花秸秆添加量）使棉花根际土壤植食性线虫相对丰度显著提升，较无棉花秸秆添加处理提高11.24个百分点。而高量（全量、1.5倍量、2倍量）棉花秸秆添加处理则与无棉花秸秆添加处理之间无显著差异。

饶继翔等（2020）在安徽宿州开展了小麦—玉米复种不同季节、不同量秸秆还田试验，玉米秸秆半量还田（小麦秸秆不还田）使小麦季植物寄生线虫成熟度指数显著提升，而两季秸秆全量还田、玉米秸秆全量还田（小麦秸秆不还田）、小麦秸秆全量还田（玉米秸秆不还田）、小麦秸秆半量还田（玉米秸秆不还田）处理的植物寄生线虫成熟度指数则与对照无显著差异。

（2）秸秆还田对农作物根结线虫发生及其危害的增进作用。

试验表明，秸秆还田对农作物根结线虫主要起到抑制作用，有关秸秆还田增进农作物根结线虫的文献较为少见。

赵金霞等（2015）在宁夏石嘴山的温室里开展了行下内置式玉米秸秆生物反应堆种植黄瓜试验，高倍（5～8倍）量玉米秸秆整秆沟埋还田使黄瓜根结线虫发病率达到37.9％，较对照（秸秆不还田）提高5.8个百分点。但由于秸秆还田地块黄瓜长势较好，根结线虫的危害明显弱于对照地块。

表 5－9　秸秆还田条件下植食性线虫数量、相对丰度与植物寄生线虫成熟度指数的变化

文献	试验地点	耕作制度	还田秸秆	还田量	还田方式	还田年限(年)	采样时田间作物	采样时间与次数	植食性线虫数量 显著上升	显著下降	差异不显著	植物寄生线虫成熟度指数 显著上升	显著下降	差异不显著	植食性线虫相对丰度 显著上升	显著下降	差异不显著
李慧等(2013a，2013b)	辽宁彰武	玉米连作	玉米秸秆	全量	免耕覆盖	6	玉米	玉米收获后，一次性采样	√					√（上层偏低，下层偏高）			√
饶婷翔等(2020)	安徽宿州	小麦—玉米复种	两季秸秆	全量	旋耕混埋	2	小麦	3月，一次性采样			√（偏高）			√（偏低）			√（偏低）
			小麦秸秆	全量							√（偏高）			√（偏低）			√（偏低）
			玉米秸秆	全量							√（偏高）			√（偏高）			√（偏低）
			小麦秸秆	半量							√（偏高）			√（偏高）			√（偏低）
			玉米秸秆	半量							√（偏高）			√			√（偏低）
孔云等(2018)	天津武清	小麦—玉米复种	两季秸秆 1/4量	（小麦秸秆全量覆盖还田，玉米秸秆翻埋还田）	玉米秸秆全量	8	玉米	2015年7—9月，每月采样一次			√（偏高）			√（偏低）			√（偏低）
			玉米秸秆 1/2量								√（偏高）			√（偏高）			√（偏低）
			玉米秸秆 3/4量								√（偏高）			√（偏低）			√（偏低）
			玉米秸秆 全量								√（偏低）			√（偏低）			√（偏低）
吴宪等(2021)	天津宁河	小麦—玉米复种	两季秸秆全量还田（以小麦和玉米秸秆单季还田和玉米秸秆翻埋还田不还田为对照）	小麦秸秆覆盖，玉米秸秆翻埋还田		5	小麦	小麦收获前，一次性采样									√（偏低）
							玉米	玉米收获前，一次性采样						√			

（续）

文献	试验地点	耕作制度	还田秸秆	还田量	还田方式	还田年限(年)	土壤采样		植食性线虫数量			植物寄生线虫成熟度指数			植食性线虫相对丰度		
							田间作物	采样时间与次数	显著上升	显著下降	差异不显著	显著上升	显著下降	差异不显著	显著上升	显著下降	差异不显著
郑海睿等(2019)	吉林梨树	单季玉米	玉米秸秆	1/3量	覆盖还田	10	玉米	玉米收获前，一次性采样			√(偏高)						
				2/3量							√(偏低)						
				全量							√(偏低)						
叶成龙等(2013)	河北曲周	小麦—玉米复种	两季秸秆	全量	混埋还田	2	小麦	小麦收获前，一次性采样									√
任宏飞等(2020)	天津西青	设施蔬菜春番茄—秋芹菜复种	未明示	21.6t·hm⁻²	未明示	8	春番茄	春番茄拉秧后，一次性采样			√(偏高)(0~5cm土层) √(5~10cm土层)			√(偏高)(0~5cm土层) √(偏高)(5~10cm土层)			√(0~5cm土层) √(5~10cm土层)
曹志平等(2010)	中国农业大学	盆栽番茄	小麦秸秆	7.50t·hm⁻² 15.00t·hm⁻² 30.00t·hm⁻²	粉碎混埋	当季	盆栽番茄	番茄定植6个月时，一次性采样			√(偏低)			√			√(相当)
陈云峰等(2018)	湖北京山	双季稻	双季稻草	3 000 t·hm⁻² 每季	混埋还田	2012年	晚稻	晚稻收获后，一次性采样			√(偏高)			√(偏高)			√(相当)
						2013年					√(偏高)			√(偏高)			√(相当)

（续）

文献	试验地点	耕作制度	还田秸秆	还田量	还田方式	还田年限（年）	采样时田间作物	采样时间与次数	植食性线虫数量			植物寄生线虫成熟度指数			植食性线虫相对丰度		
									显著上升	显著下降	差异不显著	显著上升	显著下降	差异不显著	显著上升	显著下降	差异不显著
牟文雅等（2017）	山东宁津	单季玉米	玉米秸秆	全量	浅耕翻埋	2	玉米	连续2年，每年4次，共8次采样结果平均			√（偏低）				√		
				半量													√（偏低）
				全量													√（偏高）
				1.5倍量						√							√（偏低）
				2倍量													
李静等（2019）	天津南开	网室盆栽棉花	抗虫棉秸秆	半量	粉碎掺混	当季	抗虫棉	蕾期，一次性采样									√（相当）
				全量								√					√（相当）
				1.5倍量				花铃期，一次性采样									√（相当）
				2倍量													√（相当）
周育臻等（2020）	四川盐亭	小麦—玉米复种	两季秸秆	全量	翻耕还田	12	玉米	玉米收获后，一次性采样		√				√（相当）			√（相当）
			小麦	半量							√（相当）			√（相当）			√（相当）
				30%量							√（相当）			√（相当）			√（相当）
				30%量							√（相当）			√（相当）			√（相当）

笔者尚未检索到秸秆还田对大田农作物根结线虫起到增进作用的研究文献。

5.1.3.2　玉米秸秆覆盖还田对玉米螟发生及其危害的增进作用

玉米螟又叫玉米钻心虫，对玉米危害最大，也可危害高粱、谷子、甘蔗、水稻、棉花等作物。玉米螟虫卵和幼虫可寄存于作物茎秆中，带虫源（虫卵和幼虫）秸秆还田可诱发下茬农作物玉米螟的滋生和危害。籍增顺等（1995）在山西进行了多点（忻州、太原、平定、汾阳、长治、平顺、隰县等）调查，发现玉米秸秆整秆覆盖可使玉米螟安全越冬，完全越冬率高达93.8%。

胡颖慧等（2019）在黑龙江牡丹江开展了连作玉米田调查，发现免耕秸秆覆盖还田显著促进了玉米螟的发生与危害。由表5-10可知，无论是玉米螟较轻的2017年还是较重的2018年，免耕秸秆覆盖还田处理百株虫量和被害株率都显著高于免耕秸秆不还田、旋耕秸秆不还田和深耕秸秆翻埋还田处理。

表5-10　不同秸秆还田处理玉米螟发生与危害情况

试验处理	2017年		2018年	
	百株虫量（头）	被害株率（%）	百株虫量（头）	被害株率（%）
旋耕秸秆不还田	11.00c	14.33c	21.00d	24.33d
深耕秸秆翻埋还田	8.67d	11.00d	29.67c	31.00c
免耕秸秆不还田	15.33b	21.67b	32.33b	40.67b
免耕秸秆覆盖还田	23.00a	25.00a	45.33a	55.00a

5.1.3.3　小麦秸秆覆盖还田对玉米二点委夜蛾发生及其危害的增进作用

玉米二点委夜蛾畏光喜湿，受惊有假死表现；白天多藏匿于小麦秸秆、麦糠等覆盖物下，夜晚取食危害；具有世代重叠现象，且多虫龄并存，防治难度大（孙家峰，2013）。小麦秸秆覆盖还田是增进玉米二点委夜蛾危害的重要做法。

二点委夜蛾和玉米螟、水稻二化螟一样，是重要的蛀茎害虫，主要危害夏玉米。2011年二点委夜蛾在黄淮海夏播玉米区的河北、山东、河南、安徽、江苏、山西和北京7省份全面暴发，面积达214.8万hm²，其中被害株率超过 10% 的受害面积高达 62.34 万 hm²，对夏玉米的安全生产造成严重威胁（王振营等，2012）。

王振营等（2012）调查指出：二点委夜蛾幼虫喜欢在碎小麦秸秆下的土表或 1～2cm 的表土中化蛹（茧壳上常粘有小麦秸秆碎屑等杂物），并危害玉米苗；二点委夜蛾幼虫在小麦秸秆和麦糠厚的隐蔽场所取食，高产麦田田间小麦秸秆覆盖厚，危害重；联合收割机收获后留在田间的麦粒萌发后是二点委夜蛾喜好的食物，有利于该害虫的生长繁殖。

王振营等（2012）的调查结果还表明，白茬地、小麦秸秆清除或旋耕过的田块玉米二点委夜蛾虫口密度低，很少形成虫害。山东省济宁市农业科学院试验地灭茬田块的玉米枯心苗率为 4.8%，而未灭茬田块的玉米枯心苗率高达 26.2%。

姜玉英（2012）调查指出：二点委夜蛾喜欢栖息在秸秆残体上，而且在土中化蛹，主要危害玉米根部。2011 年二点委夜蛾在黄淮海夏玉米主产区暴发，究其根源，虫源基数的积累是其先决条件；长期小麦—玉米连作和小麦秸秆覆盖还田时常会增进二点委夜蛾的虫源基数，并加重其危害，成为耕作制度方面的主要动因。

李丽莉等（2012）在济南长清调查发现，小麦秸秆覆盖还田地块玉米二点委夜蛾发生与危害尤为严重。在不喷施除草剂和杀虫剂的条件下，小麦秸秆覆盖还田玉米二点委夜蛾百株虫量为 88 头，而对照（不还田）仅为 6 头；小麦秸秆覆盖还田玉米二点委夜蛾被害株率高达 82%，而对照（不还田）仅为 20%。

孙家峰（2013）在安徽萧县田间的调查结果表明：①二点委夜蛾越冬代老熟幼虫分布广，不同作物田差异大。连续 3 年 11 月上、中旬调查越冬幼虫，各种作物田均有分布，多集中在覆盖物下，无覆盖物的地块虫量极少。玉米秸秆砍倒后滞留于田间的休闲田幼虫量最大，其次是棉田和甘薯田，果园和蔬菜田最少。②二点委夜蛾幼虫田间分布不均。前茬小麦长势好，秸秆还田量大的玉米田幼虫量大；同一地块，小麦秸秆、麦糠覆盖物多的地方虫量大。

陈立涛等（2014）调查发现，田间小麦秸秆可为二点委夜蛾提供适宜的栖息场所。在二点委夜蛾危害期，田间湿度大，但不积水，有利于该虫在田间取食潮湿或腐烂的小麦秸秆；而田间干旱时，小麦秸秆干燥，幼虫难以取食，反而更驱使其寻找玉米幼苗钻蛀，玉米被害更加严重。与此同时，小麦秸秆的遮阳环境可供二点委夜蛾在一定程度上躲避高温。因此，小麦产量越高，小麦秸秆覆盖量越大，地表小麦秸秆越厚实，夏季玉米二点委夜蛾发生与危害越重。

5.1.3.4　水稻秸秆覆盖还田对水稻二化螟发生及其危害的增进作用

水稻收割留高桩、水稻秸秆覆盖还田以及浅耕混埋还田是二化螟不断加重的重要原因。

二化螟是我国水稻上的常发性害虫，分布几乎遍及我国各稻区。在江淮稻麦两熟区，二化螟一直是稻螟中的优势种群，主要危害水稻，严重时使植株虫害率高达 68.39%～93.86%（赵绪生等，2018）。二化螟寄主有水稻、茭白、玉米、稗等禾本科作物，主要在作物茎秆中越冬。春暖后转移到油菜、小麦、蚕豆等作物上取食危害，继而成为水稻的侵染源。

盛承发等（2002）在我国稻螟暴发成灾原因分析中指出，有 60%～80% 的二化螟和不足 10% 的三化螟幼虫在水稻秸秆中越冬。由于成堆水稻秸秆得不到及时处理，稻螟基数骤增，增大了防治困难。同时，由于水稻留高茬收割，越冬三化螟和二化螟成活率大大提高。

黄水金等（2010）在江西田间的调查结果表明，在稻桩上越冬的二化螟将成为翌年春季田间的主要虫源：①稻株部位越低二化螟幼虫越多，稻桩部位最多。在高度为 20cm 的稻桩中，二化螟幼虫数量占稻株幼虫总数的 84.49%。②稻桩中二化螟幼虫生长发育较好，体重在 80mg 以上的幼虫较多，占 54.01%；而水稻秸秆中二化螟幼虫的体重在 80mg 以上的仅占 28.38%。③在水稻秸秆上越冬的二化螟，在翌年春季的出蛾率为 36.44%，高于在稻桩上越冬二化螟的出蛾率（27.11%）。然而，从出蛾数来看，在稻桩上越冬二化螟的出蛾数（138.25 头）显著高于在水稻秸秆上越冬二化螟的出蛾数（34.25 头）。

冯晓霞等（2018）在安徽霍邱调查发现，霍邱年水稻种植面积约 12 万 hm²，年产水稻秸秆约 200 万 t，除少部分被用作生活燃料和饲料外，大部分被直接还田或堆弃在田边。由表 5 - 11 可知，随着水稻秸秆连年还田，2013—2017 年霍邱二化螟冬后虫口基数增长了 1.81 倍；一代和二代二化螟平均螟害率皆明显提升，一代二化螟发生面积保持在 2 万 hm² 左右，二代二化螟发生面积由 2.40 万 hm² 增至 4.00 万 hm²。由于越冬幼虫 90% 分布在离地面 20cm 的稻桩中，水稻秸秆覆盖还田和浅耕还田是二化螟不断增加的重要原因。目前，霍邱的冬闲田和直播麦田都是水稻秸秆覆盖还田，其他麦田也基本上都是浅耕或旋耕，大部分水稻秸秆被混埋在浅层土壤中。

表 5-11　霍邱水稻二化螟虫口基数与发生情况

年份	虫口基数（头·hm⁻²）		一代二化螟		二代二化螟	
	冬前	冬后	平均螟害率（%）	发生面积（万 hm²）	平均螟害率（%）	发生面积（万 hm²）
2013	5 325	4 800	0.72	2.00	0.83	2.40
2014	6 900	6 675	0.84	2.13	0.91	2.67
2015	8 100	7 950	0.79	1.67	0.78	3.67
2016	11 625	11 175	0.90	1.33	1.00	4.00
2017	13 875	13 500	1.05	2.00	1.11	4.00

周训军等（2019）采用稻桩剥查法对湖南常德周家店的水稻二化螟越冬虫口密度进行调查，结果显示越冬前虫口密度高达 364.68 万～716.36 万头·hm⁻²（平均 582.38 万头·hm⁻²），越冬后虫口密度仍高达 47.02 万～379.19 万头·hm⁻²（平均 217.77 万头·hm⁻²）。水稻留高桩机械收获和水稻秸秆全量覆盖还田是二化螟虫口密度居高不下的主要原因。

5.1.3.5　秸秆还田对地下害虫发生及其危害的增进作用

农作物地下害虫种类繁多，但 4 类害虫蛴螬（金龟甲幼虫）、金针虫、蝼蛄、地老虎发生与危害较为严重。旱作农业区秸秆还田对这 4 类地下害虫（尤其是蛴螬）常表现出一定的增进作用，而且以免耕秸秆覆盖还田处理的表现最为突出。

赵子俊等（1995）、籍增顺等（1995）在山西开展的多点（忻州、太原、平定、汾阳、长治、平顺、隰县等）玉米秸秆整秆覆盖还田试验结果表明，免耕秸秆覆盖田比常规耕作田地下害虫（蛴螬、地老虎、金针虫、蝼蛄、麦根蝽等）增多，危害率增加，而且随着免耕覆盖年限的增加危害率呈增加的趋势。在汾阳的调查结果表明，常规耕作田地下害虫危害率平均为4.55%，而免耕覆盖田2年地下害虫危害率为6.88%，3年地下害虫危害率为10.67%，4年地下害虫危害率为15.75%。秸秆覆盖使土壤含水量和腐殖质增加，是覆盖田地下害虫增多和危害加重的主要原因。

韩惠芳等（2009）在山东农业大学对小麦—玉米复种连续5年秸秆全量还田和秸秆不还田的试验地进行小麦播种期地下害虫调查，主要发现蛴螬、金针虫、蝼蛄、小地老虎和根蛆5种害虫，且前两者数量（密度）较高（表5-12）。与秸秆不还田相比，免耕、旋耕、耙耕、深松和犁耕5种不同耕作方式的秸秆还田，都显著增加了蛴螬数量以及其他害虫（蝼蛄、小地老虎和根蛆等）的数量；除犁耕秸秆还田外，其他4种耕作方式的秸秆还田都显著增加了地下害虫总量。

表 5-12 小麦—玉米复种不同耕作方式与秸秆还田处理小麦播种期主要地下害虫分布密度

单位：头·m^{-2}

地下害虫	秸秆处理	免耕	旋耕	耙耕	深松	犁耕
合计	秸秆还田	7.39	8.70	9.12	10.49	6.47
	秸秆不还田	5.85	6.12	7.05	5.02	10.81
金针虫	秸秆还田	3.50	1.00	1.00	1.50	2.00
	秸秆不还田	4.50	4.95	5.56	3.21	8.73
蛴螬	秸秆还田	3.33	7.00	7.82	7.67	4.33
	秸秆不还田	1.33	1.15	1.47	1.67	1.98
其他	秸秆还田	0.56	0.70	0.30	1.32	0.14
	秸秆不还田	0.02	0.02	0.02	0.14	0.10

注：表中"其他"包括蝼蛄、小地老虎和根蛆等。

裴桂英等（2010）在河南西华开展了小麦—大豆复种蛴螬发生量调查，发现小麦秸秆覆盖还田显著增加了大豆田蛴螬数量。免耕覆盖秸秆的田块大豆成熟期蛴螬分布密度达到89.6头·m^{-2}，较免耕秸秆不还田处理高出23.42%。

刘予（2016）在安徽太和进行调查发现，旋耕秸秆混埋还田显著增进了蛴螬的发生与危害。2015年8月的调查结果表明，小麦秸秆旋耕混埋还田的大豆田蛴螬平均密度为28.6头·m^{-2}，清理秸秆后免耕播种的大豆田蛴螬平均密度为 3.2 头·m^{-2}，前者是后者的 8.94 倍。原因在于，旋耕秸秆混埋还田后土壤松软，适宜金龟甲栖息、产卵，蛴螬危害就重；清理秸秆免耕播种的大豆田土壤板结，地表覆盖率低，不利于金龟甲生存繁殖，蛴螬危害则轻。

梁志刚等（2017）在山西襄汾进行了小麦—玉米复种秸秆覆盖还田调查，发现常规种植麦田地下害虫（蛴螬、地老虎、金针虫等）危害率为 4% 左右，而免耕覆盖还田 2 年麦田地下害虫危害率为 7%，免耕覆盖还田 3 年麦田升高到 11% 左右，免耕覆盖还田 4 年麦田升高到 16% 左右。

刘新雨等（2021）在吉林长春开展的玉米秸秆全量还田试验结果（表 5-13）表明，与秸秆不还田相比，不同方式的秸秆还田都明显提高了春、秋季的蛴螬和金针虫数量，免耕秸秆覆盖还田处理和浅灭茬秸秆浅埋还田处理都达到显著高于秸秆不还田处理的水平。犁耕秸秆深埋还田对蛴螬和金针虫数量的增进作用相对较弱。

表 5-13　不同方式的秸秆全量还田春、秋季地下害虫发生量

单位：头·样点$^{-2}$

试验处理	蛴螬		金针虫	
	春季	秋季	春季	秋季
秸秆不还田	0.20c	0.80d	0.00b	0.00b
犁耕秸秆深埋还田	1.20b	3.00c	0.60ab	0.80a
免耕秸秆覆盖还田	1.60b	5.60ab	1.00a	1.00a
浅灭茬秸秆浅埋还田	2.40a	6.60a	1.20a	1.40a

5.1.3.6　结论与建议

（1）秸秆还田与植物寄生线虫（根结线虫）。

玉米、小麦、水稻、棉花等主要农作物的秸秆还田对植食性线虫数量、相对丰度和植物寄生线虫成熟度指数的影响总体都表现为不显著。但秸秆还田对植食性线虫数量总体表现为一定的增进作用，而且对植食性线虫数量、相对丰度和植物寄生线虫成熟度指数有时会表现出显著的增进作用。

秸秆还田对农作物根结线虫主要起抑制作用。有个别案例表明温室高倍量秸秆还田对秋茬黄瓜根结线虫发病率有一定的增进作用（但长势趋好）。

（2）秸秆还田与蛀茎类害虫。

①玉米单作情况下玉米秸秆覆盖还田对玉米螟有显著的增进作用，但玉米秸秆深耕翻埋还田对玉米螟有显著的抑制作用。②在玉米二点委夜蛾高发的黄淮海地区，小麦秸秆覆盖还田是玉米二点委夜蛾危害加重的重要原因。③在南方稻区，水稻收割留高桩、水稻秸秆覆盖还田以及浅耕混埋还田是二化螟危害不断加重的重要原因。

（3）秸秆还田与地下害虫。

旱作农业区秸秆还田对蛴螬、金针虫、蝼蛄、地老虎等地下害虫常表现出一定的增进作用，而且免耕秸秆覆盖还田处理的表现较为突出。

（4）综述。

综上所述，秸秆覆盖还田是增进农作物虫害的主要原因。秸秆粉碎犁耕翻埋还田和深旋混埋还田可作为抑制玉米螟、二点委夜蛾、二化螟等蛀茎类害虫和蛴螬、金针虫、蝼蛄、地老虎等地下害虫的有效手段。

5.2 秸秆还田对农作物病虫害的抑制作用

相较于秸秆还田对主要农作物病虫害的增进作用，其对主要农作物病虫害的抑制作用更为广泛。

不同区域、不同种类、不同量、不同年限、不同方式的秸秆还田，在对玉米、小麦、水稻等主要农作物的茎腐病、穗腐病、根腐病、全蚀病、大斑病、纹枯病、丝黑穗病、赤霉病、叶瘟病、穗颈瘟、叶鞘腐病等病害以及蛀茎害虫（玉米螟、二化螟、二点委夜蛾等）、地下害虫（蛴螬、金针虫、蝼蛄、地老虎等）等虫害产生增进作用的同时，在处理方式有别的情况下也可对其产生抑制作用。相较于秸秆还田对主要农作物病虫害的增进作用，其抑制作用常有如下突出的表现：①合理轮作是防治农作物病虫害的重要农艺措施。合理轮作与秸秆还田相结合，往往会使病虫害防治效果得到进一步的增强。②秸秆异地还田可发挥农作物合理轮作秸秆还田的奇效。秸秆异地还田对农作物病虫害的抑制作用，与合理连作秸秆还田相同或更强。温室大棚秸秆就地还田有着很高的致病风险，但玉米、小麦、水稻等大田农作物的秸秆温室大棚异地还田常对温室蔬菜多种病害有着明显的抑制作用。③尽管秸秆还田尤其是秸秆覆盖还田对农作物病害的增进作用相对较强或更为普遍，但在犁耕翻埋或旋耕混埋的情况下，其对玉米茎腐病、丝黑穗病和大斑病，小麦茎腐病、根腐病、全蚀病、纹枯病和赤霉病，水稻纹枯病和叶瘟病等病害的抑制作用常超过增进作用。某些情况下，秸秆覆盖还田也可对农作物病害产生明显的抑制作用，如水稻—小麦复种水稻秸秆覆盖对小麦纹枯病的抑制作用、秸秆覆盖对烟草青枯病的抑制作用等。④尽管秸秆还田对植食性线虫数量总体表现为一定的增进作用，但其对植食性线虫相对丰度却有更为明显的抑制作用，从而促进了土壤环境质量的提升。与此同时，大田秸秆的直接还田及其在温室大棚的异地还田对土壤根结线虫普遍表现出明显的抑制作用。⑤尽管秸秆覆盖还田对玉米螟、二点委夜蛾、二化螟等蛀茎害虫总体表现出明显的增进作用，但秸秆粉碎还田尤其是秸秆粉碎翻埋和混埋还田对这些蛀茎害虫总体都表现出显著的抑制作用。另外，水稻秸秆覆盖还田还可抑制棉花节肢类害虫。⑥秸秆还田对旱作农业区的蛴螬、金针虫、蝼蛄、地老虎等地下害虫常表现出明显的增进作用，而且以免耕秸秆覆盖田处理的表现为重。但秸秆粉碎犁耕翻埋或旋耕混埋还田对这些地下害虫又常表现出明显的抑制作用。秸秆还田与深翻、深旋、灭茬、中耕等农田耕整作业相结合可作为杀灭和抑制地下害虫的有效手段。

5.2.1 秸秆还田抑制农作物病虫害的主要原因和途径

大量试验研究和生产实践业已表明，带病虫源秸秆离田、作物合理轮作、秸秆粉碎和深埋处理等手段，都是降低病虫源积累、消减以至消除病原菌侵染、有效防治作物病虫害的农艺措施。研究发现，禾本科作物秸秆可以减少某些土传病害的发生（赵绪生，2018）。许多报道一致认为，秸秆深埋还田可有效地压低田间病虫越冬或越夏基数（孙秀娟，2012）。

与此同时，秸秆腐解产物对土壤生态环境和微生物菌群的改善作用以及某些有机化合物对病原菌和虫卵的抑制和杀伤作用也可减轻作物病虫的发生和危害。秸秆还田对土壤发酵性真菌和土著性真菌常表现出不同的影响，对前者主要起激发作用，对后者主要起抑制作用。当秸秆还田对后者的抑制作用超过对前者的激发作用时，就表现出土壤真菌总量的下降。但秸秆还田对土壤微生物尤其是土壤真菌的影响并不总是负面的。当秸秆还田对土著性病原菌起到抑制作用时，就会彰显其在农作物病害防治上的积极作用。例如孙鹏等（2021）通过实验室培养发现，香蕉秸秆土壤掩埋处理在显著降低镰刀菌属真菌相对丰度（秸秆掩埋处理为2.6%，无秸秆处理为15.5%）的同时，也显著降低了土壤病原菌的相对丰度。

秸秆还田腐解对土壤致病生物与农作物病虫害的抑制作用主要通过四个途径实现：①通过增进土壤中拮抗菌的数量来抑制致病生物的繁衍，从而减轻农作物病害。有研究认为，秸秆还田在改良土壤微生态、打破土壤中的微生物区系平衡的同时，有效增加了土壤中拮抗菌的数量（Bailey et al.，2003）。土壤微生物对土传病原菌的拮抗作用包括竞争、寄生、捕食和产生抗生素等。秸秆碳源的施入可改善土壤食物网结构和土壤生态系统食物网营养结构，使多种非病原微生物菌群在生长繁殖过程中对病原微生物菌群产生竞争性抑制作用，并可能分泌多种抗生素（如伊枯草菌素、藤黄绿脓菌素），导致病原菌细胞的溶解（任小利，2012）。又如荧光假单胞菌，因可产生2,4-二乙酰藤黄酚、吩嗪酸等抗生素而成为土壤中重要的拮抗菌，可抑制棉花立枯病、棉花猝倒病、小麦根腐病、小麦纹枯病、烟草黑胫病、水稻鞘腐病等病害的发生（曹启光等，2006）。张承胤等（2009）从河北、辽宁、江苏、山东、河南等地采集到50份玉米秸秆还田土样，利用平板对峙培养法筛选出对小麦全蚀病、根腐病、纹枯病都有防效的拮抗细菌19株，抑菌率在41.57%～93.36%；其中有一种芽孢杆菌属菌株对小麦全蚀病菌、根腐病菌和纹枯病菌的抑菌率分别达到92.92%、90.81%和63.26%。另外，有些细菌、真菌和病毒还可以寄生于土传病原菌的菌丝及繁殖结构，从而阻止病原菌在根际定殖（陈丽鹃等，2018）。②通过增进原生动物、食微线虫、跳虫和螨类等土壤中小型动物数量和相对丰度，并充分发挥其在土壤食物网中的节点作用，即通过取食微生物来调节微生物种群，达到抑制病原微生物的效果。例如跳虫可以通过取食病原菌或一些寄生性的害虫来抑制病虫害（陈建秀等，2007）。张四海等（2013）通过对根结线虫病害严重土壤进行秸秆碳源添加试验发现秸秆碳源的添加提高了土壤中原生动物的丰富度、微生物生物量碳、微生物生物量氮，从而达到了抑制病虫害尤其是根结线虫病的目的。③通过秸秆腐解产物尤其是酚酸物质的生成来抑制致病生物的繁衍，或通过抑制病原菌细胞壁降解酶表达量减轻作物病虫害。近年来，有关秸秆腐解产物对病虫源尤其是病原菌影响的研究越来越多。有不少研究者认为，在秸秆还田抑制病虫害的效用方面，秸秆腐解产物对病原菌的灭活作用可能超过其对拮抗菌的增进作用。表 5 - 14 是秸秆腐解产物抑病菌、防病、杀虫效用的部分试验研究结果。④通过提高作物抵抗病原微生物侵害或细胞壁降解酶的能力减轻作物病虫害。秸秆还田腐解可增加土壤有机质和营养元素，并通过影响土壤物理、化学和生物学性质而改善肥力特性，促进作物生长，提高其抵抗病原微生物侵害的能力。例如，李双等（2021）调查发现，秸秆还田条件下玉米茎腐病发病率表现为高肥力田块＜中肥力田块＜低肥力田块。另外，秸秆还田腐解可生成 30 多种矿质元素，对有些农作物因某种或几种矿质元素短缺而多发的病害有一定的防治作用。

表 5 - 14　秸秆腐解产物抑病菌、防病、杀虫效用的试验研究结果

效用	文献	研究结果
	袁飞等 （2004）	水稻秸秆分解产生的酚酸物质可以直接抑制病原菌生长，降低土壤中病原菌所占真菌的比例
抑病菌 作用	Momma et al. （2006）	秸秆腐解过程产生的有机酸可对土传病原菌产生抑制作用，如 $10mmol \cdot L^{-1}$ 的丁酸可以完全抑制尖孢镰刀菌菌丝的生长，$5mmol \cdot L^{-1}$ 的丁酸能够不可逆地抑制尖孢镰刀菌的孢子萌发
	程智慧等 （2008）	不同浓度的大蒜秸秆水浸液对 3 种靶标菌即西瓜枯萎病菌、黄瓜枯萎病菌、辣椒疫霉病菌均有抑菌活性，对辣椒疫霉病菌的抑菌活性最强。抑菌活性基本随其浓度的增加而增强，最有效的抑菌浓度为 $100g \cdot L^{-1}$ 大蒜秸秆水浸液的 3 种有机溶剂萃取物即乙酸乙酯、三氯甲烷和石油醚对 3 种靶标菌均有抑菌活性，乙酸乙酯相抑菌活性最强。乙酸乙酯在 $50g \cdot L^{-1}$ 浓度下对辣椒疫霉菌的抑菌率达 100%，在 $100g \cdot L^{-1}$ 浓度下对西瓜枯萎病菌和黄瓜枯萎病菌的抑菌率也达 100%。三氯甲烷相的抑菌活性稍高于石油醚相

（续）

效用	文献	研究结果
抑病菌作用	梁春启等（2009）	在玉米秸秆腐解液中共检测到 5 种酚酸类物质，其中含量最高的邻苯二甲酸和次高的苯甲酸对 3 种小麦土传病原菌即禾顶囊壳菌、平脐蠕孢菌、禾谷丝核菌的生长都有显著的抑制作用，而且浓度越高抑制作用越明显
	张琴等（2012）	采用自然腐解与接种微生物腐解两种方式分别处理棉花秸秆，结果显示两种腐解物的水浸提液对棉花枯萎病菌、黄萎病菌的菌丝生长及孢子萌发均产生较强的抑制作用，抑制强度整体上随着腐解液浓度的升高而增大，具有作为植物源抑菌剂的开发潜力
	刘顺湖等（2014）	大蒜秸秆浸提液对黄瓜灰霉病病菌菌落有极显著的抑制作用。抽薹后的大蒜秸秆浸提液抑菌效果最好，其次为苗期大蒜秸秆，再次为抽薹前的大蒜秸秆
	蔡祖聪等（2015）	强还原土壤灭菌方法，其作用机制之一就是利用大量作物秸秆快速厌氧发酵产生的有毒有害物质杀灭土壤病原菌，可能产生的杀菌物质包括乙酸、丙酸等有机酸、氨、硫化氢、生物活性物质和铁、锰等低价金属离子
	郭晓源等（2016）	玉米秸秆腐解液对玉米大斑病菌丝生长和孢子萌发有一定的抑制作用，其中，$0.125\text{g} \cdot \text{mL}^{-1}$ 的秸秆腐解液对病原菌菌丝生长的抑制率在 $38.7\% \sim 58.8\%$，对孢子萌发的抑制率在 $28.8\% \sim 91.9\%$。腐解 60d 的秸秆腐解液中含有的对羟基苯甲酸、邻苯二甲酸、香草酸、丁香酸和苯甲酸等酚酸物质能抑制玉米大斑病菌菌丝生长，抑菌率在 $14.5\% \sim 100.0\%$，且随着浓度的增加抑制作用增强
	马璐璐等（2017）	玉米秸秆主要腐解产物苯甲酸对禾谷丝核菌菌丝生长和产核能力均呈现"低促高抑"的作用，且浓度越高抑制作用越强。浓度为 $100\mu g \cdot \text{mL}^{-1}$ 时对菌丝生长的抑制率高达 31.2%，浓度为 $50\mu g \cdot \text{mL}^{-1}$ 时对菌核形成的抑制率高达 32.4%
	陈丽鹃等（2018）	秸秆分解过程中产生的多种有机酸物质以及形成的强酸性微区都可对土传病原菌产生抑制与"毒害"作用，减少土传病原微生物繁衍和侵染的可能，从而减少病害的发生
	陈丽鹃（2021）	秸秆腐解对烟草疫霉菌的生长和侵染均有显著影响。水稻秸秆、烟草秸秆、油菜秸秆 3 种秸秆腐解液对烟草疫霉菌菌丝生长、孢子囊产生和游动孢子萌发均有不同程度的抑制作用，腐解 30d 的浸提液作用最强。抑菌率与腐解液浓度正相关，总体表现为水稻秸秆腐解液＞烟草秸秆腐解液＞油菜秸秆腐解液 分析发现秸秆腐解液中含有大量化感活性物质，其中水稻秸秆腐解液中苯甲酸类、萜类和酚类等的相对含量均为最高，而烟草秸秆腐解液中的生物碱含量是其他两种秸秆腐解液的 $4.91 \sim 6.01$ 倍

（续）

效用	文献	研究结果
抑病菌作用	王汉朋（2018）	玉米秸秆还田试验测定结果表明，当秸秆倍量还田、腐解液浓度足够高时，对玉米纹枯病病原菌菌丝生长及菌核数量有抑制作用
	肖茜等（2019）	玉米秸秆腐解物中的主要化学物质邻苯二甲酸二丁酯对小麦纹枯病禾谷丝核菌生长的抑制率在 2.4%～67.2%
	崔济安等（2020）	高硫甙芥菜型油菜秸秆还田产生的挥发性水解产物对水稻病菌菌丝有显著的抑制作用，能起到防治多种水稻病害的效果
	马璐璐等（2021）	玉米秸秆腐解液对小麦茎腐病的主要病原菌之一假禾谷镰刀菌的菌丝生长和孢子萌发均呈现"低促高抑"的作用，而且随着腐解天数的增加和腐解液浓度的提高抑制作用不断增强。0.125g·mL^{-1}（约相当于玉米秸秆全量还田的腐解物浓度）以上的腐解液或腐解天数超过 21d 的腐解液对假禾谷镰刀菌丝生长和孢子萌发均表现出抑制作用。腐解 49d 的腐解液和浓度为 0.5g·mL^{-1} 的腐解对菌丝生长和孢子萌发的抑制率分别达到 100% 和 93.7%
防病作用	袁飞等（2004）	将水稻秸秆分解产生的香豆酸、阿魏酸、对羟基苯甲酸 3 种酚酸物质加入土壤可以减轻黄瓜枯萎病，其中对羟基苯甲酸效果最好，其次为阿魏酸，再次为香豆酸
	齐永志等（2016）	当玉米秸秆腐解液浓度达到 0.12g·mL^{-1}（约相当于玉米秸秆全量还田的腐解物浓度）时，可显著减少小麦根腐病的发生
杀虫作用	许华等（2012）	万寿菊秸秆水提取物抑杀南方根结线虫试验中，线虫死亡率随万寿菊水提物浓度的升高和处理时间的延长逐渐升高。水提物质量分数分别为 0.5%、1.0% 和 1.5% 的 3 个处理对根结线虫的杀灭率在 12h 后分别达到 44.2%、69.5% 和 89.4%，在 24h 后均达到 100%
	王诗雯（2018）	1%、2% 的菊芋秸秆浸提液均可显著地降低南方根结线虫虫卵孵化率，对其二龄幼虫的抑杀率高达 45%～100%
	霍凯丽（2019）	实验室急性毒性试验中，不同浓度的辣椒秸秆浸提液对根结线虫二龄幼虫 24h 致死率表现为 4%（致死率为 71.99%）＞5%（致死率为 67%）＞3%（致死率为 61%）＞2%（致死率为 26.08%）＞1%（致死率为 15.01%）＞0.5%（致死率为 9.75%）＞0%（致死率为 0%）。低浓度辣椒秸秆浸提液对根结线虫幼虫的直接触杀作用较差
	李悦等（2022）	工业大麻乙醇提取物可显著地杀灭大豆胞囊线虫。原因在于，该提取物可导致线虫体内糖代谢紊乱，降低线虫的抗逆能力，并削弱线虫对毒害物质的降解能力。当提取物浓度为 9mg·mL^{-1} 时，大豆胞囊线虫 J2 的校正死亡率为 88.5%

试验研究和生产实践都表明，蚯蚓可以增加作物抗虫能力而使作物受

益，并可通过刺激作物生长来提高作物对害虫的耐受性。一般认为，蚯蚓主要通过改善土壤氮水平而调控作物对害虫的耐性。而秸秆还田对土壤蚯蚓数量及其生物活性有着显著的增进作用（具体见第三章）。

5.2.2 合理轮作秸秆还田对作物连作病虫害的抑制作用

合理轮作可在一定程度上减轻作物病虫害，这已成为人们在农业生产管理上的共识，并被作为作物病虫害综合防治中的重要农艺措施之一。合理轮作的基本要求是参与轮作的作物必须是非寄主作物。人们一般将不同科的作物间的轮作作为合理轮作的大体要求。但某些寄主范围广的病原生物，如黄萎病的轮枝菌，在不同科的作物（如锦葵科的棉花、茄科的马铃薯、茄子等）之间也可进行侵染。另外要考虑作物轮作的年限，不同病虫害在土壤中存活的时间不同，轮作的年限也不同。

相较于单纯的作物连作，连作＋秸秆（尤其是带病虫源的秸秆）还田无疑会使连作病虫害雪上加霜。但在合理轮作的条件下，秸秆还田往往会使单纯轮作对病虫害的防治效果得到进一步的增强。试验表明，大豆或甘薯—小麦复种（轮作），前茬作物秸秆还田可抑制小麦赤霉病；西兰花—棉花复种（轮作），西兰花尾菜还田可抑制棉花黄萎病；大蒜—番茄复种（轮作），大蒜秸秆还田可抑制番茄根结线虫病害；水稻—绿肥（油菜）复种，对盛花后的油菜进行翻压还田可抑制水稻纹枯病、稻曲病、穗颈瘟；大豆—白菜复种（轮作），大豆秸秆还田可抑制白菜根肿病。

宫琳（2016）指出，小麦、玉米秸秆还田有利于小麦赤霉病孢子繁殖，有利于麦类黑穗病、玉米瘤黑粉病等病菌积累。但小麦、玉米是否发病，菌源不是唯一条件，还决定于品种抗病性、天气条件和前茬作物等条件。在适宜的气候条件下，合理复种（轮作）的秸秆还田可有效地抑制小麦赤霉病的发生与危害。2016 年，安徽省太和县植保站在多雨后的 5 月16—22 日对小麦赤霉病进行了专题调查，结果表明：前茬作物玉米秸秆还田的小麦田块赤霉病发病率平均为 45%，最高达到 80%以上；前茬作物大豆秸秆还田的小麦田块赤霉病发病率平均为 15%，最高为 23%；前茬作物甘薯秧还田的小麦田块赤霉病发病率平均在 5%以下。

徐金强等（2017）在山东农工学院教学基地开展了试验，发现大蒜

（百合科）秸秆还田使温室连作番茄（茄科）根结线虫病害得到缓解。与大蒜秸秆不还田相比，3 000kg・hm^{-2}、4 000kg・hm^{-2}、5 000kg・hm^{-2}、6 000kg・hm^{-2}的大蒜秸秆混埋还田对番茄根结线虫的防治效果分别达到 39.29%、53.57%、60.71% 和 64.29%。

赵卫松等（2019）在河北省成安县开展了大田试验研究，发现西兰花（十字花科）复种尾菜还田对棉花（锦葵科）黄萎病有很好的防治效果。以未种植西兰花的地块为对照，西兰花复种尾菜还田后棉花黄萎病的发病率和病情指数均呈现下降趋势，且发病高峰期推迟。在发病高峰期对棉花黄萎病的防治效果达到 70.77%，对棉花全生育期黄萎病的平均防治效果达到 57.21%。

崔济安等（2020）在江苏省常州市开展了水稻—油菜复种秸秆还田试验，高硫甙芥菜型油菜（十字花科）秸秆盛花后粉碎翻压还田（用作绿肥），对水稻（禾本科）纹枯病、稻曲病、穗颈瘟都有显著的防治效果。由表 5-15 可知，低量和高量油菜秸秆还田处理水稻纹枯病、稻曲病、穗颈瘟的发生率都显著低于秸秆不还田处理。高量油菜秸秆还田对水稻纹枯病和穗颈瘟的防治效果更为显著，病情指数分别下降 71.20% 和 74.19%，低量油菜秸秆还田对稻曲病的防治效果更为显著，病粒率下降 97.92%。

表 5-15　油菜秸秆还田对水稻病害的防治效果

试验处理	纹枯病		稻曲病		穗颈瘟	
	病株率（%）	病情指数	病穗率（%）	病粒率（%）	病穗率（%）	病情指数
油菜秸秆低量还田，水稻不打药	26.5	14.3	0.20	0.001	4.80	2.00
油菜秸秆高量还田，水稻不打药	19.6	12.5	1.70	0.018	2.60	0.80
油菜秸秆不还田，水稻不打药	65.7	43.4	2.70	0.048	8.20	3.10
油菜秸秆不还田，水稻正常打药2次	26.0	16.3	0.13	0.002	1.08	0.43

注：低量和高量油菜秸秆还田量（鲜重）分别为 34t・hm^{-2} 和 62t・hm^{-2}。

试验结果还表明，油菜秸秆还田对水稻病害的防治效果可与药防媲美。与正常打药对纹枯病的防治效果相比，高量油菜秸秆还田处理更优，低量油菜秸秆还田处理与正常打药效果相当；与正常打药对稻曲病的防治效果相比，低量秸秆还田处理的病粒率明显降低，高量秸秆还田处理的病粒率变化不大。

根肿病是十字花科作物的土传病害，主要由芸薹根肿菌引起，能够危害 100 多种十字花科作物，成为全球十字花科作物最严重的病害之一，在世界范围内每年造成 10%～15% 的产量损失。十字花科作物与小麦、玉米、大豆等非十字花科作物复种，结合非十字花科作物秸秆还田，可大幅降低根肿病菌在田间的持续滋生、积聚和危害。魏兰芳等（2021）在云南农业大学植物保护学院温室内的试验结果（表 5-16）表明，大豆（豆科）与白菜（十字花科）复种、大豆秸秆还田处理可有效地防治白菜根肿病：与白菜连作相比根肿病发病率下降 26.67 个百分点，病情指数下降 53.13%；与大豆—白菜复种（大豆秸秆不还田）相比根肿病发病率下降 3.33 个百分点，病情指数下降 16.68%。

表 5-16 轮作大豆与秸秆还田对白菜根肿病的防治效果

试验处理	发病率（%）	病情指数
大豆—白菜复种，大豆秸秆还田	66.67	33.33
大豆—白菜复种，大豆秸秆不还田	70.00	40.00
白菜连作	93.34	71.11

5.2.3 秸秆还田对主要农作物病害的抑制作用

秸秆还田对玉米茎腐病、丝黑穗病和大斑病，小麦茎腐病、纹枯病和赤霉病，水稻纹枯病和叶瘟病等主要农作物病害既可产生增进作用又可产生抑制作用。

秸秆还田对农作物病害的增进与抑制作用有两大总体性表现：①秸秆还田对农作物病害的增进作用相对较强或更为普遍，而抑制作用相对较弱或受条件限制；②免耕秸秆覆盖还田对某些农作物病害的增进作用较强，而秸秆犁耕翻埋和旋耕混埋（尤其是深埋和深旋）还田在抑制农作物病害方面时常有较为突出的表现。

秸秆还田对农作物病害的抑制作用还有三个突出表现：①水稻—小麦复种水稻秸秆（覆盖和混埋）还田和小麦—玉米复种玉米秸秆（翻埋）还田可有效地抑制小麦纹枯病；②玉米、小麦、水稻等大田作物秸秆的异地还田（温室大棚还田）可有效地抑制温室蔬菜病害的滋生与蔓延；③秸秆还田对小麦根腐病和全蚀病、烟草青枯病等农作物病害也可起到抑制作用，秸秆覆盖或旋耕混埋还田对青枯病等烟草常见疫病时常表现出显著的抑制作用。

5.2.3.1 秸秆还田对玉米茎腐病和小麦茎腐病、根腐病、全蚀病等病害的抑制作用

试验结果表明，秸秆（尤其是健康秸秆）粉碎深耕翻埋还田可有效地抑制小麦和玉米的茎腐病、根腐病、全蚀病等病害。

茎腐病、全蚀病等农作物疫病的某些病原菌可在玉米、小麦、水稻、高粱、谷子等作物之间相互侵染。例如，在小麦、玉米的茎腐病样本中都可分离出禾谷镰刀菌。但孟程程（2019）的试验指出，小麦茎腐病的优势致病菌为假禾谷镰刀菌，玉米茎腐病的优势致病菌为轮枝镰刀菌，两种作物茎腐病的优势病原菌并不相同，且假禾谷镰刀菌未能成功侵染玉米植株。田间发病秸秆尤其是由假禾谷镰刀菌引起的小麦茎腐病的小麦秸秆还田不会直接导致玉米茎腐病的发生。

李亚莉（2005）在甘肃省武威市凉州区开展了春小麦连作秸秆全量还田试验，发现秸秆还田对小麦根腐病有明显的抑制作用。在小麦拔节期和抽穗期，其根腐病发病率总体表现为犁耕秸秆翻埋还田＜免耕秸秆覆盖还田＜犁耕秸秆不还田（常规耕作），而且在秸秆翻埋还田与秸秆不还田之间差异达到显著水平。

甄文超（2009）在河北省保定市开展了小麦—玉米复种秸秆接菌翻埋还田试验，结果表明，玉米秸秆全量和半量还田处理的小麦根腐病、全蚀病病情总体上低于秸秆不还田处理。由表5-17可知：①小麦返青期全量还田处理、小麦拔节期全量还田处理、小麦灌浆期全量还田和半量还田处理的全蚀病发病率和病情指数显著低于秸秆不还田处理。②小麦越冬前全量还田处理的发病率和小麦返青期、拔节期、灌浆期全量还田和半量还田处理的病情指数显著低于秸秆不还田处理。

与此同时，2倍量秸秆还田处理的小麦根腐病病情指数明显高于秸秆不还田处理，小麦越冬前期的根腐病发病率和小麦全生育期（越冬前—返青期—拔节期—灌浆期）的根腐病病情指数都显著高于秸秆不还田处理。

2 倍量秸秆还田处理的小麦全蚀病病情指数与秸秆不还田处理的小麦全蚀病病情指数大都无显著差异，只有灌浆期的病情指数显著低于秸秆不还田处理。

表 5 - 17　玉米秸秆翻埋还田对小麦各生育时期土传病害的影响

调查时期	还田量	全蚀病		根腐病		纹枯病	
		发病率（%）	病情指数	发病率（%）	病情指数	发病率（%）	病情指数
越冬前（12月15日）	不还田	48.89a	10.16a	60.00b	20.63b	66.67a	9.52a
	半量还田	48.89a	10.79a	60.00b	20.00b	60.00a	8.57a
	全量还田	40.00a	9.52a	44.44c	12.70c	43.33b	6.35b
	2倍量还田	46.67a	12.38a	75.56a	29.84a	64.44a	9.21a
返青期（3月15日）	不还田	57.78a	19.68a	75.08a	32.70b	77.78b	19.37b
	半量还田	56.39a	17.14ab	68.89a	27.62c	77.78b	16.19c
	全量还田	46.67b	14.29b	68.89a	21.27d	77.78b	12.38d
	2倍量还田	55.56a	20.00a	75.56a	40.00a	88.89a	21.59a
拔节期（4月15日）	不还田	73.33a	35.87a	80.00ab	42.54b	91.11a	37.14b
	半量还田	73.33a	33.33a	77.78b	37.78c	86.67b	32.70c
	全量还田	66.67a	26.67a	75.56b	27.94d	77.78c	25.71d
	2倍量还田	73.33a	37.14a	89.53a	50.79a	91.39a	45.71a
灌浆期（5月20日）	不还田	88.89a	48.25a	86.67a	51.11b	100.00a	55.56b
	半量还田	80.00b	43.17b	84.44a	43.17c	100.00a	49.21c
	全量还田	75.56b	32.38c	80.00b	38.10d	100.00a	42.86d
	2倍量还田	80.00b	52.06a	86.67a	65.08a	100.00a	63.81a

胡颖慧等（2019）在黑龙江省牡丹江市对连作玉米田进行了调查，发现在玉米茎腐病流行年份，深耕秸秆翻埋还田处理的发病率显著低于免耕秸秆覆盖还田处理，而且略低于免耕秸秆不还田处理。

李双等（2021）在吉林省春玉米田间发现，健康秸秆还田可抑制玉米茎腐病。埋土接种禾谷镰刀菌后，健康秸秆全量还田处理的玉米在抽雄期、灌浆期和成熟期茎腐病发病率和病情指数均低于未还田处理。

5.2.3.2　秸秆还田对小麦纹枯病的抑制作用

研究表明，水稻—小麦复种水稻秸秆覆盖还田和小麦—玉米复种玉米秸秆翻埋还田可有效地抑制小麦纹枯病。但也有研究表明，水稻—小麦复种水稻秸秆混埋还田对小麦纹枯病的抑制作用可超过水稻秸秆覆盖还田；小麦—玉米复种玉米秸秆覆盖还田对小麦纹枯病的抑制作用可超过玉米秸秆翻埋还田和混埋还田。

（1）水稻—小麦复种水稻秸秆（覆盖）还田对小麦纹枯病的抑制作用。

1）较多研究表明，水稻—小麦复种水稻秸秆覆盖还田对小麦纹枯病有明显的或显著的抑制作用。

刁春友等（1998）通过对江苏省小麦纹枯病的区域发生状况进行调查发现，小麦纹枯病的发生与土壤钾含量密切相关：高钾低发，低钾高发。水稻秸秆还田可提升土壤速效钾含量，从而抑制小麦纹枯病的发生。

缪荣蓉等（1998）在江苏省姜堰市的麦田开展了覆盖水稻秸秆（在小麦播种后出苗前将水稻秸秆覆盖于畦面）试验，4月中下旬（病害严重期）的小麦纹枯病病情调查结果如表5-18所示。由此可知，与不覆盖水稻秸秆相比：覆盖水稻秸秆第1年，不同量水稻秸秆覆盖使小麦纹枯病病株率和病情指数大幅提升；覆盖水稻秸秆第2年，不同量水稻秸秆覆盖使小麦纹枯病病株率和病情指数皆有所下降；覆盖水稻秸秆第3年，不同量水稻秸秆覆盖使小麦纹枯病病株率和病情指数皆明显下降，其中1 125kg·hm^{-2}的水稻秸秆覆盖使病株率下降31.4个百分点，防治效果达到54.24%。

表5-18　不同年限、不同量水稻秸秆覆盖对小麦
纹枯病的防治效果

麦田水稻秸秆覆盖量（kg·hm^{-2}）	1995年			1996年			1997年		
	病株率（%）	病情指数	防治效果（%）	病株率（%）	病情指数	防治效果（%）	病株率（%）	病情指数	防治效果（%）
1 500	27.1	17.73	−171.10	48.2	19.44	5.59	40.8	17.89	43.62
1 125	53.6	32.55	−397.71	44.7	16.26	21.03	36.5	14.52	54.24
750	14.3	11.79	−80.28	42.9	18.89	8.26	50.1	20.27	36.12
对照（不覆盖水稻秸秆）	11.0	6.54	0.00	50.5	20.59	0.00	67.9	31.73	0.00

曹启光等（2006）在江苏省姜堰市开展了水稻—小麦复种秸秆还田试验，水稻秸秆覆盖还田可有效地增进荧光假单胞菌的繁衍，从而抑制小麦

纹枯病的发生。秸秆覆盖田块的小麦根际总细菌中拮抗菌的平均抑菌带和荧光假单胞菌中拮抗菌的平均抑菌带都显著大于无秸秆覆盖田块，而且90%以上的荧光假单胞菌对小麦纹枯病菌具有拮抗能力。秸秆覆盖可显著降低小麦纹枯病发生率，在小麦纹枯病最重的 4 月，秸秆覆盖田块小麦纹枯病病株率为 22.1%，比无秸秆覆盖田块低 15.9 个百分点。

冯为成等（2013）在江苏省兴化市进行的水稻—小麦复种大田调查发现，小麦免耕套播水稻秸秆全量覆盖还田可有效地抑制小麦纹枯病。在水稻灌浆成熟期将小麦种子播种在稻田里（共生期 30d），水稻收获时将水稻秸秆切碎或不切碎直接全量覆盖在畦面上，翌年 3 月小麦纹枯病病茎率为 19.5%，比水稻秸秆离田小麦免耕直播处理（水稻收获后清理水稻秸秆，免耕直播小麦）纹枯病病茎率（57.4%）低 37.9 个百分点，比小麦免耕直播水稻秸秆全量覆盖还田处理（水稻收获后水稻秸秆全量覆盖畦面，免耕直播小麦）纹枯病病茎率（93.0%）低 73.5 个百分点。

冯为成等（2013）分析指出，小麦免耕直播水稻秸秆全量覆盖还田处理纹枯病较重可能与小麦冻害较重、抗病性下降有关。水稻秸秆全量覆盖还田后免耕直播小麦出苗时有较厚的水稻秸秆覆盖，导致胚轴伸长，分蘖节相对于土表过分裸露，降低了植株抗寒性；而且小麦从出苗开始即处于水稻秸秆的"保护"之下，冬季生长较旺，麦苗未得到充分的抗寒锻炼，以致翌年 2 月中旬的倒春寒来临时，发生了严重冻害，主茎幼穗冻死率高达 27.2%~43.7%，平均为 36.4%。而小麦免耕套播水稻秸秆全量覆盖还田处理，主茎幼穗冻死率只有 0.9%。原因在于，小麦套播出苗时并无覆盖物，麦苗扎根较好，晚生分蘖较多；水稻收获后覆盖水稻秸秆对麦苗的生长发育具有一定的抑制作用，从而为其抗逆性和冻害补偿能力的提高奠定了基础。

2）有研究表明，水稻—小麦复种水稻秸秆混埋还田对小麦纹枯病的抑制作用可超过水稻秸秆覆盖还田。

赵永强等（2017）在江苏省不同地区开展了水稻—小麦复种秸秆还田试验，水稻秸秆全量还田可抑制小麦纹枯病的发生，并且水稻秸秆旋耕还田处理的抑制效果优于覆盖还田处理。试验于 2012—2014 年分别在江苏省徐州市铜山区（苏北）、泰州市姜堰区（苏中）和苏州市相城区（苏南）

三地进行。由表 5-19 可知，小麦纹枯病病情指数和病株率总体表现为水稻秸秆不还田＞水稻秸秆覆盖还田＞水稻秸秆旋耕还田。

表 5-19 江苏省不同地区水稻秸秆还田对小麦
纹枯病发生的影响

时期	试验处理	病情指数			病株率（%）		
		徐州	泰州	苏州	徐州	泰州	苏州
2013 年扬花期	不还田	5.33	14.80	14.51	32.00	62.28	54.00
	覆盖还田	5.00	26.81	6.52	30.00	82.75	34.86
	旋耕还田	1.83	9.69	4.03	11.00	43.49	20.31
2013 年完熟期	不还田	42.65	74.68	52.81	100.00	100.00	89.36
	覆盖还田	41.29	67.96	51.56	99.09	100.00	88.00
	旋耕还田	35.05	56.62	42.16	95.62	100.00	80.93
2014 年扬花期	不还田	8.67	18.14	30.15	47.94	49.12	74.68
	覆盖还田	9.07	14.91	11.77	43.79	47.37	48.78
	旋耕还田	7.27	15.69	17.14	35.56	51.92	63.93
2014 年完熟期	不还田	47.13	47.62	53.04	100.00	91.53	100.00
	覆盖还田	41.33	29.45	52.77	98.81	77.87	100.00
	旋耕还田	36.36	15.84	49.59	92.16	72.09	100.00

赵永强等（2017）在江苏省太湖地区进行的连续多年的水稻—小麦复种两季秸秆还田定位试验结果（表 5-6）表明，尽管连年水稻秸秆还田可抑制小麦纹枯病的发生，但其抑制效果弱于小麦秸秆连年还田的促进效果，故在长年两季秸秆均还田的情况下，小麦纹枯病病情仍总体上呈加重的趋势。

（2）小麦—玉米复种玉米秸秆（翻埋）还田对小麦纹枯病的抑制作用。

1）较多研究表明，小麦—玉米复种玉米秸秆翻埋还田对小麦纹枯病有明显的或显著的抑制作用。

甄文超（2009）在河北省保定市开展的小麦—玉米复种秸秆接菌翻埋还田试验结果表明，玉米秸秆全量和半量还田处理的小麦纹枯病病情总体上低于秸秆不还田处理。由表 5-17 可知，小麦越冬前全量还田处理的纹枯病发病率和病情指数、小麦返青期全量还田和半量还田处理的纹枯病病情指数、小麦拔节期全量还田和半量还田处理的纹枯病发病率和病情指数、小麦灌浆期全量还田的纹枯病发病率和病情指数显著低于秸秆不还田处理。与此同时，2倍量秸秆还田处理的小麦纹枯病病情指数总体上高于秸秆不还田处理，但在小麦全生育期都无显著差异。

王振跃等（2011）在河南农业大学科技园试验发现，玉米秸秆深翻还田可在一定程度上减少小麦纹枯病的发生。秸秆半量、全量、2倍量还田处理的小麦拔节期纹枯病发病率分别为60.3%、56.8%和61.8%，较秸秆不还田处理（发病率为67.5%）分别下降了7.2个、10.7个和5.7个百分点，病情指数分别为22.4、22.3和21.0，较秸秆不还田处理（病情指数为28.6）分别下降了21.68%、22.03%和26.57%。

闫翠梅等（2021）在河北省固安县和望都县开展了小麦—玉米复种农田调查，以玉米秸秆粉碎旋耕混埋还田为对照，发现玉米秸秆粉碎深耕翻埋还田可抑制小麦纹枯病。小麦拔节期：固安县邢麦7号秸秆翻埋还田处理纹枯病发病率（66.67%）比混埋还田处理（83.33%）低16.66个百分点，邢麦13号秸秆翻埋还田处理纹枯病病情指数（37.33）比混埋还田处理（54.00）低30.87%，差异皆达到显著水平；望都县邢麦7号秸秆翻埋还田处理纹枯病发病率（73.33%）比混埋还田处理（86.67%）低13.34个百分点，差异达到显著水平。

2）有研究表明，小麦—玉米复种玉米秸秆覆盖还田对小麦纹枯病的抑制作用可超过玉米秸秆翻埋还田和混埋还田。

程晓亮（2010）在河北省栾城县开展了连续9年的小麦—玉米复种秸秆周年全量还田试验，末年小麦病害调查结果表明，各种耕作方式的秸秆还田对小麦纹枯病都有一定的抑制作用。尤其是免耕秸秆覆盖还田处理的小麦纹枯病病情指数，既显著低于深耕秸秆翻埋还田处理和旋耕秸秆混埋还田处理，又显著低于深耕秸秆不还田处理（表5-2）。

5.2.3.3　秸秆还田对水稻常见病害的抑制作用

纹枯病、叶瘟病、穗颈瘟、叶鞘腐病是水稻常见的病害，而且其病原菌都可以秸秆和根茬为越冬和侵染媒介，具有明显的土传特性。研究表明水稻秸秆还田对水稻纹枯病有着明显的增进作用，但也有研究表明水稻秸秆还田可有效地抑制水稻纹枯病的发生。另有研究表明，小麦秸秆混埋还田同样可抑制稻瘟病的发生。

张小燕等（2008）在广西壮族自治区钦州市开展了试验，发现早稻秸秆全量翻压还田和覆盖还田对晚稻全生育期的纹枯病都有明显的抑制作用。晚稻纹枯病最严重时期的平均病情指数排序为犁耕水稻秸秆翻压还田（14.2）＜免耕水稻秸秆覆盖还田（17.2）＜犁耕水稻秸秆不还田（23.7）＜免耕水稻秸秆不还田（27.8）。

钱李晶等（2021）在江苏省如皋市开展了水稻—小麦复种秸秆还田配施氮肥试验，小麦秸秆全量混埋还田可抑制稻瘟病的发生与危害。从小麦秸秆还田与不还田条件下施氮量与稻瘟病病穗率的拟合关系来看，秸秆还田条件下的线性方程斜率（$k_{还田}$＝0.228 4）显著低于秸秆不还田条件下的线性方程斜率（$k_{不还田}$＝0.802 1）。说明在施用同量氮肥的基础上，与小麦秸秆不还田相比，小麦秸秆还田可有效地抑制稻瘟病的发生。统计结果表明，小麦秸秆还田处理水稻稻瘟病病穗率较不还田处理下降 3.33～10.67 个百分点。从小麦秸秆还田与不还田条件下稻谷产量与稻瘟病病情指数拟合关系来看，秸秆还田条件下的线性方程斜率（$k_{还田}$＝0.052 3）也显著低于秸秆不还田条件下的线性方程斜率（$k_{不还田}$＝0.159 3）。说明随着稻谷产量的增加，小麦秸秆还田比不还田更能有效地降低水稻稻瘟病病情指数。统计结果表明，小麦秸秆还田处理水稻稻瘟病病情指数较不还田处理下降 2.80％～28.13％。

5.2.3.4 玉米宽窄行种植秸秆留高茬还田对玉米丝黑穗病的抑制作用

多数研究认为秸秆免耕覆盖还田和犁耕翻埋还田都会加重玉米丝黑穗病的发生。但也有研究表明，玉米留高茬宽窄行种植可减轻玉米丝黑穗病的发生。

晋齐鸣等（2006）对吉林省范家屯镇连作 10 年的玉米田进行调查发现，玉米丝黑穗病发病情况表现为深松秸秆不还田（等行距种植，发病率0.3％）＜留高茬（40cm）宽窄行种植（宽行旋耕加深松，发病率1.0％）＜常规翻耕秸秆不还田（等行距种植，发病率7.6％）。

5.2.3.5 秸秆翻埋还田对玉米大斑病的抑制作用

玉米秸秆覆盖还田对玉米大斑病大多有增进作用，而玉米秸秆翻埋还田对玉米大斑病既可产生增进作用（郭晓源，2016），也可产生抑制作用

（郭晓源等，2016；李天娇等，2022），或无显著影响（董怀玉等，2020）。

郭晓源等（2016）开展了不同量玉米秸秆还田试验，在玉米大斑病发病时，秸秆还田会抑制玉米大斑病病情的发展。但随着时间的推移，秸秆还田处理大斑病病情指数超过秸秆不还田处理，而且病情指数随秸秆还田量的增加而提高。

董怀玉等（2020）于2018—2019年通过对沈阳市沈北新区两块不同的玉米秸秆还田试验田进行调查发现：在第一块试验田中，犁耕秸秆翻埋还田处理（玉米平作）与旋耕秸秆不还田（玉米平作）处理的玉米大斑病病情指数均约为47%；在第二块试验田中，犁耕秸秆翻埋还田处理（玉米平作）与免耕秸秆不还田（玉米直播）处理的玉米大斑病病情指数均约为53%。

5.2.3.6　秸秆翻埋还田对小麦赤霉病的抑制作用

我国小麦赤霉病的优势致病菌为禾谷镰刀菌，禾谷镰刀菌可以在各种麦类作物以及玉米、水稻等作物之间相互侵染。但试验表明，小麦、玉米、水稻等农作物秸秆深埋或混埋还田可阻断致病菌在不同作物间的侵染，抑制小麦赤霉病的发生与危害。

段双科、王保通（1991）在关中灌区开展了小麦—玉米复种玉米秸秆还田试验，玉米秸秆深埋入土"可极大地抑制并减少小麦赤霉病的发生"。秋季（11月30日）将玉米秸秆摆放或埋于小麦行间，翌年春季进行两次（4月27日和5月9日）调查并计算其平均带禾谷镰刀菌子囊壳率，其中摆放于小麦行间的玉米秸秆带壳率高达65%，而埋深13cm、20cm、27cm的玉米秸秆带壳率为0或接近0（最高为0.15%）。在赤霉病病穗充分显症期进行田间调查，发现玉米秸秆摆放于地表的处理小麦赤霉病发病率高达50.25%，无秸秆处理的发病率为14.06%，而秸秆埋深27cm处理的发病率仅有9.32%。

孙秀娟（2012）在江苏省南通市开展了带菌小麦秸秆还田盆栽水稻试验，随着淹水时间的延长和还田深度的增加，小麦赤霉菌存活天数逐渐减少，存活率逐渐降低。带菌小麦秸秆深埋20cm、35cm、50cm不会使水稻植株带菌，说明小麦秸秆深埋（≥20cm）能有效地消灭病残体，减少田间菌源量，阻断赤霉菌在小麦和水稻之间的交互侵染。

杨立军等（2020）在湖北省宜城市开展了连续4年（2016—2019年）的水稻—小麦复种周年秸秆全量旋耕混埋还田试验，在秸秆还田的第3年和第 4 年，相较于秸秆不还田处理，秸秆还田处理小麦灌浆后期至乳熟期的赤霉病病穗率和病情指数均无显著变化（表 5 - 20）。

表 5 - 20　水稻—小麦复种周年秸秆全量还田小麦灌浆后期至
乳熟期赤霉病病情变化

试验处理	2018 年		2019 年	
	病穗率（%）	病情指数	病穗率（%）	病情指数
秸秆还田	64.1	45.8	13.1	4.2
秸秆不还田	68.3	48.9	11.4	3.9

5.2.3.7　秸秆还田对烟草青枯病等病害的抑制作用

青枯病属于细菌性土传病害，其病菌主要寄存于作物根茎和秸秆，并主要危害作物根茎。青枯病菌寄主范围非常广，受害作物主要有烟草、花生、马铃薯、番茄、茄子、辣椒等。烟草青枯病是由青枯雷尔氏菌引起的土传病害。

烟草常见的病害还有真菌性的根黑腐病、黑胫病、赤星病、灰斑病、白粉病、煤烟病、炭疽病、猝倒病、立枯病，细菌性的野火病、角斑病、空茎病，病毒性的普通花叶病、黄瓜花叶病、脉斑病、蚀纹病、环斑病，由寄生线虫侵染引起的根结线虫病、泡囊线虫病、线虫性根腐病，非侵染性的气候性斑点病等。

试验结果表明，水稻、油菜、玉米等农作物秸秆覆盖还田和旋耕混埋还田对青枯病、普通花叶病、黑胫病、根黑腐病、赤星病等烟草疫病时常表现出一定的抑制作用。

陈乾锦等（2004）在福建省邵武市开展了水稻—烟草轮作水稻秸秆（1/3 量）旋耕混埋还田试验，烟草生育期田间调查结果（表 5 - 21）表明，与水稻秸秆离田处理相比，水稻秸秆还田处理烟草青枯病、普通花叶病、黑胫病、根黑腐病、赤星病平均发病率分别下降 90.13%、71.50%、70.59%、72.13% 和 72.12%，平均病情指数分别下降 59.17%、68.67%、58.18%、57.81% 和 40.00%。

种斌等（2011）在重庆市黔江区开展了地膜与水稻秸秆不同覆盖处理烟草青枯病防治试验，与露地栽培相比，"前膜后秸"和单一秸秆覆盖对

表 5-21　水稻秸秆还田对烟草主要病害的影响

单位：%

病害	试验处理	项目	3月16日	3月21日	3月29日	4月7日	4月14日	4月20日	4月24日	5月5日	5月10日	5月15日	5月20日	5月25日	5月30日	6月5日	6月10日	6月15日	6月20日	6月25日	6月30日	7月5日	7月10日	7月15日	7月20日	调查期平均
青枯病	水稻秸秆还田	发病率	—	—	—	—	—	—	—	0.002	0.01	0.03	0.03	0.1	0.3	—	—	0.4	0.6	0.9	1.1	1.1	1.1	1.1	—	0.47
青枯病	水稻秸秆还田	病情指数	—	—	—	—	—	—	—	0.0003	0.01	0.02	0.1	0.4	0.7	—	—	0.9	1.2	1.6	1.7	1.9	—	2.1	—	0.89
青枯病	离田	发病率	—	—	—	—	—	—	—	0.03	0.12	0.19	2.3	3.81	5.5	—	—	5.6	5.5	5.7	6.0	8.3	—	14.1	—	4.76
青枯病	离田	病情指数	—	—	—	—	—	—	—	0.008	0.04	0.07	1.2	1.3	1.7	—	—	2.7	2.8	3.3	3.6	4.5	—	4.9	—	2.18
普通花叶病	水稻秸秆还田	发病率	0	0.04	0.26	0.45	0.6	0.9	1.2	1.6	1.9	1.9	2.2	2.4	—	—	—	—	—	—	—	—	—	—	—	1.12
普通花叶病	水稻秸秆还田	病情指数	0	0.02	0.09	0.18	0.2	0.25	0.3	0.5	0.7	0.8	0.9	1.1	—	—	—	—	—	—	—	—	—	—	—	0.42
普通花叶病	离田	发病率	0.42	1.12	1.39	2.35	2.84	3.8	6.38	6.8	7.3	7.3	7.4	7.4	—	—	—	—	—	—	—	—	—	—	—	3.93
普通花叶病	离田	病情指数	0.00075	0.16	0.34	0.35	0.36	0.37	1.1	1.83	2.4	3.05	3.05	3.1	—	—	—	—	—	—	—	—	—	—	—	1.34
黑胫病	水稻秸秆还田	发病率	—	—	—	—	—	—	—	—	—	—	0	0.01	0.04	0.05	0.09	0.1	0.2	0.3	0.3	0.3	0.5	0.5	—	0.20
黑胫病	水稻秸秆还田	病情指数	—	—	—	—	—	—	—	—	—	—	0	0.01	0.06	0.09	0.14	0.2	0.24	0.28	0.3	0.4	0.5	0.5	—	0.23
黑胫病	离田	发病率	—	—	—	—	—	—	—	—	—	—	0.18	0.28	0.47	0.53	0.55	0.63	0.63	0.63	0.7	0.9	1.1	1.5	—	0.68
黑胫病	离田	病情指数	—	—	—	—	—	—	—	—	—	—	0.07	0.07	0.23	0.24	0.27	0.34	0.34	0.5	0.7	0.9	1.5	1.4	—	0.55
根黑腐病	水稻秸秆还田	发病率	—	—	—	—	—	—	—	—	—	—	—	—	0	0.05	0.08	0.1	0.2	0.3	0.36	0.4	0.8	0.8	1	0.34
根黑腐病	水稻秸秆还田	病情指数	—	—	—	—	—	—	—	—	—	—	—	0.002	0.01	0.01	0.07	0.1	0.16	0.21	0.28	0.36	0.6	0.75	0.8	0.27
根黑腐病	离田	发病率	—	—	—	—	—	—	—	—	—	—	—	0.002	0.007	0.1	0.59	0.7	0.8	1.2	1.2	2	2.3	2.8	2.9	1.22
根黑腐病	离田	病情指数	—	—	—	—	—	—	—	—	—	—	—	0.0007	0.01	0.02	0.29	0.4	0.4	0.6	0.8	0.9	1.1	1.5	1.6	0.64
赤星病	水稻秸秆还田	发病率	—	—	—	—	—	—	—	—	0	0.01	0.02	0.06	0.09	0.12	0.16	0.18	0.3	0.3	0.4	0.6	0.8	0.9	—	0.29
赤星病	水稻秸秆还田	病情指数	—	—	—	—	—	—	—	—	0	0.01	0.03	0.09	0.12	0.16	0.21	0.3	0.3	0.5	0.6	0.8	0.95	1.1	—	0.36
赤星病	离田	发病率	—	—	—	—	—	—	—	—	0.00002	0.00005	0.018	0.03	0.38	0.64	0.68	0.92	1.3	1.8	1.87	2.4	2.8	2.9	—	1.04
赤星病	离田	病情指数	—	—	—	—	—	—	—	—	0.00005	0.006	0.05	0.21	0.18	0.26	0.41	0.6	1.1	1.2	1.6	1.6	—	—	—	0.60

· 273 ·

烟草青枯病都有显著的防治效果,其中"前膜后秸"的防治效果又显著高于单一秸秆覆盖(表5-22)。

表5-22 地膜与水稻秸秆不同覆盖处理对烟草
青枯病发病情况的影响

调查时间	试验处理	2008 年		2009 年	
		病情指数	防治效果(%)	病情指数	防治效果(%)
栽后4周	"前膜后秸"(前期地膜覆盖,6月中旬揭膜后在垄体上覆盖2cm厚的水稻秸秆)	1.02	73.94	0.77	74.33
	单一秸秆覆盖(前期不覆盖地膜,6月中旬在垄体上覆盖2cm厚的水稻秸秆)	1.89	53.45	1.48	50.58
	露地栽培(烟草全生育期不加任何覆盖物)	4.38	0.00	3.59	0.00
采收末期	"前膜后秸"(前期地膜覆盖,6月中旬揭膜后在垄体上覆盖2cm厚的水稻秸秆)	3.15	63.19	2.42	66.33
	单一秸秆覆盖(前期不覆盖地膜,6月中旬在垄体上覆盖2cm厚的水稻秸秆)	5.80	33.67	4.83	32.91
	露地栽培(烟草全生育期不加任何覆盖物)	9.51	0.00	7.19	0.00

郑世燕等(2012)在重庆市黔江区开展了不同覆盖处理的烟草种植试验,由烟草青枯病发病初期到发病后期,"地膜+秸秆"(油菜秸秆,下同)与"前膜后秸"2种覆盖方式处理的青枯病发病情况(发病率和病情指数)皆低于"前膜后裸"和露地栽培处理,其中"地膜+秸秆"的病情最轻(表5-23)。加上"地膜+秸秆"田间用工量明显少于"前膜后秸",因此这种模式最值得推行。

表5-23 不同覆盖处理对烟草青枯病发病情况的影响

试验处理	发病初期(6月28日)		发病中期(7月20日)		发病后期(8月6日)	
	发病率(%)	病情指数	发病率(%)	病情指数	发病率(%)	病情指数
"地膜+秸秆"(前期地膜覆盖,团棵期在地膜上覆盖5cm厚的油菜秸秆)	2.19c	0.22c	34.44c	9.38d	42.78c	22.28d
"前膜后秸"(前期地膜覆盖,团棵期揭膜、培土上厢,然后覆盖5cm厚的油菜秸秆)	2.78bc	0.31bc	43.33b	12.96c	54.44b	30.62c

（续）

试验处理	发病初期（6月28日）		发病中期（7月20日）		发病后期（8月6日）	
	发病率（%）	病情指数	发病率（%）	病情指数	发病率（%）	病情指数
全程地膜（地膜覆盖后一直不揭膜）	3.89abc	0.43bc	44.44b	12.84c	55.00b	30.31c
"前膜后裸"（前期地膜覆盖，团棵期揭膜、培土上厢，保持裸土状态）	3.33abc	0.37bc	50.00a	14.81b	66.67a	35.31b
露地栽培（烟草全生育期不加任何覆盖物）	5.00a	0.84a	52.22a	15.93a	68.33a	37.47a

刘宪臣等（2013）在重庆市黔江区开展了秸秆覆盖烟草青枯病防治试验，不同种类、不同量秸秆覆盖对烟草青枯病的发生均具有一定的抑制作用。在烟草青枯病高发期，水稻秸秆全量覆盖对烟草青枯病的发生抑制效果最佳，达到了32.13%，其次为玉米秸秆半量覆盖，为30.04%。水稻秸秆半量覆盖与玉米秸秆全量覆盖的抑制效果相对较差，但依然明显，分别为20.93%和20.72%。

樊俊等（2019）在湖北省宣恩县开展的烟田试验结果表明，旋耕秸秆混埋还田可抑制烟草青枯病。经过连续3年的水稻秸秆、玉米秸秆和烟草秸秆还田，在第3年烟叶移栽60d后进行田间调查的结果表明，与秸秆不还田处理相比，秸秆还田处理烟草青枯病发病率和病情指数分别下降46.1%～58.5%和65.9%～71.7%。试验结果还表明，烟草秸秆堆肥还田对烟草青枯病也有显著的抑制效果。

陈丽鹃（2021）开展了同等接菌条件下的烟草盆栽试验，与不添加秸秆相比，高、低量的烟草秸秆、油菜秸秆、水稻秸秆添加都显著降低了烟草黑胫病发病率和病情指数（表5-24）。其中水稻秸秆添加对烟草黑胫病的抑制效果最佳，其发病率降低23.81个百分点，病情指数下降了63.17%。

表5-24　秸秆添加对盆栽烟草黑胫病发生情况的影响

项目	不添加秸秆	低量（1%）秸秆			高量（2%）秸秆		
		烟草秸秆	油菜秸秆	水稻秸秆	烟草秸秆	油菜秸秆	水稻秸秆
发病率（%）	42.86a	23.81bc	23.81bc	14.29bc	28.57ab	23.81bc	19.05bc
病情指数	36.19a	15.24bc	16.19bc	9.52c	22.86b	18.10bc	13.33bc

5.2.3.8 秸秆异地还田对温室农业主要病害的抑制作用

温室大棚秸秆就地还田时常有着很高的致病风险，但玉米、小麦、水稻等大田作物的秸秆温室还田（秸秆异地还田）时常对温室农业病害有一定的抑制作用。

研究表明，秸秆异地还田抑制的温室农业病害主要有黄瓜枯萎病、白粉病、角斑病、灰霉病、霜霉病，番茄灰霉病、晚疫病、早疫病、枯萎病、病毒病，大白菜根肿病等。玉米秸秆就地还田可抑制大棚生菜根腐病和茎腐病。

（1）温室大棚秸秆异地还田对黄瓜病害的抑制作用。

何铁柱等（2009）在河北省武邑县开展了温室秸秆生物反应堆技术应用情况调查，发现利用小麦秸秆生物反应堆种植的黄瓜，苗期不发病，全生育期瓜秧生长旺盛，后期发病死秧时间较对照大棚推迟56d，到拉秧时死秧不足5%。而对照（大棚种植）的黄瓜结瓜前发病率平均达17.5%，后期发病早、发病重，至拉秧时平均死秧率超过20%，重者高达70%。

方健黎（2013）在辽宁省建昌县日的光温室开展了玉米秸秆内置式还田试验，发现在黄瓜结果期对角斑病、灰霉病、霜霉病的防治效果分别高达63.0%、58.0%和39.9%。与此同时，对根结线虫病的防治效果达到58.8%。

侯俊（2014）在辽宁省朝阳县的日光温室开展了玉米秸秆还田试验，与秸秆不还田相比，秸秆粉碎旋耕混埋还田和整秸秆行下内置式还田都可明显地降低黄瓜枯萎病的发病率和致死率。随着黄瓜生育期的延长和枯萎病病情的加重，秸秆还田的防治效果同样显著或更为显著（表5-25）。

表5-25 温室大棚玉米秸秆还田对黄瓜枯萎病的防治效果

调查时间	试验处理	发病率（%）	致死率（%）
2014年1月8日	秸秆粉碎旋耕混埋还田	12	3
	整秸秆行下内置式还田	13	3
	秸秆不还田	16	8
2014年2月10日	秸秆粉碎旋耕混埋还田	16	6
	整秸秆行下内置式还田	17	7
	秸秆不还田	20	13
2014年3月12日	秸秆粉碎旋耕混埋还田	17	7
	整秸秆行下内置式还田	19	9
	秸秆不还田	21	15

赵金霞等（2015）在宁夏回族自治区石嘴山市的温室开展了行下内置式玉米秸秆生物反应堆秋茬黄瓜种植试验，整秸秆沟埋还田可显著地抑制黄瓜白粉病的发生和危害。秸秆还田地块黄瓜白粉病发病率为21％，较对照地块下降11个百分点，危害程度由中度降为轻度。

（2）温室大棚秸秆异地还田对番茄病害的抑制作用。

曹长余等（2007）在山东省淄博市临淄区的日光温室中开展了外置式玉米秸秆生物反应堆技术应用调查，结果表明，秸秆腐熟CO_2施肥和秸秆腐解液灌根与喷施对大棚番茄灰霉病、晚疫病、早疫病的防治效果分别高达51.2％、57.8％和45.2％。

乔俊卿等（2013）在江苏省宿迁市宿城区的温室大棚中开展了行下内置式玉米秸秆还田、连续两季（秋季越冬茬和早春茬）番茄种植试验，与常规种植相比，秸秆还田使番茄植株病死率由8.53％降至5.72％，秸秆还田配施生防菌使番茄植株病死率降至2.73％～2.88％。

蒋红国等（2014）在江苏省常州市的温室大棚开展了行下内置式水稻秸秆生物反应堆种植樱桃番茄试验，水稻秸秆沟埋还田对多种樱桃番茄病虫害有十分显著的防治作用。1月18日定植樱桃番茄后，对照区3月初便开始出现病害和蚜虫危害，整个生育期先后或同时发生灰霉病、枯萎病、病毒病、根结线虫病等多种病虫害，发病率高达5.41％；3月7日开始用药，到6月21日前后共用药4次。水稻秸秆生物反应堆处理区，樱桃番茄生长前期和中期都未出现病虫害，直到6月中旬才发现有零星病毒病，发病率仅为0.15％；全生育期仅在6月21日用药1次。

（3）温室大棚秸秆异地还田对大白菜病害的抑制作用。

王雪涵（2018）在育苗盘直播大白菜添加秸秆（按照土重的1％添加，约相当于2～3倍量的秸秆和根茬直接还田）的试验结果表明，水稻秸秆、玉米秸秆和小麦秸秆对大白菜根肿病都有显著的防治效果。添加水稻秸秆处理未发生大白菜根肿病。添加玉米秸秆和小麦秸秆处理大白菜根肿病发病时间皆为第47天，比未添加秸秆处理晚20d。未添加秸秆处理大白菜根肿病病情指数高达10.37，而添加玉米秸秆和小麦秸秆处理大白菜根肿病病情指数分别仅为0.69和0.46，防治效果分别高达93.35％和95.56％。

（4）玉米秸秆翻埋还田对大棚生菜病害的抑制作用。

陈利达等（2022）在北京市郊区设施大棚开展的玉米（敞棚种植）—生菜（扣棚种植）复种、玉米秸秆粉碎翻埋还田（配施氰氨化钙）试验结果表明：①与秸秆不还田且不施氰氨化钙相比，秸秆还田（配施氰氨化钙）使生菜根腐病病情指数由42.65降至18.42，防治率为56.81%，使生菜茎腐病病情指数由38.58降至20.26，防治率为47.49%，使生菜增产46.15%。②与秸秆不还田（仅施用氰氨化钙）处理相比，秸秆还田（配施氰氨化钙）处理生菜根腐病防治率为35.37%，生菜茎腐病防治率为3.71%（不显著），生菜增产20.63%。

5.2.3.9　结论与建议

（1）旱作条件下的秸秆还田。

有关旱作条件下秸秆还田对农作物病害抑制作用的研究涉及四种种植制度：一是东北玉米单作（一年一熟），二是西北春小麦单作（一年一熟），三是黄淮海小麦—玉米复种（一年两熟），四是西南烟草—油菜复种（一年两熟）。

1）在玉米单作的情况下。

①东北地区玉米秸秆粉碎深耕翻埋还田可有效地抑制玉米茎腐病。②秸秆还田在多数情况下会加重玉米丝黑穗病和大斑病。但有研究表明玉米留高茬宽窄行种植却可减少玉米丝黑穗病的发生；玉米秸秆翻埋还田有望实现对玉米大斑病的抑制或将其控制在与秸秆不还田相当的水平。

2）在春小麦单作的情况下。

小麦秸秆犁耕翻埋还田可显著地抑制小麦根腐病。

3）在小麦—玉米复种的情况下。

①有研究表明，小麦茎腐病的优势致病菌假禾谷镰刀菌未能成功侵染玉米植株，将由假禾谷镰刀菌引起的小麦茎腐病的小麦秸秆还田不会直接导致玉米茎腐病的发生。②小麦—玉米复种玉米秸秆犁耕翻埋还田可明显地抑制小麦纹枯病、赤霉病、根腐病和全蚀病。

4）在烟草—油菜复种的情况下。

烟草—油菜复种油菜秸秆覆盖或旋耕混埋还田可显著地抑制青枯病、普通花叶病、黑胫病、根黑腐病、赤星病等烟草疫病。玉米秸秆覆盖或旋耕混埋还田有同样的效果。

5）综述。

综合考虑玉米秸秆犁耕翻埋还田对玉米茎腐病、大斑病和小麦纹枯病、赤霉病、根腐病、全蚀病的抑制作用，在东北平原、黄淮海平原、关中平原等玉米主产区应积极地推行玉米秸秆粉碎犁耕翻埋还田作业。同时，在黄淮海平原、关中平原等小麦—玉米复种地区可考虑以小麦秸秆离田为主的一年一季秸秆离田作业，尽可能地阻断病原菌在小麦、玉米间的交叉侵染。

（2）稻作条件下的秸秆还田。

有关稻作条件下秸秆还田对农作物病害抑制作用的研究涉及南方的三种种植制度，一是水稻—小麦复种，二是双季稻作，三是水稻—烟草复种。

1）在水稻—小麦复种的情况下。

①水稻—小麦复种水稻秸秆覆盖还田可显著地抑制小麦纹枯病，而且有研究表明水稻秸秆混埋还田对小麦纹枯病的抑制作用可超过水稻秸秆覆盖还田。②水稻—小麦复种小麦秸秆全量混埋还田对稻瘟病有明显的抑制作用。

2）在双季稻作的情况下。

早稻秸秆全量翻压还田和覆盖还田对晚稻全生育期的纹枯病都有明显的抑制作用，而且犁耕翻压还田的抑制作用超过免耕覆盖还田。

3）在水稻—烟草复种的情况下。

水稻—烟草复种水稻秸秆覆盖或旋耕混埋还田对青枯病、普通花叶病、黑胫病、根黑腐病、赤星病等烟草疫病常表现出一定的抑制作用。

4）综述。

综上所述，在南方稻作条件下水稻秸秆覆盖还田、混埋还田和翻压还田对小麦纹枯病、水稻纹枯病都有明显的抑制作用，而且水稻秸秆混埋还田和翻压还田的抑制效果更为明显。因此，南方可采取覆盖、混埋、翻埋等灵活多变的水稻秸秆还田方式。

水稻、油菜、玉米等农作物秸秆覆盖还田都可显著地抑制青枯病等烟草疫病，可在西南广大烟区推广。

在水稻—小麦复种情况下，小麦秸秆还田虽然对稻瘟病有明显的抑制作用，但却会对水稻纹枯稻、水稻赤霉病和小麦赤霉菌起到增进作用。因此，南方水稻—小麦复种区一年一季秸秆（小麦秸秆或水稻秸秆）离田可考虑将小麦秸秆作为重点。

(3) 温室农业的秸秆还田。

温室大棚秸秆就地还田有着很高的致病风险，但玉米、小麦、水稻等大田作物的秸秆温室大棚异地还田对温室黄瓜枯萎病、白粉病、角斑病、灰霉病、霜霉病，番茄灰霉病、晚疫病、早疫病、枯萎病、病毒病，大白菜根肿病等蔬菜病害有着明显的抑制作用。积极推行温室大棚秸秆异地还田是促进北方温室农业可持续发展的重要农艺措施。

敞棚种植的玉米秸秆就地还田，对冬季扣棚种植的蔬菜疫病（如生菜根腐病和茎腐病）也有明显的抑制作用，可作为设施农业与大田农业合理轮作复种的混合模式。

5.2.4 秸秆还田对主要农作物虫害的抑制作用

尽管秸秆还田对植食性线虫数量总体表现为一定的增进作用，但其对植食性线虫相对丰度却有更为明显的抑制作用，从而促进了土壤环境质量的提升。与此同时，大田秸秆直接还田和温室大棚秸秆异地还田对土壤根结线虫有着良好且较为普遍的抑制作用。

秸秆覆盖还田对农作物蛀茎害虫和地下害虫的增进作用总体上超过抑制作用，而秸秆粉碎犁耕翻埋和旋耕混埋还田对这些害虫的抑制作用又总体上超过增进作用。秸秆粉碎还田与深翻、深旋、灭茬等农田耕整作业相结合，可作为防治农作物蛀茎害虫和地下害虫的有效手段。

5.2.4.1 秸秆还田对植物寄生线虫（根结线虫）发生及其危害的抑制作用

秸秆还田对植物寄生线虫（根结线虫）的抑制作用主要有三个方面的突出表现：①秸秆还田对植物寄生线虫相对丰度有着明显的抑制作用；②玉米、小麦、水稻等大田农作物秸秆异地还田和化感作用较强的园艺作物秸秆异地还田，对温室大棚根结线虫有着良好且较为普遍的抑制作用；③秸秆直接还田对大田作物根结线虫常起到抑制作用，而且秸秆覆盖还田表现较为突出。有关秸秆还田增进农作物根结线虫的文献较为少见。目前，尚未检索到秸秆还田对大田农作物根结线虫起到增进作用的研究文献。

(1) 秸秆还田对植食性线虫（植物寄生线虫）**数量及其群落特征的抑制作用。**

表5-9是对秸秆还田对植食性线虫数量、相对丰度以及植物寄生线虫成熟度指数影响的文献的总结。

1）秸秆还田对植食性线虫数量也会产生显著的抑制作用。

玉米、小麦、水稻、棉花等农作物秸秆还田对植食性线虫数量的影响总体表现为"不显著"，但因"偏高"居多，所以又总体表现为一定的增进作用。由表5-9可知，秸秆还田对植食性线虫数量偶尔会产生显著的增进作用（任宏飞等，2020），但也会产生显著的抑制作用（曹志平等，2010；周育臻，2020）。

曹志平等（2010）通过6个月的温室盆栽番茄试验发现，添加小麦秸秆有时能够显著降低植食性线虫数量。以华北农田小麦秸秆全量还田平均添加量（7.5t·hm^{-2}）为基本单位，1倍量、2倍量、4倍量小麦秸秆添加的盆栽土壤植食性线虫密度分别为每100g土122条、3条、145条，而未添加小麦秸秆的盆栽土壤植食性线虫密度为每100g土148条。由此可知，2倍量的小麦秸秆添加极显著地降低了土壤植食性线虫数量。

周育臻（2020）在四川省盐亭县开展了小麦—玉米复种连续周年秸秆翻埋还田试验，发现与秸秆不还田相比，半量秸秆还田使土壤植食性线虫个体数量显著下降，降幅为36.02%，而全量和30%量还田处理的植食性线虫个体数量有所增加，增幅分别为12.40%和2.36%（表5-26）。

表5-26 小麦—玉米复种两季秸秆翻埋还田土壤线虫数量与植食性线虫数量及其相对丰度变化

项　　目	对照 （秸秆不还田）	两季秸秆 全量还田	两季秸秆 半量还田	两季秸秆 30%量还田
线虫个体总量（条，每100g土）	1 376	1 594	1 286	1 460
植食性线虫个体数量（条，每100g土）	508	571	325	520
植食性线虫相对丰度（%）	36.92	35.82	25.27	35.62

2）秸秆还田对植物寄生线虫成熟度指数的总体影响不显著。

由表 5-9 可知，秸秆还田对植物寄生线虫成熟度指数虽然会偶尔产生显著的增进作用（饶继翔等，2020），但大多数情况下不显著，而且偏高与偏低的情况大致相当。总体而言，秸秆还田对植物寄生线虫成熟度指数无趋势性影响。

3）秸秆还田对植食性线虫相对丰度有明显的抑制作用。

由表 5-9 可知，秸秆还田对植食性线虫相对丰度的影响总体表现为差异不显著，但仅偶尔偏高（李静等，2019），大多数情况下偏低。因此，秸秆还田对植食性线虫相对丰度的影响总体表现为一定的抑制作用。

更为重要的是，秸秆还田对植食性线虫相对丰度还常表现出显著的抑制作用（叶成龙等，2013；李慧等，2013b；牟文雅等，2017；李静等，2019；周育臻，2020；任宏飞等，2020；吴宪，2021）。

叶成龙等（2013）在河北省曲周县开展了小麦—玉米复种周年秸秆全量还田配施氮磷钾肥试验，经过连续 2 年的秸秆还田后，麦收季节植食性线虫相对丰度降至 13.19%，较单施氮磷钾肥处理下降 6.22 个百分点，较秸秆不还田且不施氮磷钾肥处理下降 16.37 个百分点。

李慧等（2013b）在辽宁省彰武县开展了玉米秸秆全量免耕覆盖还田试验，以常规耕作（犁耕秸秆不还田）为对照，玉米收获期 0～15cm、5～15cm、15～30cm 土层植食性线虫相对丰度分别由 45.2%、49.2%、64.4%降至 27.2%、30.8%、40.4%，分别下降 18.0、18.4、24.0 个百分点。

牟文雅等（2017）在山东省宁津县开展了连续 2 年（2013—2014 年）的玉米秸秆全量翻埋还田试验，每年 4 次（玉米播种期、拔节期、吐雄扬花期和乳熟期）、共计 8 次的土壤采样结果表明，土壤植食性线虫平均相对丰度秸秆还田处理为 39.68%，秸秆不还田处理为 56.47%，前者较后者低 16.79 个百分点。

李静等（2019）在天津市南开区的网室开展了盆栽抗虫棉秸秆还田试验，按照当地棉花秸秆全量还田量进行棉花秸秆添加，分期土壤采样分析结果（表 5-27）表明，1.5 倍量的棉花秸秆添加处理的棉花蕾期根际土壤植食性线虫相对丰度显著低于无棉花秸秆添加处理。另外，半量和 2 倍量的棉花秸秆添加处理的棉花蕾期植食性线虫相对丰度也明显偏低。

表 5 - 27　网室盆栽抗虫棉不同棉花秸秆添加量棉花根际土壤
植食性线虫相对丰度变化

单位:%

棉花秸秆添加量	蕾期	花铃期
对照（不添加棉花秸秆）	51.46ab	31.65b
半量	39.95bc	42.89a
全量	55.03a	33.57b
1.5 倍量	35.63c	36.62b
2 倍量	42.18b	35.94b

周育臻（2020）在四川省盐亭县开展了小麦—玉米复种连续周年秸秆翻埋还田试验，与秸秆不还田相比，半量秸秆还田使土壤植食性线虫相对丰度下降 11.65 个百分点（表 5 - 26）。

任宏飞等（2020）在天津市西青区开展了设施蔬菜春番茄—秋芹菜复种秸秆还田试验，以等量氮投入为控制条件，并以单施氮磷钾肥（100％氮由化肥提供）为对照，秸秆还田配施氮磷钾肥（秸秆氮与化肥氮各占50％）使土壤植食性线虫相对丰度下降幅度达到显著水平，其中 0～5cm土层下降 2 个百分点以上，5～10cm 土层约下降 3 个百分点。

吴宪（2021）在天津市宁河区开展的连续 5 年的小麦—玉米复种秸秆还田试验结果表明，在化肥施用量相同的条件下，以单季小麦秸秆全量还田（玉米秸秆不还田）为对照，小麦—玉米两季秸秆全量还田处理玉米收获期土壤植食性线虫相对丰度显著下降，降幅约为 11 个百分点，小麦收获期土壤植食性线虫相对丰度略有下降，为 3～4 个百分点，差异不显著。

本书第三章中有关秸秆还田对土壤动物数量增进作用的分析已经表明，不同种类、不同量、不同方式、不同年限的秸秆还田对土壤线虫数量总体表现出显著的增进作用（曹奎荣等，2006；叶成龙等，2013；张腾昊等，2014；朱新玉等，2015；孔云等，2018；李静等，2019；饶继翔等，2020；周育臻，2020；任宏飞等，2020；吴宪，2021）。在这种情况下，秸秆还田对植食性线虫相对丰度又有一定的抑制作用，这充分表明秸秆还田对有益线虫数量的增进作用在一定程度上或显著超过其对植食性线虫数量的增进作用，即土壤线虫群落结构和生态特征指数更加优化，从而使土壤环境健康状况得以提升，并起到对植食性线虫危害的抑制作用。

（2）大田作物秸秆异地还田对温室大棚土壤根结线虫发生及其危害的抑制作用。

温室大棚秸秆与尾菜就地还田时常会促进土传病虫害的发生，而玉米、小麦、水稻等大田作物的秸秆异地还田又时常对温室大棚土传病虫害有着显著的抑制作用。

温室大棚异地秸秆还田以整秸秆集条沟埋为主，一般要配施腐熟剂，因此将这种沟埋的秸秆还田方式称为内置式秸秆生物反应堆。如果将秸秆埋在蔬菜行下，就称其为行下内置式；如果将秸秆埋在蔬菜行间，则称其为行间内置式。建造生物反应堆的秸秆主要是玉米秸秆、小麦秸秆、水稻秸秆等。油菜秸秆、棉花秸秆、烟草秸秆、向日葵秸秆等质地较硬的秸秆，经破碎处理或揉搓丝化后，同样可用于秸秆生物反应堆的建造。没有病虫害或病虫害较轻的大棚蔬菜秸秆也可用于秸秆生物反应堆的建造，但最好不要在同科尤其是同种作物上施用。病虫害重或较重的大棚蔬菜秸秆要及时离棚，可对其进行腐熟堆肥，然后施用于大田作物。

1）温室大棚内置式秸秆生物反应堆对土壤根结线虫的抑制作用。

根结线虫是温室大棚蔬菜连作最常见的害虫。大量的试验研究和生产实践都充分表明，温室大棚秸秆生物反应堆对防治土壤根结线虫有着奇效（曹云娥等，2010；刘树艳，2011；张立红等，2012；杨雪琴等，2012；邵世平等，2012；宋志刚，2013；王金，2013；贺海，2015；仝文凯，2016；杨佳佳，2020）。

詹国勤等（2012）在江苏省常州市的蔬菜大棚开展了行下内置式秸秆生物反应堆对比试验，没有建造秸秆生物反应堆的大棚番茄根结线虫病株率高达 85.6%，而在建造秸秆生物反应堆的大棚没有发现番茄病株。

武建（2012）在辽宁省锦州市的温室大棚开展了玉米秸秆内置式还田试验，发现秸秆还田对黄瓜全生育期的根结线虫病都有显著的防治作用。试验于 11 月 23 日定植黄瓜。到翌年 4 月 21 日，秸秆还田小区黄瓜根结线虫发病率为 40%，而对照小区已经高达 100%，秸秆还田小区黄瓜根结指数为 40.0，较对照小区低 45.4%。到 7 月 1 日黄瓜拉秧时，秸秆还田小区与对照小区黄瓜发病率都达到 100%，但前者的根结指数只有 27.6%，较后者低 59.2%。

方健黎（2013）在辽宁省建昌县的日光温室开展了玉米秸秆内置式还田试验，在黄瓜结果期对根结线虫病的防治效果达到 58.8%。与此同时，对角斑病、灰霉病、霜霉病的防治效果分别高达 63.0%、58.0% 和 39.9%。

张婷等（2013）利用中国农业科学院廊坊试验基地的黄瓜枯萎病和根结线虫病复合病圃进行了温室行下内置式玉米秸秆还田垄作黄瓜试验（一次性秸秆还田连作 3 茬黄瓜。第 2 茬、第 3 茬只进行翻耕起垄，不再填埋秸秆），0～20cm 耕层的根际土壤采样（在种植第 1 茬黄瓜的移植前采集一次土样作为初始样品，然后在每茬连作结束时对土壤分别采样）分析结果（表 5-28）表明，秸秆还田对土壤根结线虫病的发生和危害可产生周年波动的影响。综合考虑根结线虫数量与病情指数的变化，相较于秸秆不还田，秸秆还田对黄瓜连作根结线虫的发生和病情总体表现出一定的抑制作用。具体而言：①在第 1 茬、第 2 茬黄瓜种植结束时，秸秆还田处理根际土壤根结线虫数量低于秸秆不还田处理以及初始的根结线虫数量，但差异没有达到显著水平。第 3 茬黄瓜种植结束时，秸秆还田处理根际土壤根结线虫数量明显增加，并达到显著高于初始根结线虫数量的水平，但与秸秆不还田处理之间仍无显著差异。②在第 1 茬、第 2 茬黄瓜种植结束时，秸秆还田处理根际土壤根结线虫病情指数显著高于秸秆不还田处理。但在

表 5-28　黄瓜连作秸秆还田土壤根结线虫数量与病情指数变化

周年连作茬口	试验处理	根结线虫数量（条，每 100g 土）	病情指数
初始（在第 1 茬黄瓜移植前）	—	301cd	—
第 1 茬（2011 年 11 月至 2012 年 3 月）	秸秆还田	208d	11.11d
	秸秆不还田	324cd	6.67e
第 2 茬（2012 年 3 月至 2012 年 7 月）	秸秆还田	256cd	20.00b
	秸秆不还田	380bc	17.78c
第 3 茬（2012 年 7 月至 2012 年 11 月）	秸秆还田	504ab	20.00b
	秸秆不还田	405bc	31.11a

第 2 茬以后秸秆还田处理的根结线虫病情指数不再提升，而在第 3 茬黄瓜种植结束时秸秆不还田处理的根结线虫病情指数猛增到显著高于秸秆还田的水平。这说明，秸秆还田对根结线虫病有长效抑制作用。

董海龙等（2016）在山西省太谷县的温室大棚开展了玉米秸秆开沟深埋根结线虫防治试验，在秸秆沟埋和高温闷棚（防治根结线虫的技术措施之一）2 个月后进行黄瓜移栽，然后分期开展土壤采样分析，结果（表 5-29）表明，秸秆还田可有效地抑制黄瓜根结线虫的繁殖：使 2 龄幼虫数量大幅度下降，并对其危害起到显著的抑制作用。随着秸秆腐解程度的不断加深，秸秆还田对 2 龄幼虫数量的抑制作用一直保持在高水平，但其对根结线虫的防治效果却不断下降，到黄瓜拉秧期降至 30% 以下。另外，秸秆还田＋石灰氮对根结线虫的防治作用总体上优于单一秸秆还田。

表 5-29　不同试验处理对黄瓜根结线虫数量和
防治效果的影响

试验处理	指标	初期	移栽后 2 个月	移栽后 4 个月	移栽后 5 个月
对照（常规种植）	2 龄幼虫数量（条，每 100g 土）	39.7	150.7	276.7	226.0
	根结指数（%）	—	2.5	4.5	5.2
秸秆还田	2 龄幼虫数量（条，每 100g 土）	30.3	85.3	162.3	143.7
	较对照数量下降（%）	23.7	43.4	41.3	36.4
	根结指数（%）	—	0	2.3	3.7
	防治效果（%）	—	100	48.9	28.8
秸秆还田＋石灰氮	2 龄幼虫数量（条，每 100g 土）	18.0	31.3	67.3	59.3
	较对照数量下降（%）	54.7	79.2	75.7	73.8
	根结指数（%）	—	0	2.5	3.0
	防治效果（%）	—	100	44.4	42.3

2）温室大棚秸秆粉碎犁耕翻埋还田或旋耕混埋还田对土壤根结线虫的抑制作用。

曹志平等（2010）通过 6 个月的温室盆栽试验发现，添加小麦秸秆能够抑制番茄根结线虫病害的发生。以华北农田小麦秸秆还田平均添加量（7.5t·hm^{-2}）为基本单位，1倍量、2倍量、4倍量秸秆添加对根结线虫病的抑制率分别是51.4%、94.0%和39.5%。但添加秸秆过多会对番茄的生长产生负面作用。当秸秆添加为1倍量、2倍量时，番茄的株高、茎粗、开花率等指标没有明显下降，但4倍量秸秆添加处理的这些指标均明显下降。综合考虑番茄生长状况、对根结线虫的抑制率以及土壤线虫群落结构变化等因素，2倍量秸秆添加效果最好。

试验研究和生产实践表明，对玉米、小麦、水稻、油菜等大田作物的秸秆经过粉碎后，将其在温室大棚内进行犁耕翻埋或旋耕混埋还田，也可起到抑制土壤根结线虫的作用。侯俊（2014）在辽宁省朝阳县的日光温室中开展了玉米秸秆还田试验，发现与秸秆不还田相比，秸秆粉碎旋耕混埋还田和整秸秆行下内置式还田对黄瓜根结线虫病都有显著的防治效果，而且混埋还田的防治效果略优于行下内置式还田。随着黄瓜生育期的延长和根结线虫病情的加重，两种秸秆还田方式的防治效果都有所下降，但到调查后期仍都保持在较高的水平（表5-30）。

表5-30　温室大棚玉米秸秆还田对黄瓜根结线虫病的防治效果

调查时间	试验处理	发病率（%）	根结指数	防治效果（%）
	秸秆粉碎旋耕混埋还田	1	1.0	69.7
4月25日	整秸秆行下内置式还田	1	1.0	69.7
	秸秆不还田	4	3.3	0.0
	秸秆粉碎旋耕混埋还田	2	1.0	66.7
5月25日	整秸秆行下内置式还田	2	1.3	56.7
	秸秆不还田	5	3.0	0.0
	秸秆粉碎旋耕混埋还田	2	2.0	44.4
6月20日	整秸秆行下内置式还田	3	2.3	36.1
	秸秆不还田	6	3.6	0.0

（3）化感作用强的园艺作物秸秆异地还田对温室大棚土壤根结线虫发生及其危害的抑制作用。

秸秆还田腐解对土壤致病生物与土传病虫害的抑制作用主要通过四个

途径实现，其中一个途径就是通过秸秆腐解产生的酚酸等化感物质抑制致病生物的繁衍或病原菌细胞壁降解酶的表达量，从而实现其对土壤致病生物与土传病虫害的抑制效果。

如何利用有利于土壤环境健康以及作物生长的生物化感机理来控制病虫害已成为现代生物农业科学研究的热点之一。除玉米、小麦、水稻、油菜等主要农作物的秸秆外，大蒜、洋葱、辣椒、万寿菊、菊芋等园艺作物的秸秆也具有更强的化感效用。表5-14显示，主要农作物秸秆和园艺作物秸秆的浸提液均具有良好的病虫害抑制效果。

研究表明，大蒜、洋葱、辣椒、万寿菊、黄花菊、菊芋、茵陈蒿、合欢、苦楝等园艺作物的秸秆以及玉米秸秆、小麦秸秆的直接还田对土壤根结线虫都有一定的抑制作用。

杨秀娟等（2004）在实验室开展了盆栽番茄添混植物粉或其乙醇提取物接种根结线虫试验，发现两种处理方法均能有效地降低番茄根结级数。采用植物粉处理更能促进番茄生长，这与其对线虫活性有抑制作用及对番茄生长发挥绿肥作用有关。乙醇提取物拌种能保护种子不被线虫侵入，显著降低其发病率。在合欢、万寿菊、黄花菊、苦楝等植物中，万寿菊叶防治根结线虫、促进番茄生长的效果最佳，其次为黄花菊。

许华等（2012）在实验室开展了盆栽黄瓜添混万寿菊秸秆接种根结线虫试验，移栽黄瓜28d后，秸秆添加量为0.5%、1.0%、2.0%处理的黄瓜植株根结数分别为每株195.25个、222.50个和203.67个，分别较不添加秸秆处理的黄瓜植株根结数低29.00%、19.09%和25.94%。但2%的秸秆添加量对黄瓜株高、茎粗、地下部和地上部生物量都有明显不利的影响。因此，0.5%的秸秆添加量（相当于$10\sim12t \cdot hm^{-2}$的秸秆直接还田）对黄瓜生长和根结线虫的防治效果较好。

江春等（2015）在温室大棚中开展了盆栽番茄添加秸秆接种根结线虫试验，玉米秸秆的高、中、低添加量分别为$8.32g \cdot kg^{-1}$（约相当于两倍量玉米秸秆还田）、$4.16g \cdot kg^{-1}$（约相当于全量玉米秸秆还田）、$2.08g \cdot kg^{-1}$（约相当于半量玉米秸秆还田），辣椒秸秆和茵陈蒿秸秆的高、中、低添加量分别为$4.16g \cdot kg^{-1}$、$2.08g \cdot kg^{-1}$和$1.04g \cdot kg^{-1}$。试验结果表明，不同种类、不同量秸秆添加对番茄苗期、成株期、收获期根围土壤根结线虫数量以及收获期番茄根结指数都有明显的抑制作用，而且随着生育期的延长抑制作用持续提高。具体表现：①不同种类、不同量秸秆添加处理番茄苗期根结线虫数量为每 100g 土 780～970 条，比不添加秸秆低 27.15％～9.35％。其中，高量和中量玉米秸秆添加、中量辣椒秸秆添加处理的根结线虫数量与对照（不添加秸秆）的差异达到显著水平。②不同种类、不同量的秸秆添加处理的番茄成株期根结线虫数量都显著低于对照（不添加秸秆），而且中量茵陈蒿秸秆添加处理与对照差异最为显著。各秸秆添加处理的根结线虫数量为每 100g 土 630～850 条，比不添加秸秆低 48.37％～30.33％。③到番茄收获期，不同种类、不同量秸秆添加处理的根结线虫数量更加显著低于对照（不添加秸秆）。各秸秆添加处理的根结线虫数量为每 100g 土 530～890 条，比不添加秸秆处理低 74.02％～56.37％。

表 5-31 显示，秸秆添加使番茄收获期的根结指数显著下降，三种秸秆的防治效果总体表现为茵陈蒿秸秆（70.30％～79.60％）＞辣椒秸秆（60.61％～71.32％）＞玉米秸秆（44.49％～68.89％）（江春等，2015）。

表 5-31　不同种类、不同量秸秆添加对盆栽番茄收获期根结线虫的防治效果

项目	玉米秸秆			辣椒秸秆			茵陈蒿秸秆			对照（不添加秸秆）
	高量	中量	低量	高量	中量	低量	高量	中量	低量	
根结指数（％）	22.34	23.31	39.87	20.60	21.34	28.29	14.65	18.47	21.33	71.82
防治效果（％）	68.89	67.54	44.49	71.32	70.29	60.61	79.60	74.28	70.30	0

巩彪等（2016）在日光温室中开展了盆栽番茄添混大蒜秸秆接种南方根结线虫二龄幼虫试验，按照土重的 1％（相当于 2～3 倍量的秸秆和根茬还田）、2％、4％、8％共 4 个大蒜秸秆添加处理，以不添加大蒜秸秆为对照，试验结果（表 5-32）表明：①番茄根结线虫病防治效果随大蒜秸秆添加量的增加而提升，分别达到 13.6％、50.0％、72.7％ 和 81.8％。②随着大蒜秸秆添加量的增加，番茄根系中根结线虫总量、雌虫数量、雌虫比例、卵块数量、卵粒指数、繁殖系数和根结指数均呈现递减趋势。③在 1％ 的大蒜秸秆添加量条件下，番茄根系中根结线虫总量、雌虫数量、卵粒指数、繁殖系数与对照之间的差异达到显著水平，雌虫比例、卵块数

量、根结指数也有明显下降。

表 5 - 32　不同大蒜秸秆添加量对盆栽番茄根结线虫
病情及防治效果的影响

秸秆添加量 (%)	根结线虫总量 (个·g⁻¹)	雌虫数量 (个·g⁻¹)	雌虫比例 (%)	卵块数量 (块·g⁻¹)	卵粒指数 (EI)	繁殖系数 (RF)	根结指数 (GI) (%)	防治效果 (%)
0（对照）	30.7a	18.8a	61.2a	7.8a	4 625a	7.9a	4.4a	0d
1	23.5b	13.8b	58.7a	7.6a	2 573b	5.1b	3.8a	13.6c
2	16.1c	6.2c	38.5b	6.2b	1 486c	2.4c	2.2b	50.0b
4	12.3d	2.2d	17.9c	3.8c	855d	0.9d	1.2c	72.7ab
8	11.6e	1.6d	13.8d	2.0d	423d	0.3d	0.8c	81.8a

　　张燕（2017）在温室大棚开展的盆栽番茄添混秸秆（添加量为土重的2%，相当于4～5 倍量的秸秆和根茬还田）接种根结线虫和淡紫拟青霉（根结线虫生防菌）试验结果表明，6 种秸秆即小麦秸秆、玉米秸秆、菊芋秸秆、分蘖洋葱秸秆、万寿菊秸秆、大蒜秸秆添加对番茄根结线虫都有明显的防治效果，大蒜秸秆和菊芋秸秆的防治效果最佳。具体表现：与无秸秆添加相比，6 种秸秆对番茄幼苗植株根系上的根结数量都有明显的抑制作用，而且随着接种时间的延长抑制作用越来越强。如以 CK2 "番茄连作土＋根结线虫"（不添加秸秆和淡紫拟青霉，下同）为对照，6 种秸秆处理（同时添加淡紫拟青霉，下同）的根结数量，到接种第 20 天时即已全部达到显著低于 CK2 的水平。如以 CK1 "番茄连作土＋淡紫拟青霉＋根结线虫"（不添加秸秆，下同）为对照，6 种秸秆处理的根结数量，到接种第 40 天时也全部达到显著低于 CK1 的水平。到接种第 50 天时，6 种秸秆处理与上述两个对照的差异都进一步增大。

　　由表 5 - 33 可知，到接种第 30 天时，6 种秸秆添加处理对番茄根结线虫的防治效果都已显现。在共同添加淡紫拟青霉的情况下即以 CK1 为对照，大蒜秸秆和菊芋秸秆的防治效果最佳，其次为万寿菊秸秆和玉米秸秆，再次为分蘖洋葱秸秆。如以 CK2 为对照，单施淡紫拟青霉（CK1）对番茄根结线虫的防治效果只有 52.63%，而秸秆与淡紫拟青霉配施使防治效果提升到 60.53%～76.32%，平均为 70.53%。

表 5 - 33　接种 30d 时不同种类秸秆添加对盆栽番茄
根结线虫防治效果的影响

编号	试验处理	发病率（%）	病情指数	防治效果（%）	
				以 CK1 为对照	以 CK2 为对照
YM	玉米秸秆＋番茄连作土＋淡紫拟青霉＋根结线虫	90	24	33.33	68.42
MC	分蘖洋葱秸秆＋番茄连作土＋淡紫拟青霉＋根结线虫	100	30	16.67	60.53
DS	大蒜秸秆＋番茄连作土＋淡紫拟青霉＋根结线虫	80	18	50.00	76.32
WSJ	万寿菊秸秆＋番茄连作土＋淡紫拟青霉＋根结线虫	100	22	38.89	71.05
JJ	菊芋秸秆＋番茄连作土＋淡紫拟青霉＋根结线虫	90	18	50.00	76.32
CK1	番茄连作土＋淡紫拟青霉＋根结线虫	100	36	0.00	52.63
CK2	番茄连作土＋根结线虫	100	76	－111.11	0.00

徐金强等（2017）开展了温室连作番茄大蒜秸秆粉碎充分翻拌混埋还田试验，使连作 8 年的番茄土壤根结线虫病害发生情况得到缓解。由表 5 - 34 可知，在番茄拉秧期，未施加秸秆的对照土壤根结线虫发病率高达 100%，根结指数高达 70.0%；而秸秆还田后根结线虫发病率和根结指数均得到有效抑制，且防治效果随秸秆还田量的增加而逐步提升。不同秸秆还田量处理的根结指数与对照之间的差异均达到显著水平。

表 5 - 34　不同量大蒜秸秆还田对番茄根结线虫病情
及防治效果的影响

秸秆还田量（kg・hm^{-2}）	发病率（%）	根结指数（%）	防治效果（%）
对照（秸秆不还田）	100	70.0a	0.00
3 000	80	42.5b	39.29
4 000	70	32.5c	53.57
5 000	70	27.5d	60.71
6 000	60	25.0d	64.29

李增亮（2018）在温室大棚开展了盆栽番茄添混秸秆（添加量为土重的 2%，相当于 4～5 倍量的秸秆和根茬还田）接种根结线虫试验，结果（表 5 - 35）表明：①玉米秸秆、小麦秸秆、万寿菊秸秆、菊芋秸秆、分蘖洋葱秸秆、大蒜秸秆、番茄秸秆 7 种秸秆对番茄根结线虫都有明显的抑

制作用。②随着接种时间的延长，各类秸秆添加条件下的番茄线虫根结率（根结数量与根重之比值）整体呈下降的趋势。添加不同秸秆处理与不添加秸秆处理的线虫根结率之间的差异大都到接种第 50 天达到显著水平，到 60d 以后全部达到显著水平。③在 7 种秸秆中，对整个试验周期（70d）内番茄根结线虫总体抑制效果的排序为洋葱秸秆＞番茄秸秆＞万寿菊秸秆＞玉米秸秆＞小麦秸秆＞菊芋秸秆＞大蒜秸秆。

表 5-35　不同种类秸秆添加对盆栽番茄不同时期
线虫根结率的影响

单位：个·g^{-1}

接种时间	玉米秸秆	小麦秸秆	万寿菊秸秆	菊芋秸秆	洋葱秸秆	大蒜秸秆	番茄秸秆	不添加秸秆
30d	15b	21ab	18ab	6b	1b	50a	2b	37ab
40d	29ab	34ab	6b	25ab	6b	144a	21ab	153a
50d	6b	14b	6b	41ab	7b	91a	15b	103a
60d	8b	7b	4b	9b	1b	11b	1b	124a
70d	8b	5b	6b	6b	1b	14b	1b	198a

注：表中数据根据李增亮（2018）不同取样时期、不同秸秆添加处理对番茄线虫根结率影响的柱状图，利用透明网格法计算，全部为约数。

李增亮（2018）的试验结果（大蒜秸秆与菊芋秸秆对番茄根结线虫抑制效果较差）与张燕（2017）的试验结果（大蒜秸秆和菊芋秸秆对番茄根结线虫防治效果最佳）不同，需要进行进一步的比较研究。另外，番茄秸秆对盆栽番茄线虫根结率的抑制效果也有待进一步的试验研究。

李忠华等（2022）的秸秆基料化利用研究发现添加万寿菊秸秆和菊叶的平菇栽培基质对根结线虫具有抑杀作用。

（4）秸秆还田对大田作物根结线虫发生及其危害的抑制作用。

李天娇等（2022）分析指出：当前，对于玉米田线虫的研究普遍认为，玉米秸秆和小麦秸秆还田影响土壤系统和线虫群落多样性，有利于控制玉米田植物寄生线虫的发生和危害。

李亚莉（2005）在甘肃省武威市凉州区开展的春小麦连作秸秆全量还田试验结果表明，小麦各生育时期（播种前、拔节期、抽穗期、收获后）土壤寄生线虫数量占线虫总量的比例，秸秆还田处理都明显低于秸秆不还田处理。表 5-36 显示，小麦全生育期土壤寄生线虫数量平均比例，秸秆翻埋还田处理和覆盖还田处理分别较秸秆不还田处理低 4.06 个百分点和 10.40 个百分点。

表 5-36　春小麦连作秸秆全量还田土壤寄生线虫数量
占线虫总量的比例

单位：%

试验处理	平均	播种前	拔节期	抽穗期	收获后
犁耕秸秆不还田	85.74	81.42	84.64	89.62	87.28
免耕秸秆覆盖还田	81.68	77.40	80.32	86.02	82.96
犁耕秸秆翻埋还田	75.34	69.98	73.22	80.46	77.68

李慧等（2013a）在辽宁省彰武县开展了玉米秸秆全量覆盖还田试验，以常规耕作（犁耕秸秆不还田）为对照，玉米收获期植物寄生线虫数量在 0~5cm 土层无明显变化，在 5~15cm、15~30cm 土层有所增加，但植物寄生线虫相对丰度在各土层皆显著下降。

郑海睿等（2019）在吉林省梨树县对连续开展了 11 年秸秆覆盖还田试验的玉米田进行调查，发现植物寄生线虫数量在不同还田量处理间有差异，但未达到显著水平。因此认为增加秸秆还田量并不增加植物寄生线虫危害的风险，对农田无不利影响。

陈红华等（2019）在湖北省宣恩县开展的不同种类的农业废弃物翻埋还田试验结果表明，稻壳、谷糠、茶枯等农业废弃物直接还田以及烟草秸秆有机肥的施用对烟草根结线虫都有一定的抑制作用。烟草移栽 60d 时根结线虫防控效果在 23.86%~77.27%，烟草秸秆有机肥的防控效果最好，其次为稻壳＋谷糠。烟草移栽 120d 时根结线虫防控效果在 30.02%~84.99%，稻壳＋谷糠防控效果最好，其次为稻壳单独还田。

5.2.4.2　玉米秸秆粉碎还田对玉米螟及其危害的抑制作用

根据胡颖慧等（2019）的研究，玉米秸秆免耕秸秆覆盖还田可显著促进玉米螟的发生与危害。但更多的研究却表明，玉米秸秆粉碎还田是防治玉米螟的重要手段，玉米秸秆粉碎结合掩埋（犁耕翻埋或旋耕混埋）还田防治效果更佳。胡颖慧等（2019）的同一试验研究就明确指出，深耕玉米秸秆翻埋还田可有效地抑制玉米螟的发生与危害（表 5-10）。同时，有试验研究（籍增顺等，1995）表明，玉米秸秆覆盖还田也可抑制玉米螟的发生与危害，但相同试验研究结果并不多见。

陈斌（2007）认为，玉米螟以老熟幼虫越冬为主，玉米秸秆和玉米芯是其越冬的主要场所，两者存储越冬的玉米螟数量一般占越冬玉米螟总量的 80%；冬季气候冷暖对土壤中越冬的害虫影响显著，但对藏身于玉米秸秆（芯）里的玉米螟影响并不显著。孙秀娟（2012）、蒙静等（2013）认为，以老熟幼虫在作物秸秆内越冬的玉米螟通常寄生在茎秆偏下部的位置，秸秆粉碎后还田杀死了在秸秆中越冬的幼虫，可以减少翌年的害虫发生量。陈继光等（2016）调查发现，机械收获对玉米茎秆中的玉米螟幼虫有很强的灭活作用（表 5-37）。

表 5-37　黑龙江省机械收获对玉米螟虫源基数的影响

年份	调查样点与统计	机收前活虫数（头，每100株）	机收后活虫数（头，每100株）	机收灭活率（%）
2012	4 县市 9 个样点平均	145.2	6.3	95.2
2013	5 县市 5 个样点平均	75.3	7.7	87.6
2014	4 县市 24 个样点平均	14.1	0.8	95.5

韩贵香等（2009）在山东省博兴县样地调查分析指出，秸秆粉碎还田破坏了玉米螟的越冬条件，成为越冬虫源基数降低的主要原因。随着秸秆粉碎还田的大面积推广，在过往的 30 多年间玉米螟越冬活虫头数逐步显著下降：20 世纪 70 年代为 0.88 头·株$^{-1}$，80 年代为 0.73 头·株$^{-1}$，90 年代为 0.40 头·株$^{-1}$，2001—2006 年为 0.21 头·株$^{-1}$。20 世纪 90 年代之前未推广秸秆还田，玉米收获后秸秆多被堆放在田间地头或农家院落内，使藏身于其内的玉米螟老熟幼虫多能安全越冬，所以越冬基数较大；20 世纪 90 年代以后，逐步推广秸秆还田，玉米秸秆粉碎后被翻埋在土壤内，机械杀死了大量越冬幼虫，又破坏了其越冬场所，从而使越冬虫源基数大幅度下降。

宋鹏飞等（2014）在玉米螟发生较重的河南省漯河市调查发现，与深耕秸秆不还田相比，秸秆粉碎深翻还田可有效地抑制乃至显著地降低玉米粒期雌穗上的玉米螟发生量，隔2年秸秆1还田抑制效果更明显（表5-38）。秸秆不还田本来应降低虫口基数，但调查发现，未还田的秸秆并没有被运至远处或销毁，而是都被堆放在田边，给害虫提供了良好的越冬场所，这可能是秸秆不还田田块玉米螟发生数量不降反升的主要原因。

表5-38 小麦—玉米复种两季秸秆全量还田主要害虫发生情况调查结果

虫害调查	地点	年份	浅耕秸秆不还田	深耕秸秆不还田	深耕连年秸秆还田	深耕隔1年秸秆1还田	深耕隔2年秸秆1还田
玉米粒期雌穗上玉米螟数量（头·样点$^{-1}$）	漯河市	2010	2.83	5.07	2.93	3.33	1.97
		2011	10.20	14.03	10.97	13.30	7.77
	浚县	2010	1.40	1.53	1.37	2.17	1.73
		2011	1.03	3.53	1.73	2.83	1.67
玉米苗期主要食叶害虫虫害指数	漯河市	2010	23.70	14.30	23.73	18.03	13.30
		2011	28.13	14.47	18.83	12.83	17.43
	浚县	2010	4.00	1.46	2.13	2.13	1.07
		2011	2.53	1.60	1.47	1.73	0.53

注：浅耕15cm，深耕30~35cm。秸秆还田方式是一年两季秸秆还田，即在小麦播种前将玉米秸秆粉碎后结合耕作翻入土壤，在玉米播种前将小麦秸秆全量粉碎覆盖于地面，免耕播种玉米。玉米苗期主要食叶害虫为鳞翅目夜蛾科的棉铃虫和甜菜夜蛾。

杨宸（2019）在黑龙江省齐齐哈尔市开展的玉米秸秆还田调查结果（表5-39）表明，不同秸秆粉碎还田处理对玉米螟幼虫都有显著的灭活作用，秸秆粉碎耙耕混埋还田和秸秆粉碎犁耕翻埋还田对其灭活率都达到93%~95%，超过秸秆离田常规留茬的灭活作用，显著高于秸秆粉碎覆盖还田处理。在秸秆粉碎覆盖还田情况下，常规留茬对玉米螟幼虫的灭活作用又优于留高茬。由表5-39还可看出，冬季低温对玉米螟幼虫起到一定的灭活作用，但其贡献远不及秸秆机械粉碎处理。越冬后，秸秆粉碎耙耕混埋还田、秸秆粉碎犁耕翻埋还田、常规留茬秸秆粉碎覆盖还田对玉米螟幼虫的灭活率都达到90%以上，与秸秆离田常规留茬处理相近；而留高茬秸秆粉碎覆盖还田对玉米螟幼虫的灭活作用仍然较差，灭活率偏低。

表 5 – 39 不同秸秆还田方式对玉米螟幼虫的灭活作用

年份	秸秆还田方式	活虫数（头，每100株）			秸秆粉碎还田处理幼虫灭活率（%）	越冬后幼虫灭活率（%）	
		玉米机收前	秸秆粉碎还田处理后	越冬后		以机收前为基数	以还田处理后为基数
2017	常规留茬秸秆离田	52.75	4.24c	0.33b	91.96	99.37	92.22
	留高茬秸秆粉碎覆盖还田	47.50	18.67a	9.00a	60.69	81.05	51.79
	常规留茬秸秆粉碎覆盖还田	52.50	12.33b	3.33b	76.51	93.66	72.99
	秸秆粉碎耙耕灭茬混埋还田	78.50	4.34c	2.33b	94.47	97.03	46.31
	秸秆粉碎犁耕翻埋还田	46.00	2.00c	1.17b	95.65	97.46	41.50
2018	常规留茬秸秆离田	57.50	2.67b	0.67c	95.36	98.83	74.91
	留高茬秸秆粉碎覆盖还田	50.75	21.33a	11.34a	57.97	77.66	46.84
	常规留茬秸秆粉碎覆盖还田	60.25	15.33a	6.00b	74.56	90.04	60.86
	秸秆粉碎耙耕灭茬混埋还田	57.50	3.34b	1.67c	94.19	97.10	50.00
	秸秆粉碎犁耕翻埋还田	25.00	1.67b	0.84c	93.32	96.64	49.70

籍增顺等（1995）在山西省开展的多点玉米秸秆整秆覆盖还田试验结果表明，尽管免耕秸秆覆盖可使玉米螟安全越冬（完全越冬率高达93.8%），但由于秸秆覆盖条件下玉米苗期生长缓慢，从而使得玉米螟落卵量少于对照田，进而减轻了玉米螟的危害。平定点免耕覆盖田玉米螟危害比常规耕作田降低79.0%；汾阳点常规耕作田被害率达34%，免耕覆盖田为24.0%。目前，具有相同结果的研究还很少见。

5.2.4.3 小麦秸秆粉碎还田对玉米二点委夜蛾等蛀茎类害虫及其危害的抑制作用

小麦秸秆覆盖还田是增进玉米二点委夜蛾的主要原因。而对于以秸秆为主要寄存体或在土中化蛹的玉米二点委夜蛾、玉米螟、水稻二化螟以及棉铃虫、甜菜夜蛾等蛀茎类害虫，秸秆粉碎和掩埋（犁耕翻埋、旋耕混埋）还田可作为杀灭其幼虫、防治其危害的有效手段。在秸秆覆盖还田时，对其进行粉碎处理也可有效地杀灭二点委夜蛾等蛀茎类害虫的幼虫。

孙家峰（2013）在安徽省萧县田间开展的调查结果表明，前茬小麦长势好、小麦秸秆覆盖量大的玉米田二点委夜蛾幼虫量大，而小麦秸秆翻埋的玉米田几乎没有幼虫。

韩玉芹等（2013）在二点委夜蛾发生较重的河北省吴桥县调查发现，小麦秸秆粉碎覆盖还田处理可显著地防治夏玉米田二点委夜蛾。由表 5-40 可知，小麦秸秆覆盖还田粉碎 1 遍和 2 遍处理玉米二点委夜蛾盛发期的平均幼虫数量比不粉碎处理分别下降 88.21% 和 90.39%，玉米平均被害株率分别下降 95.55% 和 96.07%。

表 5-40　小麦秸秆覆盖还田粉碎处理对玉米二点委
夜蛾的防治效果

调查时间与调查次数	处理	调查结果	
		平均幼虫数量（头·m^{-2}）	平均被害株率（%）
二点委夜蛾盛发的 6 月 25 日到 7 月 25 日，5d 1 次，共计 7 次	粉碎 1 遍	2.66	0.17
	粉碎 2 遍	2.17	0.15
	不粉碎	22.57	3.82

宋鹏飞等（2014）指出，玉米苗期的食叶害虫主要是鳞翅目夜蛾科的棉铃虫和甜菜夜蛾等蛀茎类害虫，相较于浅耕，深耕对其蛹具有一定程度的杀伤力，可有效地压低下一代虫口基数，从而减轻其对苗期玉米的危害。调查结果（表 5-38）表明，在玉米苗期食叶害虫发生较重的河南省漯河市，与浅耕秸秆不还田（大田常规耕作）相比，深耕连年秸秆还田可将虫害指数控制在与之相当或显著偏低的水平，深耕隔 1 年还田和隔 2 年还田可显著地降低虫害指数。

吴春柳等（2015）通过对河北省各地的调查发现，小麦机收高留茬以及小麦秸秆在田间的堆积可为二点委夜蛾创造适生环境，增进其危害；而小麦秸秆粉碎均匀抛撒以及旋耕灭茬都可破坏二点委夜蛾的生存环境，显著压低玉米田间虫量。武强县：麦收加挂秸秆粉碎机的玉米田平均百株虫量 8.3 头，玉米平均被害株率 3.5%；不加挂秸秆粉碎机的玉米田平均百株虫量 28.1 头，玉米平均被害株率 6.5%。按平均被害株率计，小麦秸秆粉碎防治效果为 46.15%。武邑县：麦收加挂秸秆粉碎机的玉米田平均百株虫量 10 头，玉米平均被害株率 6%；不加挂秸秆粉碎机的玉米田平均百株虫量 50 头，玉米平均被害株率 15%。按平均被害株率计，小麦秸秆粉碎防治效果为 60%。秸秆粉碎加旋耕灭茬田块没发生二点委夜蛾危害，即防治效果为100%。

吴春柳等（2015）的调查结果还表明，随着河北省部分县小麦机收小麦秸秆粉碎还田面积的扩大，玉米田二点委夜蛾防治效果得到较充分的显现。由表5-41可知，小麦机收秸秆粉碎抛撒于田间后，利用秸秆粉碎还田机进行二次粉碎，虽增加了一定的费用，但对玉米二点委夜蛾起到更为理想的防治效果。

表5-41 2014年河北省部分县小麦秸秆粉碎还田面积与二点委夜蛾防治效果

县名称	小麦秸秆粉碎还田面积（万 hm²）	小麦秸秆粉碎次数（次）	玉米百株虫量（头）	防治效果（%）
吴桥县	2.00	2	2.20	90.0
正定县	0.73	2	5.40	90.0
平乡县	0.81	1	4.00	33.0
临西县	2.47	1	0.05	30.0
故城县	0.44	1	36.30	26.2

刘予（2016）在安徽省太和县开展了调查，发现玉米二点委夜蛾发生与小麦秸秆还田方式关系密切：小麦秸秆覆盖田面、免耕立茬直播玉米二点委夜蛾发生重，小麦秸秆犁耕翻埋还田破坏了二点委夜蛾的产卵与滋生环境，使其发生轻。

5.2.4.4 水稻秸秆粉碎还田对水稻二化螟及其危害的抑制作用

水稻二化螟虫源主要在稻蔸、水稻秸秆中越冬，水稻收割留高桩、水稻秸秆覆盖还田是二化螟不断加重的重要原因。水稻二化螟也属于蛀茎类害虫，水稻秸秆粉碎、灭茬，结合掩埋（犁耕翻埋、旋耕混埋）还田，可有效地杀灭二化螟虫源，抑制其发生与危害。

黄水金等（2010）的大田试验结果表明，稻桩和水稻秸秆旋耕混埋处理对二化螟有良好的防治效果。以白茬处理（越冬期间对稻桩和水稻秸秆不进行任何处理）为对照，稻桩和水稻秸秆旋耕混埋处理对二化螟的防治效果达到66.25%，比沤田处理（在翌年早春二化螟蛹未羽化前灌水淹没稻桩和水稻秸秆，并保水7d）的防治效果高18.34个百分点。

孙秀娟（2012）在江苏省南通市开展了带虫水稻秸秆大田掩埋试验，发现水稻秸秆深埋可显著地降低二化螟越冬幼虫存活率及其春季田间出土能力。水稻秸秆掩埋深度与二化螟幼虫存活率显著负相关，即掩埋越深二化螟存活率越低。春耕水稻秸秆掩埋还田比秋翻还田能更有效地压低二化螟虫源。当春季带虫水稻秸秆掩埋深度为 20cm 时，二化螟幼虫死亡率即达 80％左右。春耕深埋死亡率更高（表 5-42）。

表 5-42　春季与秋季带虫水稻秸秆掩埋对二化螟幼虫存活率的影响

单位：%

掩埋季节	掩埋周期	5cm	20cm	35cm	50cm	对照（覆盖还田）
春季	2010 年 3 月至 2010 年 6 月	33.7	22.5	7.5	0	42.7
	2011 年 3 月至 2011 年 6 月	23.3	18.3	1.7	0	30.7
秋季	2010 年 11 月至 2011 年 6 月	66.7	66.7	36.7	28.3	78.3

5.2.4.5　秸秆还田对棉花节肢类害虫的抑制作用

我国棉花害虫有 300 余种，常年造成危害的有 30 余种。棉铃虫、棉蚜、烟粉虱、棉大卷叶螟、玉米螟等都是棉花常见的节肢类害虫。研究表明，水稻秸秆覆盖还田和玉米秸秆混埋还田可有效地抑制这些常见害虫。

陈海风等（2013）在安徽农业大学实验基地开展了棉田生境试验，发现水稻秸秆覆盖可显著地抑制棉花节肢类害虫。由表 5-43 可知，相较于无水稻秸秆覆盖，水稻秸秆覆盖使棉花节肢类害虫类群数量无显著变化，但使其个体数量下降了 33.21％，差异达到极显著水平。与此同时，水稻秸秆覆盖对节肢类害虫多样性特征起到显著的激发作用：多样性指数极显著提升，均匀度指数显著提升，优势度指数极显著下降。

表 5-43　水稻秸秆覆盖棉田节肢类害虫数量及其
多样性特征指数变化

试验处理	害虫数量		害虫特征指数		
	类群（类，每 10 株）	个体（头，每 10 株）	多样性指数	均匀度指数	优势度指数
覆盖水稻秸秆	10.1a	772.4B	1.459A	0.635a	0.311B
不覆盖水稻秸秆	9.1a	1 156.4A	1.245B	0.588b	0.400A

陈海风等（2013）分析指出，棉花节肢类害虫个体数量的下降并不是由水稻秸秆覆盖直接导致的，而是由其天敌数量的增加造成的。水稻秸秆覆盖使蜘蛛类个体数量极显著地增加，增幅高达72.44％，并由此抑制了害虫的发生。另外，节肢类害虫多样性特征的提高也是由其天敌数量的增加所造成的。水稻秸秆覆盖使优势种天敌星豹蛛的种群数量得到极显著的增加，提高了其对目标害虫棉大卷叶螟的控制强度，进而极显著地降低了害虫优势度指数；害虫优势度指数的极显著下降又使其多样性指数和均匀度指数分别得到极显著和显著的提升。

玉米螟既危害玉米，又危害高粱、谷子、甘蔗、水稻、棉花等作物。王学平等（1995）在江苏省如皋市进行的大田调查结果表明，在玉米棉花混种区，玉米秸秆粉碎混埋还田是控制棉田玉米螟的一条行之有效的措施。1993年，如皋市玉米秸秆还田率达100％，全市玉米螟发生危害明显减轻，棉花3代玉米螟平均铃害率由前8年的8.61％下降为0.59％。

5.2.4.6　水稻秸秆混埋还田对烟草主要害虫的抑制作用

烟草常见的虫害有烟蚜、烟青虫、斜纹夜蛾、野蛞蝓等。

陈乾锦等（2004）在福建省邵武市开展了水稻—烟草轮作水稻秸秆（1/3量）旋耕混埋还田试验，烟草生育期田间调查结果（表5-44）表明，与水稻秸秆离田相比，水稻秸秆还田使烟草烟蚜、斜纹夜蛾、野蛞蝓的平均虫株率分别下降80.97％、47.34％和77.24％，平均密度分别下降48.61％、42.12％和85.01％。

5.2.4.7　秸秆还田对地下害虫及其危害的抑制作用

旱作农业区秸秆还田对地下害虫常表现出一定的乃至显著的增进作用，而且免耕秸秆覆盖还田的表现较为突出。而另一些研究却表明，旱作农业区秸秆翻埋或混埋还田对地下害虫又可起到一定的抑制作用。

相较于秸秆粉碎对蛀茎类害虫的杀灭作用，犁耕、旋耕、耙耕乃至深松对地下害虫的杀灭作用可能更为重要。农田深翻和中耕可作为消灭地下害虫的有效手段。

陈乾锦等（2004）在福建省邵武市开展了水稻—烟草轮作水稻秸秆

表 5 - 44　水稻秸秆混埋还田对烟草主要虫害的影响

害虫	试验处理	项目	3月5日	3月10日	3月15日	3月20日	3月25日	3月30日	4月5日	4月10日	5月5日	5月10日	5月15日	5月20日	5月25日	5月30日	6月5日	6月10日	6月15日	6月20日	6月25日	6月30日	调查期平均
烟蚜	水稻秸秆还田	虫株率(%)									0.40	1.10	3.00	2.50	4.00	2.80	3.00	2.00	2.40	1.20	1.80	0.80	2.08
烟蚜	水稻秸秆还田	密度(只,每100株)									5.60	350.00	900.00	640.00	1 250.00	850.00	975.00	460.00	630.00	370.00	300.00	165.00	575.00
烟蚜	水稻秸秆离田	虫株率(%)									2.00	13.60	15.00	13.50	18.00	18.30	11.50	11.50	11.50	11.50	2.40	2.40	10.93
烟蚜	水稻秸秆离田	密度(只,每100株)									1 530.00	1 150.00	1 698.00	992.00	1 720.00	1 392.00	1 600.00	1 100.00	930.00	1 100.00	118.00	93.00	1 119.00
斜纹夜蛾	水稻秸秆还田	虫株率(%)									0.50	1.20	1.50	1.80	1.50	1.30	1.00	1.60	4.00	3.50	2.40	1.00	1.78
斜纹夜蛾	水稻秸秆还田	密度(只,每100株)									14.00	32.00	94.00	310.00	240.00	170.00	132.00	180.00	380.00	350.00	160.00	95.00	180.00
斜纹夜蛾	水稻秸秆离田	虫株率(%)									0.90	2.10	1.50	2.70	2.30	2.30	2.10	3.50	6.20	6.20	5.40	5.40	3.38
斜纹夜蛾	水稻秸秆离田	密度(只,每100株)									60.00	67.00	173.00	540.00	390.00	320.00	210.00	279.00	630.00	630.00	216.00	215.00	311.00
野蛞蝓	水稻秸秆还田	虫株率(%)	0.05	0.15	0.50	0.30	1.20	1.50	1.20	0.00													0.61
野蛞蝓	水稻秸秆还田	密度(只,每100株)	0.03	0.10	0.40	0.50	0.90	1.20	1.00	0.00													0.52
野蛞蝓	水稻秸秆离田	虫株率(%)	0.30	2.40	2.80	1.50	7.00	4.20	3.00	0.20													2.68
野蛞蝓	水稻秸秆离田	密度(只,每100株)	0.34	0.50	0.90	1.90	17.00	3.40	3.40	0.30													3.47
小地老虎	水稻秸秆还田	虫株率(%)	0.00	0.10	2.40	1.20	0.90	0.60	0.05														0.75
小地老虎	水稻秸秆还田	密度(只,每100株)	0.00	0.04	1.50	2.00	0.50	0.40	0.02														0.64
小地老虎	水稻秸秆离田	虫株率(%)	0.10	2.00	4.00	1.70	1.40	0.10	0.05														1.34
小地老虎	水稻秸秆离田	密度(只,每100株)	1.90	4.20	21.00	12.00	7.50	2.50	0.90														7.14

（1/3 量）还田试验，烟草生育期田间调查结果（表 5 - 44）表明，水稻秸秆旋耕混埋还田对小地老虎有明显的防治作用。与水稻秸秆离田处理相比，水稻秸秆还田处理小地老虎平均虫株率和平均密度分别下降 44.03％和 91.04％。

韩惠芳等（2009）在山东农业大学对小麦—玉米复种连续 5 年秸秆全量还田和秸秆不还田的试验地进行的小麦播种期主要地下害虫调查结果（表 5 - 12）表明，免耕、旋耕、耙耕、深松和犁耕 5 种不同耕作方式的秸秆还田，与秸秆不还田相比对金针虫数量都产生明显的抑制作用。尤其是犁耕秸秆翻埋还田，不仅使金针虫数量显著下降，而且使地下害虫（包括金针虫、蛴螬、蝼蛄、小地老虎、根蛆等）总量明显下降。

裴桂英等（2010）在河南省西华县开展了小麦—大豆复种蛴螬发生量调查，小麦秸秆犁耕翻埋还田可有效地抑制大豆田蛴螬的发生。犁耕翻埋秸秆的田块大豆成熟期蛴螬分布密度为 66.8 头·m^{-2}，与犁耕秸秆不还田的田块蛴螬发生量（65.2 头·m^{-2}）相当，较免于耕秸秆覆盖还田和免耕秸秆不还田的田块分别降低 25.45％和 7.99％。

秦凯（2011）在河南省商丘市开展了小麦—玉米复种农田调查，秸秆机械化粉碎还田导致地下害虫大量减少（表 5 - 45）。由秸秆还田试验推广阶段的 2003—2004 年到秸秆全面还田的 2010 年，小麦—玉米复种农田土壤中的三大地下害虫蛴螬、蝼蛄、金针虫数量基本上都呈直线下降或波动下降的趋势，与试验推广阶段的历史最高值相比，下降幅度分别高达 92.16％、96.47％和 75.00％，三大地下害虫总量下降幅度高达 85％左右。

地下害虫大幅度下降的原因主要是机械耕作工具有很强的杀伤作用。尤其是蛴螬和蝼蛄成虫体型较大，幼虫体壁薄，在机械耕作过程中更容易被杀伤，故两者在三大地下害虫总量中所占的比重都显著下降。金针虫体型较小，活动灵敏，幼虫体壁角质膜较厚，机械碾压灭活程度较轻，故其在三大地下害虫总量中所占的比例显著增加，并最终替代蛴螬上升到首位。

表 5 - 45 小麦—玉米复种秸秆机械粉碎还田主要地下
害虫随时间的变化

时期	年份	还田比例 (%)	数量（头·m^{-2}）				比例（%）			
			合计	蛴螬	金针虫	蝼蛄	合计	蛴螬	金针虫	蝼蛄
前期	2003	试验推广阶段	21.1	15.7	3.7	1.7	100	74.41	17.54	8.06
	2004	试验推广阶段	24.3	15.3	8.8	0.2	100	62.96	36.21	0.82
	2005	2	13.7	7.3	6.0	0.4	100	53.28	43.80	2.92
	2006	8	11.9	7.8	3.4	0.7	100	65.55	28.57	5.88
后期	2007	50	10.3	7.6	2.4	0.3	100	73.79	23.30	2.91
	2008	70	8.78	4.3	4.2	0.28	100	48.97	47.84	3.19
	2009	90	3.53	1.25	2.2	0.08	100	35.41	62.32	2.27
	2010	99	3.46	1.2	2.2	0.06	100	34.68	63.58	1.73

5.2.4.8 结论与建议

（1）秸秆还田与植物寄生线虫（根结线虫）。

玉米、小麦、水稻等主要农作物的秸秆还田对植食性线虫数量、相对丰度和植物寄生线虫成熟度指数的影响总体表现为不显著。尽管秸秆还田对植食性线虫数量总体表现为一定的增进作用，但其对植食性线虫相对丰度却有更为明显的抑制作用，从而优化了土壤线虫群落结构，促进了土壤环境质量的提升，进而实现了对植食性线虫危害的有效抑制。

玉米、小麦、水稻等主要农作物的秸秆大田直接还田及其在温室大棚内的异地还田以及化感作用强的园艺作物秸秆在温室大棚内的异地还田，对土壤根结线虫都有着良好且较为普遍的抑制作用。

为推进北方温室农业的可持续发展，应积极实施玉米、小麦、水稻等主要农作物的秸秆和化感作用强的园艺作物秸秆在温室大棚中的沟埋、翻埋和混埋还田。

（2）秸秆还田与蛀茎类、节肢类害虫。

多数情况下秸秆覆盖还田可显著增进蛀茎类害虫的发生与危害。但即使是在秸秆覆盖还田的情况下，秸秆粉碎和灭茬也可显著地杀灭玉米二点委夜蛾、玉米螟、水稻二化螟以及棉铃虫、甜菜夜蛾等蛀茎类害虫。

秸秆和根茬粉碎后进行犁耕翻埋还田或旋耕混埋还田处理，可进一步提高其对蛀茎类害虫的防治效果。

水稻秸秆覆盖还田对棉花节肢类害虫（包括棉铃虫、玉米螟等蛀茎类害虫）可产生显著的抑制作用。水稻秸秆旋耕混埋还田对烟蚜、斜纹夜蛾、野蛞蝓等烟草害虫有明显的防治效果。

（3）秸秆还田与地下害虫。

旱作农业区秸秆还田对蛴螬、金针虫、蝼蛄、地老虎等地下害虫常有增进与抑制的双重影响，免耕秸秆覆盖的增进作用表现得较为突出，秸秆粉碎犁耕翻埋和旋耕混埋的抑制作用表现得较为突出。

（4）综述。

综上所述，秸秆覆盖还田是增进农作物蛀茎类害虫和地下害虫的主要动因，而秸秆粉碎犁耕翻埋还田和旋耕混埋还田对这两类害虫又常有明显的抑制作用。因此，针对我国华北小麦—玉米复种地区和南方水稻—小麦复种地区广泛推行的小麦秸秆覆盖还田：首先是要积极推行小麦秸秆离田作业，以减轻小麦秸秆过量覆盖对农作物虫害带来的不利影响；其次是要根据下茬作物的种植要求，因地制宜地增加小麦秸秆翻埋还田和混埋还田作业面积；最后是要对覆盖还田小麦秸秆进行充分的粉碎和均匀抛撒作业，避免小麦秸秆在田间的堆积。

对于全国各地普遍实施的玉米、水稻等农作物秸秆浅旋和浅耕混埋还田，首先是要进行充分的粉碎和灭茬作业，其次是要改浅旋和浅耕为适度深旋和深耕，减少连年秸秆还田在表层土壤中的积聚，高效发挥秸秆粉碎对虫源的灭活作用和秸秆掩埋还田对虫害的抑制作用。这一点，对于小麦—玉米复种和水稻—小麦复种连续两季秸秆还田的农田更为重要。

最后，需要强调的是，尽管秸秆覆盖还田对农作物蛀茎类害虫和地下害虫有着明显且较为普遍的增进作用，而秸秆粉碎犁耕翻埋还田和旋耕混埋还田对农作物蛀茎类害虫和地下害虫又有着明显且较为普遍的抑制作用，但在最终确定秸秆还田方式时，务必要以不加重耕地水土流失为先决条件。在具有土壤风蚀沙化危害和潜在威胁的长城沿线干旱半干旱地区（半农半牧区）、西北绿洲农业区，以及具有水蚀危害的自然坡耕地，仍应以秸秆覆盖还田保护性耕作为优选，充分发挥保护性耕作"三要素"（少免耕＋秸秆覆盖＋深松）的综合效用，同时合理进行秸秆覆盖还田粉碎作业。

第六章

农作物秸秆田间焚烧对土壤生物环境及土壤有机质的影响

农作物秸秆田间焚烧（简称秸秆焚烧）有三大危害（毕于运等，2009）：①产生黑烟、气溶胶、有毒有害气体和温室气体，污染大气环境。②引发火灾，或因能见度下降而增加航空和道路交通事故，或因空气污染诱使呼吸道疾病多发，危害人民生命健康和财产安全。③破坏农田生态系统，包括减少土壤有机质，致使耕地贫瘠化；使土壤水分蒸发，破坏耕地墒情；烧死大量土壤微生物和动物，致使农田板结；破坏农田生物群落，降低生物多样性；降低土壤酶活性，降低耕地肥力；影响后茬作物生长，降低作物产量等。

在原始农业社会，火耨刀耕常被作为消除杂草、垦殖生荒、草木灰施肥、自然种植的农艺措施。但在精耕细作的传统耕作制度中，火耨刀耕的做法已基本被抛弃。Andreae 等（2001）通过对马来西亚、斯里兰卡和泰国的刀耕火种区的研究发现，秸秆焚烧后，土壤有机质含量平均下降了 20%～25%，而未进行火烧的地区，土壤有机质含量约增加了 20%。

遥感反演技术表明，秸秆焚烧火点温度常在 600℃ 以上，热辐射峰值在 3～6μm，属中红外通道范围。隋雨含等（2015）在东北地区开展的玉米秸秆田间焚烧试验表明，"平铺式"和"成铺式"焚烧火焰温度为 633～866℃，表土温度为 173～282℃。秸秆焚烧将尽时，地下 5cm 处温度可达 65～90℃（闫红秋等，2001）。若把林木采伐后的剩余物堆积焚烧，土壤表层温度可达 350～900℃，5～10cm 土层土壤温度可达 100℃

（Humphreys et al., 1981；隋雨含，2015）。秸秆堆积焚烧也可达到同样的效果。

秸秆焚烧所产生的高温，不仅对表层土壤有机质和生物环境有毁灭性影响，还可延伸至土壤深层，且在短时期内难以恢复。另外，秸秆焚烧对土壤有机质和生物环境所造成的损坏作用，时常会随秸秆焚烧次数和焚烧量的增加而增强。

土壤生物活性和转化能力的下降乃至丧失，将直接导致土壤酶活性以及土壤降解外源污染物能力下降、土壤固氮能力减弱以及土壤致病微生物增加。因此，秸秆焚烧对农作物病虫害的影响是双重的，既可对病虫源（包括病原菌、害虫虫卵和幼虫，下同）起到杀灭作用，也可因土壤环境的退化而致使病虫害多发。

总而言之，秸秆焚烧对土壤有机质和生物环境的影响总体上是单向的：损害性的与灭活性的，而对农作物病虫害的影响可能是双向的。

秸秆焚烧对土壤环境质量的影响又是系统性的，即通过对土壤有机质、土壤质地、土壤生物和酶活性的破坏作用降低土壤肥力，进而影响作物产量。

6.1　秸秆焚烧对土壤有机质的严重损坏

秸秆焚烧对土壤有机质和土壤生物的直接损坏主要集中于土壤表层，尤其是0～5cm土层，而土壤有机质和土壤生物又密集分布于该土层。因此，秸秆焚烧尤其是连年秸秆焚烧可对整个耕作层的土壤有机质和生物环境造成长期的且难以恢复的影响，并进而影响整个耕层的土壤环境质量。Kennard等（2001）认为，火烧作用使土壤有机质减少，可间接影响土壤容重和渗透率等物理性质。

6.1.1　秸秆焚烧对表层土壤有机质的毁灭性影响

Hartford等（1991）、Gillon等（1995）认为，生物质燃烧时土壤温度随土壤深度的变化趋势完全取决于表层可燃物质的厚度、覆盖率及湿度。短暂而剧烈的燃烧对土壤的热传递仅在土壤表层几厘米（Certini，

2005)。Raison 等（1986）指出，天然森林火灾发生对 5cm 以下土壤基本无影响。李政海等（1995）认为，在草原火烧过程中，表土层以下土壤温度随着土层深度的增加而急剧下降，生物质燃烧对土壤的影响深度一般在 0.64cm 以内，在 0.30～0.64cm 土层，土壤温度多在 65～80℃ 范围内。另外，燃烧物的量和风速对土壤温度起决定作用。由此看出，秸秆燃烧对土壤有机质的作用仅在土壤表层几厘米内较明显，土层越深受到的热辐射影响越小（黄兆琴等，2012）。

火烧对土壤最直接的影响是损耗有机碳。Caldwell 等（2002）、Little 等（1988）研究发现，一次火烧可使土壤有机碳损失 $6～48Mg \cdot hm^{-2}$。Fernandez 等（1997）发现，在温度达 220℃ 时有机碳损失 37%，并且不同组分的分解率有所不同：纤维素和半纤维素分解 70%～80%，木质素和水溶性成分损失 50%。

黄兆琴等（2012）采用露天土槽进行不同土壤类型的水稻秸秆覆盖重复焚烧试验，水稻秸秆覆盖量相当于同等面积水稻秸秆产量的 4 倍，用以模拟水稻秸秆田间堆积焚烧。表 6-1 中是土壤有机碳的试验测定结果。由此可见，0～3cm 土层土壤有机质受破坏最严重。由于水稻秸秆焚烧产生的草木灰进入土壤，较早几次的水稻秸秆焚烧土壤有机碳含量下降幅度并不明显。但随着焚烧次数的增加，热作用逐渐累积，土壤原有的有机质被大量热解气化，超过草木灰的积累，从而使土壤有机碳含量总体表现为下降的趋势。水稻秸秆焚烧到第 30 次，沙青土、白头土、沼泽土 0～3cm 土层土壤有机碳含量分别较其初始含量下降 14.20%、7.77% 和 7.56%。

表 6-1 不同焚烧次数下不同土层土壤有机碳含量的变化

土壤类型	焚烧次数（次）	不同土层土壤有机碳含量（g·kg⁻¹）	
		0～3cm	3～10cm
沙青土	0	16.13	16.13
	3	16.70	16.36
	8	15.97	16.27
	16	15.32	16.61
	30	13.84	15.70

（续）

土壤类型	焚烧次数 （次）	不同土层土壤有机碳含量（g·kg^{-1}）	
		0～3cm	3～10cm
白头土	0	13.52	13.52
	3	13.27	13.53
	8	13.30	13.35
	16	12.57	13.32
	30	12.47	13.47
沼泽土	0	14.69	14.69
	3	14.55	14.61
	8	14.37	15.01
	16	13.98	14.52
	30	13.58	15.02

黄兆琴等（2012）的试验结果还显示，水稻秸秆燃烧显著提高了土壤中有机碳的含量，并且有机碳含量随着燃烧次数的增加而提升，最终达到原始土壤样品的 2～3 倍。水溶性有机碳的增加主要来自水稻秸秆燃烧，但它并不属于腐殖化的土壤有机质。这些有机碳需要经过一定时间的微生物腐解和腐殖化，才会形成较为稳定的土壤有机质。而在这一过程中，大部分有机碳会被分解转化为 CO_2、CH_4 等温室气体。因此，秸秆燃烧不仅降低了土壤有机碳的总含量，更为主要的是降低了原有土壤有机质的含量，而且降低了土壤有机质的稳定性和有效性。

陈亮等（2012）在吉林省公主岭市开展了玉米秸秆大田焚烧试验，去除灰烬后土壤采样分析结果表明，秸秆焚烧使 0～2cm 土层土壤有机质含量大幅下降，2～5cm 和 5～13cm 土层略有减少，13～20cm 土层没变化（表 6 - 2）。

表 6 - 2　玉米秸秆焚烧后各土层土壤有机质变化

项　　目	不同土层土壤有机质含量（g·kg^{-1}）			
	0～2cm	2～5cm	5～13cm	13～20cm
秸秆焚烧前	32.60A	32.00a	32.20a	28.70a
秸秆焚烧后	20.70B	30.00a	29.90a	28.70a
焚烧后下降比例（%）	36.50	6.25	7.14	0.00

注：不同大写字母表示秸秆焚烧不同处理间差异极显著（$P<0.01$），不同小写字母表示秸秆焚烧不同处理间差异显著（$P<0.05$）。余同。

李明等（2013）在陕西省三原县开展了小麦秸秆焚烧试验，当地温恢复正常后，去除秸秆焚烧灰烬进行土样采集分析。结果表明，不同量秸秆焚烧对 0～5cm 土层土壤有机质含量都有显著的降低作用，而对 5cm 以下土层土壤影响不显著；1/2 量、全量、1.5 倍量秸秆焚烧处理 0～5cm 土层土壤有机质含量下降比例分别为 10.72%、15.89% 和 17.08%，平均为14.56%（表 6 - 3）。

表 6 - 3　不同量小麦秸秆焚烧对各土层土壤有机质含量的影响

试验处理	0～5cm		5～10cm		10～15cm	
	有机质含量（g·kg⁻¹）	较不焚烧增减（—）比例（%）	有机质含量（g·kg⁻¹）	较不焚烧增减（—）比例（%）	有机质含量（g·kg⁻¹）	较不焚烧增减（—）比例（%）
不焚烧	21.08a	0.00	20.66a	0.00	17.07a	0.00
1/2 量焚烧	18.82b	−10.72	20.85a	0.92	16.92a	−0.88
全量焚烧	17.73c	−15.89	20.86a	0.97	17.30a	1.35
1.5 倍量焚烧	17.48c	−17.08	20.63a	−0.15	16.68a	−2.28

隋雨含等（2015）在东北地区开展了玉米秸秆田间焚烧试验，结果表明，相较于秸秆离田，"平铺式"和"成铺式"秸秆焚烧使 0～2cm 土层土壤有机碳含量分别下降 9.30% 和 35.44%（表 6 - 4）。

表 6 - 4　玉米秸秆不同焚烧方式对表层土壤有机碳含量的影响

项　目	0～2cm			2～5cm		
	秸秆离田	"平铺式"焚烧	"成铺式"焚烧	秸秆离田	"平铺式"焚烧	"成铺式"焚烧
有机碳含量（g·kg⁻¹）	15.80	14.33	10.20	15.23	15.16	15.14
较秸秆离田处理下降比例（%）	0.00	9.30	35.44	0.00	0.46	0.59

隋雨含等（2015）的试验结果还表明，秸秆焚烧使土壤硬度大幅度提升。"平铺式"和"成铺式"焚烧使表层土壤硬度分别达到 2.62kg·cm⁻² 和 6.29kg·cm⁻²，较秸秆离田土壤的硬度分别提升 2.23 倍和6.77 倍。

周道玮等（1999）的研究成果说明了火烧对土壤物理性质的影响：松

嫩草原土壤火烧后，直至翌年春季 0～5cm 土层土壤的硬度仍大于未焚烧的土壤。

田国成等（2015）在陕西省三原县开展了小麦秸秆大田焚烧试验，地温恢复正常后，去除秸秆焚烧的灰烬进行土壤采样分析。结果表明，不同量秸秆焚烧都使 0～5cm 土层土壤有机质含量显著下降，降幅为 10.98%～22.06%，而对 5cm 以下土层无显著影响（表 6-5）。

表 6-5　不同小麦秸秆焚烧量对各土层土壤有机质含量的影响

单位：$g \cdot kg^{-1}$

试验处理	不同土层土壤有机质含量（$g \cdot kg^{-1}$）		
	0～5cm	5～10cm	10～20cm
不焚烧	31.24a	25.71a	20.89a
1/2 量焚烧	27.81b	26.22a	20.57a
全量焚烧	26.40bc	25.69a	21.05a
1.5 倍量焚烧	24.35c	25.78a	20.59a

田国成等（2016）在陕西省三原县开展的小麦秸秆大田焚烧试验结果表明，不同量秸秆焚烧前后 0～5cm 土层土壤有机质含量下降 11.0%～22.1%，而这一下降幅度直至下茬作物收获时都没有根本减轻，即土壤有机质没能得到有效恢复（表 6-6）。

表 6-6　以小麦秸秆离田为对照，小麦秸秆焚烧对后茬玉米田
0～5cm 土层土壤有机质的影响

时期	土壤有机质下降比例（%）		
	1/2 量焚烧	全量焚烧	1.5 倍量焚烧
秸秆焚烧第 1 天	11.0	15.5	22.1
苗期	8.8	17.7	24.4
大喇叭口期	12.3	12.8	15.2
成熟期	9.1	10.7	12.1

Rossic 等（2016）研究发现，一次秸秆焚烧可使土壤水分损失 65%～80%，使表层土壤有机质含量下降 0.2～0.3 个百分点。而这些有机质如

果通过秸秆直接还田的方式补回，一般需要 10～20 年（毕于运等，2008、2009）。

6.1.2 秸秆焚烧对耕层土壤有机质长期不利的影响

秸秆还田土壤有机质的增长是一个十分缓慢的过程。研究表明，3～5 年的秸秆还田可使土壤有机质含量平均增长 0.1 个百分点，10～20 年的秸秆还田可使土壤有机质含量平均增长 0.3 个百分点（毕于运等、2008）。但短期的秸秆焚烧就可导致土壤有机质含量的显著下降。更为不利的是，秸秆焚烧对土壤生物群落、酶活性以及土壤质地的破坏作用会使土壤有机质的恢复机能受到损伤，在后期同样的水肥管理和培肥改土条件下，将减缓土壤有机质的恢复性增长（Andreae et al.，2001）。

刘天学等（2003）在河南省周口市开展的秸秆焚烧农田随机取样分析结果表明，秸秆焚烧后耕作层土壤有机质平均含量下降 16.56%。

叶仁宏等（2006）在江苏省新洋农场试验测定发现，焚烧秸秆后土壤有机质含量从 1.48% 减少到 1.24%，相当于新洋农场 20 世纪 80 年代 8.6 年或 20 世纪 90 年代 4.9 年积累的土壤有机质。

董水丽等（2011）在陕西省合阳县开展的大田小麦秸秆焚烧试验测定结果表明，秸秆焚烧初始，0～20cm 土层土壤有机质平均含量较秸秆离田土壤下降 16.98%。农田休闲 3 个月后，秸秆焚烧田块和秸秆离田田块土壤有机质平均含量都略有提升，但前者较后者的下降比例又增加了 2.41 个百分点（表 6-7）。秸秆焚烧不仅导致土壤有机质含量显著下降，且在其后的恢复过程中，使有机质增长得更为缓慢。

表 6-7 小麦秸秆焚烧后 0～20cm 耕层土壤有机质平均含量变化

项目	秸秆焚烧第 1 天			秸秆焚烧 3 个月后		
	秸秆焚烧田块有机质含量（g·kg⁻¹）	秸秆离田田块有机质含量（g·kg⁻¹）	前者较后者下降比例（%）	秸秆焚烧田块有机质含量（g·kg⁻¹）	秸秆离田田块有机质含量（g·kg⁻¹）	前者较后者下降比例（%）
区间值	9.80～11.30	8.30～9.20	15.31～18.58	8.60～9.30	10.10～12.00	13.86～22.50
平均值	8.80	10.60	16.98	8.87	11.00	19.39

吴海勇等（2012）在湖南省长沙市开展了连续 3 年的双季稻秸秆不同还田处理试验，末年早、晚稻收获期土壤采样分析结果表明，相较于秸秆离田，连续 3 年的秸秆还田仅使整个耕作层的土壤有机碳含量增长 0.018～0.052 个百分点（按土壤有机质含量计为 0.031～0.090 个百分点），而连续 3 年的秸秆焚烧使整个耕作层的土壤有机碳含量下降了 0.087～0.116 个百分点（按土壤有机质含量计为 0.150～0.200 个百分点），后者是前者的 2～5 倍（表 6-8）。

表 6-8　双季稻秸秆不同还田处理对耕层土壤有机碳含量的影响

项　　目	早稻收获期			晚稻收获期		
	秸秆离田	秸秆还田	秸秆焚烧	秸秆离田	秸秆还田	秸秆焚烧
有机碳含量（%）	1.148	1.166	1.061	1.085	1.137	0.969
较离田增减（—）（百分点）	0.000	0.018	−0.087	0.000	0.052	−0.116

一增一减，两相比较，土壤有机质损失更为严重。也就是说，相较于秸秆还田，秸秆焚烧在短短 3 年内使土壤有机碳含量下降 0.105～0.168 个百分点（按土壤有机质含量计为 0.181～0.290 个百分点）。

尹飞（2013）在安徽省宿州市开展了小麦秸秆大田焚烧试验，发现秸秆焚烧后耕层土壤有机质平均含量较焚烧前下降 14%。

6.2　秸秆焚烧对土壤微生物的灭活作用

火烧对土壤微生物的直接影响是减少其生物量，火烧中的峰值温度对大多数土壤微生物有致死作用（田国成，2015）。此外，秸秆燃烧过程中释放的有机污染物也对土壤微生物生存产生消极作用（Kim et al.，2003）。

秸秆焚烧对区系微生物、功能微生物都产生明显的灭活作用，而且灭活作用随着秸秆焚烧量的增加而增强。秸秆焚烧对土壤微生物的灭活作用虽然主要体现在土壤表层，但由于土壤微生物在整个土层中存在着"上高下低"的总体分布规律，因此秸秆焚烧可导致整个土层土壤微生物总量的显著下降。

更为不利的是，秸秆焚烧对土壤环境质量的损坏是较为持久和多方面的。火烧作用还可改变土壤性质，特别是那些与有机质相关的性质，进而影响土壤生物的存活及再生（Monleon et al.，1996）。无论采取何种耕作方式，连续多年的秸秆焚烧都会对土壤微生物环境造成恶劣的影响。

6.2.1 秸秆焚烧对表层土壤微生物的显著灭活作用

Collins 等（1992）发现秸秆焚烧降低了 0～5cm 土层 57％的微生物量。王爱玲等（2003）在河北省景县开展了小麦—玉米复种秸秆焚烧试验，结果表明：秸秆焚烧前后 0～5cm 土层土壤微生物生物量碳含量分别为 82.77mg · kg^{-1}和 57.00mg · kg^{-1}，降幅为 31.13％；5～10cm 和 10～20cm 土层土壤微生物生物量碳含量在焚烧前后几乎无变化。

陈亮等（2012）在吉林省公主岭市开展的玉米秸秆大田焚烧试验结果表明：秸秆焚烧对表层土壤微生物有极其显著的杀灭作用，其中 0～2cm 土层减少 80％左右，2～5cm 土层减少 42％～53％；秸秆焚烧对 5cm 以下土层土壤微生物基本无影响（表 6-9）。

表 6-9 秸秆原位焚烧前后土壤区系微生物数量变化

土壤微生物	试验处理	0～2cm	2～5cm	5～13cm	13～20cm
合计 （×10^{7}CFU · g^{-1}）	焚烧前	1.87A	2.03A	2.96a	2.33a
	焚烧后	0.36B	0.99B	2.95a	2.33a
	增减（一）（％）	−80.80	−51.13	−0.34	0.00
细菌数量 （×10^{7}CFU · g^{-1}）	焚烧前	1.52A	1.63A	2.40a	1.87a
	焚烧后	0.29B	0.77B	2.39a	1.87a
	增减（一）（％）	−80.92	−52.76	−0.42	0.00
放线菌数量 （×10^{5}CFU · g^{-1}）	焚烧前	2.90A	3.38A	4.89a	4.02a
	焚烧后	0.58B	1.93B	4.89a	4.02a
	增减（一）（％）	−80.00	−42.90	0.00	0.00
真菌数量 （×10^{4}CFU · g^{-1}）	焚烧前	0.60A	0.66A	0.73a	0.60
	焚烧后	0.11B	0.31B	0.73a	0.60
	增减（一）（％）	−81.67	−53.03	0.00	0.00

李明等（2013）在陕西省三原县开展的小麦秸秆焚烧试验结果表明，秸秆焚烧对 0～5cm 土层土壤微生物有着十分显著的杀灭作用，而对深层土壤微生物影响不大。以不焚烧秸秆的土壤为对照，不同量的秸秆焚烧使 0～5cm 土层土壤微生物总量以及细菌、放线菌和真菌数量分别下降 58.59%～81.20%、58.93%～81.44%、49.32%～74.83% 和 43.22%～74.24%（表 6-10）。

表 6-10 不同量小麦秸秆焚烧对各土层土壤微生物数量的影响

土层深度 （cm）	试验处理	合计		细菌		放线菌		真菌	
		数量 （×10⁶ CFU·g⁻¹）	死亡率 （%）	数量 （×10⁶ CFU·g⁻¹）	死亡率 （%）	数量 （×10⁵ CFU·g⁻¹）	死亡率 （%）	数量 （×10³ CFU·g⁻¹）	死亡率 （%）
0～5	不焚烧	552.92	0.00	533.30	0.00	196.00	0.00	23.02	0.00
	半量焚烧	228.95	58.59	219.00	58.93	99.33	49.32	13.07	43.22
	全量焚烧	163.98	70.34	157.30	70.50	66.67	65.98	8.87	61.47
	1.5 倍量焚烧	103.94	81.20	99.00	81.44	49.33	74.83	5.93	74.24
5～10	不焚烧	484.01	0.00	473.33	0.00	106.67	0.00	15.20	0.00
	半量焚烧	477.15	1.42	466.67	1.41	104.67	1.87	14.67	3.49
	全量焚烧	487.42	−0.70	476.67	−0.71	107.33	−0.62	15.07	0.86
	1.5 倍量焚烧	468.28	3.25	458.00	3.24	102.67	3.75	14.80	2.63
10～15	不焚烧	427.94	0.00	420.00	0.00	79.33	0.00	10.20	0.00
	半量焚烧	424.48	0.81	416.67	0.79	78.00	1.68	10.33	−1.27
	全量焚烧	422.55	1.26	414.67	1.27	78.67	0.83	10.47	−2.65
	1.5 倍量焚烧	421.21	1.57	413.33	1.59	78.67	0.83	10.80	−5.88

田国成等（2015）在陕西省三原县开展的小麦秸秆大田焚烧试验结果表明，以不焚烧秸秆的田块为对照，不同量的秸秆焚烧使 0～5cm 土层土壤微生物总量以及细菌、放线菌、真菌数量分别下降 50.69%～73.02%、52.26%～75.25%、46.86%～68.27%、45.21%～63.29%（表 6-11）。

表 6-11　不同量小麦秸秆焚烧对各土层土壤微生物数量的影响

土壤微生物	试验处理	0～5cm		5～10cm		10～20cm	
		数值	较不焚烧增减（—）比重（%）	数值	较不焚烧增减（—）比重（%）	数值	较不焚烧增减（—）比重（%）
合计 （×10⁶CFU·g⁻¹）	不焚烧	924.75	0.00	671.49	0.00	337.41	0.00
	半量焚烧	455.98	−50.69	659.61	−1.77	344.88	2.21
	全量焚烧	354.91	−61.62	654.14	−2.58	342.39	1.48
	1.5倍量焚烧	249.54	−73.02	675.72	0.63	340.37	0.88
细菌数量 （×10⁶CFU·g⁻¹）	不焚烧	677.08a	0.00	532.48a	0.00	278.86a	0.00
	半量焚烧	323.26b	−52.26	524.15a	−1.56	285.56a	2.40
	全量焚烧	247.76c	−63.41	518.97a	−2.54	284.82a	2.14
	1.5倍量焚烧	167.57d	−75.25	540.28a	1.46	281.63a	0.99
放线菌数量 （×10⁵CFU·g⁻¹）	不焚烧	179.90a	0.00	98.86a	0.00	40.22a	0.00
	半量焚烧	95.59b	−46.86	97.02a	−1.86	39.71a	−1.27
	全量焚烧	78.67c	−56.27	96.28a	−2.61	38.79a	−3.56
	1.5倍量焚烧	57.09d	−68.27	96.39a	−2.50	40.66a	1.09
真菌数量 （×10⁵CFU·g⁻¹）	不焚烧	67.77a	0.00	40.15a	0.00	18.33a	0.00
	半量焚烧	37.13b	−45.21	38.44a	−4.26	19.61a	6.98
	全量焚烧	28.48c	−57.98	38.89a	−3.14	18.78a	2.45
	1.5倍量焚烧	24.88d	−63.29	39.05a	−2.74	18.08a	−1.36

6.2.2　秸秆焚烧对深层土壤微生物的影响

　　秸秆焚烧对土壤微生物的影响与下茬作物耕作方式有关：在免耕直播情况下，秸秆焚烧主要危及表层土壤微生物；在犁耕作业情况下，由于土层扰动，秸秆焚烧对土壤微生物的危害将波及土壤深层。

　　王爱玲等（2003）在河北省景县开展了小麦—玉米复种连续两季秸秆焚烧或直接还田试验，各土层土壤微生物数量测定结果表明：①麦收后免耕直播玉米，小麦秸秆覆盖还田 15d 后 0～5cm 土层土壤微生物数量高于 5～10cm 土层，而秸秆焚烧处理相反。②玉米收获后，秸秆焚烧犁耕播种小麦，15d 后 0～5cm、5～10cm、10～20cm 土层土壤微生物数量较玉米秸秆粉碎翻埋还田处理各对应土层分别低 17.59%、31.04%和 19.22%（表 6 - 12）。

表 6 - 12　小麦—玉米复种秸秆焚烧与直接还田对不同时期各土层
土壤微生物数量的影响

单位：$\times 10^7 CFU \cdot g^{-1}$

时　间	秸秆焚烧				秸秆还田			
	试验处理与作物生育时期	0～5cm	5～10cm	10～20cm	试验处理与作物生育时期	0～5cm	5～10cm	10～20cm
1998 年 7 月 1 日	麦收后秸秆焚烧，免耕直播玉米。焚烧后第 15 天	161.71	194.70	106.23	麦收后秸秆粉碎覆盖还田，免耕直播玉米。还田后第 15 天	212.16	112.57	48.02
1998 年 7 月 16 日	焚烧后第 30 天	239.07	213.39	204.97	还田后第 30 天	268.04	229.50	95.36
1998 年 9 月 16 日	玉米收获	234.16	250.60	142.28	玉米收获	212.67	200.68	135.00
1998 年 10 月 31 日	玉米收获后秸秆焚烧，犁耕播种小麦。麦播后第 15 天	133.90	143.08	123.84	玉米收获后秸秆粉碎翻埋还田，播种小麦。麦播后第 15 天	162.48	207.49	153.30
1999 年 6 月 19 日	小麦收获	82.77	33.58	28.55	小麦收获	65.96	95.24	28.99

6.2.3　秸秆焚烧对土壤区系微生物的灭活作用

秸秆焚烧对土壤三大区系微生物即细菌、放线菌、真菌都可产生显著的灭活作用。同时，秸秆焚烧对土壤环境质量的破坏作用也可直接危及土壤微生物的存活及繁殖，或可胁迫土壤真菌数量的增加或实现较快的恢复性增长。

秸秆焚烧对土壤区系微生物群落结构可产生重要的影响。Pattison 等（1999）发现，当温度升高到 70～80℃时，可导致一些硝化细菌、真菌等微生物的死亡。Baath 等（1995）发现，同样的火烧条件下土壤中真菌减少程度大于细菌。Klopatek 等（1988）对真菌的研究发现，温度达到 50～60℃时真菌数量减少比例超过 50%，当温度超过 90℃时该比例达到 95%，且土壤中的细菌、放线菌都会大量死亡。

刘天学等（2003）的秸秆焚烧农田随机取样分析结果表明，秸秆焚烧前后，整个耕作层土壤细菌、放线菌和真菌数量分别减少了 85.95%、78.58%和 87.28%。

刘天学等（2004a）利用小麦秸秆焚烧后的土壤进行实验室盆栽玉米试验，发现与秸秆离田土壤相比，小麦秸秆焚烧后的土壤中玉米根际土壤细菌、放线菌和真菌数量分别下降 36.5%、16.2%和 21.2%。

霍宪起（2009）利用水稻秸秆焚烧后的土壤进行温室盆栽玉米试验，以未焚烧秸秆的土壤为对照，水稻秸秆焚烧后的土壤玉米苗期根际土壤细菌、放线菌和真菌数量皆显著下降，下降比例为放线菌＞细菌＞真菌（表 6-13）。

表 6-13　水稻秸秆焚烧对盆栽玉米幼苗根际微生物的影响

微生物	项　目	焚烧秸秆土壤	未焚烧秸秆土壤	前者较后者下降比例（%）
区系微生物	细菌（$\times 10^7$CFU·g^{-1}）	327b	463a	29.37
	放线菌（$\times 10^7$CFU·g^{-1}）	92b	248a	62.90
	真菌（$\times 10^7$CFU·g^{-1}）	1.53b	1.98a	22.73
功能微生物	固氮菌（$\times 10^7$CFU·g^{-1}）	229b	380a	39.74
	磷细菌（$\times 10^7$CFU·g^{-1}）	153b	281a	45.55
	钾细菌（$\times 10^7$CFU·g^{-1}）	107b	182a	41.21

陈亮等（2012）在吉林省公主岭市开展的玉米秸秆大田焚烧试验结果表明，秸秆焚烧对表层土壤区系微生物有极其显著的杀灭作用，而且对三大区系微生物的影响大致相当。由表 6-9 可知，秸秆焚烧前后土壤微生物总量以及细菌、放线菌和真菌数量，0～2cm 土层分别减少 80.80%、80.92%、80.00%和 81.67%，2～5cm 土层分别减少 51.13%、52.76%、42.90%和 53.03%。

李明等（2013）和田国成等（2015）在陕西省三原县开展的小麦秸秆大田焚烧试验结果表明，不同量秸秆焚烧对 0～5cm 土层土壤三大区系微生物都有着显著的杀灭作用，而对深层土壤微生物影响不大。在秸秆全量焚烧的情况下，李明等（2013）的秸秆焚烧前后 0～5cm 土层土壤区系微生物数量下降幅度为细菌（70.50%）＞放线菌（65.98%）＞真菌

（61.47%）（表 6 - 10）；田国成等（2015）的秸秆焚烧前后 0~5cm 土层土壤区系微生物数量下降幅度为细菌（63.41%）＞真菌（57.98%）≈放线菌（56.27%）（表 6 - 11）。

6.2.4 秸秆焚烧对土壤功能菌的灭活作用

霍宪起（2009）利用水稻秸秆焚烧土壤进行温室盆栽玉米试验，结果表明，秸秆焚烧使玉米苗期根际土壤固氮菌、磷细菌、钾细菌数量皆显著下降，降幅分别高达 39.74%、45.55%、41.21%（表 6 - 13）。

6.2.5 秸秆焚烧对土壤微生物灭活影响的时效性

生物质焚烧对土壤微生物的影响可能会持续较长时间。Prieto-Fernández 等（1998）研究发现，火烧后 4 年，表层土壤（0~5cm）中微生物量与对照组相比仍低 60%，尽管火烧后的灰烬和残余物进入土壤有利于真菌等微生物的繁殖，但并未完全抵消火烧带来的负面影响。Fritze 等（1993）发现，松林土壤微生物数量恢复到火烧前水平需要 12 年左右的时间。

秸秆焚烧对土壤微生物的影响也如此：灭活显著，且短期内难以得到有效恢复。Biederbeck 等（1980）发现，重复的秸秆焚烧将显著地降低土壤微生物活性：每年重复地进行秸秆焚烧，可减少 50% 以上的细菌生物量。

王爱玲等（2003）在河北省景县开展的小麦—玉米复种连续两季秸秆焚烧与直接还田对比试验结果（表 6 - 12）表明：①在免耕直播情况下，小麦秸秆焚烧对土壤微生物生物量碳含量的影响主要表现在 0~5cm 土层。1 个月后 0~5cm 土层土壤微生物生物量碳含量有所恢复，到玉米收获时相较于小麦秸秆覆盖还田处理已无明显变化。②在犁耕作业情况下，由于土层扰动，玉米秸秆焚烧初期各土层土壤微生物生物量碳含量皆显著低于同一时期的玉米秸秆翻埋还田处理。翌年麦收时，玉米秸秆焚烧处理 0~5cm 土层土壤微生物生物量碳含量恢复并超过后者，但 5~10cm 土层仍显著低于后者，相差 64.74%。分析表明，5~10cm 土层土壤微生物数量显著偏低的原因是秸秆焚烧导致有机物缺乏，微生物繁殖受到抑制。

田国成等（2016）在陕西省三原县开展了小麦—玉米复种小麦秸秆大田焚烧试验，结果表明，秸秆焚烧对 0～5cm 土层土壤微生物的杀灭影响持续近 1 个月（6 月 13 日至 7 月 10 日），直到 8 月 15 日秸秆焚烧田块的土壤微生物数量才恢复至其原有水平，恢复时间长达 2 个月左右（表 6－14）。

表 6－14　与小麦秸秆离田相比，不同量小麦秸秆焚烧后玉米各生育时期
0～5cm 土层土壤微生物数量下降比例

时　　期	试验处理	0～5cm 土层土壤微生物数量下降比例（%）		
		真　菌	细　菌	放线菌
6 月 13 日（秸秆焚烧第 1 天）	1/2 量焚烧	30.8	50.6	46.9
	全量焚烧	45.6	65.6	56.3
	1.5 倍量焚烧	56.1	72.6	68.3
7 月 10 日（苗期）	1/2 量焚烧	8.9	12.6	9.4
	全量焚烧	13.2	17.5	12.4
	1.5 倍量焚烧	15.5	22.2	14.0
8 月 15 日（大喇叭口期）	1/2 量焚烧	降幅不显著	降幅不显著	降幅不显著
	全量焚烧	降幅不显著	降幅不显著	降幅不显著
	1.5 倍量焚烧	降幅不显著	降幅不显著	降幅不显著
10 月 8 日（成熟期）	1/2 量焚烧	降幅不显著	降幅不显著	降幅不显著
	全量焚烧	降幅不显著	降幅不显著	降幅不显著
	1.5 倍量焚烧	降幅不显著	降幅不显著	降幅不显著

6.2.6　不同量秸秆焚烧对土壤微生物的灭活作用

李明等（2013）在陕西省三原县开展的小麦秸秆焚烧试验结果表明，秸秆焚烧对 0～5cm 土层土壤区系微生物有着十分显著的杀灭作用，且杀灭作用随着秸秆焚烧量的增加而增强。由表 6－10 可知，秸秆焚烧前后 0～5cm 土层土壤微生物总量以及细菌、放线菌、真菌数量的下降幅度统一表现为 1.5 倍量秸秆焚烧＞全量秸秆焚烧＞半量秸秆焚烧。

田国成等（2015）在陕西省三原县开展了小麦秸秆大田焚烧试验，得出与李明等（2013）大致相同的试验结果（表 6－11）。

6.3 秸秆焚烧对土壤动物的灭活作用

生物越高级，抗环境干扰和自恢复能力越弱。秸秆焚烧对土壤动物的灭活作用有如下特别表现：①秸秆焚烧不仅对表层土壤动物造成毁灭性危害，而且可延伸至土壤深层（尽管危害程度是梯级下降的）。②遭受秸秆焚烧危害的土壤动物有效恢复的时效性比土壤微生物更差。③遭受秸秆焚烧危害的土壤动物生理机能变弱，越冬能力下降，冬季土壤中的存留数量更加显著地低于未焚烧秸秆的土壤。

6.3.1 秸秆焚烧对不同土层土壤动物的灭活作用

解爱华（2005）在山东省济宁市开展了小麦—玉米/大豆复种小麦秸秆焚烧试验，玉米和大豆全生育期 0～15cm 土层土壤分期采样分析结果表明，小麦秸秆焚烧对玉米田和大豆田各土层土壤动物都有显著的灭活作用，而且可直达 10～15cm 的土壤深层（表 6 - 15）。需要说明的是，原文没有明示玉米与大豆的耕种方式，如为免耕直播，说明深层土壤动物数量的下降也直接源于秸秆焚烧，如为犁耕或旋耕播种，则秸秆焚烧对深层土壤动物的影响可能是耕层翻动所致，而非秸秆焚烧的直接作用。

表 6 - 15 小麦秸秆焚烧对玉米和大豆全生育期各土层
土壤动物数量的影响

| 土层
(cm) | 各土层土壤动物数量 | | | | | |
| | 小麦—玉米复种 | | | 小麦—大豆复种 | | |
	小麦秸秆焚烧 复种玉米 （头）	小麦秸秆离田 复种玉米 （头）	前者较后者 下降（%）	小麦秸秆焚烧 复种大豆 （头）	小麦秸秆离田 复种大豆 （头）	前者较后者 下降（%）
1～5	856	1 318	35.05	978	1 186	17.54
5～10	505	691	26.92	652	749	12.95
10～15	382	439	12.98	433	650	33.38

6.3.2 秸秆焚烧对土壤动物灭活影响的时效性

解爱华（2005）的试验结果（表 6 - 16）还表明，小麦秸秆焚烧使土壤动物数量显著下降，而且直至玉米和大豆收获，由之造成的损害都没有得到有效恢复。此外，小麦秸秆焚烧使土壤动物数量高峰期明显延后。小麦秸秆离田播种玉米或大豆后，玉米田和大豆田的土壤动物数量都随土壤温湿条件的提升而提升，到8月达到峰值。小麦秸秆焚烧播种玉米或大豆后，玉米田和大豆田的土壤动物数量都持续下降了2个月，到8月才开始恢复性增长，且同在10月达到峰值。相较于秸秆离田，小麦秸秆焚烧使玉米田和大豆田的土壤动物数量高峰期都延后了2个月。

表6-16 小麦秸秆焚烧对玉米和大豆各生育时期及其
收获后土壤动物数量的影响

| 采样时间 | 土壤动物数量 | | | | | |
| | 小麦—玉米复种 | | | 小麦—大豆复种 | | |
	小麦秸秆焚烧复种玉米（头）	小麦秸秆离田复种玉米（头）	前者较后者下降（%）	小麦秸秆焚烧复种大豆（头）	小麦秸秆离田复种大豆（头）	前者较后者下降（%）
5月	189（焚烧前）	181	—	180（焚烧前）	186	—
6月	162	180	10.00	221	231	4.33
7月	152	237	35.86	183	273	32.97
8月	289	472	38.77	263	450	41.56
9月	263	378	30.42	310	396	21.72
10月	300	411	27.01	391	400	2.25
11月	261	304	14.14	287	309	7.12
12月	127	285	55.44	228	340	32.94

更为重要的是，进入冬季（12月），小麦秸秆焚烧土壤的动物数量下降幅度更加显著地超过未焚烧小麦秸秆的土壤，可能的原因是小麦秸秆焚烧使土壤动物生理机能变得脆弱，耐寒性下降。更加说明秸秆焚烧对土壤动物环境的深远影响。

6.3.3 秸秆焚烧对土壤动物多样性的不利影响

解爱华（2005）的试验结果表明，小麦秸秆焚烧对土壤动物多样性造成的不利影响主要体现在土壤动物个体数量和类群数量的显著下降，其中玉米田和大豆田土壤动物个体数量密度分别下降28.80%和20.19%（表6-17）。但对土壤动物多样性指数、均匀性指数和优势度指数无显著影响。

表6-17　小麦秸秆焚烧对玉米和大豆全生育期土壤
动物多样性的影响

项　目	土壤动物多样性					
	小麦—玉米复种			小麦—大豆复种		
	小麦秸秆焚烧复种玉米	小麦秸秆离田复种玉米	前者较后者下降（%）	小麦秸秆焚烧复种大豆	小麦秸秆离田复种大豆	前者较后者下降（%）
类群数（类）	17	19	10.53	17	20	15.00
密度（头·m^{-2}）	36 313	51 000	28.80	42 979	53 854	20.19
多样性指数	1.579 3	1.636 1	3.47	1.614 4	1.620 0	0.35
均匀性指数	0.557 4	0.555 7	−0.31	0.572 7	0.540 8	−5.90
优势度指数	0.253 7	0.243 9	−4.02	0.245 6	0.243 7	−0.78

解爱华等（2006）对土壤甲螨的统计结果（表6-18）表明，小麦秸秆焚烧使甲螨生物多样性的降幅更加显著，尤其是小麦秸秆焚烧的玉米田，其甲螨类群数量和个体数量下降比例分别高达38.46%和26.95%。小麦秸秆焚烧还使玉米田和大豆田的甲螨多样性指数分别下降了9.57%和15.87%，同时使大豆田的甲螨优势度指数大幅提升了91.21%。在类群数量和个体数量下降的情况下，优势度指数的提升更加预示着甲螨多样性特征的下降。

表6-18　小麦秸秆焚烧对玉米和大豆全生育期土壤
甲螨多样性的影响

项　目	甲螨多样性					
	小麦—玉米复种			小麦—大豆复种		
	小麦秸秆焚烧复种玉米	小麦秸秆离田复种玉米	前者较后者下降（%）	小麦秸秆焚烧复种大豆	小麦秸秆离田复种大豆	前者较后者下降（%）
类群数（类）	16	26	38.46	21	26	19.23
密度（头·m^{-2}）	5 875	8 042	26.95	7 271	8 146	10.74
多样性指数	2.444 6	2.703 3	9.57	2.341 1	2.782 6	15.87
均匀性指数	0.881 7	0.829 7	−6.27	0.769 0	0.854 1	9.96
优势度指数	0.104 2	0.095 2	−9.45	0.152 2	0.079 6	−91.21

6.4　秸秆焚烧对土壤酶的灭活作用

土壤酶活性与土壤质量的关系密切，其与土壤有机质一起成为综合评定耕地土壤质量的两大指标。

土壤酶活性对土壤温度变化较为敏感。Tabatabai 等（1970）发现，土壤温度由常温到 $60\sim70℃$、再到 $180℃$，土壤酶将出现由活性降低到失活的变化过程。秸秆焚烧在灭活土壤微生物的同时降低酶活性，而酶活性的降低会造成土壤肥力的下降，进而影响作物产量。与此同时，秸秆焚烧引起的土壤有机质下降、生物量减少、土壤性质改变等都对土壤酶活性产生长期消极的影响（Staddon et al.，1998）。因此，秸秆焚烧对土壤酶的灭活作用可综合指示其对土壤质量的损害。

秸秆焚烧对土壤酶的灭活影响有两大突出表现：①灭活作用虽然主要集中于 $0\sim5cm$ 的土壤表层，但也可直达 10cm 以上土壤深层。这有别于土壤有机质和微生物，类同于土壤动物。②灭活作用随秸秆焚烧量的增加而增强。这与土壤有机质、土壤微生物和土壤动物相同。

6.4.1　秸秆焚烧对表层土壤酶的灭活作用

田国成等（2015）在陕西省三原县开展的小麦秸秆大田焚烧试验结果表明，小麦秸秆焚烧对 $0\sim5cm$ 土层 4 种土壤酶（脲酶、蔗糖酶、过氧化氢酶、磷酸酶）都有显著的灭活作用，而且灭活作用随着小麦秸秆焚烧量的增加而增强。小麦秸秆全量焚烧使 $0\sim5cm$ 土层土壤脲酶、蔗糖酶、过氧化氢酶、磷酸酶活性分别下降 17.45%、18.31%、20.74% 和 26.92%（表 6-19）。

6.4.2　秸秆焚烧对土壤酶的灭活作用可直达土壤深层

秸秆焚烧不仅对表层土壤各种酶造成显著乃至极显著的灭活作用，而且对某些酶的灭活影响可直达土壤深层。

由表 6-19 可知，尽管不同量小麦秸秆焚烧对 5cm 以下土壤脲酶、蔗糖酶、过氧化氢酶、磷酸酶活性的影响都不大，但 1.5 倍量的小麦秸秆焚烧对 5～10cm 土层土壤磷酸酶的灭活作用可达 12.50％。另外，小麦秸秆焚烧对土壤蔗糖酶的灭活影响可深及 10～20cm 土层（田国成等，2015）。

表 6-19 不同量小麦秸秆焚烧处理对各土层土壤酶
活性的影响

土壤酶	试验处理	0～5cm		5～10cm		10～20cm	
		数值	较不焚烧增减（一）比例（％）	数值	较不焚烧增减（一）比例（％）	数值	较不焚烧增减（一）比例（％）
脲酶 $(mg \cdot g^{-1} \cdot d^{-1})$	不焚烧	3.84a	0.00	3.49a	0.00	2.73a	0.00
	半量焚烧	3.54b	−7.81	3.51a	0.57	2.75a	0.73
	全量焚烧	3.17c	−17.45	3.49a	0.00	2.78a	1.83
	1.5 倍量焚烧	2.86d	−25.52	3.38a	−3.15	2.82a	3.30
蔗糖酶 $(mg \cdot g^{-1} \cdot d^{-1})$	不焚烧	0.71a	0.00	0.57a	0.00	0.27a	0.00
	半量焚烧	0.61b	−14.08	0.57a	0.00	0.26a	−3.70
	全量焚烧	0.58b	−18.31	0.54a	−5.26	0.26a	−3.70
	1.5 倍量焚烧	0.49c	−30.99	0.54a	−5.26	0.26a	−3.70
过氧化氢酶 $(mL \cdot g^{-1} \cdot h^{-1})$	不焚烧	1.35a	0.00	1.07a	0.00	0.79a	0.00
	半量焚烧	1.22ab	−9.63	1.08a	0.93	0.80a	1.27
	全量焚烧	1.07b	−20.74	1.07a	0.00	0.78a	−1.27
	1.5 倍量焚烧	0.82c	−39.26	1.04a	−2.80	0.79a	0.00
磷酸酶 $(mg \cdot g^{-1} \cdot d^{-1})$	不焚烧	0.26a	0.00	0.16a	0.00	0.13a	0.00
	半量焚烧	0.23b	−11.54	0.15a	−6.25	0.14a	7.69
	全量焚烧	0.19c	−26.92	0.16a	0.00	0.13a	0.00
	1.5 倍量焚烧	0.14d	−46.15	0.14a	−12.50	0.13a	0.00

陈亮等（2012）在吉林省公主岭市开展了玉米秸秆大田焚烧试验，结果（表 6-20）表明，秸秆焚烧对土壤脲酶的灭活作用也可直达 5cm 以下的土层，5～13cm 土层的平均灭活率高达 14.63％，达到极显著水平。更为严重的是，秸秆焚烧对土壤脲酶、磷酸酶、过氧化氢酶、多酚氧化酶的灭活作用在 0～2cm 土层皆达到极显著水平，在 2～5cm 土层皆达到极显著或显著水平。

表6-20 玉米秸秆焚烧处理对各土层土壤酶活性的影响

土壤酶	项 目	0~2cm	2~5cm	5~13cm	13~20cm
脲酶 (mg·g^{-1})	焚烧前	1.49A	1.76A	1.23A	0.60a
	焚烧后	0.18B	1.09B	1.05B	0.61a
	焚烧后下降比例（%）	87.92	38.07	14.63	−1.67
磷酸酶 (mg·g^{-1})	焚烧前	1.25A	1.60a	1.64a	1.17a
	焚烧后	0.14B	1.42b	1.60a	1.17a
	焚烧后下降比例（%）	88.80	11.25	2.44	0.00
过氧化氢酶 (mL·g^{-1})	焚烧前	0.82A	0.77a	0.73a	0.88a
	焚烧后	0.47B	0.73b	0.73a	0.88a
	焚烧后下降比例（%）	42.68	5.19	0.00	0.00
多酚氧化酶 (mg·g^{-1})	焚烧前	3.30A	4.30A	4.20a	3.16a
	焚烧后	1.58B	3.00B	4.15a	3.15a
	焚烧后下降比例（%）	52.12	30.23	1.19	0.32

注：脲酶活性以37℃恒温培养24h后1g土壤中产生的NH_3-N的质量（mg）表示；磷酸酶活性以37℃恒温培养24h后1g土中产生的酚的质量（mg）表示；过氧化氢酶活性以1g土壤消耗0.1mol·L^{-1}KMnO$_4$的体积（mL）表示；多酚氧化酶活性以30℃恒温培养2h后1g土壤中生成的紫色没食子素的质量（mg）表示。

6.5 秸秆焚烧对种子发芽和幼苗生长的不利影响

农作物种子和幼苗比较脆弱敏感，对土壤环境质量尤其是毒素含量有着最为直接的指示作用。土壤提取液分析是对土壤环境健康状况的定量表达。而土壤提取液对种子发芽和幼苗生长的影响，可精准地反映土壤环境质量的总体状况。

研究表明，秸秆焚烧土壤及其提取液总体上不利于农作物种子发芽和幼苗生长，且主要表现在种子活力明显下降、子叶储藏物质转化率下降、脂肪酸含量降低、根系发育和幼苗生长受阻、幼苗干物质积累减少等诸多方面，进而表征秸秆焚烧对土壤环境质量的破坏作用。

6.5.1 秸秆焚烧土壤对种子发芽和幼苗生长的不利影响

试验表明，秸秆焚烧对种子发芽和幼苗生长的几乎所有生理指标的影响都是负面的。

刘天学等（2004a）的小麦秸秆焚烧土壤盆栽玉米实验室培养箱光照培养试验结果表明，与秸秆离田土壤相比，小麦秸秆焚烧土壤中玉米幼苗苗高降低 3.0%、苗体积减小 3.5%、苗鲜重下降 5.3%、苗干重下降 9.7%，须根数减少 6.0%、根体积减小 11.6%、根鲜重下降 1.9%、根干重下降 3.7%、根系活跃吸收面积下降 21.6%。刘天学等（2004b）的小麦秸秆焚烧土壤盆栽大豆实验室培养箱光照培养试验结果表明，与秸秆离田土壤相比，小麦秸秆焚烧土壤中大豆幼苗苗高降低 14.8%、苗鲜重下降 11.3%、苗干重下降 7.4%、子叶体积减小 4.5%、子叶鲜重下降 4.8%、子叶干重下降 3.4%、主根长缩短 10.5%、根体积减小 14.7%、根鲜重下降 15.6%、根干重下降 2.9%、根系活跃吸收面积下降 21.2%。

霍宪起（2009）按 $10t \cdot hm^{-2}$ 的量（约相当于高产稻田的单位面积水稻秸秆产量）进行水稻秸秆小区焚烧，然后取焚烧土壤进行温室盆栽玉米试验，结果表明秸秆焚烧十分不利于玉米幼苗生长。以未焚烧秸秆的土壤为对照，除玉米幼苗根鲜重和根干重的变化不显著外，苗高、苗鲜重、苗干重、苗体积、根长、根体积、根系活跃吸收面积、总比表面积、活跃比表面积等生理指标皆显著或极显著地下降（表 6-21）。

表 6-21 水稻秸秆焚烧对盆栽玉米幼苗生长的影响

部　位	项　目	焚烧秸秆土壤	未焚烧秸秆土壤	前者较后者增减（一）比例（%）
玉米幼苗地上部分	苗高（cm）	24.10B	25.19A	−4.33
	苗鲜重（g）	1.16B	1.55A	−25.16
	苗干重（g）	0.16B	0.24A	−33.33
	苗体积（mL）	1.59B	2.04A	−22.06
玉米幼苗根系	根长（cm）	43.25B	47.15A	−8.27
	根鲜重（g）	2.78A	2.57A	8.17
	根干重（g）	0.16A	0.15A	6.67
	根体积（mL）	2.00B	2.38A	−15.97
	活跃吸收面积（m²）	0.230 2b	0.380 1a	−39.44
	总比表面积（m²）	0.365 5b	1.004 3a	−63.61
	活跃比表面积（m²）	0.088 7b	0.381 7a	−76.76

6.5.2 秸秆焚烧土壤提取液对种子发芽和幼苗生长的不利影响

刘天学等（2005a、2005b、2005c、2005d）的试验研究表明，秸秆焚烧土壤提取液对小麦、棉花、大豆、绿豆等农作物种子发芽和幼苗生长的影响各有不同，但总体表现为对幼苗生长有着显著不利影响，对种子活力表现为显著制约（棉花、大豆）或影响不显著（小麦、绿豆）。

刘天学等（2005a）采集大田小麦秸秆焚烧前后的土壤（其中秸秆焚烧后的土壤未去除秸秆焚烧的灰分，下同），用其提取液进行实验室恒定条件下的培养皿小麦种子发芽和幼苗生长培养试验，结果表明秸秆焚烧土壤提取液对小麦种子萌发影响不大，但不利于小麦幼苗生长（表6-22）。主要表现在种子发芽势（受环境胁迫）显著提高，但种子发芽指数、发芽率和活力指数与焚烧前处理无显著差异；幼苗芽长、胚根长和须根数与秸秆焚烧前处理差异均不显著，但苗鲜重和苗干重均显著下降；胚乳储藏物质转化率显著降低（胚乳干重率显著提升）。另外，幼苗叶片叶绿素和可溶性蛋白含量与秸秆焚烧前处理无显著差异（可溶性蛋白含量同约 $100mg \cdot g^{-1}$），但净光合速率和种子萌发期 α-淀粉酶活性皆显著下降。

表6-22 小麦秸秆焚烧土壤提取液对培养皿小麦发芽和
幼苗生长的影响

指 标	项 目	秸秆焚烧前土壤提取液	秸秆焚烧后土壤提取液	后者较前者增减（一）比例（%）
小麦种子活力	发芽率（%）	92.21a	92.16a	−0.05
	发芽势（%）	85.55b	88.23a	3.13
	发芽指数（GI）	57.52ab	58.83a	2.28
	活力指数（VI）	2.81a	2.86a	1.78
小麦幼苗生长	芽长（cm·株$^{-1}$）	6.76ab	7.14a	5.62
	胚根长（cm·株$^{-1}$）	10.41ab	10.75a	3.27
	侧根数（条·株$^{-1}$）	5.83a	5.52ab	−5.32
	苗鲜重（g·株$^{-1}$）	0.16a	0.13b	−18.75
	苗干重（mg·株$^{-1}$）	19.7a	16.4b	−16.75
	胚乳干重率（%）	31.78b	39.25a	23.51
	叶绿素a（mg·g^{-1}）	1.406a	1.360ab	−3.27
	叶绿素b（mg·g^{-1}）	0.398a	0.390a	−2.01
	叶绿素总量（mg·g^{-1}）	1.804a	1.750ab	−2.99

刘天学等（2005b）用小麦秸秆焚烧前后的土壤提取液，在实验室恒定条件下进行盆栽（以粗砂为基质，下同）棉花种子发芽和幼苗生长培养试验，结果表明：①小麦秸秆焚烧土壤提取液不利于棉花种子萌发。小麦秸秆焚烧后土壤提取液培养的棉花种子发芽势、发芽指数和活力指数均显著下降。②小麦秸秆焚烧土壤提取液不利于棉花幼苗生长。小麦秸秆焚烧土壤提取液培养的棉花幼苗侧根数、苗干重、幼苗叶片叶绿素 a 和叶绿素 b含量、幼苗净光合速率均显著下降，子叶干重率显著提升（表 6-23）。这表明，小麦秸秆焚烧对棉花幼苗根系的发育、子叶贮藏养分的转化、叶绿素的合成和干物质的积累均不利。

表 6-23　小麦秸秆焚烧土壤提取液对盆栽棉花发芽和幼苗生长的影响

指　标	项　目	秸秆焚烧前土壤提取液	秸秆焚烧后土壤提取液	后者较前者增减（一）比例（%）
棉花种子活力	发芽率（%）	91a	87ab	−4.40
	发芽势（%）	80a	73b	−8.75
	发芽指数（GI）	39a	32b	−17.95
	活力指数（VI）	3a	2b	−33.33
棉花幼苗生长	侧根数（条·株$^{-1}$）	11.8a	8.5b	−27.97
	苗干重（mg·株$^{-1}$）	28.5a	20.2b	−29.12
	子叶干重率（%）	21.43b	25.00a	16.66
	叶绿素 a（mg·g^{-1}）	1.888a	1.080b	−42.80
	叶绿素 b（mg·g^{-1}）	0.660a	0.342b	−48.18
	净光合速率（μmol·m^{-2}·s^{-1}）	17.81a	16.02b	−10.05

刘天学等（2005c）用小麦秸秆焚烧前后的土壤提取液，在实验室恒定条件下进行盆栽绿豆种子发芽和幼苗生长培养试验，结果表明小麦秸秆焚烧土壤提取液对绿豆种子活力无明显影响，但不利于幼苗生长——侧根数、幼苗叶片叶绿素含量、净光合速率和可溶性蛋白含量均显著减少（表 6-24）。与此同时，绿豆幼苗胚根长和苗干重却显著提升。刘天学等（2005d）分析指出，小麦秸秆焚烧土壤"似乎有利于无光照幼苗的生长，但不利于侧根发育。幼苗转入光照培养后，小麦秸秆焚烧土壤提取液对绿

豆幼苗的生长不利"。

表 6-24　小麦秸秆焚烧土壤提取液对盆栽绿豆发芽和
幼苗生长的影响

指　标	项　目	秸秆焚烧前土壤提取液	秸秆焚烧后土壤提取液	后者较前者增减（－）比例（%）
绿豆种子活力	发芽率（%）	94.22a	92.24a	－2.10
	发芽势（%）	88.15a	85.20a	－3.35
	发芽指数（GI）	51.27a	50.81a	－0.90
	活力指数（VI）	2.74a	2.74a	0.00
绿豆幼苗生长	芽长（cm·株$^{-1}$）	6.03a	6.20a	2.82
	胚根长（cm·株$^{-1}$）	8.05b	10.50a	30.43
	侧根数（条·株$^{-1}$）	8.9a	7.1b	－20.22
	苗鲜重（g·株$^{-1}$）	0.22a	0.23a	4.55
	苗干重（mg·株$^{-1}$）	23.0b	28.0a	21.74
	子叶干重率（%）	35.00a	32.50a	－7.14
	叶绿素 a（mg·g^{-1}）	2.338a	2.084b	－10.86
	叶绿素 b（mg·g^{-1}）	0.724a	0.640b	－11.60
	叶绿素总量（mg·g^{-1}）	3.062a	2.724b	－11.04

　　刘天学等（2005d）用小麦秸秆焚烧前后的土壤提取液，在实验室恒定条件下进行盆栽大豆种子发芽和幼苗生长培养试验，结果表明小麦秸秆焚烧的土壤提取液可使大豆种子活力明显下降、根系发育和幼苗生长受阻、干物质积累减少。另外，小麦秸秆焚烧可使脂肪酸含量显著下降，使子叶储藏物质的转化率有所下降（子叶干重率有所提升）（表 6-25）。

表 6-25　小麦秸秆焚烧土壤提取液对盆栽大豆发芽和
幼苗生长的影响

指　标	项　目	秸秆焚烧前土壤提取液	秸秆焚烧后土壤提取液	后者较前者增减（－）比例（%）
大豆种子活力	发芽率（%）	94.44a	88.24b	－6.57
	发芽势（%）	72.34a	67.31b	－6.95
	发芽指数（GI）	29.34a	21.69b	－26.07
	活力指数（VI）	6.46a	4.28b	－33.75

（续）

指 标	项 目	秸秆焚烧前 土壤提取液	秸秆焚烧后 土壤提取液	后者较前者增 减（一）比例（%）
大豆幼苗 生长	芽长（cm·株⁻¹）	6.05a	4.20b	−30.58
	胚根长（cm·株⁻¹）	7.35a	4.50b	−38.78
	侧根数（条·株⁻¹）	7.0a	6.5b	−7.14
	苗鲜重（g·株⁻¹）	0.80a	0.62b	−22.50
	苗干重（mg·株⁻¹）	220.0a	197.5b	−10.23

　　吴旭红和张书利（2013）采集大田玉米秸秆焚烧前后的土壤（其中秸秆焚烧后的土壤未去除秸秆焚烧的灰分），用其提取液进行实验室盆栽玉米培养试验，结果表明秸秆焚烧严重抑制玉米幼苗地下部分的发育，不利于玉米幼苗生长。具体表现：①秸秆焚烧使玉米苗根长和根重分别下降18.54%和15.18%。②秸秆焚烧没有显著降低苗高（降幅为4.86%），但显著降低了茎秆生物量（降幅为9.21%）。③秸秆焚烧使玉米幼苗活力指数随时间的延长而显著低于秸秆焚烧前的土壤，到培养第15天时降幅已经高达27.98%。④培养初始，玉米幼苗叶绿素含量无差异；培养到第10天、第15天，秸秆焚烧处理的玉米幼苗叶绿素含量分别降低了17.17%和23.61%。⑤与焚烧前处理相比，秸秆焚烧处理玉米叶片质膜透性（膜的受破坏程度）在培养第5天、第15天分别提升20.16%和25.57%。⑥与焚烧前处理相比，秸秆焚烧处理玉米叶片硝酸还原酶活性降低1/3～1/2，可溶性蛋白含量降低1/10～1/5。⑦秸秆焚烧使玉米叶片叶绿素含量降低、光合强度下降，硝酸还原酶活性降低，硝酸盐还原受阻，从而使游离氨基酸浓度升高，培养第5天、第10天、第15天分别升高了17.16%、28.54%和29.34%。

6.6　秸秆焚烧对农作物病虫害的双重影响

　　秸秆焚烧对土壤有机质、土壤生物、土壤酶活性的影响总是负面的，而对农作物病虫害的影响却是双向的。秸秆焚烧对农作物病虫害既可产生防治作用，也可产生激发作用。换言之，不是所有的病虫害都因秸秆还田而加重，同样不是所有的病虫害都因秸秆焚烧而减轻。需要特别指出的是，目前国内有关秸秆焚烧对农作物病虫害影响的试验研究和实地调查取样分析较少。

6.6.1　秸秆焚烧对农作物病虫害的防治作用

在秸秆直接还田与秸秆就地焚烧之间，不少人更倾向于秸秆就地焚烧。主要原因：①农时考虑，秸秆就地焚烧可节省农时。②经济考虑，秸秆直接还田增加耕作费用。③农作物种植考虑，连年又连季秸秆覆盖还田和浅旋耕混埋还田使过多的秸秆集聚在土壤表面或表层（0～8cm），直接影响农作物播种与出苗、定苗与生长。问题严重时不仅会导致播种量的大幅增加，而且会降低农作物尤其是幼苗的抗旱抗寒能力，进而可能影响到农作物产量。④防病治虫的习惯认识，人们认为秸秆直接还田会加重农作物病虫害，而秸秆就地焚烧可杀灭病虫源，抑制农作物病虫害。

就秸秆焚烧对农作物病虫害的防治作用而言，有两点需要明确：①秸秆焚烧对土壤病虫源的杀灭作用并不如想象的那样明显。秸秆焚烧对土壤生物尤其是微生物的杀灭作用主要表现在土壤表层，因此其对土壤病虫源的杀灭作用也主要集中于土壤表层，对表层以下尤其是深层土壤影响不大。而根际土壤病虫害对农作物生产的影响又比较大。②秸秆焚烧可有效地切断带病虫源秸秆（简称带病秸秆）对农作物病虫害的传播，而对"健康秸秆"（非带病秸秆，下同）进行焚烧却是画蛇添足，有时会适得其反。秸秆焚烧可较为彻底地杀灭秸秆自身所携带的病虫源，因此，部分农业较为发达的国家允许对病虫害严重的秸秆经充分认定后进行"计划焚烧"。但考虑到秸秆焚烧对环境所造成的诸多不利影响，较被社会认可的做法是对带病秸秆进行离田处理。离田处理带病秸秆对温室农业病虫害防治和连作障碍严重的作物病虫害防治尤为重要。离田后的带病秸秆可主要进行燃料化利用或饲料化利用，也可进行充分腐熟且灭菌合格的有机肥堆沤。

带病秸秆还田常加重农作物病虫害，"健康秸秆"还田时常会抑制农作物病虫害。因此，在秸秆禁烧的法定条件下，随着秸秆综合利用水平的持续提高，秸秆离田与还田处理要充分评估秸秆的带病状况及其对下茬作物病虫害滋生可能造成的影响，全面提升秸秆还田的生态效应和土壤生物环境质量水平。条件成熟时（环境保护法修改完善后），可考虑对带病严重的秸秆进行"计划焚烧"（prescribed fire，或"有序焚烧"）。

6.6.1.1 秸秆焚烧对农作物病害的防治作用

一些人认为，秸秆焚烧可有效地（杀灭病虫源）防治农作物病虫害。国内有关农作物秸秆还田和病虫害防治的不少新闻报道及部分农情调查报告也是如此，而且坦言秸秆全面禁烧导致农作物病虫害不断加重。例如，蔡武宁等（2009）调查指出：江苏省"宿迁市的一些农作物病虫害随着秸秆的全面禁烧呈加重趋势，如灰飞虱虫量高，玉米粗缩病大面积发生，地下害虫加重，部分稻田僵苗严重等，这给农作物生长带来了安全隐患，增加了防治难度"。但几乎所有的报道，都主要立足于纵向的观察比较，受条件或职责限制，缺乏同等环境条件下的秸秆还田与秸秆焚烧的平行比较分析。

国内有关秸秆焚烧防治农作物病虫害的试验研究少之又少。笔者从CNKI仅检索到1篇相关文献，即王爱玲等（2003）的《华北灌溉区秸秆焚烧与直接还田生态效应研究》，其主要试验结果如表6-26所示。由表6-26可知，该试验研究涉及的农作物病害只有玉米黑粉病，且秸秆焚烧对其起到的是激发作用，而非防治作用。换言之，从该试验研究中也不能获得秸秆焚烧防治农作物病害的信息。

表6-26　小麦—玉米复种小麦秸秆焚烧与还田对玉米病虫害和
农田杂草的影响

试验处理	玉米植株病虫害受害率（%）				杂草密度（株·m^{-2}）	
	毛毛虫	玉米螟	黑粉病	蚜虫	1998年（未施除草剂）	1999年（施除草剂）
秸秆焚烧	22.0	9.0	2.7	0.3	54.3	0.8
秸秆还田	13.0	6.0	2.0	1.7	75.3	3.7

注：杂草密度数据为玉米播种1个月后的调查结果。

穆长安和李志（2016）在河南省周口市调查发现，小麦—玉米复种连年秸秆还田的农田小麦全蚀病不断加重，而秸秆焚烧的田块翌年小麦全蚀病可减轻70%以上。

6.6.1.2　秸秆焚烧对农作物虫害的防治作用

由表 6 - 26 可知，相较于小麦秸秆覆盖还田（免耕直播玉米），小麦秸秆焚烧（免耕直播玉米）使玉米蚜虫病株率下降了 82.35%。另外，尽管秸秆焚烧配施除草剂对杂草的防治效果最佳，但秸秆焚烧对杂草防治的贡献远不及除草剂。

孙家峰（2013）在安徽省萧县进行田间调查发现，前茬小麦长势好、小麦秸秆覆盖量大的玉米田二点委夜蛾幼虫量大，而小麦秸秆焚烧的玉米田几乎没有二点委夜蛾幼虫。同时，进行小麦秸秆翻埋还田的玉米田也几乎没有二点委夜蛾幼虫。

6.6.2　秸秆焚烧对农作物病虫害的激发作用

秸秆焚烧对土壤有机质和土壤生物环境的严重损坏作用导致土壤板结和贫瘠，降低农作物对病虫害的抗性。与此同时，土壤的板结和贫瘠化将对土壤真菌起到胁迫作用，致使土壤真菌大量增加，而土壤有害真菌的增加又是农作物病虫害的直接诱因。

6.6.2.1　秸秆焚烧对农作物病害的激发作用

Biederbeck 等（1980）发现，重复的秸秆焚烧将永久地降低土壤微生物活性，但真菌生物量则能够得到较快恢复，使细菌或真菌数量持续下降，土壤微生物群落由高肥力型向低肥力型转变。因此，重复的秸秆焚烧不仅使土壤肥力大大降低，而且会降低土壤环境对真菌病害的抑制能力，导致作物病害多发。

由表 6 - 26 可知，小麦秸秆焚烧处理（免耕直播玉米）玉米黑粉病植株病害率明显提升，较小麦秸秆直接还田处理（免耕直播玉米）增加 35.00%。

6.6.2.2　秸秆焚烧对农作物虫害的激发作用

由表 6 - 26 可知，小麦秸秆焚烧处理（免耕直播玉米）玉米植株的毛毛虫和玉米螟病害率皆大幅提升，较小麦秸秆直接还田处理（免耕直播玉米）分别增加 69.23% 和 50.00%。

有关农作物秸秆田间焚烧对农作物病虫害的防治作用和激发作用，尚有待开展深入研究。如何针对病虫害严重的农田，对带病秸秆进行有计划的处理仍是一个政策性很强、但在现代生态农业发展中又亟待探求的课题。

现实中十分需要开展系统的带病秸秆微区焚烧试验和环境影响评定研究，并据此制定带病秸秆合理焚烧的政策性建议和技术方案。在此基础上，建议对相关法规中的有关秸秆禁烧的规定进行修订和完善。然后，以法律为依据，在由专业技术部门对带病秸秆田块进行充分认定的基础上，由环保职能部门组织对严重带病秸秆实施"计划焚烧"。

参 考 文 献

薄国栋，申国明，陈旭，等，2017. 秸秆还田对植烟土壤酶活性及细菌群落多样性的影响 [J]. 中国烟草科学，38 (1)：53-58.

鲍毅新，程宏毅，葛宝明，等，2007. 不同土地利用方式下大型土壤动物群落对土壤理化性质的响应 [J]. 浙江师范大学学报（自然科学版），30 (2)：121-127.

毕于运，王道龙，高春雨，等，2008. 中国秸秆资源评价与利用 [M]. 北京：中国农业科学技术出版社.

毕于运，王亚静，高春雨，2009. 我国秸秆焚烧的现状危害与禁烧管理对策 [J]. 安徽农业科学，37 (27)：13181-13184.

蔡丽君，张敬涛，盖志佳，等，2015. 免耕条件下秸秆还田量对土壤酶活性的影响 [J]. 土壤通报，46 (5)：1127-1132.

蔡武宁，何艳丽，朱坤，等，2009. 秸秆全面禁烧后的病虫害防控 [J]. 现代农业科学，16 (3)：170-171.

蔡祖聪，张金波，黄新琦，等，2015. 强还原土壤灭菌防控作物土传病的应用研究 [J]. 土壤学报，52 (3)：469-476.

曹长余，韩秀玲，高秀美，等，2007. 秸秆生物反应堆技术对日光温室番茄应用效果的研究 [J]. 安徽农学通报，13 (8)：82-83.

曹奎荣，朱建兰，2006. 秸秆还田与免耕对小麦根际线虫数量和根病的影响 [J]. 植物保护，32 (1)：91-93.

曹启光，陈怀谷，杨爱国，等，2006. 水稻秸秆覆盖对麦田细菌种群数量及小麦纹枯病发生的影响 [J]. 土壤，38 (4)：459-464.

曹莹菲，2016. 腐解过程中还田秸秆和土壤有机酸、质能及结构变化特征 [D]. 咸阳：西北农林科技大学.

曹云娥，于华清，包长征，2010. 内置式秸秆生物反应堆对日光温室西葫芦生长的影响 [J]. 北方园艺 (11)：58-60.

曹志平，周乐昕，韩雪梅，2010. 引入小麦秸秆抑制番茄根结线虫病 [J]. 生态学报，30 (3)：765-773.

常洪艳，王天野，黄梓源，等，2019. 秸秆降解菌对秸秆降解率、土壤理化性质及酶活性

的影响 [J]. 华北农学报，34 (S1)：161-167.

陈斌，2007. 利用主要气象因子对二代玉米螟预测预报研究 [D]. 泰安：山东农业大学.

陈冬林，易镇邪，周文新，等，2010. 不同土壤耕作方式下秸秆还田量对晚稻土壤养分与微生物的影响 [J]. 环境科学学报，30 (8)：1722-1728.

陈海风，章超，花日茂，2013. 生境和施肥对棉田节肢动物群落结构的影响 [J]. 中国生态农业学报，21 (9)：1127-1134.

陈红华，李富强，向必坤，等，2019. 农业废弃物还田对植烟土壤物理性状及根结线虫病的影响 [J]. 中国烟草科学，40 (4)：37-41.

陈继光，宋显东，王春荣，等，2016. 玉米田机械收获、整地对玉米螟虫源基数影响调查研究 [J]. 中国植保导刊，36 (6)：44-47.

陈建秀，麻智春，严海娟，等，2007. 跳虫在土壤生态系统中的作用 [J]. 生物多样性，15 (2)：154-161.

陈利达，石延霞，李磊，等，2022. 氰氨化钙与秸秆还田协同处理对生菜土传病害防效及土壤质量的影响 [J]. 植物病理学报，52 (4)：621-629.

陈丽鹃，2021. 烟田秸秆腐解特性及其对土壤微生物和烟草疫霉菌的影响研究 [D]. 长沙：湖南农业大学.

陈丽鹃，周冀衡，周闰，等，2018. 秸秆还田对作物土传病害的影响及作用机制研究进展 [J]. 作物研究，32 (6)：535-540.

陈丽荣，姜岩，2000. 玉米秸秆及其根茬不同分解时间对土壤有效微量元素的影响 [J]. 吉林农业科学，25 (6)：23-25.

陈立涛，姜京宇，郝延堂，等，2014. 气象、生态因素对二点委夜蛾发生为害的影响 [J]. 中国植物导报，34 (7)：35-41.

陈亮，赵兰坡，赵兴敏，2012. 秸秆焚烧对不同耕层土壤酶活性、微生物数量以及土壤理化性状的影响 [J]. 水土保持学报，26 (4)：118-122.

陈乾锦，李小龙，张根顺，2004. 稻草还田对烟草主要病虫害发生的影响 [J]. 武夷科学，20 (12)：106-110.

陈强龙，2009. 秸秆还田与肥料配施对土壤氧化还原酶活性影响的研究 [D]. 咸阳：西北农林科技大学.

陈珊，丁咸庆，祝贞科，等，2017. 秸秆还田对外源氮在土壤中转化及其微生物响应的影响 [J]. 环境科学，38 (4)：1613-1621.

陈尚洪，2007. 还田秸秆腐解特征及其对稻田土壤碳库的影响研究 [D]. 雅安：四川农业大学.

陈文新，1990. 土壤和环境微生物学 [M]. 北京：北京农业大学出版社.

陈昕，姜成浩，罗安程，2013. 秸秆微生物降解机理研究 [J]. 安徽农业科学，41 (23)：

9728 - 9731，9740.

陈云峰，夏贤格，胡诚，等，2018. 有机肥和秸秆还田对黄泥田土壤微食物网的影响
[J]. 农业工程学报，34（S）：19 - 26.

陈子爱，邓小晨，2006. 微生物处理利用秸秆的研究进展 [J]. 中国沼气，24（3）：
31 - 35.

程曼，解文艳，杨振兴，等，2019. 黄土旱塬长期秸秆还田对土壤养分、酶活性及玉米产
量的影响 [J]. 中国生态农业学报（中英文），27（10）：1528 - 1536.

程晓亮，2010. 耕作方式对小麦病害发生及根际真菌群落结构的影响 [D]. 保定：河北农
业大学.

程智慧，佟飞，金瑞，2008. 大蒜秸秆水浸液的抑菌作用和抑菌成分初步分析 [J]. 西北
植物学报，28（2）：324 - 330.

褚天铎，1989. 我国微量元素肥料的研究与应用回顾 [J]. 土壤肥料（5）：30 - 34.

崔鸿亮，2021. 水稻秸秆降解微生物菌群的构建及其高效率降解机制探究 [D]. 吉林：吉
林林业大学.

崔济安，朱龙粉，李志鹏，等，2020. 高硫甙芥菜型油菜秸秆还田对后茬水稻病害防治效
果试验简报 [J]. 上海农业科技（5）：139 - 141.

崔月峰，孙国才，郭奥楠，等，2020. 秸秆和生物炭还田对冷凉稻区土壤物理性质及 pH
的影响 [J]. 江苏农业科学，48（21）：255 - 260.

戴亚军，2016. 稻麦两熟秸秆沟埋还田对土壤微生物群落功能多样性的影响 [D]. 南京：
南京农业大学.

刁春友，缪荣蓉，陆云梅，1998. 江苏省小麦纹枯病发生区域分布原因探析 [J]. 江苏农
业科学（2）：38 - 40.

丁红利，吴先勤，张磊，2016. 秸秆覆盖下土壤养分与微生物群落关系研究 [J]. 水土保
持学报，30（2）：294 - 300.

丁文金，马友华，胡宏祥，2013. 秸秆还田与减量施肥对双季稻产量及土壤酶活性的影响
[J]. 农业环境与发展，30（4）：72 - 77.

丁永亮，李锦，闫慧荣，等，2014. 秸秆还田的土壤酶效应初探 [J]. 西北农林科技大学
学报（自然科学版），42（3）：137 - 144.

董海龙，路平，张作刚，等，2016. 秸秆＋石灰氮＋X - 20 菌肥＋高温闷棚处理对根结线
虫种群数量变化的影响 [J]. 中国农业大学学报，21（4）：52 - 58.

董怀玉，董智，刘可，等，2020. 不同秸秆还田模式对玉米主要病害发生为害的影响
[J]. 作物杂志（6）：104 - 108.

董立国，袁汉民，李生宝，等，2010. 玉米免耕秸秆覆盖对土壤微生物群落功能多样性的
影响 [J]. 生态环境学报，19（2）：444 - 446.

董亮，田慎重，王学君，等，2017. 土壤养分及土壤微生物数量的影响 [J]. 中国农学通报，33 (11)：77 - 80.

董亮，田慎重，张玉凤，等，2017. 秸秆还田对土壤微生物数量及土壤酶活性的影响 [J]. 农业科学，7 (3)：267 - 272.

董水丽，王海仓，2011. 焚烧秸秆对土壤养分及水分的影响 [J]. 陕西农业科学 (3)：90 - 92.

董祥洲，陈亚奎，任立伟，等，2020. 微生物转化在秸秆还田中的应用进展 [J]. 生物加工过程，18 (5)：604 - 611.

窦森，陈恩凤，须湘成，1995. 施用有机肥料对土壤胡敏酸结构特征的影响：胡敏酸的光学性质 [J]. 土壤学报，32 (1)：41 - 49.

杜万清，2010. 白腐菌胞外提取液与纤维素酶复合酶解玉米秸秆的研究 [D]. 武汉：华中科技大学.

段双科，王保通，1991. 玉米残秆与小麦赤霉病初侵染菌源的关系 [J]. 陕西农业科学 (4)：25 - 26.

樊俊，谭军，王瑞，等，2019. 秸秆还田和腐熟有机肥对植烟土壤养分、酶活性及微生物多样性的影响 [J]. 烟草科技，52 (2)：12 - 19.

方健黎，2013. 秸秆生物反应堆对温室越冬茬黄瓜栽培环境及生长发育影响的研究 [D]. 北京：中国农业科学院.

冯晓霞，王维国，陈贵，等，2018. 秸秆直接还田对水稻二化螟发生的影响 [J]. 现代农业科技 (14)：141 - 142.

付荣恕，解爱华，王德印，2007. 玉米秸秆分解过程中土壤动物群落结构的动态 [J]. 山东农业科学 (3)：72 - 74.

高娟，2011. 蚯蚓处理猪粪秸秆适宜 C/N 及混合物腐熟度变化研究 [D]. 杭州：浙江大学.

高美英，刘和，秦国新，等，2000. 秸秆覆盖对苹果园土壤固氮菌数量年变化的影响 [J]. 果树科学，17 (3)：185 - 187.

高梦瑶，靳玉婷，缪杰杰，等，2021. 秸秆还田对土壤养分及酶活性的影响 [J]. 红河学院学报，19 (2)：138 - 141.

高日平，赵思华，刁生鹏，等，2019. 秸秆还田对黄土风沙区土壤微生物、酶活性及作物产量的影响 [J]. 土壤通报，50 (6)：1370 - 1377.

高彦波，翟鹏辉，谭德远，2015. 土壤酶活性与土壤肥力的关系研究进展 [J]. 安徽农业科学，43 (6)：100 - 101，183.

高云超，朱文珊，陈文新，1994. 秸秆覆盖免耕土壤微生物生物量与养分转化的研究 [J]. 中国农业科学，27 (6)：41 - 49.

盖晓彤，2018. 玉米茎腐病与穗腐病致病镰孢菌侵染途径及其致病力差异研究［D］. 沈阳：沈阳农业大学.

耿云灿，2022. EM菌和蚯蚓对玉米秸秆分解的作用［D］. 长春：长春师范大学.

宫琳，2016. 秸秆还田对农作物病虫害的影响及防控措施［J］. 现代农业科技（13）：165，168.

宫秀杰，钱春荣，曹旭，等，2020. 玉米秸秆还田配施氮肥对土壤酶活、土壤养分及秸秆腐解率的影响［J］. 玉米科学，28（2）：151-155.

龚本华，李先文，唐兴贵，等，2019. 秸秆覆盖对植烟土壤酸碱度及养分状况的影响［J］. 山地农业生物学报，38（6）：28-36.

巩彪，张丽丽，隋申利，等，2016. 大蒜秸秆对番茄根结线虫病及根际微生态的影响［J］. 中国农业科学，49（5）：933-941.

顾爱星，张艳，石书兵，等，2005. 秸秆覆盖法对土壤微生物区系的影响［J］. 新疆农业大学学报，28（4）：64-68.

顾美英，唐光木，葛春辉，2016. 不同秸秆还田方式对和田风沙土土壤微生物多样性的影响［J］. 中国生态农业学报，24（4）：489-498.

关连珠，2001. 土壤肥料学［M］. 北京：中国农业出版社.

郭海斌，张军刚，王文文，等，2017. 耕作方式和秸秆还田对农田土壤微生物数量的影响［J］. 农业科技通讯（12）：185-188.

郭梨锦，曹凑贵，张枝盛，等，2013. 耕作方式和秸秆还田对稻田表层土壤微生物群落的短期影响［J］. 农业环境科学学报，32（8）：1577-1584.

郭晓源，2016. 玉米秸秆还田对玉米大斑病发生及流行要素的影响［D］. 沈阳：沈阳农业大学.

郭晓源，景殿玺，周如军，等，2016. 玉米秸秆腐解液酚酸物质含量检测及对玉米大斑病菌的影响［J］. 玉米科学，24（4）：166-172.

韩冰洁，张立君，张建君，2021. 作物根结线虫病防治研究进展［J］. 长江蔬菜（22）：44-48.

韩贵香，荣云鹏，宋敏，2009. 鲁北地区玉米螟发生特点及气象因子影响分析［J］. 气象与环境科学，32（S）：102-105.

韩惠芳，宁堂原，田慎重，等，2009. 保护性耕作下秋播期地下害虫的群落分布特点初步研究［J］. 山东农业科学（6）：58-60.

韩剑，张静文，徐文修，等，2011. 新疆连作、轮作棉田可培养的土壤微生物区系及活性分析［J］. 棉花学报，23（1）：69-74.

韩梦颖，王雨桐，高丽，等，2017. 降解秸秆微生物及秸秆腐熟剂的研究进展［J］. 南方农业学报，48（6）：1024-1030.

韩玮，2006. 还田秸秆配施外源酶效应研究 [D]. 泰安：山东农业大学.

韩玮，何明，杨再强，2014. 添加外源纤维素酶对水稻秸秆模拟堆肥过程的影响 [J]. 环境工程学报，8 (11)：4955 - 4962.

韩新忠，朱利群，杨敏芳，等，2012. 不同小麦秸秆还田量对水稻生长、土壤微生物生物量及酶活性的影响 [J]. 农业环境科学学报，31 (11)：2192 - 2199.

韩玉芹，郜欢欢，李秀芹，2013. 粉碎麦秸对二点委夜蛾的防治效果 [J]. 河北农业科学，17 (1)：9 - 11, 18.

何铁柱，何铁锁，乔艳站，等，2009. 用调节土壤微生物平衡的理念诠释温室秸秆反应堆的使用效果 [J]. 农业科技通讯 (7)：97 - 98.

贺海，2015. 大棚秸秆生物反应堆技术及其应用效果 [J]. 农业与技术，35 (8)：7.

贺美，王立刚，王迎春，等，2018. 黑土活性有机碳库与土壤酶活性对玉米秸秆还田的响应 [J]. 农业环境科学学报，37 (9)：1942 - 1951.

洪艳华，管力权，郑桂萍，2012. 不同施肥及秸秆还田方式对稻田土壤微生物区系的影响 [J]. 安徽农学通报，18 (21)：124 - 126.

侯俊，2014. 秸秆生物反应堆革新技术对蔬菜作物土传病害和土壤环境的影响 [J]. 农业科技与装备 (4)：7 - 9.

胡蓉，郑露，刘浩，等，2020. 秸秆还田对水稻根际微生物多样性和水稻纹枯病发生的影响 [J]. 植物保护学报，47 (6)：1261 - 1269.

胡颖慧，时新瑞，李玉梅，等，2019. 秸秆深翻和免耕覆盖对玉米土传病虫害及产量的影响 [J]. 黑龙江农业科学 (5)：60 - 63.

胡云，李明，李登明，等，2016. 秸秆覆盖还田对黄瓜土壤碳氮比和微生物的影响 [J]. 北方园艺 (19)：180 - 183.

华萃，吴鹏飞，何先进，等，2014. 紫色土区不同秸秆还田量对土壤线虫群落的影响 [J]. 生物多样性，22 (3)：392 - 400.

黄红丽，2009. 木质素降解微生物特性及其对农业废物堆肥腐殖化的影响研究 [D]. 长沙：湖南大学.

黄水金，刘剑青，秦文婧，等，2010. 二化螟越冬幼虫在稻株内的分布及其控制技术研究 [J]. 江西农业学报，22 (11)：91 - 93.

黄雪娇，王菲，谷守宽，等，2018. 钾肥及与秸秆配施对紫色土作物产量和微生物群落结构的影响 [J]. 生态学报，38 (16)：5792 - 5799.

黄耀，沈雨，周密，等，2003. 木质素和氮含量对植物残体分解的影响 [J]. 植物生态学报，27 (2)：183 - 188.

黄兆琴，胡林潮，史明，等，2012. 水稻秸秆燃烧对土壤有机质组成的影响研究 [J]. 土壤学报，49 (1)：60 - 67.

霍凯丽，2019. 辣椒秸秆对根结线虫的拮抗作用及其生物强化技术研究 [D]. 乌鲁木齐：
　　新疆农业大学．

霍宪起，2009. 焚烧秸秆对玉米幼苗和根际微生物的影响 [J]. 湖南农业科学（11）：
　　27 - 29.

籍增顺，张乃生，刘杰，1995. 旱地玉米免耕整秸秆半覆盖技术体系及其评价 [J]. 干旱
　　地区农业研究，13（2）：14 - 19.

江春，张谨华，杨艳君，等，2015. 不同植物秸秆对番茄及南方根结线虫的影响 [J]. 植
　　物保护，44（4）：165 - 170.

姜立春，阮期平，蒲忠慧，等，2014. 半纤维素降解菌 J - 16 的筛选及产酶特性研究 [J].
　　环境科学与技术，37（7）：55 - 60.

姜玉英，2012. 2011 年全国二点委夜蛾暴发概况及其原因分析 [J]. 中国植物导报，32
　　（10）：34 - 37.

蒋红国，徐丹，杨峰，等，2014. 秸秆生物反应堆技术在连作障碍大棚樱桃番茄上的应用
　　[J]. 长江蔬菜（22）：56 - 59.

蒋云峰，马南，张爽，等，2017. 黑土区免耕秸秆不同覆盖频率下大型土壤动物群落结构
　　特征 [J]. 生态学杂志，36（2）：452 - 459.

焦加国，朱玲，李辉信，等，2012. 蚯蚓活动和秸秆施用方式对土壤生物学性质的动态影
　　响 [J]. 水土保持学报，26（1）：209 - 214.

焦有宙，高赞，李刚，等，2015. 不同土著菌及其复合菌对玉米秸秆降解的影响 [J]. 农
　　业工程学报，31（23）：201 - 207.

晋齐鸣，宋淑云，张伟，等，2006. 不同耕作方式玉米田病害发生情况调查 [J]. 吉林农
　　业科学，31（3）：55 - 56.

靳玉婷，李先藩，蔡影，等，2021. 秸秆还田配施化肥对稻—油轮作土壤酶活性及微生物
　　群落结构的影响 [J]. 环境科学，42（8）：3985 - 3996.

荆爽，张亨宇，张渝，等，2019. 秸秆焚烧对农田土壤性质影响的研究进展 [J]. 环境保
　　护与循环经济，39（5）：46 - 48.

孔云，张婷，李刚，等，2018. 华北潮土线虫群落对玉米秸秆长期还田的响应 [J]. 生态
　　环境学报，27（4）：692 - 698.

兰木羚，高明，2015. 不同秸秆翻埋还田对旱地和水田土壤微生物群落结构的影响 [J].
　　环境科学，36（11）：4254 - 4261.

李纯燕，杨恒山，萨如拉，等，2017. 不同耕作措施下秸秆还田对土壤速效养分和微生物
　　量的影响 [J]. 水土保持学报，31（1）：197 - 202.

李海铭，张萌，李兴，等，2021. 秸秆微生物降解的研究进展 [J]. 山东化工，50（9）：
　　70 - 73.

李红亚，李术娜，王树香，等，2015. 解淀粉芽孢杆菌 MN-8 对玉米秸秆木质纤维素的降解 [J]. 应用生态学报，26 (5)：1404-1410.

李花，葛玮健，马晓霞，等，2011. 小麦—玉米轮作体系长期施肥对土微生物量碳、氮及酶活性的影响 [J]. 植物营养与肥料学报，17 (5)：1140-1146.

李辉信，胡锋，沈其荣，等，2002. 接种蚯蚓对秸秆还田土壤碳、氮动态和作物产量的影响 [J]. 应用生态学报，13 (12)：1637-1641.

李慧，李继光，王秋彬，等，2013. 保护性耕作土壤线虫成熟度及区系分析 [J]. 生态环境学报，22 (8)：1329-1334.

李慧，唐政，李继光，等，2013. 北方旱作农田保护性耕作对土壤线虫物种组成和营养类群的影响 [J]. 土壤通报，44 (6)：1428-1433.

李金埔，王双磊，张美玲，等，2014. 秸秆还田对棉田土壤微生物和土壤呼吸速率的影响 [J]. 山东农业科学，46 (9)：69-73.

李进永，张大友，许建权，等，2008. 小麦赤霉病的发生规律及防治策略 [J]. 上海农业科技 (4)：113.

李静，蔡连贺，刘瑞华，等，2019. 转双价基因棉 SGK321 同秸秆还田量对土壤线虫群落的影响 [J]. 农业环境科学学报，38 (4)：871-881.

李玖燃，丁红利，任豫霜，等，2017. 不同用地土壤有机质和微生物对添加秸秆的响应 [J]. 草业科学，34 (5)：958-965.

李军，辛晓通，李嘉琦，等，2015. 玉米—大豆轮作条件下长期定位施肥对土壤酶活性的影响 [J]. 沈阳农业大学学报，46 (4)：417-423.

李腊梅，陆琴，严蔚东，等，2006. 太湖地区稻麦二熟制下长期秸秆还田对土壤酶活性的影响 [J]. 土壤，38 (4)：422-428.

李磊，2020. 秸秆还田方式对玉米纹枯病和大斑病发生流行的影响及机制研究 [D]. 沈阳：沈阳农业大学.

李磊，樊丽琴，吴霞，等，2019. 秸秆还田对盐碱地土壤物理性质、酶活性及油葵产量的影响 [J]. 西北农业学报，28 (12)：1997-2004.

李丽莉，赵楠，石洁，等，2012. 秸秆还田与药剂处理对夏玉米田二点委夜蛾发生数量的影响 [J]. 山东农业科学，44 (9)：95-97.

李明，吴发启，蒋碧，等，2013. 小麦秸秆焚烧对土壤有机质及微生物和玉米产量的影响 [J]. 干旱地区农业研究，31 (2)：95-99.

李娜，范树茂，陈梦凡，等，2017. 生物炭与秸秆还田对水稻土碳氮转化及相关酶活性的影响 [J]. 沈阳农业大学学报，48 (4)：431-438.

李淑梅，史留功，李青芝，2008. 不同施肥条件下农田土壤动物群落组成及多样性变化 [J]. 安徽农业科学，36 (7)：2830-2831，2989.

李双，张伟，王丽，等，2021. 秸秆还田对不同地力黑土培肥与茎腐病害发生的影响［J］. 中国农业科技导报，23（8）：80-90.

李涛，葛晓颖，何春娥，等，2016. 豆科秸秆、氮肥配施玉米秸秆还田对秸秆矿化和微生物功能多样性的影响［J］. 农业环境科学学报，35（12）：2377-2384.

李天娇，卓富彦，陈冉冉，等，2022. 秸秆还田对玉米病虫草害影响的研究进展［J］. 中国植物导报，42（1）：23-29.

李晓莎，武宁，刘玲，等，2015. 不同秸秆还田和耕作方式对夏玉米农田土壤呼吸及微生物活性的影响［J］. 应用生态学报，26（6）：1765-1771.

李鑫，池景良，王志学，等，2013. 秸秆还田对设施土壤微生物种群数量的影响［J］. 农业科学研究，34（4）：84-86.

李秀金，2011. 固体废弃物处理与资源化［M］. 北京：科学出版社.

李亚莉，2005. 秸秆覆盖全程节水对春小麦土壤微生物数量、区系及根病影响的研究［D］. 兰州：甘肃农业大学.

李艳，窦森，刘艳丽，等，2016. 微生物对暗棕壤添加玉米秸秆腐殖化进程的影响［J］. 农业环境科学学报，35（5）：931-939.

李悦，李海燕，周圆圆，等，2022. 工业大麻秸秆乙醇提取物对大豆胞囊线虫生理生化代谢的影响［J］. 中国油料作物学报，44（1）：177-182.

李月，张水清，韩燕来，等，2020. 长期秸秆还田与施肥对潮土酶活性和真菌群落的影响［J］. 生态环境学报，29（7）：1359-1366.

李云乐，乔玉辉，孙振钧，等，2006. 不同土壤培肥措施下农田有机物分解的生态过程［J］. 生态学报，26（6）：1933-1939.

李泽兴，孙光芝，王洋，等，2010. 玉米秸秆覆盖量对农田土壤动物群落结构的影响［J］. 中国农学通报，26（16）：296-300.

李增亮，2018. 不同植物秸秆对连作番茄生长及土壤微生物群落的影响［D］. 哈尔滨：东北农业大学.

李政海，鲍雅静，1995. 草原火的热状况及其对植物的生态效应［J］. 内蒙古大学学报（自然科学版），26（4）：490-495.

李忠华，杨昕，杨琴，等，2022. 菊花秸秆资源化利用与展望［J］. 宁夏农林科技，63（2）：33-37.

连旭，2017. 秸秆还田对黑土农田土壤甲螨、跳虫群落结构的影响［D］. 青岛：青岛大学.

梁春启，甄文超，张承胤，等，2009. 玉米秸秆腐解液中酚酸的检测及对小麦土传病原菌的化感作用［J］. 中国农学通报，25（2）：210-213.

梁训义，王庆胜，严明富，1983. 麦类赤霉病菌越夏和越冬的初步研究［J］. 浙江农业科学（5）：221-225.

梁志刚，王全亮，贾明光，等，2017. 山西襄汾县秸秆还田对小麦病害的影响及防治 [J]. 农业工程技术（10）：40.

林英华，张夫道，杨学云，等，2003. 黄土区不同施肥条件下农田土壤的动物群落结构 [J]. 植物营养与肥料学报，9（4）：484-488.

林英华，朱平，张夫道，等，2006a. 吉林黑土区不同施肥处理对农田土壤昆虫的影响 [J]. 生态学报，26（4）：1122-1130.

林英华，朱平，张夫道，等，2006b. 吉林黑土区不同施肥条件下农田土壤动物组成及多样性变化 [J]. 植物营养与肥料学报，12（3）：412-419.

林云红，查永丽，毛昆明，等，2012. 小麦秸秆覆盖量对不同植烟土壤微生物数量的影响 [J]. 作物研究，26（6）：664-667.

刘定辉，舒丽，陈强，等，2011. 秸秆还田少免耕对冲积土微生物多样性及微生物碳氮的影响 [J]. 应用与环境生物学报，17（2）：158-161.

刘凤艳，龚振平，马先树，等，2010. 秸秆还田对水稻病虫害发生的影响 [J]. 黑龙江农业科学（8）：75-78.

刘刚，咚万红，杜周和，2003. 秸秆覆盖对桑园土壤微生物年变化的影响 [J]. 蚕业科学，39（2）：185-188.

刘高远，和爱玲，杜君，等，2022. 玉米秸秆还田量对砂姜黑土酶活性、微生物生物量及细菌群落的影响 [J]. 农业资源与环境学报，39（5）：1033-1040.

刘更另，1991. 中国有机肥 [M]. 北京：农业出版社.

刘建国，卞新民，李彦斌，等，2008. 长期连作和秸秆还田对棉田土壤生物活性的影响 [J]. 应用生态学报，19（5）：1027-1032.

刘军，唐志敏，刘建国，等，2012. 长期连作及秸秆还田对棉田土壤微生物量及种群结构的影响 [J]. 生态环境学报，21（8）：1418-1422.

刘龙，李志洪，赵小军，等，2017. 种还分离玉米秸秆还田对土壤微生物量碳及酶活性的影响 [J]. 水土保持学报，31（4）：259-263.

刘璐，2019. 不同温湿度下秸秆还田对植烟酸化土壤 pH 和有机碳的影响 [D]. 郑州：河南农业大学.

刘鹏飞，红梅，常菲，等，2018. 秸秆还田对黑土区西部农田中小型土壤动物群落的影响 [J]. 生态学杂志，37（1）：139-146.

刘鹏飞，红梅，美丽，等，2019. 玉米秸秆还田量对黑土区农田地面节肢动物群落的影响 [J]. 生态学报，39（1）：235-243.

刘鹏飞，红梅，美丽，等，2020. 不同玉米秸秆还田量的土壤大型动物夏季群落动态特征 [J]. 土壤学报，57（3）：760-772.

刘青源，2022. 秸秆还田过程中添加蚯蚓对土壤微生物功能多样性的影响［D］. 长春：长春师范大学.

刘树艳，2011. 秸秆生物反应堆技术在大棚西红柿上的应用效果研究［J］. 现代农业科技（23）：169-170.

刘顺湖，吕秀红，2014. 金乡大蒜秸秆浸提液对黄瓜灰霉病菌抑制效果的研究［J］. 济宁学院学报，35（6）：5-10.

刘天学，常加忠，李敏，等，2005. 秸秆焚烧土壤提取液对小麦种子萌发和幼苗生长的影响［J］. 农业环境科学学报，24（2）：252-255.

刘天学，常加忠，刘萍，2005. 麦秆焚烧土壤提取液对棉种萌发和幼苗生长的影响［J］. 中国棉花，32（2）：24.

刘天学，纪秀娥，2003. 焚烧秸秆对土壤有机质和微生物的影响研究［J］. 土壤，35（4）：347-348.

刘天学，刘怀攀，刘萍，2005. 秸秆焚烧土壤提取液对绿豆种子萌发和幼苗生长的影响［J］. 种子，24（4）：53-54，57.

刘天学，牛天领，常加忠，等，2004a. 焚烧秸秆不利于玉米幼苗和根际微生物的生长［J］. 植物生理学通讯，40（5）：564-566.

刘天学，牛天领，常加忠，等，2004b. 焚烧秸秆对大豆幼苗生长的影响［J］. 作物杂志（1）：23-24.

刘天学，赵贵兴，杨青春，2005. 秸秆焚烧土壤提取液对大豆种子萌发和幼苗生长的影响［J］. 大豆科学，24（1）：67-70.

刘玮斌，田文博，陈龙，等，2019. 不同秸秆还田方式对土壤酶活性和玉米产量的影响［J］. 中国土壤与肥料（5）：25-29.

刘宪臣，丁伟，崔伟伟，等，2013. 不同秸秆覆盖模式对烟草青枯病发生的抑制效应研究：中国植物保护学会第十一次全国会员代表大会暨2013年学术年会论文集［C］. 北京：中国植物保护学会.

刘骁蒨，涂仕华，孙锡发，等，2013. 秸秆还田与施肥对稻田土壤微生物生物量及固氮菌群落结构的影响［J］. 生态学报，33（17）：5210-5218.

刘新雨，程佳，刘硕，等，2021. 秸秆还田玉米田土壤酶活性与地下害虫发生量相关性分析［J/OL］. 吉林农业大学学报，2021. https://kns.cnki.net/kcms/detail/22.1100.S.20210326.1442.004.html.

刘延岭，邓林，陶瑞霄，2020. 微生物降解秸秆的研究进展［J］. 食品与发酵科技，56（2）：94-97.

刘艳慧，王双磊，李金埔，等，2016. 棉花秸秆还田对土壤微生物数量及酶活性的影响［J］. 华北农学报，31（6）：151-156.

刘予，2016. 秸秆还田对农作物病虫害的影响与防控对策 [J]. 土肥植保，33 (6)：132.

卢萍，徐演鹏，谭飞，等，2013. 黑土区农田土壤节肢动物群落与土壤理化性质的关系 [J]. 中国农业科学，46 (9)：1848 - 1856.

陆宁海，杨蕊，郎剑锋，等，2019. 秸秆还田对土壤微生物种群数量及小麦茎基腐病的影响 [J]. 中国农学通报，35 (34)：102 - 108.

路文涛，贾志宽，张鹏，等，2011. 秸秆还田对宁南旱作农田土壤活性有机碳及酶活性的影响 [J]. 农业环境科学学报，30 (3)：522 - 528.

马璐璐，齐永志，甄文超，2017. 玉米秸秆腐解产生的苯甲酸对禾谷丝核菌致病力的影响：中国第八届植物化感作用学术研讨会会议指南及论文摘要集 [C]. 北京：中国植物保护学会植物化感作用专业委员会.

马璐璐，闫翠梅，冯彩莲，等，2019. 玉米秸秆还田对假禾谷镰刀菌及小麦茎基腐病化感效应的模拟研究 [J]. 河北农业大学学报，42 (3)：38 - 44.

马璐璐，闫翠梅，王芳芳，等，2021. 玉米秸秆腐解液对假禾谷镰刀菌生理指标的影响 [J]. 东北农业科学，46 (5)：51 - 55.

马南，陈智文，张清，2021. 不同类型秸秆还田对土壤有机碳及酶活性的影响综述 [J]. 江苏农业科学，49 (3)：53 - 57.

马世龙，崔俊涛，2010. 土壤动物群落在玉米秸秆分解中的作用及其特征 [J]. 科技创新导报 (1)：118 - 119.

马晓霞，王莲莲，黎青慧，等，2012. 长期施肥对玉米生育期土壤微生物量碳氮及酶活性的影响 [J]. 生态学报，32 (17)：5502 - 5511.

蒙静，曹云娥，姚英，等，2013. 秸秆还田对土壤理化及生物性状影响的研究进展 [J]. 北方园艺，3 (11)：184 - 186.

孟超然，白如霄，杨鹏辉，等，2018. 秸秆还田对干旱区滴灌玉米生产及土壤微生物的影响 [J]. 新疆农业科学，55 (12)：2251 - 2260.

孟程程，2019. 小麦—玉米轮作模式下两种作物茎基腐病的病原鉴定 [D]. 泰安：山东农业大学.

孟庆阳，王永华，靳海洋，等，2016. 耕作方式与秸秆还田对砂姜黑土土壤酶活性及冬小麦产量的影响 [J]. 麦类作物学报，36 (3)：341 - 346.

孟庆英，2020. 秸秆覆盖还田量对白浆土微生物及养分的影响 [J]. 现代化农业 (11)：13.

缪荣蓉，刁春友，张银贵，等，1998. 浅析覆盖稻草及秸秆还田对小麦纹枯病的控制作用 [J]. 植保技术与推广，18 (4)：10 - 12.

牟文雅，贾艺凡，陈小云，等，2017. 玉米秸秆还田对土壤线虫数量动态与群落结构的影响 [J]. 生态学报，37 (3)：877 - 886.

穆长安，李志，2016. 秸秆还田对黄淮地区农作物病虫害的影响及防治对策［J］. 安徽农业科学，44（11）：179-180，189.

慕平，张恩和，王汉宁，等，2011. 连续多年秸秆还田对玉米耕层土壤理化性状及微生物量的影响［J］. 水土保持学报，25（5）：81-85.

牛新胜，张宏彦，马永良，2010. 华北平原蚯蚓对玉米秸秆直立还田冬小麦免耕播种的响应［J］. 华北农学报，25（S）：182-186.

潘剑玲，代万安，尚占环，等，2013. 秸秆还田对土壤有机质和氮素有效性影响及机制研究进展［J］. 中国生态农业学报，21（5）：526-535.

潘晶，杨墨，黄琳丽，等，2021. 秸秆还田对土壤主要微生物数量、酶活性及细菌群落结构、多样性的影响［J］. 沈阳师范大学学报（自然科学版），39（3）：266-271.

潘孝晨，唐海明，肖小平，等，2019. 不同耕作和秸秆还田模式对紫云英—双季稻土壤微生物生物量碳、氮含量的影响［J］. 生态环境学报，28（8）：1585-1595.

庞军，乔玉辉，孙振钧，等，2009. 蚯蚓对麦秸分解速率的影响及其对氮矿化的贡献［J］. 生态学报，29（2）：1017-1023.

庞荔丹，孟婷婷，张宇飞，等，2017. 玉米秸秆配氮还田对土壤酶活性、微生物量碳含量及土壤呼吸量的影响［J］. 作物杂志（1）：107-112.

裴桂英，马赛飞，刘健，等，2010. 大豆田不同耕作模式对蛴螬发生及产量的影响［J］. 科学种养（7）：29-30.

裴鹏刚，张均华，朱练峰，等，2014. 秸秆还田的土壤酶学及微生物学效应研究进展［J］. 中国农学通报，30（18）：1-7.

祁君凤，刘存法，王熊飞，等，2020. 秸秆还田对海南水稻土养分含量及酶活性的影响［J］. 热带农业科学，40（12）：22-26.

齐永志，2014. 玉米秸秆还田的微生态效应及对小麦纹枯病的适应性控制技术［D］. 保定：河北农业大学.

齐永志，金京京，常娜，等，2016. 玉米秸秆腐解物质对小麦土传病害发生的影响及其GC-MS分析：中国植物保护学会2016年学术年会论文集［C］. 北京：中国植物保护学会.

钱海燕，杨滨娟，黄国勤，等，2012. 秸秆还田配施化肥及微生物菌剂对水田土壤酶活性和微生物数量的影响［J］. 生态环境学报，21（3）：440-445.

钱李晶，苏建平，康志明，等，2021. 麦秸秆全量还田与氮肥用量对机插优质粳稻养分吸收及稻瘟病发病率的影响［J］. 现代农业科技（12）：24-26.

钱瑞雪，2020. 黑土农田玉米秸秆分解过程的微生物驱动机制研究［D］. 四平：吉林师范大学.

强学彩，袁红莉，高旺盛，2004. 秸秆还田量对土壤CO_2释放和土壤微生物量的影响

[J]. 应用生态学报，15（3）：469－472.

乔俊卿，刘邮洲，余翔，等，2013. 集成生物防治和秸秆还田技术对设施番茄增产及土传病害防控效果研究［J］. 中国生物防治学报，29（4）：547－554.

乔玉强，曹承富，赵竹，等，2013. 秸秆还田与施氮量对小麦产量和品质及赤霉病发生的影响［J］. 麦类作物学报，33（4）：727－731.

秦凯，2011. 秸秆机械化粉碎还田对地下害虫的影响［J］. 农家参谋（种业大观）（9）：24.

邱凤琼，丁庆堂，1986. 有机物对土壤碳、氮性状的影响［J］. 土壤通报（2）：62－63.

邱莉萍，刘军，王益权，等，2004. 土壤酶活性与土壤肥力的关系研究［J］. 植物营养与肥料学报，10（3）：277－280.

全国农业技术推广服务中心，1999. 中国有机肥料资源［M］. 北京：中国农业出版社.

饶继翔，陈昊，吴兴国，等，2020. 不同秸秆还田方式对土壤线虫群落特征的影响［J］. 农业环境科学学报，39（10）：2473－2480.

任宏飞，高伟，黄绍文，等，2020. 设施蔬菜有机肥/秸秆替代化肥模式对土壤线虫群落的影响［J］. 植物营养与肥料学报，26（7）：1303－1317.

任万军，黄云，吴锦秀，等，2011. 免耕与秸秆高留茬还田对抛秧稻田土壤酶活性的影响［J］. 应用生态学报，22（11）：2913－2918.

任万军，刘代银，吴锦秀，等，2009. 免耕高留茬抛秧对稻田土壤肥力和微生物群落的影响［J］. 应用生态学报，20（4）：817－822.

任小利，2012. 微生物有机肥对烟草土传黑胫病的防控效果及机理研究［D］. 南京：南京农业大学.

任雅喃，2018. 套作玉米与秸秆还田对土壤微生物及露地蔬菜产量的影响［D］. 泰安：山东农业大学.

荣国华，2018. 秸秆还田对土壤酶活性、微生物量及群落功能多样性的影响［D］. 哈尔滨：东北农业大学.

萨如拉，高聚林，于晓芳，等，2013. 玉米秸秆低温降解复合菌系的筛选［J］. 中国农业科学，46（19）：4082－4090.

萨如拉，高聚林，于晓芳，等，2014. 玉米秸秆深翻还田对土壤有益微生物和土壤酶活性的影响［J］. 干旱区资源与环境，28（7）：139－143.

商鸿生，王树权，陆和平，1980. 陕西关中小麦赤霉病发生规律的研究［J］. 西北农学院学报（3）：27－36.

尚志强，徐刚，许志强，等，2011. 秸秆还田对烤烟根际微生物种群数量的影响［J］. 内蒙古农业科技（5）：63－66.

邵世平，迟双丽，宋文清，等，2012. 保护地草莓应用秸秆生物反应堆技术及其效益分析

[J]. 现代农业科技(9):144.

邵泱峰,梅洪飞,潘忠潮,等,2016. 玉米秸秆还田对土壤有机碳、微生物功能多样性及甘蓝产量的影响[J]. 浙江农业学报,28(5):838-842.

邵元虎,张卫信,刘胜杰,等,2015. 土壤动物多样性及其生态功能[J]. 生态学报,35(20):6614-6625.

盛承发,宣维健,焦晓国,等,2002. 我国稻螟暴发成灾的原因、趋势及对策[J]. 自然灾害学报,11(3):103-108.

施骥,栗杰,2019. 秸秆还田对耕地棕壤pH及速效养分的影响[J]. 农业开发与装备(1):128-129.

石洁,2002. 玉米镰刀菌型茎腐、穗腐、苗期根腐病的相互关系及防治[D]. 保定:河北农业大学.

石洁,王振营,何康来,2005. 黄淮海地区夏玉米病虫害发生趋势与原因分析[J]. 植物保护,31(5):63-65.

时鹏,高强,王淑平,等,2010. 玉米连作及其施肥对土壤微生物群落功能多样性的影响[J]. 生态学报,30(22):6173-6182.

史央,蒋爱芹,戴传超,等,2002. 秸秆降解的微生物学机理研究及应用进展[J]. 微生物学杂志,22(1):47-50.

宋安东,任天宝,谢慧,等,2006. 化学预处理对玉米秸秆酶解糖化效果的影响[J]. 化学与生物工程,23(8):31-33.

宋鹏飞,毛培,李鸿萍,等,2014. 秸秆还田对夏玉米主要害虫发生程度的影响[J]. 河南农业大学学报,48(3):334-339.

宋秋来,王麒,冯延江,等,2020. 寒地水旱轮作及秸秆还田对土壤相关酶活性的影响[J]. 作物杂志(3):149-153.

宋志刚,2013. 不同作物秸秆用作番茄无土栽培基质的研究[D]. 北京:中国农业科学院.

隋鹏祥,张心昱,温学发,等,2016. 耕作方式和秸秆还田对棕壤土壤养分和酶活性的影响[J]. 生态学杂志,35(8):2038-2045.

隋文志,刘永春,吴魁斌,1996. 秸秆种类和用量对白浆土大豆根际微生物、结瘤固氮和产量的影响[J]. 现代化农业(10):8-10.

隋雨含,2015. 秸秆焚烧对土壤有机质及团聚体组成的影响研究[D]. 长春:吉林农业大学.

隋雨含,赵兰坡,赵兴敏,2015. 玉米秸秆焚烧对土壤理化性质和腐殖质组成的影响[J]. 水土保持学报,29(4):316-321.

孙家峰,2013. 淮北地区二点委夜蛾发生规律及为害特点分析[J]. 安徽农业科学,41

（35）：13568，13589.

孙鹏，刘满意，王蓓蓓，2021. 香蕉秸秆不同还田模式对土壤微生物群落的影响 [J]. 热带生物学报，12（1）：57-62.

孙瑞莲，赵秉强，朱鲁生，等，2003. 长期定位施肥对土壤酶活性的影响及其调控土壤肥力的作用 [J]. 植物营养与肥料学报，9（4）：406-410.

孙秀娟，2012. 秸秆集中掩埋还田对赤霉病菌（*Fusriaum graminearum* Sehw.）和二化螟（*Chilo suppressalis* Walker）幼虫存活的影响 [D]. 南京：南京农业大学.

孙学习，习会丽，轩云梦，等，2020. 耐高温秸秆降解菌的筛选、鉴定及复合菌剂降解效果分析 [J]. 广东化工，47（5）：50-52.

谭周进，李倩，陈冬林，等，2006. 稻草还出对晚稻土微生物及酶活性的影响 [J]. 生态学报，26（10）：3385-3392.

汤树德，1987. 白浆土微生物学特性和生物学活性的研究 [J]. 土壤学报，24（3）：239-247.

汤树德，1980. 作物秸秆直接还田的土壤生物学效应 [J]. 土壤学报，17（2）：172-181.

汤水荣，2017. 日本东北地区稻田土壤有机质和秸秆分解的温度敏感性以及对水分的响应 [D]. 武汉：华中农业大学.

陶军，张树杰，焦加国，等，2010. 蚯蚓对秸秆还田土壤细菌生理菌群数量和酶活性的影响 [J]. 生态学报，30（5）：1306-1311.

田国成，2015. 小麦秸秆焚烧对土壤环境的影响 [D]. 咸阳：西北农林科技大学.

田国成，孙路，施明新，等，2015. 小麦秸秆焚烧对土壤有机质积累和微生物活性的影响 [J]. 植物营养与肥料学报，21（4）：1081-1087.

田国成，王钰，孙路，等，2016. 秸秆焚烧对土壤有机质和氮磷钾含量的影响 [J]. 生态学报，36（2）：387-393.

田磊，石少华，张建峰，等，2017. 长期化肥施用与秸秆还田对玉米根部相关 AMF 和细菌的群落结构多样性的影响 [J]. 土壤与作物，6（4）：291-297.

田庄，2010. 纤维素降解菌株的筛选及诱变研究 [D]. 长春：吉林大学.

全文凯，2016. 秸秆生物反应堆技术的应用分析 [J]. 现代农业科技（3）：247-248.

万水霞，唐杉，王允青，等，2013. 紫云英还田量对稻田土壤微生物数量及活度的影响 [J]. 中国土壤与肥料（4）：39-42.

汪冠收，2012. 兰考县玉米秸秆还田分解中土壤动物群落特征及其作用研究 [D]. 开封：河南大学.

汪景宽，徐英德，丁凡，等，2019. 植物残体向土壤有机质转化过程及其稳定机制的研究进展 [J]. 土壤学报，56（3）：528-540.

王爱玲，高旺盛，洪春梅，2003. 华北灌溉区秸秆焚烧与直接还田生态效应研究 [J]. 中国生态农业学报，11（1）：142-144.

王冬梅，王春枝，韩晓日，等，2006. 长期施肥对棕壤主要酶活性的影响 [J]. 土壤通报，37（2）：263-267.

王丰园，金海炎，丁凌飞，等，2022. 纤维素酶及其活性提升研究进展 [J]. 现代农村科技（3）：65-68.

王广栋，2018. 秸秆还田方式对腐解特征及微生物群落功能多样性研究 [D]. 哈尔滨：东北农业大学.

王汉朋，2018. 秸秆还田对玉米纹枯病发生及流行的影响 [D]. 沈阳：沈阳农业大学.

王宏勋，杜甫佑，张晓昱，2006. 白腐菌选择性降解秸秆木质纤维素研究 [J]. 华中科技大学学报（自然科学版），34（3）：97-100.

王慧新，颜景波，何跃，等，2010. 风沙半干旱区秸秆还田对间作花生土壤酶活性与产量的影响 [J]. 花生学报，39（4）：9-13.

王金，2013. 高海拔地区秸秆生物反应堆技术应用初探 [J]. 青海农林科技（2）：50-52.

王金洲，2015. 秸秆还田的土壤有机碳周转特征 [D]. 北京：中国农业大学.

王晶，2017. 微生物-蚯蚓耦合系统处理秸秆的研究 [D]. 哈尔滨：黑龙江科技大学.

王诗雯，2018. 菊芋秸秆对根结线虫和连作番茄及土壤微生物的影响 [D]. 哈尔滨：东北农业大学.

王淑彬，杜传莉，黄国勤，等，2011. 稻草覆盖对红壤旱地棉田土壤肥力和生物学性状的影响 [J]. 生态环境学报，20（11）：1687-1692.

王文东，红梅，赵巴音那木拉，等，2019. 不同培肥措施对黑土区农田中小型土壤动物群落的影响 [J]. 应用与环境生物学报，25（6）：1344-1351.

王霞，胡锋，李辉信，等，2003. 秸秆不同还田方式下蚯蚓对旱作稻田土壤碳、氮的影响 [J]. 生态环境，12（4）：462-466.

王晓玥，蒋瑀霁，隋跃宇，等，2012. 田间条件下小麦和玉米秸秆腐解过程中微生物群落的变化：BIOLOG 分析 [J]. 土壤学报，49（5）：1003-1011.

王旭东，陈鲜妮，王彩霞，等，2009. 农田不同肥力条件下玉米秸秆腐解效果 [J]. 农业工程学报，25（10）：252-257.

王学平，马宏，李明光，等，1995. 玉米秸秆还田对棉田玉米螟种群动态影响 [J]. 上海农业科技（6）：29, 33.

王雪涵，2018. 三种作物秸秆对大白菜幼苗生长及土壤化学性质的影响 [J]. 哈尔滨：东北农业大学.

王振营，石洁，董金皋，2012. 2011 年黄淮海夏玉米区二点委夜蛾暴发危害的原因与防

治对策 [J]. 玉米科学，20 (1)：132 - 134.

王振跃，施艳，李洪连，2011. 玉米秸秆还田配施生防放线菌 S024 对麦田土壤微生物及小麦纹枯病的影响 [J]. 生态学杂志，30 (2)：311 - 314.

魏兰芳，张荣琴，姚博，等，2021. 大豆轮作及秸秆还田模式对白菜根肿病的影响 [J]. 江西农业大学学报，43 (1)：52 - 62.

文启孝，1984. 土壤有机质研究法 [M]. 北京：农业出版社.

吴春柳，赵跃锋，曹烁，等，2015. 小麦收割机粉碎秸秆对二点委夜蛾防治效果调查 [J]. 河北农业 (2)：1 - 2.

吴东辉，张柏，卜照义，等，2006. 长春市不同土地利用生境土壤螨类群落结构特征 [J]. 生态学报，26 (1)：16 - 25.

吴海勇，李明德，刘琼峰，等，2012. 稻草不同途径还田对土壤结构及有机质特征的影响 [J]. 土壤通报，43 (4)：836 - 841.

吴景贵，席时权，曾广赋，等，1999. 玉米秸秆腐解过程的红外光谱研究 [J]. 土壤学报，36 (1)：91 - 99.

吴坤，张世敏，朱显峰，2000. 木质素生物降解研究进展 [J]. 河南农业大学学报，34 (4)：349 - 354.

吴宪，2021. 化肥减量配施有机肥和秸秆对小麦—玉米田土壤微生物和线虫群落的影响 [D]. 天津：农业农村部环境保护科研监测所.

吴旭红，张书利，2013. 秸秆焚烧土壤浸提液对玉米种子萌发及幼苗生长的影响 [J]. 种子，32 (2)：88 - 90.

吴玉红，郝兴顺，田霄鸿，等，2018. 秸秆还田与化肥减量配施对稻茬麦土壤养分、酶活性及产量影响 [J]. 西南农业学报，31 (5)：998 - 1005.

伍玉鹏，彭其安，Muhammad S，等，2014. 秸秆还田对土壤微生物影响的研究进展 [J]. 中国农学通报，30 (29)：175 - 183.

武建，2012. 秸秆生物反应堆技术对黄瓜根结线虫病的影响 [J]. 北京农业：96 - 97.

夏强，陈晶晶，王雅楠，等，2013. 秸秆还田对土壤脲酶活性、微生物量氮的影响 [J]. 安徽农业科学，41 (10)：4345 - 4349.

夏艳涛，吴亚晶，2013. 秸秆还田对水稻病虫害及产量影响研究 [J]. 北方水稻，43 (6)：37 - 39.

向昌国，张平究，潘根兴，等，2006. 长期不同施肥下太湖地区黄泥土蚯蚓的多样性、蛋白质含量与氨基酸组成的变化 [J]. 生态学报，26 (6)：1667 - 1674.

肖嫩群，张杨珠，谭周进，等，2008. 稻草还田翻耕对水稻土微生物及酶的影响研究 [J]. 世界科技研究与发展，30 (2)：192 - 194.

肖茜，曹博坤，闫翠梅，等，2019. 玉米秸秆腐解物中邻苯二甲酸二丁酯和 3 - 苯基 - 2 -

丙烯酸对禾谷丝核菌的化感作用：2019年中国作物学会学术年会论文摘要集 [C]. 北京：中国作物学会.

解爱华，2005. 秸秆焚烧对农田土壤动物群落结构的影响 [D]. 济南：山东师范大学.

解爱华，付荣恕，2006. 秸秆焚烧对农田土壤甲螨群落结构的影响 济宁师范专科学校学报，27 (3)：13-15.

解媛媛，谷洁，高华，等，2010. 微生物菌剂酶制剂化肥不同配比对秸秆还田后土壤酶活性的影响 [J]. 水土保持研究，17 (2)：233-238.

徐国伟，段骅，王志琴，等，2009. 麦秸还田对土壤理化性质及酶活性的影响 [J]. 中国农业科学，42 (3)：934-942.

徐蒋来，尹思慧，胡乃娟，等，2015. 周年秸秆还田对稻麦轮作农田土壤养分、微生物活性及产量的影响 [J]. 应用与环境生物学报，21 (6)：1100-1105.

徐金强，刘素慧，刘庆涛，等，2017. 大蒜秸秆还田对温室番茄连作土壤微生物及根结线虫病的影响 [J]. 江苏农业科学，45 (7)：91-93，97.

徐萍，梁林洲，董晓英，等，2014. 农作物秸秆浸提液对丛枝菌根真菌侵染番茄幼苗的影响研究 [J]. 土壤，46 (6)：1103-1108.

徐铁男，2010. 秸秆生物反应堆技术在沈阳设施农业中的应用研究 [J]. 农业科技与装备 (8)：65-67.

徐欣，王晓军，谢洪宝，等，2018. 秸秆腐解对不同氮肥水平土壤脲酶活性的影响 [J]. 中国农学通报，34 (34)：99-102.

徐新宇，张玉梅，向华，等，1985. 秸秆盖田的微生物效应及其应用的研究 [J]. 中国农业科学 (5)：42-49.

徐演鹏，卢萍，谭飞，等，2013. 外源C、N干扰下吉林黑土区农田土壤动物组成与结构 [J]. 土壤学报，50 (4)：800-809.

徐演鹏，谭飞，胡彦鹏，等，2015. 秸秆还田对黑土区农田中小型土壤节肢动物群落的影响 [J]. 动物学杂志，50 (2)：262-271.

徐莹莹，王俊河，刘玉涛，等，2017. 秸秆还田深度对土壤有机质含量及酶活性的影响 [J]. 黑龙江农业科学 (11)：22-25.

徐莹莹，王俊河，刘玉涛，等，2018. 耕作与秸秆还田方式对连作玉米田根际微生物及酶活性的影响 [J]. 黑龙江农业科学 (7)：1-3.

徐勇，沈其荣，钟增涛，等，2003. 化学处理和微生物混合培养对水稻秸秆腐解和组分变化的影响 [J]. 中国农业科学，36 (1)：59-65.

徐忠山，刘景辉，逯晓萍，等，2019. 秸秆颗粒还田对黑土土壤酶活性及细菌群落的影响 [J]. 生态学报，39 (12)：1-9.

许华，宋晓艳，蒋梦娇，2012. 万寿菊秸秆的杀线作用及其对黄瓜植株生长的影响 [J].

北京师范大学学报（自然科学版），48（2）：164-168.

许仁良，王建峰，张国良，等，2010. 秸秆、有机肥及氮肥配合使用对水稻土微生物和有机质含量的影响［J］. 生态学报，30（13）：3584-3590.

薛斌，殷志遥，肖琼，等，2017. 稻—油轮作条件下长期秸秆还田对土壤肥力的影响［J］. 中国农学通报，33（7）：134-141.

薛林贵，杨蕊琪，马高高，等，2017. 秸秆的生物降解机理及其功能微生物菌群研究进展［J］. 生态科学，36（3）：193-199.

闫超，刁晓林，葛慧玲，等，2012. 水稻秸秆还田对土壤溶液养分与酶活性的影响［J］. 土壤通报，43（5）：1232-1236.

闫翠梅，王丽，王芳芳，等，2018. 玉米秸秆腐解物对禾谷丝核菌致病力的影响：中国植物保护学会2018年学术年会论文集［C］. 北京：中国植物保护学会.

闫翠梅，肖茜，齐永志，等，2021. 玉米秸秆深翻还田对禾谷丝核菌生长与小麦纹枯病发生的影响［J］. 东北农业科学，46（4）：53-58.

闫红秋，李霞，2001. 焚烧农作物秸秆的危害及防治对策［J］. 云南环境科学，20（2）：23-24.

闫洪奎，于泽，王欣然，等，2018. 基于旋耕玉米秸秆还田条件下土壤微生物、酶及速效养分的动态特征［J］. 水土保持学报，32（2）：276-282.

闫洪亮，王胜楠，邹洪涛，等，2013. 秸秆深还田两年对东北半干旱区土壤有机质、pH及微团聚体的影响［J］. 水土保持研究，20（4）：44-48.

闫慧荣，曹永昌，谢伟，等，2015. 玉米秸秆还田对土壤酶活性的影响［J］. 西北农林科技大学学报（自然科学版），43（7）：177-184.

杨柏松，熊文江，朱巧银，2016. 好氧堆肥技术研究［J］. 现代化农业（7）：57-59.

杨滨娟，黄国勤，钱海燕，2014. 秸秆还田配施化肥对土壤温度、根际微生物及酶活性的影响［J］. 土壤学报，51（1）：150-157.

杨宸，2019. 不同秸秆还田方式对亚洲玉米螟幼虫越冬基数的影响［D］. 北京：中国农业科学院.

杨迪，林琳，杨旭，等，2020. 黑龙江不同玉米秸秆还田方式下土壤动物群落结构及其对秸秆降解的影响［J］. 生态学报，40（1）：356-366.

杨冬静，谢逸萍，张成玲，等，2021. 不同秸秆还田模式土壤微生物多样性分析［J］. 江西农业学报，33（6）：34-42.

杨恒山，萨如拉，高聚林，等，2017. 秸秆还田对连作玉米田土壤微生物学特性的影响［J］. 玉米科学，25（5）：98-104.

杨佳佳，2020. 南疆日光温室土垄内嵌式基质栽培秸秆填埋的作物产量和环境效应［D］. 阿拉尔：塔里木大学.

杨军，2015. 潮土质地和秸秆还田耦合条件下微生物分异及对土壤和秸秆分解的影响
　　［D］. 南京：南京农业大学．

杨立军，杨泽富，张俊华，等，2022. 秸秆腐熟剂对稻麦轮作田小麦赤霉病发生的影响
　　［J］. 安徽农业科学，50（5）：132-134，169.

杨梅玉，2014. 蚯蚓堆制处理玉米秸秆机理研究［D］. 长春：吉林大学．

杨敏芳，2013. 不同耕作措施与秸秆还田对稻麦两熟制农田土壤养分、微生物及碳库的影
　　响［D］. 南京：南京农业大学．

杨佩，王海霞，岳佳，2013. 秸秆覆盖免耕条件下中小型土壤动物的生态分布特征［J］.
　　水土保持研究，20（2）：145-150.

杨倩，李登科，王永斌，等，2016. 秸秆生物炭及秸秆对大豆生长及土壤微生物活性的影
　　响［J］. 西南民族大学学报（自然科学版），42（6）：591-597.

杨琼会，樊红柱，李富程，等，2021. 成都平原冲积水稻土壤酶活性对轮作模式与长期
　　秸秆还田的响应［J］. 西南农业学报，34（3）：508-513.

杨文平，单长卷，王春虎，2012. 秸秆还田量对冬小麦根际土壤微生物及产量的影响
　　［J］. 广东农业科学（5）：59-61.

杨文平，王春虎，茹振钢，2011. 秸秆还田对冬小麦根际土壤酶活性及产量的影响［J］.
　　河南农业科学，40（7）：41-43.

杨秀娟，何玉仙，翁启勇，等，2004. 几种植物的杀线虫活性及其防治效果［J］. 植物保
　　护学报，31（4）：435-436.

杨旭，林琳，张雪萍，等，2016. 松嫩平原典型黑土耕作区中小型土壤动物时空分布特征
　　［J］. 生态学报，36（11）：3253-3260.

杨雪琴，邵科岐，2012. 宝鸡市设施蔬菜秸秆生物反应堆技术探讨［J］. 陕西农业科学
　　（5）：125-126.

杨钊，尚建明，陈玉梁，2019. 长期秸秆还田对土壤理化特性及微生物数量的影响［J］.
　　甘肃农业科技（1）：13-20.

叶成龙，刘婷，张运龙，等，2013. 麦地土壤线虫群落结构对有机肥和秸秆还田的响应
　　［J］. 土壤学报，55（5）：997-1005.

叶文培，王凯荣，Johnson S E，等，2008. 添加玉米和水稻秸秆对淹水土壤 pH、二氧化
　　碳及交换态铵的影响［J］. 应用生态学报，19（2）：345-350.

尹飞，2013. 秸秆焚烧对土壤的影响研究［J］. 资源与环境科学（13）：238，341.

于寒，2015. 秸秆还田方式对土壤微生物及玉米生长特性的调控效应研究［D］. 长春：吉
　　林农业大学．

于寒，梁烜赫，张玉秋，等，2015. 不同秸秆还田方式对玉米根际土壤微生物及酶活性的
　　影响［J］. 农业资源与环境学报，32（3）：305-311.

于建光，李辉信，陈小云，等，2007. 秸秆施用及蚯蚓活动对土壤活性有机碳的影响［J］. 应用生态学报，18（4）：818-824.

喻盛甫，胡先奇，王扬，1999. 包含病原线虫的植物复合侵染病害［J］. 植物病理学报，29（1）：1-7.

袁飞，张春兰，沈其荣，2004. 酚酸物质减轻黄瓜枯萎病的效果及其原因分析［J］. 中国农业科学，37（4）：545-551.

曾广骥，付尚志，金平，1988. 有机物料对提高土壤肥力的效应分析［J］. 黑龙江农业科学（6）：35-39.

曾木祥，王蓉芳，彭世琪，等，2002. 我国主要农区秸秆还田试验总结［J］. 土壤通报，33（5）：337-339.

詹国勤，季美娣，徐加宽，等，2012. 不同蔬菜品种应用秸秆生物反应堆技术比较试验［J］. 江苏农业科学，40（5）：111-113.

詹雨珊，冯有智，2017. 秸秆还田对水稻土微生物影响的研究进展［J］. 土壤通报，48（6）：1530-1536.

张晨敏，2014. 低温纤维素降解菌的筛选及复合菌剂在秸秆还田中的应用［D］. 南京：南京农业大学.

张成娥，王栓全，2000. 作物秸秆腐解过程中土壤微生物量的研究［J］. 水土保持学报，14（3）：96-99.

张承胤，代丽，甄文超，2007. 玉米秸秆还田对小麦根部病害化感作用的模拟研究［J］. 中国农学通报，23（5）：298-301.

张承胤，邢彦峰，代丽，等，2009. 适应玉米秸秆还田的小麦根病拮抗细菌的筛选［J］. 中国农学通报，25（3）：206-209.

张聪，慕平，尚建明，2018. 长期持续秸秆还田对土壤理化特性、酶活性和产量性状的影响［J］. 水土保持研究，25（1）：92-98.

张电学，韩志卿，刘微，等，2006. 不同促腐条件下秸秆直接还田对土壤酶活性动态变化的影响［J］. 土壤通报，37（3）：475-478.

张桂玲，2011. 秸秆和生草覆盖对桃园土壤养分含量、微生物数量及土壤酶活性的影响［J］. 植物生态学报，35（12）：1236-1244.

张海晶，王少杰，罗莎莎，等，2020. 不同秸秆还田方式对土壤微生物影响的研究进展［J］. 土壤与作物，9（2）：150-158.

张红，曹莹菲，徐温新，等，2019. 植物秸秆腐解特性与微生物群落变化的响应［J］. 土壤学报，56（6）：1482-1492.

张红，吕家珑，曹莹菲，等，2014. 不同植物秸秆腐解特性与土壤微生物功能多样性研究［J］. 土壤学报，51（4）：743-752.

张进良，2013. 玉米秸秆还田对土壤中微生物群落的影响 [J]. 湖北农业科学，52（12）：2745-2747.

张坤，徐圆圆，花秀夫，等，2009. 麦秸强化微生物降解石油烃及场地试验 [J]. 环境科学，30（1）：237-241.

张立红，王学梅，王玉梅，2012. 大棚菜秸秆生物反应堆技术应用方法 [J]. 农业科技与信息（11）：17-18.

张立静，李术娜，朱宝成，2011. 高效纤维素降解菌短小芽孢杆菌（*Bacillus pumilus*）T-7 的筛选、鉴定及降解能力的研究 [J]. 中国农学通报，27（7）：112-118.

张立霞，2014. 纤维降解菌组合的筛选、优化及对玉米秸秆的降解效果 [D]. 北京：中国农业科学院.

张璐，2021. 土壤矿物对非腐殖质活性组分的吸附及稳定性的影响 [D]. 昆明：昆明理工大学.

张平究，李恋卿，潘根兴，等，2004. 长期不同施肥下太湖地区黄泥土表土微生物碳氮量及基因多样性变化 [J]. 生态学报，24（12）：2818-2824.

张琴，李艳宾，滕立平，等，2012. 不同腐解方式下棉秆腐解液对棉花枯、黄萎病菌的化感效应 [J]. 农业环境科学学报，31（9）：1696-1701.

张庆宇，黄初女，王光达，等，2013. 秸秆还田对水田改旱田地块玉米产量及地下大型土壤动物群落的影响 [J]. 延边大学农学学报，35（4）：335-342.

张庆宇，王志明，窦森，2008. 施肥对玉米田大型土壤动物群落的影响 [J]. 环境昆虫学报，30（2）：108-114.

张赛，王龙昌，2013. 秸秆覆盖对中小型土壤动物动态变化的影响 [J]. 农机化研究（2）：121-125.

张赛，王龙昌，徐启聪，2012. 秸秆覆盖对中小型土壤动物的组成与结构特征的影响：中国农学会耕作制度分会 2012 年学术年会论文集 [C]. 北京：中国农业科学技术出版社.

张四海，曹志平，胡婵娟，2011. 添加秸秆碳源对土壤微生物生物量和原生动物丰富度的影响 [J]. 中国生态农业学报，19（6）：1283-1288.

张四海，连健虹，曹志平，等，2013. 根结线虫病土引入秸秆碳源对土壤微生物生物量和原生动物的影响 [J]. 应用生态学报，24（6）：1633-1638.

张腾昊，王楠，刘满强，等，2014. 秸秆、氮肥和食细菌线虫交互作用对土壤活性碳氮和温室气体排放的影响 [J]. 应用生态学报，25（11）：3307-3315.

张婷，孔云，李刚，等，2019. 不同秸秆还田量对华北小麦—玉米体系土壤中小型节肢动物的影响 [J]. 应用与环境生物学报，25（1）：70-75.

张婷，李世东，缪作清，2013. "秸秆降解生防菌强化技术"对黄瓜连作土壤微生物区系

的影响 [J]. 中国生态农业学报，21 (11)：1416-1425.

张婷婷，王丽芳，张德健，等，2021. 不同小麦秸秆还田覆盖度对旱作农田土壤微生物群落多样性的影响 [J]. 北方农业学报，49 (1)：77-87.

张维理，Kolbe H，张认连，等，2020. 农田土壤有机碳管理与有机质平衡算法 [J]. 中国农业科学，53 (2)：332-345.

张伟，龚久平，刘建国，2011. 秸秆还田对连作棉田土壤酶活性的影响 [J]. 生态环境学报，20 (5)：881-885.

张小燕，邓钦阳，李冬霞，等，2008. 水稻秸秆还田方式对稻纹枯病发生的影响 [J]. 广西植保，21 (3)：11-13.

张星，刘杏认，林国林，等，2016. 生物炭和秸秆对华北农田表层土壤矿质氮和 pH 的影响 [J]. 中国农业气象，37 (2)：131-142.

张燕，2017. 不同作物秸秆对连作番茄幼苗及土壤微生物的影响 [D]. 哈尔滨：东北农业大学.

赵金霞，杨俊丽，杨雨翠，等，2015. 宁夏盐碱地台田温室秋茬甜瓜秸秆生物反应堆技术试验研究 [J]. 吉林农业 (20)：81-82.

赵金霞，杨俊丽，杨雨翠，等，2016. 宁夏盐碱地温室越冬番茄秸秆生物反应堆技术试验 [J]. 北方园艺 (4)：58-61.

赵兰坡，姜岩，1987. 施用有机物料对土壤酶活性的影响 I 有机物料对酶活性的效应 [J]. 吉林农业大学学报，9 (4)：43-50.

赵鹏，陈阜，李莉，2010. 秸秆还田对冬小麦农田土壤无机氮和土壤脲酶的影响 [J]. 华北农学报，25 (3)：165-169.

赵卫松，郭庆港，李社增，等，2019. 西兰花残体还田对棉花黄萎病防治效果及其对不同生育时期土壤细菌群落的影响 [J]. 中国农业科学，52 (24)：4505-4517.

赵小蓉，林启美，孙焱鑫，等，2000. 纤维素分解菌对不同纤维素类物质的分解作用 [J]. 微生物学杂志，20 (3)：12-14.

赵绪生，2018. 秸秆还田条件下土壤微生物区系和化感物质对小麦纹枯病发生的影响 [D]. 保定：河北农业大学.

赵绪生，齐永志，闫翠梅，等，2020. 小麦、玉米两熟秸秆还田土壤中 6 种有机酸对小麦纹枯病的化感作用 [J]. 中国农业科学，53 (15)：3095-3107.

赵雪淞，宋王芳，高欣，等，2020. 秸秆还田和耕作方式对花生土壤微生物量、酶活性和产量的影响 [J]. 中国土壤与肥料 (3)：126-132.

赵勇，李武，周志华，等，2005. 秸秆还田后土壤微生物群落结构变化的初步研究 [J]. 农业环境科学学报，24 (6)：1114-1118.

赵永强，徐振，张成玲，等，2017. 稻麦秸秆全量还田对小麦纹枯病发生的影响 [J]. 西南农业学报，30（5）：29－33.

赵子俊，林忠敏，刘金城，1995. 玉米田整秸秆覆盖后的病虫害发生危害规律及防治措施 [J]. 土壤肥料（4）：27－30.

甄丽莎，谷洁，高华，等，2012. 秸秆还田与施肥对土酶活性的影响 [J]. 西北农业学报，21（5）：196－201.

甄文超，2009. 玉米秸秆还田对冬小麦土传病害影响的研究：中国植物病理学会 2009 年学术年会论文集 [C]. 北京：中国农业科学技术出版社.

郑海睿，骆静梅，刘笑彤，等，2019. 秸秆还田量对植物寄生线虫群落的影响 [J]. 生态学杂志，38（6）：1725－1731.

郑世燕，丁伟，陈弟军，等，2012. 不同覆盖方式下烟草农艺性状及青枯病发生情况的比较：中国植物保护学会成立 50 周年庆祝大会暨 2012 年学术年会论文集 [C]. 北京：中国植物保护学会.

钟琳琳，2019. 茶园土壤纤维素分解菌的筛选及其与蚯蚓互作对秸秆降解的影响 [D]. 广州：华南农业大学.

种斌，郭淼淼，徐小洪，等，2011. 覆盖模式对连作烟田青枯病防治的影响 [J]. 烟草科技（6）：74－77.

周道玮，姜世成，田洪艳，等，1999. 草原火烧后土壤水分含量的变化 [J]. 东北师大学报（自然科学版）（1）：97－102.

周东兴，王广栋，邬欣慧，等，2018. 不同还田量对秸秆养分释放规律及微生物功能多样性的影响 [J]. 土壤通报，49（4）：848－855.

周广帆，秦洁，祁小旭，等，2020. 丹江口水源涵养区退耕还草土壤线虫群落变化特征 [J]. 农业资源与环境学报，37（3）：308－318.

周文新，陈冬林，卜毓坚，等，2008. 稻草还田对土壤微生物群落功能多样性的影响 [J]. 环境科学学报，28（2）：326－330.

周训军，张美文，章宜，等，2019. 水稻二化螟在水稻留茬秸秆中越冬调查 [J]. 湖南农业科学（8）：61－62，65.

周颖，2009. 秸秆与牛粪蚯蚓堆制处理时纤维素、半纤维素和木质素降解率及相关酶活性变化的研究 [D]. 咸阳：西北农林科技大学.

周育臻，2020. 紫色土区长期秸秆还田与轮作对土壤动物群落的影响 [D]. 成都：西南民族大学.

周子军，郭松，陈琨，等，2022. 长期秸秆覆盖对免耕稻—麦产量、土壤氮组分及微生物群落的影响 [J]. 土壤学报，59（4）：1148－1159.

朱金霞，孔德杰，尹志荣，2020. 农作物秸秆主要化学组成及还田后对土壤质量提升影响的研究进展 [J]. 北方园艺（5）：146－153.

朱强根，朱安宁，张佳宝，等，2009a. 黄淮海平原保护性耕作下玉米季土壤动物多样性 [J]. 应用生态学报，20（10）：2417 - 2423.

朱强根，朱安宁，张佳宝，等，2009b. 黄淮海平原小麦保护性耕作对土壤动物总量和多样性的影响 [J]. 农业环境科学学报，28（8）：1766 - 1772.

朱新玉，朱波，2015. 不同施肥方式对紫色土农田土壤动物主要类群的影响 [J]. 中国农业科学，48（5）：911 - 920.

朱玉芹，岳玉兰，2004. 玉米秸秆还田培肥地力研究综述 [J]. 玉米科学，12（3）：106 - 108.

庄泽龙，慕平，彭云玲，等，2021. 土壤微生物生物量和群落结构对长期秸秆还田的响应分析 [J]. 分子植物育种，19（7）：2427 - 2436.

Staley T，郎印海，2001. 耕作方式对土壤微生物生物量影响的研究 [J]. 水土保持科技情报（1）：12 - 13.

Andreae M O，Merlet P，2001. Emission of trace gases and aerosols from biomass burning [J]. Global Biogeochemical Cyeles，15（4）：955 - 966.

Baath E，Frostegard A，Pennanen T，et al.，1995. Microbial community structure and pH response in relation to soil organic matter quality in wood-ash fertilized，clear-cut or burned coniferous forest soils [J]. Soil Biology and Biochemistry，27（2）：229 - 240.

Bailey K L，Lazarovits G，2003. Suppressing soil-borne diseases with residue management and organic amendments [J]. Soil and Tillage Research（72）：169 - 180.

Biederbeck V，Campbell C，Bowren K，et al.，1980. Effect of burning cereal straw on soil properties and grain yields in Saskatchewan [J]. Soil Science Society of America Journal，44（1）：103 - 111.

Bongers T，1990. The maturity index：An ecological measure of environmental disturbance based on nematode species composition [J]. Oecologia，83（1）：14 - 19.

Brennan R J B，Glaze-Corcoran S，Wick R，et al.，2020. Biofumigation：An alternative strategy for the control of plant parasitic nematodes [J]. Journal of Integrative Agriculture，19（7）：1680 - 1690.

Caldwell T G，Johnson D W，Miller W W，et al.，2002. Forest floor carbon and nitrogen losses due to prescription fire [J]. Soil Science Society of America Journal，66（1）：262 - 267.

Certini G，2005. Effect of fire on properties of forest soils：A review [J]. Oecologia（143）：1 - 10.

Chabot R，Antoun H，Cescas M P，1996. Growth promotion of maize and lettuce by phosphate-solubilizing *Rhizobium leguminosarum* biovar. *phaseoli* [J]. Plant Soil，184（2）：

311 - 321.

Cobo-Diaz J F, Baroncell R, Gaetan L F, et al. , 2019. Combined metabarcoding and co-occurrence network analysis to profile the bacterial, fungal and fusarium communities and their interactions in maize stalks [J/OL]. Frontiers in Microbiology, 10: 261 [2024 - 01 - 04]. http: //doi. org/10. 3389/fmicb. 2019. 00261.

Collins H, Rasmussen P, Douglas C, 1992. Crop rotation and residue management effects on soil carbon and microbial dynamics [J]. Soil Science Society of America Journal, 56 (3): 783 - 788.

Dalal R C, 1975. The typic and properties of soil enzymes in the congo [J]. Soil Science: 120 - 126, 206.

David J F, 2014. The role of litter-feeding macroarthropods in decomposition processes: A reappraisal of common views [J]. Soil Biology and Biochemistry (76): 109 - 118.

Dawson R C, 1945. Effect of crop residues on soil micropopulations, aggregation, and fertility under Maryland condition [J]. Soil Science Society of America (10): 180 - 184.

Decaëns T, Jiménez J J, Gioia C, et al. , 2006. The values of soil animals for conservation biology [J]. European Journal of Soil Biology, 42 (S1): S23 - S38.

Doran J W, 1980. Microbial changes associated with reduced tillage [J]. Soil Science Society of America Journal (44): 518 - 524.

Fernandez I, Cabaneiro A, Carballas T, 1999. Carbon mineralization dynamics in soils after wildfires in two Galician forests [J]. Soil Biology and Biochemistry, 31 (13): 1853 - 1865.

Ferris H, Bongers T, de Goede R G M, 2001. A framework for soil food web diagnostics: Extension of the nematode faunal analysis concept [J]. Applied Soil Ecology, 18 (1): 13 - 29.

Frankenberger W T, Dick W A, 1983. Relationships between enzyme activities and microbial growth and activity indices in soil [J]. Soil Science Society America Journal (47): 945 - 951.

Fritze H, Pennanen T, Pietikäinen J, 1993. Recovery of soil microbial biomass and activity from prescribed burning [J]. Canadian Journal of Forest Research, 23 (4): 1286 - 1290.

Garcia-Palacios P, Maestre F T, Kattge J, et al. , 2013. Climate and litter quality differently modulate the effects of soil fauna on litter decomposition across biomes [J]. Ecology Letters, 16 (8): 1045 - 1053.

Gillon D, Gomendy V, Houssard C, et al. , 1995. Combustion and nutrient losses during laboratory burns [J]. International Journal of Wildland Fire (5): 1 – 12.

Gulkowska A, Sander M, Hollender J, et al., 2013. Covalent binding of sulfamethazine to natural and synthetic humic acids: Assessing laccase catalysis and covalent bond stability [J]. Environmental Science and Technology, 47 (13): 6916 – 6924.

Hartford R A, Frandsen W H, 1991. Surface flaming may not portend extensive soil heating [J]. International Journal of Wildland Fire (2): 139 – 144.

Humphreys F R, Craig F G, 1981. Effects of fire on soil chemical, structural and hydrological properties: Fire and the Australian biota [C]. Canberra: Australian Academy Science: 177 – 200.

Jiang Y, Tian S Z, Zhao L P, 1990. Effect of the 14th International Congress of Soil Science [M]. Kyoto: International Union of Soil Science.

Kavroulakis N, Ntougias S, Zervakls G I, et al., 2007. Role of ethylene in the protection of tomatio plants against soil-borne fungal pathogens conferred by an endophytic Fusarium solani strain [J]. Journal of Experimental Botany, 58 (14): 3853 – 3864.

Kennard D K, Gholz H L, 2001. Effects of high-and low-intensity fires on soil properties and plant growth in a Bolivian dry forest [J]. Plant and Soil, 234 (1): 119 – 129.

Kim E J, Oh J E, Chang Y S, 2003. Effects of forest fire on the level and distribution of PCDD/Fs and PAHs in soil [J]. Science of the Total Environment, 311 (1 – 3): 177 – 189.

Klopatek C C, de Bano L F, Klopatek J M, 1988. Effects of simulated fire on vesicular-arbuscular mycorrhizae in pinyon-juniper woodland soil [J]. Plant and Soil, 109 (2): 245 – 249.

Kushwaha C, Tripathi S, Singh K, 2000. Variations in soil microbial biomass and N availability due to residue and tillage management in a dryland rice agroecosystem [J]. Soil and Tillage Research, 56 (3): 153 – 166.

Larena I, Sabuquillo P, Melgarejo P, et al., 2003. Biocontrol of Fusarium and verticillium wilt of tomato by *Penicillium oxalicum* under greenhouse and field conditions [J]. Journal of Phytopathology, 181 (9): 507 – 512.

Lensing J R, Wise D H, 2006. Predicted climate change alters the indirect effect of predators on an ecosystem process [J]. Proceedings of the National Academy of Sciences of the United States of America, 103 (42): 15502 – 15505.

Little S N, Ohmann J, 1988. Estimating nitrogen lost from forest floor during prescribed fires in Douglas-fir/Western hemlock clear-cuts [J]. Forest Science, 34 (1): 152 – 164.

Lorenzen S, 1994. The phylogenetic systematics of free living nematodes [M]. London:

The Ray Society.

Lussenhop J, 1992. Mechanisms of microarthropod-microbial interactions in soil [J]. Advances in Ecological Research (23): 1 - 33.

Margalef D R, 1958. Information theory in ecology [J]. International Journal of General Systems (3): 36 - 71.

Momma N, Yamamoto K, Simandi P, et al., 2006. Role of organic acids in the mechanisms of biological soil disinfestation (BSD) [J]. Journal of General Plant Pathology, 72 (4): 247 - 252.

Monleon V J, Cromack K Jr, 1996. Long-term effects of prescribed under burning on litter decomposition and nutrient release in ponderosa pine stands in central Oregon [J]. Forest Ecology Management, 81 (1 - 3): 143 - 152.

Neher D A, Wu J, Barbercheck M E, et al., 2005. Ecosystem type affects interpretation of soil nematode community measures [J]. Applied Soil Ecology, 30 (1): 47 - 64.

Ocio J, Martinez J, Brookes P, 1991. Contribution of straw-derived N to total microbial biomass N following incorporation of cereal straw to soil [J]. Soil Biology and Biochemistry, 23 (7): 655 - 659.

Perucci P, Scarponi L, 1985. Effect of different treatments with crop residues on soil phosphatase activity [J]. Biology and Fertility of Soils, 1 (2): 111 - 115.

Phillips D A, Ferris H, Cook D R, et al., 2003. Molecular control points in rhizosphere food web [J]. Ecology, 84 (4): 816 - 826.

Pielou E C, 1969. An introduction to mathematical ecology [M]. New York: Wiley.

Pointing S, 2001. Feasibility of bioremediation by white-rot fungi [J]. Applied Microbiology and Biotechnology, 57 (1/2): 20 - 33.

Prescott C E, 2010. Litter decomposition: What contrils it and how can we alter it to sequester more carbon in forest soils? [J]. Biogeochemistry, 101 (1 - 3): 133 - 149.

Prieto-Fernández A, Acea M J, Carballas T, 1998. Soil microbial and extractable C and N after wildfire [J]. Biology and Fertility of Soils, 27 (2): 132 - 142.

Raison R J, Woods P V, Jakobsen B F, et al., 1986. Soil temperatures during a following low-intensity prescribed burning in an Eucalyptus pauciflora forest [J]. Australian Journal of Soil Research (24): 33 - 47.

Recous S, Aita C, Mary B, 1998. In situ changes in gross N transformations in bare soil after addition of straw [J]. Soil Biology and Biochemistry, 31 (1): 119 - 133.

Rossic Q, Pereiram G, Garciaa C, et al., 2016. Effects on the composition and structural properties of the humified organic matter of soil in sugarcane straw burning: Achronosequence study in the Brazilian Cerrado of Goiás State [J]. Agriculture Ecosystems and Environment, 216: 34 - 43.

Saffigna P, Powlson D, Brookes P, et al., 1989. Influence of sorghum residues and tillage on soil organic matter and soil microbial biomass in an Australian Vertisol [J]. Soil Biology and Biochemistry, 21 (6): 759 - 765.

Scheu S, Ruess L, Bonkowski M, 2005. Interactions between microorganisms and soil micro-and mesofauna [M]. //Varma A, Buscot F. Microorganismsin Soils: Roles in Genesis and Functions. Berlin: Springer.

Schnurer J, Rosswall T, 1982. Fluoresce in diacetate hydrolysis as a measure of total microbial activity in soil and litter [J]. Applied and Environment Microbiology (43): 1256 - 1261.

Soon Y K, Luowayi N Z, 2012. Straw management in a cold semiarid region: Impact on soil quality and crop productivity [J]. Field Crops Research (139): 39 - 46.

Tabatabai M A, Bremner J M, 1970. Arylsulfatase activity of soils [J]. Soil Science Society of America Proceedings (34): 225 - 229.

Vasanthakumari M M, Shivanna M B, 2014. Biological control of sorghum anthracnose with rhizosphere and rhizoplane fungal isolates from perennial grasses of the Western Ghats of India [J]. European Journal of Plant Pathology, 139 (4): 721 - 733.

Waksman S A, 1936. Humus: Origin, chemical composition, and importance in nature [J]. Soil Science, 41: 395 - 396.

Wang HH, Li X, Li X, et al., 2020. Long-term no-tillage and different residue amounts alter soil microbial community composition and increase the risk of maize root rot in northeast China [J]. Soil and Tillage Research, 196: 104452.

Wasilewska L, 1994. The effect of age of meadows on succession and diversity in soil nematode communities [J]. Pedobiologia, 38 (1): 1 - 11.

Wicklow D T, Poling S M, 2009. Antimicrobial activity of pyrrocidines from Acremonium zeae against endophytes and pathogens of maize [J]. Phytopathology, 99 (1): 109 - 115.

Wicklow D T, Roth S, Deyrup S T, et al., 2005. A protective endophyte of maize: Acremonium zeae antibiotics inhibitory to Aspergillus flavus and Fusarium verticillioides [J]. Mycological Research, 109 (5): 610 - 618.

Wurst S, de Deyn G B, Orwin K, 2013. Soil biodiversity and functions [M]. //Wall D H, Bardgett R D, Behan-Pelletier V, et al. Soil Ecology and Ecosystem Services. NewYork: Oxford University Press.

Yang H J, Ma J X, Rong Z Y, et al., 2019. Wheat straw return influences nitrogen-cycling and pathogen associated soil microbiota in a wheat-soybean rotation system [J/OL]. Frontiers in Microbiology, 10: 1811 [2024 - 01 - 04] http: doi. org/10. 3389/fmicb. 2019. 01811.

Zhang D, Hui D, Luo Y, et al., 2008. Rates of litter decomposition in terrestrial ecosystem: global patters and controlling factor [J]. Journal of Plant Ecology, 1 (2): 85 - 93.

Zhang P, Chen X L, Wei T, et al., 2016. Effects of straw incorporation on the soil nutrient contents, enzyme activities, and crop yield in a semiarid region of China [J]. Soil and Tillage Research, 160: 65 - 72.

Zhao S C, Li K J, Zhou W, et al., 2016. Changes in soil microbial community, enzyme activities and organic matter fractions under long-term straw return in north-central China [J]. Agriculture, Ecosystems and Environment, 216: 82 - 88.

图书在版编目（CIP）数据

农作物秸秆直接还田对土壤生物环境的影响研究 /
毕于运，王亚静，高春雨编著 . —北京：中国农业出版
社，2024.5

ISBN 978-7-109-31992-9

Ⅰ．①农…　Ⅱ．①毕…②王…③高…　Ⅲ．①秸秆还
田－影响－土壤环境－研究　Ⅳ．①S141.4②X21

中国国家版本馆 CIP 数据核字（2024）第 104965 号

中国农业出版社出版

地址：北京市朝阳区麦子店街 18 号楼
邮编：100125
责任编辑：司雪飞
版式设计：王　晨　　责任校对：吴丽婷
印刷：北京中兴印刷有限公司
版次：2024 年 5 月第 1 版
印次：2024 年 5 月北京第 1 次印刷
发行：新华书店北京发行所
开本：700mm×1000mm　1/16
印张：24
字数：368 千字
定价：138.00 元
